深圳科技创新四十年

中共深圳市委党史文献研究室
深圳市人民政府地方志办公室 编著

SPM 南方传媒 | 广东人民出版社
·广州·

图书在版编目（CIP）数据

深圳科技创新四十年 / 中共深圳市委党史文献研究室，深圳市人民政府地方志办公室编著 . —广州：广东人民出版社 , 2022.03

ISBN 978-7-218-14729-1

I . ①深… II . ①中… ②深… III . ①科学研究事业—概况—深圳 IV . ① G322.765.3

中国版本图书馆 CIP 数据核字 (2020) 第 247132 号

SHENZHEN KEJI CHUANGXIN SISHINIAN

深圳科技创新四十年

中共深圳市委党史文献研究室 深圳市人民政府地方志办公室 编著

出 版 人：肖风华

责任编辑：李沙沙

封面设计：彭 力

责任技编：吴彦斌 周星奎

出版发行：广东人民出版社

地 址：广州市越秀区大沙头四马路 10 号（邮政编码：510102）

电 话：（020）85716809（总编室）

传 真：（020）85716872

网 址：http://www.gdpph.com

印 刷：深圳市集之彩印刷有限公司

开 本：787mm × 1092mm 1/16

印 张：38 **字 数**：400 千

版 次：2022 年 3 月第 1 版

印 次：2022 年 3 月第 1 次印刷

定 价：98.00 元

如发现印装质量问题，影响阅读，请与出版社（020－85716849）联系调换。

售书热线：（020）85716826

深圳高新技术产业发展成为全国的一面旗帜，要发挥示范带动作用。

——习近平总书记参加2018年全国两会广东代表团审议时的重要讲话

谨以此书献给：

中国共产党成立一百周年

深圳经济特区建立四十周年

编纂委员会

目录 Contents

序

张　华

习近平总书记指出："深圳高新技术产业发展成为全国的一面旗帜，要发挥示范带动作用。"深圳经济特区自建立以来，在创造世界工业化、城市化、现代化奇迹的同时，也创造了世界科技创新的奇迹，为探索中国特色社会主义创新道路提供了重要的实践范本。在中国共产党成立一百周年、我国进入创新型国家行列之际，中共深圳市委党史文献研究室（深圳市人民政府地方志办公室）编写出版《深圳科技创新四十年》一书，全面回顾深圳科技创新发展历程、系统总结科技创新成就经验，具有非常重要的历史意义和现实意义。

深圳经济特区建立之初，科研、教育、人才等资源均严重缺乏。20 世纪 80 年代开始，从兴办华为等科技型企业起步，深圳先后经历了技术引进、集成创新、自主创新、原始创新 4 个发展阶段，在创新能力、创新环境、创新制度、创新载体等方面结出了丰硕成果，成为一片充满魅力、动力和活力的"创新绿洲"。

深圳经济特区成立的第一个十年，依托外引内联引进技术，初步奠定科技创新基础。面对市场制度、基础设施、技术和管理等方面与海外存在的巨大差距，深圳大力开展外引内联，通过吸引外资、引进先进技术、加快建设基础设施和完善生产生活配套，快速奠定了产业发展基础。蛇口工业区、上步工业区、八卦岭工业区、科技工业园、沙头角保税区等为产业发展提供了良好载体，蛇口港、赤湾港、妈湾港、盐田港、广深高速、深圳机场、皇岗口岸等重大基础设施为经济交流提供了极大便利；康佳、华强、中集、赛格、中兴、华为、海王、中广核、富士康等企业先后成立并蓬勃发展。至1990年，深圳GDP达171亿元，人口达168万，“三资企业”3000多家，内联企业2000多家，进出口额157亿美元，初步形成电子、纺织、食品、轻工为主的外向型工业体系。

深圳经济特区成立的第二个十年，主动开展集成创新，大力发展高新技术产业。此时的深圳已具备一定经济实力和相对完善的产业配套，市委、市政府抢抓高新技术产业发展机遇，创办了“高交会”，打造了深圳高新区、产权交易所、南方国际技术交易市场、虚拟大学园、高新投等创新载体，涌现了金蝶、研祥、联创、比亚迪、大族激光、腾讯等高新技术企业，华为、中兴、华强、海王等企业建立国家级企业技术中心和工程中心，基本形成了研发机构、研发人员、科技三项经费主要在企业的科技创新局面。至2000年，深圳高新技术产业产值首次突破1000亿元，此后保持年均千亿元增长进入发展快车道。

深圳经济特区成立的第三个十年，积极推动自主创新，加快建设国家自主创新型城市。市委、市政府旗帜鲜明提出自主创新的城市发展主导战略，大力发展战略性新兴产业，建设国家自主创新型城市，率先形成了以企业为主体、以市场为导向、产学研深度融合的技术创新体系。规划建设全长100公里、规划总面积达152.62平方公里的深圳高新技术产业带，保障创新企业的土地空间需求；深圳清华大学研究院、中科院深圳先进技术研究院、华大基因研究院、深圳光启高等理工研究院等新型研发机构先后成立；华为、中兴、比亚迪、腾讯、迈瑞、海王等拥有核心技术和自主知识产权的高新技术企业迅速崛起。依托深创投、中小板、创业板金融支持功能，深圳成为中国创投资本和机构最为集中的城市。至2011年，深圳专利授权量达3.9万件，发明专利数达1.2万件，实现了质和量的双飞跃；R&D投入达416.1亿元，占全国4.79%；PCT专利申请达7933件，占全国48.35%，科技创新居全国领先地位。

深圳经济特区成立的第四个十年，加速推进原始创新，全力建设综合性国家科学中心主阵地。深圳科技创新在各领域齐头并进，多项核心技术实现了从“跟跑”“并跑”转向“领跑”，创新发展能级实现历史性提升。5G、8K、人工智能等多个领域的创新能力处于世界前沿；先后建成国家超级计算深圳中心、国家基因库、鹏城实验室、深圳湾实验室等重大科研平台，布局建设了光明科学城、河套深港科技创新合作区、西丽湖国际科教城等重要科技创新载体。通过吸引诺贝尔奖科学家组建实验室，加大与国内外高校合作办学的力度，在全球布局创新中心，创设全国首支规模达百亿元的天使投资引导基金，全面加强对科技创新的配套和支撑。至2021年底，全市全社会研发投入占地区生产总值比重达5.46%，国家级高新技术企业突破2.1万家，居全国第二，PCT国际专利申请量1.74万件，占全国总量29.2%，连续18年领跑全国，有效发明专利5年以上维持率全国第一，战略性新兴产业增加值占第三产业比重居全国大中城市首位。特别是面对突如其来的新冠肺炎疫情，深圳在临床救治、检测试剂、疫苗研发、防疫物资生产等方面多点突破、百花齐放，为疫情防控提供了“硬核”科技支撑。深圳正加速从应用技术创新向基础技术、核心技术、前沿技术创新转变，从跟随模仿式创新向源头创新、引领式创新跃升，向全球科技创新高地迈进。

40年青蓝相继，40年砥砺前行。回顾深圳40年从无到有、从弱到强的科技创新发展历程，我们深刻感受到，这是全面落实党中央创新驱动发展战略的实践成果，也是我国加快建设创新型国家并取得重大进展的精彩缩影。深圳的创新基因与成功经验，为我国进一步建设创新型国家和世界科技强国提供了鲜活样本和重要借鉴。

深圳始终坚持将科技创新发展战略转化为全社会共同意志。改革开放以来，在党中央举旗定向、谋篇布局、统筹领导下，深圳历届市委、市政府坚持科技是第一生产力，将创新发展作为立市之本，积极抢抓每一轮科技革命与产业变革的重大机遇，从20世纪80年代提出“科教兴市”到90年代制定高新技术产业十年规划及创建国家级高新区，从21

世纪初提出建设创新型城市到新时代打造全球创新之都，深圳紧紧扭住科技创新这个“牛鼻子”，率先推动产业转型升级，引领创新发展潮流。特别是党的十八大以来，深圳坚决贯彻落实习近平总书记关于科技创新的重要论述和对深圳系列重要讲话、重要指示批示精神，深刻认识实现科技自立自强的重大意义，切实增强责任感使命感紧迫感，着力深化科技供给侧结构性改革，深入实施基础研究夯基行动、关键核心技术攻坚行动、成果产业化加速行动、科技金融深度融合行动、创新人才汇聚行动，构建起“基础研究 + 技术攻关 + 成果产业化 + 科技金融 + 人才支撑”全过程创新生态链，科技创新体系实现历史性变革、系统性重构。2021 年召开的市第七次党代会，再一次鲜明提出“坚持把创新作为城市发展主导战略，建设具有全国影响力的科技和产业创新高地”。正是在党委政府的战略决策下，通过出台政策法规、集聚创新资源、培育创新生态、完善创新激励机制等，深圳逐步形成了鼓励创新、支持创新、参与创新的浓厚氛围，形成了“敢闯敢试、追求卓越、崇尚创新、宽容失败”的创新文化，形成了“抓创新就是抓发展、谋创新就是谋未来”的广泛社会共识，形成了千军万马朝着创新这个“城墙口”发起冲击的壮观场面。这是深圳科技创新所具备的政治基础、创新基础、文化基础和社会基础。

深圳始终坚持以企业为主体的科技创新体系。传统上，我国的科研活动主要集中在大学和科研机构。这种模式对科学技术发展起到了重要作用，但也存在着科研与现实需求脱节的弊端，以及科技成果向现实生产力转化不力不顺的痼疾。而深圳科技创新走的是一条截然不同的发展路径，即旗帜鲜明地把企业作为科技研发的主体，在技术创新决策、研发投入、科研组织、成果转化等方面让企业家来当“主角”，形成了“6 个 90%”的鲜明特色（90% 以上的创新型企业是本土企业、90% 以上的研发机构设立在企业、90% 以上的研发人员集中在企业、90% 以上的研发资金来源于企业、90% 以上的职务发明专利出自企业、90% 以上的重大科技项目发明专利来源于龙头企业）。在这一模式下，各类企业从事创新的主动性、积极性被极大激发，通过增加创新研发投入，加强创新平台建设，培养创新人才队伍，进而形成市场竞争优势，迅速实现做大做强，创造了一个又一个“乌鸦变凤凰”的科技创新神话。截至 2021 年，深圳培育形成的 3 万多家科技型企业和 2.1 万家国家级高新技术企业中，既有规模和技术全面领先的“综合冠军”，也有雄踞某个细分市场的“单项冠军”；全球最大的通信设备制造商华为、最大的新能源动力电池生产商比亚迪、最大的即时通信服务商腾讯、最大的基因测序机构华大基因等，都是从深圳这片热土上生根发芽、发展壮大，已形成一支具备全球竞争力的创新型产业“航母舰队”。

深圳始终坚持以市场为导向的科技创新路径。深圳立足于率先发展社会主义市场经济的实践，鲜明提出“以市场为导向”的创新路径，不断拆除市场壁垒，全面敞开市场大门，吸引国内外各类企业、资金、项目和人才前来创新创业，放手让市场主体进行充分的合作和公平的竞争，让市场要素充分高效流动，真正让市场来配置创新资源。在强调市场起决定性作用的同时，深圳十分注重处理好政府与市场之间的关系。政府不越位不缺位不错位，一方面通过法治来维持市场秩序、规范政商关系，平均每3年出台一部有关科技创新的法律法规，填补上位法空白；另一方面通过规划、财政和金融等手段，维护市场秩序、促成科研成果转化、优化营商环境、培育小微科技型企业。40年来，深圳共出台与科技创新相关的政策法规等180多个，历年市政府一号文件均与科技创新和创新驱动发展等工作密切相关，打造了一条较为完备的“官产学研资介”相结合的创新发展链条，实现了政府、企业、学校、科研机构、金融资本、中介组织等紧密结合、相互支撑，构建了多要素联动、全链条覆盖的综合创新生态体系，促进了新技术、新产业、新业态、新模式不断涌现，各类创新要素更充分涌流、更高效配置。

深圳始终坚持最严格的知识产权保护制度。知识产权制度是激励创新的基本保障。深圳是全国知识产权保护做得最早、力度最大的城市之一。早在20世纪90年代，深圳就在全国率先对知识产权保护进行立法；近年来，先后出台全国首部技术秘密地方性法规、全国首部知识产权全类型的《深圳经济特区知识产权保护条例》等若干法律法规，制定全市知识产权运营服务体系建设方案，在全国率先实施知识产权刑事、民事、行政案件“三审合一”改革，建成深圳知识产权法庭、知识产权“一站式”协同保护平台、知识产权社会治理保护网，推动成立中国（深圳）知识产权保护中心、国家海外知识产权纠纷应对指导中心深圳分中心等一批国家级平台，完善知识产权质押融资风险补偿体系，推动专利等知识产权技术转化实施，有力促进自主创新活动开展。深圳受理的知识产权案件占到全国的1/10，国内许多新型知识产权案件都在深圳首先出现。截至2021年，深圳已在知识产权创造、运用、保护、管理和服务等方面形成完善的工作体系，各项重要知识产权创造指标始终保持全国前列，先后获评首批国家知识产权示范城市、国家知识产权强市创建市、国家知识产权运营体系建设重点城市、国家知识产权质押融资试点城市。从1985年到2021年，全市国内专利申请量增长近2万倍，年均增速远超同期国内和全球平均水平。实践证明，越是创新越需要知识产权保护，知识产权保护得越好越能促进科技创新，一流的知识产权保护带来一流的科技创新。

深圳始终坚持人才优先发展战略。人才是第一资源，创新驱动实质上是人才驱动。深圳的科技创新事业之所以能够在资源匮乏的条件下迅速崛起，很重要的就是历届市委、市政府高度重视人才工作，坚定不移实施人才强市战略，汇聚了大批海内外优秀人才，激发出了人才的创新创业活力。早在特区建立之初，深圳就率先打破“铁饭碗”和“大锅饭”，建立了全国第一个劳动力市场和人才大市场，之后又在全国率先开展海外招才引智活动，出台中长期人才发展规划纲要、高层次人才“1+6”等政策。截至2021年，深圳已制定从普通工人、专业技术人员、领导干部、大中专毕业生到海外人才、科学家的全覆盖人才政策，公共服务、居住证、人才居住证、鹏城孔雀计划、鹏城英才计划、高层次人才政策等不断提升深圳对人才的吸引力，深入推进外籍人才签证便利化，高水平举办中国国际人才交流大会，设立人才日、企业家日，建成全国首个人才公园。“来了就是深圳人”“深爱人才，圳等你来”等口号深入人心，吸引着全国、全世界怀揣着改变生活愿望的人才来到深圳。从建市之初只有2名工程师，到今天全市拥有600多万各类人才，其中高层次人才总数1.8万人、留学回国人才超过16万人，连续10年入选“外籍人才眼中最具吸引力的中国城市”，深圳人才队伍建设实现了超常规跨越式发展，为科技创新构筑起坚实的智力支撑。

深圳始终坚持自主创新与开放创新相结合。深圳历届市委、市政府紧密结合深圳市情和国内外实际，一早瞄准自主创新正确方向，作出战略决策、保持战略定力，坚决推动落实，不惧困难和风险，咬定青山不放松、一茬接着一茬干，终于有了今天科技创新的丰硕成果。特别是近年来，面对日益复杂的发展形势和激烈的国际竞争格局，深圳深刻意识到核心技术是科技创新的“最大命门”，全面强化基础研究和应用基础研究，通过特区立法明确政府投入基础研究和应用研究的资金不低于市级科技研发资金的30%，强力推进关键共性技术、前沿引领技术、现代工程技术、颠覆性技术攻关和产业化应用，力争早日攻克“卡脖子”问题，打造重要的原始创新策源地、关键核心技术发源地。在此基础上，深圳积极融入全球创新体系，在符合国际规则和通行惯例的前提下，全方位吸纳引进集聚国际创新资源，全力支持服务企业“走出去”，参与国际标准和规则制定，拓展新兴市场，与“一带一路”沿线国家开展人才交流、技术交流和跨境协作，打造了新的经济增长极。深圳的创新实践充分证明，只有坚定不移走自主创新与开放创新相结合之路，才能既顺应世界科技发展潮流、遵循科技发展规律，又真正掌握竞争和发展的主动权，在更高起点上推进科技创新，在全球创新版图中占据重要地位。

科技是国家强盛之基，创新是民族进步之魂。当今世界正经历百年未有之大变局，全球新一轮科技革命和产业变革加速演进，科技创新面临的外部环境日益复杂严峻，我国经济社会发展和民生改善对科技创新的需求从未像今天这样迫切，科技创新从未像今天这样深刻影响着国家的前途命运。习近平总书记多次强调，创新是引领发展的第一动力；加快科技创新是推动高质量发展、实现人民高品质生活、构建新发展格局的需要。党的十九届五中全会对科技创新进行专章部署，放在规划任务首位，这在我们党研究制定国民经济和社会发展五年规划的历史上是第一次。在党中央坚定实施创新驱动发展战略、加快建设创新型国家和世界科技强国的伟大历史进程中，深圳作为我国科技创新事业发展的一个精彩缩影、一面闪亮旗帜，被寄予重托和厚望。党的十八大以来，习近平总书记先后三次亲临深圳视察，对深圳工作作出一系列重要指示批示，出席深圳经济特区建立40周年庆祝大会并发表重要讲话，深刻指出“坚持创新是第一动力，在全球科技革命和产业变革中赢得主动权”是深圳等经济特区积累的宝贵经验，明确要求深圳“围绕产业链部署创新链、围绕创新链布局产业链，前瞻布局战略性新兴产业，培育发展未来产业，发展数字经济。要加大基础研究和应用基础研究投入力度，发挥深圳产学研深度融合优势，主动融入全球创新网络”。习近平总书记亲自谋划部署推动粤港澳大湾区、中国特色社会主义先行示范区、深圳综合改革试点及全面深化前海改革开放，确立深圳为大湾区综合性国家科学中心主阵地，使深圳成为多个国家战略的重要交汇地、国家战略科技力量布局的重要阵地。习近平总书记、党中央对深圳如山似海的关怀厚爱和巨大支持，为新时代深圳科技创新发展提供了强大思想指引和前进动力。

“所当乘者势也，不可失者时也。”当前，我国已踏上全面建设社会主义现代化国家、深入实施创新驱动发展战略的新征程，深圳作为首个国家创新型城市、首个以城市为基本单元的自主创新示范区、首批国家可持续发展议程创新示范区及大湾区综合性国家科学中心主阵地，有责任、有条件、有能力继续走在前列、勇当尖兵，不断提升科技创新能级，为我国建设世界科技强国作出新的更大贡献。我们相信，《深圳科技创新四十年》一书的出版，将更好地帮助广大干部群众深入了解深圳科技创新发展历史、积极投身创新实践，进一步激发全市上下抓住用好粤港澳大湾区、深圳先行示范区和综合改革试点、全面深化前海改革开放等重大战略机遇的决心和信心，为深圳加快建成具有全球影响力的创新创业创意之都和竞争力、创新力、影响力卓著的全球标杆城市提供更多历史智慧与精神动力。

是为序。

（作者系深圳市人民政府副市长）

2022 年 2 月

第一章

实施技术引进策略，初步奠定科技创新基础

（1978—1990 年）

1978 年 12 月召开的中共十一届三中全会，标志着我国进入改革开放和社会主义现代化建设新时期。1980 年 8 月 26 日，深圳经济特区正式诞生。1984 年 1 月，邓小平首次视察深圳，对经济特区改革和发展成就给予极大肯定，要求进一步发挥好国家技术、管理、知识和对外政策的“四个窗口”功能作用。

这一阶段，深圳先后在引进外资、价格管理、基建工程招标投标、劳动用工合同制、企业分配制度、土地使用等方面进行大胆创新，初步形成了有利于竞争和要素自由流动的市场经济体制。建设了蛇口工业区、上步工业区、八卦岭工业区、科技工业园、沙头角保税区等产业载体，建成或开工建设蛇口港、赤湾港、妈湾港、盐田港、广深高速、深圳机场、皇岗口岸等重大基础设施，成立了康佳、华强、中集、赛格、中兴、华为、海王、深科技、安科、科兴、中广核、富士康等重要科技创新企业，为产业快速发展打下了根基。到 1990 年，深圳 GDP 较 1979 年增长 80 多倍，常住人口达 168 万，“三资企业”达到 3000 多家[①]，“内联企业”2000 多家，初步形成以电子、纺织、食品、轻工、石化、机械、建筑材料为主的外向型工业体系。深圳以引进吸收海外先进技术和管理经验为主，在城市、产业、制度等方面初步建立起科技创新的基础。

① 李灏：《继续办好深圳经济特区 努力探索有中国特色的社会主义路子——在中国共产党深圳市第一次代表大会上的报告》，1990 年 12 月 15 日。

第一节　改革开放先行一步

一、深圳经济特区的建立

深圳市的前身为宝安县，毗邻香港，外逃严重，是中央和广东省关注的重点边防地区之一。为充分利用宝安县有利条件，大力发展经济并安定边防，从中央到广东省委解放思想，反复研究宝安县和深圳口岸建设计划，逐步探索以建设出口基地和新型城市为重要内容的发展新思路。

1978 年 4 月，国家计委、外贸部的经济贸易考察团赴香港、澳门进行实地考察，形成《港澳经济考察报告》上报中央，提出要借鉴港澳经验，在宝安、珠海建立出口基地，力争经过三五年努力，建设成具有相当水平的对外生产基地、加工出口基地和吸引港澳同胞的游览区。7 月，习仲勋到广东就任后第一次基层调研就来到宝安县，看到深圳河两岸经济反差巨大，提出要大力发展经济，努力缩小两地差距。随后，广东省委派出工作组到宝安、珠海两地进一步深入调研。10 月，根据调研情况，广东将《关于宝安、珠海两县外贸基地和市政建设规划设想的报告》上报国务院，提出要在三到五年内把宝安、珠海两县建设成为具有相当水平的工农业结合的出口商品生产基地，成为吸引港澳游客的游览区，成为新型的边防城市。

1978 年 12 月 18 日至 22 日，中国共产党第十一届三中全会在北京召开，作出了把工作重点转移到社会主义现代化建设上来的战略决策，实现了具有深远意义的伟大转折。以此为标志，我国进入改革开放历史新时期。

广东省委结合十一届三中全会精神传达学习和深入调研，创造性地提出了“先走一步”的构想。1979 年 1 月，广东省委决定，要利用广东毗邻港澳的有利条件，利用外资引进先进技术设备，搞补偿贸易，搞加工配套，搞合作经营。同时，与香港一河之隔的宝安县改变行政建制，建设成为中等城市的计划也应运而生。1 月 23 日，广东省委做出决定将宝安县改为深圳市，成立中共深圳市委，以建立出口商品基地，发展对外贸易。2 月，国务院批转广东省委报告，要求深圳在三到五年内建成对港澳的出口商品基地，吸引港澳游客的旅游区和新型的边境城市。3 月 5 日，国务院批准深圳市成立，深圳开始进入新的历史时期。

与此同时，蛇口工业区的开发建设与深圳撤县建市并行发展。1979 年 1 月 6 日，交通部和广东省联合向国务院上报《关于我驻香港招商局在广东宝安建立工业区的报告》，提出在蛇口建立工业区，利用国内较廉价的土地、劳动力以及国外的资金、先进技术和原材料，以实现我国交通航运现代化，促进边防城市工业建设和广东省的建设。1 月 31 日，李先念批示同意。2 月 2 日，国务院批准由香港招商局在蛇口 2.14 平方公里土地上建立我国大陆第一个出口加工工业区。

7月8日，蛇口工业区全面开工建设，打响了中国改革开放的“第一炮”。

1979年4月，在中央工作会议上，习仲勋代表广东省委正式向中央提出广东要在改革开放中先走一步，实行特殊政策、灵活措施和创办贸易合作区的设想，得到中央领导支持。对于习仲勋提出的在毗邻港澳的深圳、珠海以及汕头兴办出口加工区的大胆设想，邓小平表示非常赞同，他说：“还是叫特区好，陕甘宁开始就是叫特区嘛！中央没有钱，可以给些政策，你们自己去搞，杀出一条血路来！”①

中央工作会议后，中央书记处书记、国务院副总理谷牧带领中央有关部委组成的工作组到广东、福建两省研究建设特区问题，形成专题报告。6月6日，广东省委向中央上报《关于发挥广东优越条件，扩大对外贸易，加快经济发展的报告》，提出在深圳等地试办出口特区。7月15日，《中共中央、国务院批转广东省委、福建省委关于对外经济活动实行特殊政策和灵活措施的两个报告》正式下发，批准广东、福建两省在对外经济活动中实行特殊政策和灵活措施，并先在深圳、珠海两市试办出口特区。这一历史性文件，吹响了创办深圳经济特区的进军号。

1980年3月，国务院在广州召开广东、福建两省会议。会议采纳了广东省建议，报请中央同意，将“出口特区”

---

① 中共中央文献研究室编：《邓小平年谱（1975—1997）》（上），中央文献出版社2004年版，第510页。

名称改为内涵更加丰富的“经济特区”。名称的更改，得到邓小平的肯定。5月16日，中共中央、国务院对《广东、福建两省会议纪要》作出批示，正式定名为“经济特区”。文件指出，经济特区的管理，在坚持四项基本原则和不损害主权的条件下，可以采取与内地不同的体制和政策。特区主要实行市场调节，为了吸引侨商、外商投资，所得税、土地使用费、工资可略低于港澳。文件要求广东应首先集中力量把深圳经济特区建设好。1980年8月26日，第五届全国人民代表大会常务委员会第十五次会议批准在深圳、珠海、汕头、厦门设立经济特区，并通过了《广东省经济特区条例》。至此，深圳经济特区通过立法程序正式宣告成立。

《广东省经济特区条例》明确了经济特区设立的目的、管理机构、经营范围、企业的注册和经营、劳动管理、组织管理、优惠政策等内容。经济特区设立的目的是“为发展对外经济合作和技术交流，促进社会主义现代化建设”，鼓励外国公民、华侨、港澳同胞及其公司、企业，到特区投资设厂或者与特区合资设厂，兴办企业和其他事业，发展特区经济。客商在经济特区的经营范围包括“一切在国际经济合作和技术交流中具有积极意义的工业、农业、畜牧业、养殖业、旅游业、住宅和建筑业、高级技术研究制造业”。经济特区企业雇佣的职工，按企业经营要求进行管理，必要时可以解雇，企业职工可以按照合同规定向企业提请辞职，中国职工的工资、奖励、劳动保险等按照管委会的规定，由企业同职工签订合同商定。在土地的使用年限、使用费、缴纳办法等方面，根据行业和用途给予优惠，企业进口生产所必需的机器设备、零配件、原材料、运输工具和其他生产资料，免征进口税，企业所得税率为 15%，且投资达到 500 万美元或者技术性较高、资金周转期较长的企业，还享有特别的优惠，对企业的利润、工资等的汇出也提供便利，对来特区的外籍人员、华侨、港澳同胞出入境提供方便等。

1981 年 5 月至 6 月，国务院召开广东、福建两省和经济特区工作会议。7 月 19 日，中央批转《广东、福建两省和经济特区工作会议纪要》，系统提出十条政策性意见，积极稳妥将特区工作推向前进。随着一系列文件、条例及规章制度出台，经济特区基本政策趋于完善。

深圳经济特区的范围经过反复酝酿研究得以明确。1981 年 5 月 4 日，深圳市委向广东省委提交了《关于深圳经济特区范围和管理的请示报告》，把特区范围总面积确定为 327.5 平方公里，呈不规则狭长状，东西长 49 公里，南北平均宽度约 7 公里。深圳经济特区辖 5 个管理区：沙头角管理区 65 平方公里（原沙头角公社、盐田公社），罗湖管理区 74.2 平方公里（原附城公社、深圳镇），上步管理区 68.8 平方公里（原福田公社），南头管理区 108.1 平方公里（原南头公社），蛇口工业区管理局 11.4 平方公里（原蛇口公社和蛇口工业区）。上述意见得到省委认可，并上报中央。1982 年 6 月 2 日，国务院批准《广东省深圳经济特区二线设防和管理方案的意见》，正式确定了深圳经济特区范围。深圳经济特区成为当时世界上最大的经济特区。

二、邓小平首次视察肯定特区探索

在经济特区初创时期，深圳首先集中力量进行大规模的基础建设，努力创造良好投资环境。深圳制定城市建设和经济社会发展总体规划，逐步改善特区管理体制，制订有关配套法规。1980年开始，开发罗湖、上步、蛇口、华侨城等新城区，开始建设蛇口、赤湾、东角头、妈湾等港口及南头直升机场，完成水贝、沙河变电站的扩建增容工程、罗湖车站联检大楼。开发兴建了上步、八卦岭、水贝、蛇口、沙河、南油等工业区，引进一批外资和先进技术，创办深圳科技园，发展高新技术产业。开始建设深圳大学、图书馆、体育馆、科学馆、大剧院等八大文化设施，文化事业开始起步。同时，深圳以市场为取向，以基本建设管理体制和价格体制改革为突破口，在全国率先进行了工资制度、价格体制、劳动用工制度、基建体制、住房制度、物业管理、企业体制、劳动保险制度、干部人事制度以及政府机构、外贸体制等方面的改革，建立劳务工市场、人才市场、技术商品交易所，推行社会养老保险。在对外开放方面，深圳先后开放文锦渡、蛇口码头、梅沙、沙头角、赤湾、大亚湾、东角头等口岸，开放金融业并引进一批境外银行，通过外引内联发展“三来一补”和“三资企业”。

在“时间就是金钱，效率就是生命”“实干兴邦、空谈误国”等理念的推动下，深圳创造了三天一层楼的“深圳速度”。到1984年初，深圳经济特区完成基建投资约19.5亿元。罗湖、上步24平方公里现代化新城区，初步完成道路、供水、供电、通讯、排污、排洪、供气等“七通一平”基础工程，建起一大批厂房、住宅、商品楼宇和拥有现代化设施的高级酒楼、宾馆，以及一批设备完善、风景秀丽的旅游度假村。在党中央、国务院和广东省委、省政府的正确领导下，深圳经济特区已由一个边陲农业县变成初具规模的现代化城市，初步形成以工业为主，兼营商业、农业和旅游业的综合型经济特区。

1984 年 1 月 24 日至 26 日，邓小平一行视察深圳。他说：“办经济特区是我倡议的，中央定的，是不是能够成功，我要来看一看。”[①] 邓小平听取了深圳市领导汇报的特区建设情况。他登上建成开业不久的罗湖国际商业大厦，在 22 层的天台眺望即将成为全国最高建筑的 53 层国际贸易中心大厦，以及初具规模的罗湖新城区，对特区的建设和发展速度表示满意。他走访与香港新界仅有一河之隔的渔民村，了解村民生产状况和生活情况。邓小平十分关注深圳的电子工业，前往参观了中国航空技术进出口服务公司最早在深圳办的电子厂。他称赞电子厂集中力量开发电脑软件、产品打进港澳市场的做法，对科技人员给予鼓励。在蛇口工业区，袁庚汇报了蛇口的建设和招商引资情况，并介绍了劳动人事工资制度改革、住房商品化、领导竞选上岗等改革，以及“时间就是金钱、效率就是生命”等口号，得到邓小平赞许。

---

① 中共中央文献研究室编：《邓小平年谱（1975—1997）》（下），中央文献研究出版社 2004 年版，第 945 页。

返京之前，在广州停留期间，邓小平为深圳经济特区题词："深圳的发展和经验证明，我们建立经济特区的政策是正确的"，肯定了深圳经济特区的建设和发展成就。

1984 年 2 月 24 日，邓小平回京后同几位中央负责人谈话强调："我们建立经济特区，实行开放政策，有个指导思想要明确，就是不是收，而是放。这次我到深圳一看，给我的印象是一片兴旺发达，深圳的建设速度相当快，盖房子几天就是一层，一幢大楼没有多少天就盖起来了。那里的施工队还是内地去的，效率高的一个原因是搞了承包制，赏罚分明。深圳的蛇口工业区更快，原因是给了他们一点权力，五百万美元以下的开支可以自己作主。他们的口号是'时间就是金钱，效率就是生命'。特区是个窗口，是技术的窗口、管理的窗口、知识的窗口，也是对外政策的窗口。从特区可以引进技术，获得知识，学到管理，管理也是知识。特区成为开放的基地，不仅在经济方面、培养人才方面使我们得到好处，而且还会扩大我国的对外影响。"① 这次重要谈话，由中央办公厅以白头件方式，发至中央国务院各部门和地方领导人，对统一党内思想、坚定对外开放信心，起到了历史性作用。

三、大力发展外向型经济

经济特区建立初期，深圳充分利用毗邻香港的区位优势和中央赋予的特殊政策，实行外引内联，发展"三来一补"

①《邓小平文选》第三卷，人民出版社 1993 年版，第 51 页。

和“三资企业”，为特区经济发展和技术进步奠定了基础。但是，高速发展的深圳也暴露出一些问题：基建的摊子铺得太大，市财政用于基建的投资占比从1979年的33%提高到1985年的54%；产业结构不合理，工业比重太低，引进的外资大部分投进了房地产和旅游业，引进的大多是劳动密集型企业，企业管理水平和技术水平不高，产品外销竞争力不强。一时间，国内外对深圳的发展议论纷纷。

党中央和国务院高度重视深圳经济特区所面临的困难与挑战。1984年5月底，中央书记处书记、国务委员谷牧在深圳主持召开了第一次全国经济特区工作会议，广东、福建两省负责人和4个经济特区的负责人参加了会议。1985年2月24日至26日，谷牧在深圳主持召开经济特区工作座谈会，重申特区发展要以“利用外资为主”“举办工业生产项目为主”“产品以出口为主”“大力引进先进技术”，而不能满足于盖大楼。1985年8月，邓小平在会见日本友人时指出：“我们特区的经济从内向转到外向，现在还是刚起步，所以能出口的好的产品还不多。只要深圳没有做到这一点，它的关就还没有过，还不能证明它的发展是很健康的。”① 1985年11月5日至10日，国务院特区办再次在深圳召开座谈会，专题对深圳经济特区发展外向型工业进行“会诊”。会议强调，深圳要发挥地理和政策优势，不断完善投资环境，外引内联，扬长避短，依靠国内技术和资源优势，重点发展轻、

① 邓小平同志会见日本公明党第十三次访华代表团时的谈话。

小、精、新工业，建立合理的企业结构，开发在国际上有竞争力的产品，形成有应变能力的外向型工业体系。

为了进一步确立特区经济发展战略，1985 年 12 月 25 日至 1986 年 1 月 5 日，国务院在深圳再次召开了全国经济特区工作会议。会议确立了中国经济特区建立外向型经济的发展目标和工作重点，特区经济发展开始进行战略性调整。1986 年 2 月 7 日，国务院批转《特区经济工作会议纪要》，强调经济特区应坚决贯彻中央和国务院的指示精神，进一步做好外引内联工作，努力建立以工业为主、工贸结合的外向型经济，充分发挥“四个窗口”和辐射内地的作用。特区产品结构应以具有先进技术水平的工业为主，工业投资以吸引外资为主，引进应以先进技术为主，产品以出口为主，外汇收支平衡并有结余等。经济特区指导思想和工作重点要从前几年铺摊子、打基础，转到抓生产、上水平、求效益方面来。

全国经济特区工作会议后，深圳市委市政府出台《深圳经济特区发展外向型经济的工作纲要》制定了特区新阶段的经济发展目标和任务。深圳转移建设工作重点，压缩基建规模，保障重点建设，扩大招商引资，发展出口加工业远洋贸易，迅速形成以工业为主的外向型经济的发展格局。1986 年起，深圳市政府举行各类经贸洽谈会、展销会，介绍深圳投资环境、优惠政策和经济成就，争取外商到深圳投资办厂。在审批投资项目时，注意引进外商独资或中外合资、产品以外销为主的企业，尽可能引进技术先进、出口创汇的大型项目。对资本、技术密集型的海外企业，在用地、税收方面给予特别优惠。深圳在国家紧缩银根、治理整顿的情况下，利用外资解决经济建设和科技创新资金紧缺的困难，加快城市基础设施建设和外向型工贸企业的发展。1987年，深圳出口贸易超过进口贸易，扭转先前连续4年的逆差。1988年底，深圳利用外资规模在全国大中城市中居于首位，出口总额居于全国大中城市第二位，外向型经济迈入健康发展轨道。

1987年6月12日，邓小平会见外国友人时说："深圳搞了七八年，取得了很大的成绩。当然一个完全新的事物不允许犯错误是不行的，有一点错误也是很小的。""他们自己总结经验，由内向型转向外向型，就是说能够变成工业基地，并能够打进国际市场。这一点明确后，也不过两三年时间就改变了面貌。深圳的同志告诉我，那里的工业产品百分之五十以上出口，外汇收支可以平衡。现在我可以放心大胆地说，我们建立经济特区的决定不仅是正确的，而且是成功的，所有的怀疑都可以消除了。"①

四、初步奠定科技创新基础

1978年3月18日，全国科学大会在人民大会堂隆重开幕，邓小平在开幕式上作重要讲话，明确而深刻地阐述了"科学技术是生产力"的马克思主义重要观点，论述了科学

①《改革的步子要加快》（1987年6月12日），《邓小平文选》第三卷，人民出版社1993年版，第239页。

技术对推动经济社会发展的重要作用和科学技术现代化在实现四个现代化中的关键地位。会议提出了建成科学技术研究体系、学习国外的先进科学技术和加快国际交流等 10 项具体任务。全国科学大会之后，我国科学技术事业的发展迎来了历史性转折。

经济特区成立后，深圳大力发展科技事业，不断集聚研发人才，持续加大研发投入，大批引进先进技术，鼓励民间科技企业创办发展，形成科技创新的产业基础。1980 年至 1985 年，深圳科技事业重点从为农业服务转向为建筑业和商业服务，各类科研机构逐步建立起来。1984 年底，深圳市专业科研机构已发展到 11 个，科技人员 188 人，高、中级科技人员有 80 人。1985 年 7 月，中国科学院与深圳市政府合作建立了深圳科技工业园，深圳科技开发力量大为加强。同年 11 月，深圳召开第一次科技工作者会议，明确以外向型工业为主的发展方向。1986 年，《深圳市发展外向型经济的战略规划》出台，深圳科技事业实现了为以工业为主的外向型经济目标服务的战略调整。1988 年，《深圳市中长期科技发展规划》和《深圳市“八五”科技发展计划》出台，进一步绘就深圳科技发展蓝图。1987 年至 1988 年，深圳兴起新产品、新技术开发高潮，全市共开发新品种 500 多种，达到国内外先进水平的科技成果开始批量涌现。1989 年，深圳企业加紧技术研发，生产出高级收录机、音响、彩电、计算机、程控交换机、集成电路、通信设备、激光技术和新型材料等大批高新技术产品。当年，全市各类科研机构已发展到

99 个，其中自然科学 78 个，社会科学 12 个，涵盖工业、农业、医疗卫生和环保等各领域，大部分大、中型工业企业已经设立或开始筹建常设性的新产品、新技术研究开发机构，逐渐形成以企业为主体的科研开发网络。全市拥有独立的检测、检验机构 12 个，主要情报信息机构 19 家，科技开发力量不断增强。

1990 年，深圳经济特区成立 10 周年时，全市已经拥有各类科研机构 100 多家，另有中央和各省市驻深科研机构 100 多家，以及内地 30 多所高等院校和 110 多个科研单位在深圳创办的各种类型的科研生产联合体。通过招聘、商调和培训，全市各类专业科技人才达 45250 人，其中自然科学人员占 56%，社会科学人员占 44%，具有高级职称的 1646 人，中级职称 9839 人。加上中央各部委、各省市驻深单位和内联企业的 2 万多名科技人员，全市科技人员达 6 万多人，这些机构和人员组成了特区科技开发力量的主体。[①] 这一时期，深圳科研机构、企业研发能力和技术创新成果等都有较快发展，为下一阶段科技创新奠定了重要基础。

① 深圳市史志办公室编：《中国经济特区的建立与发展：深圳卷》，中共党史出版社 1997 年版，第 365 页。

第二节　初步形成科技创新的企业主体地位

一、“三来一补”开启对外合作之路

经济特区成立前，深圳仅有工业企业 224 家，大部分为集体企业和社办企业，职工 8700 多人，工业总产值 6000 多万元，仅能生产化肥、小农具、食品、日用小商品等初级产品，主要为本地市场服务。当时的香港已经是“亚洲四小龙”之一，有发达的工业基础，但面临着劳动力、土地等成本不断上升的挑战，正在寻找新的出路。

1978 年 7 月，国务院颁发《开展对外加工装配业务实行办法》，鼓励各地区、部门利用国外的原料、资金、技术和设备，发展工业生产，提高科技水平，扩大内外交流。12 月，中央批准宝安县利用毗邻香港的优势兴办外贸出口基地。经济特区成立后，深圳利用特殊政策与灵活措施，以低廉土地和低劳动力成本，发挥毗邻香港的地理优势，引进外资办工业，积极创办“三来一补”企业。“三来”即来料加工、来样加工、来件装配，是指由客商提供技术、设备，必要时也提供原材料，深圳方面提供土地和厂房，完成劳动招工，收取加工费和管理费。“一补”是补偿贸易，深圳方

面以制造的产品或获得的收益补偿客商的投入。“三来一补”具有形式灵活、投资少、见效快、风险小、成本低等特点，适合当时缺乏技术、设备和资金的情况，是深圳发展外向型经济的第一步。

1978年12月18日，宝安县石岩公社上屋大队与香港怡高实业公司合作成立上屋电业厂①，通过来料加工生产发热线圈。深圳第一家“三来一补”企业宣告诞生。工厂首批近30名工人均是上屋村村民，主要利用上屋大队不足200平方米的办公楼作为来料加工装配车间，生产设备主要是脚踏、手摇和低级的电动机械，产品是电热吹风机的发热线圈。次年，工厂即获得30万港元的加工费收入。企业成立十年间，员工达到400多人，上缴税金2000多万元，业务扩展到电吹风机、咖啡壶、多士炉等数十种产品。②深圳无线电厂也以来料加工的形式，引进了收音机加工技术和生产线，并按港商要求加工收音机主板。1979年，深圳市对外经济技术联络办公室在文锦渡兴办了威丝厂，深圳轻工业局与香港嘉年印刷制品有限公司合作设立了深圳印刷制品厂。1979年3月15日，广东省华侨农场管理局与香港港华电子企业公司合作创办光明华侨电子厂，12月正式合资兴办广东省光明

① 深圳市史志办公室编著：《深圳改革开放纪事1978—2009》，海天出版社2009年版，第186页。

② 1988年，公司更名为电业制造厂有限公司，1993年更名为上屋电业（深圳）有限公司，2007年更名为深圳全能电子有限公司，并逐渐由劳动密集型企业转型为高新企业。

华侨电子工业有限公司。这是我国第一家合资电子企业，主要生产收录机、电子表、电动玩具等电子产品，产品商标为“KONKA 康佳”。通过引进国外先进技术，康佳很快发展成为首屈一指的收录机、电视机生产厂家。

1979 年 6 月 6 日，广东省委在给党中央、国务院《关于发挥广东优越条件，扩大对外贸易，加快经济发展的报告》中提出，要先搞加工装配、轻型加工业和旅游事业等，逐渐积累资金，再兴办加工程度高的项目。1979 年 8 月，国务院下发《关于大力发展对外贸易增加外汇收入若干问题的规定》，明确了对“三来一补”、合资企业简化手续和创汇分成的具体办法，“三来一补”成为当时利用引进资金、技术的主要方式。随着 1980 年 8 月经济特区正式建立，深圳掀起了“三来一补”企业发展的第一个热潮。当年底，全市“三来一补”企业达到 270 家，形成众多的工业区和工厂群，分布在沿深圳至惠阳、广州、观澜公路的三个区域，涉及制衣、塑料、玩具、电子、机械、印刷等 4000 多种产品。到 1981 年底，深圳引进各种项目 1800 个，外商总投资 18 亿港元，产出工业产值 2 亿多元人民币，年加工费收入 2600 多万港元。① 到 1983 年底，深圳与外商签订合作项目 2512 项，其中“三来一补”项目有 2000 多项，占 82%。到 1984 年底，全市通过“三来一补”项目共引进机器设备 2.1 万台（套），近 30% 达到国内先进技术水平。到 1987 年，外商实

① 南岭:《深圳产业政策 40 年》，中国社会科学出版社 2020 年版，第 50 页。

际投资超 18 亿美元，在工商行政部门注册登记的外商企业达 1109 家，其中合资项目 3 亿多美元，合作项目 8 亿多美元，独资项目 1 亿多美元，“三来一补”项目 1 亿多美元，对外借款 3 亿多美元。1990 年底，深圳市的“三来一补”企业已经达到 6400 余家，实际利用外资 32.53 亿美元，为外向型经济的升级和发展打下坚实基础。

深圳早期的“三来一补”企业，资金主要来自香港，以劳动密集型为主，技术落后、设备陈旧、投资规模小，属于外向型经济的低级发展形式。深圳未雨绸缪，在 1983 年底便提出要积极引进技术密集型、知识密集型产业。1984 年 5 月召开的第一次全国经济特区工作会议也强调，“我们引进项目，不能搞‘大路货’，不要急于填满‘空格’，否则，将来还要调整、关、停、并、转。”① 1987 年，深圳市政府提出“一要发展，二要提高”的方针，对完全属劳动密集型的“三来一补”项目做出限制，鼓励提高技术水平。到 20 世纪 90 年代中期以后，随着深圳经济体制的完善、技术水平和管理能力的提高，高新技术产业迅速发展起来，“三来一补”企业逐渐淡出历史舞台。

二、三资企业提升技术引进质量

三资企业指外商独资、中外合资、中外合作企业。与“三来一补”企业相比，三资企业的合作层次更高，技术和

①《谷牧与深圳经济特区初期发展抉择》，《深圳文史》第八辑。

管理更先进，发展前景也更广阔。1982年以后，三资企业在深圳开始有较大发展，多数由“三来一补”企业转型发展而来，如康佳电子、中华自行车、家乐家私、华强三洋等都经历了从“三来一补”转型到三资企业的发展过程。深圳早在1982年就预见到了“三来一补”的三种发展方向：第一种由来料加工直接发展为合资或合作企业；第二种在保持来料加工的基础上，再重新组建新的三资企业；第三种保持来料加工关系，在加工品种方面有新发展。深圳主要为“三来一补”企业向第一、二种方向发展创造更多条件。

1979年，泰国农牧业大王谢国民创办深圳正大康地有限公司，这是深圳经济特区引进最早、规模最大的外商投资项目。1980年，正大康地年产24万吨的饲料厂在南头正式建成，是当时国内最大的现代化饲料厂（1980年全国配合饲料产量仅200万吨）。随后，集团陆续建立了种鸡场和种猪场。1981年1月，深圳市畜牧局与正大康地有限公司签约，由后者独资经营饲料厂和畜牧饲养业，投资2100万港元，经营期限30年，正大康地领到了深外资证0001号批准证书，成为深圳第一家外资企业。正大康地为中国带来了先进的养殖技术和现代化管理制度，为外企入华投资树立了成功典范。①

1980年，香港罗氏美光集团在深圳经济特区创建了首

①《正大康地到底是一家什么样的企业？》，www.feedtrade.com.cn/news/enterprise/2015-12-02/2024714.html。

家港商独资企业——新南新染厂有限公司，成为香港纺织印染行业首家内迁深圳的企业，4 年后改组为深港合资企业，并更名为深圳中冠印染有限公司。同年 4 月，深圳市工业局与香港新友贸易有限公司成立中外合作企业新华电子厂，生产新华牌收录音机。1981 年 2 月，深圳市罐头厂与百事可乐国际有限公司合作建立深圳市饮乐汽水厂。这是全国首家生产美国百事可乐饮料的中美合资企业，深圳也因此成为全国最早与国际品牌合作生产国外品牌饮料的城市。汽水厂由美方投资 700 万美元，中方合作资金折合 160 万美元，次年 8 月正式投产。1981 年，香港大环自行车有限公司以来料加工的形式筹建工厂，并于次年 6 月投入生产。后因双方认为来料加工形式很难提高产品质量，将企业改为合资企业。1984 年，日本精工爱普生在深圳投资 1000 万美元，成立独资企业爱普生技术（深圳）有限公司，生产针式打印机。1985 年 1 月，深圳市轻工业公司与香港大环自行车有限公司合资创办的深圳中华自行车有限公司正式投产，产量实现快速增长，5 年后从年产 4.3 万辆增长到年产 107 万辆。

1985 年 1 月 18 日，广东核电投资有限公司和香港核电投资有限公司成立广东核电合营有限公司（中广核集团前身），引进法国电力、法国法马通、美国通用电气等公司的技术、设计、设备和人才，以及香港公司的资金和现代企业管理制度，建设大亚湾核电项目，总投资约 40 亿美元。这是中国大陆引进国外资金、先进技术和管理经验建设和运营的第一座大型商业压水堆核电站。核电站的主体工程于 1987

年开工，2 台百万千瓦级压水堆机组于 1994 年投入商业运行。来自 20 多个国家和地区的 1500 名外籍工作人员以及上万名国内建设者参与了工程施工。设备供应商有 600 多家，制造工厂 1700 多个，遍布全球 10 多个国家。1988 年，中国台湾的富士康集团在宝安西乡镇租了一幢五层楼的厂房，招聘 150 多名工人，兴办深圳海洋精密电脑接插件厂，从事电脑机壳生产。这是富士康在大陆的第一个生产基地。到 1995 年，富士康已经成为许多世界级 PC 大厂的重要供应商，在龙华建起占地约 2 平方公里的科技园区。

蛇口工业区是深圳最早集中发展工业的大型开发区，率先规模化引进外资，其三资企业发展迅速，数量占比一度超过 70%，生产范围涵盖铝材、氧气、集装箱、收录机、计算机、电视机、电子表、玩具、饲料、饼干等 100 多个品种，产品远销美国、加拿大、澳大利亚、新西兰、西欧、东南亚及中国香港等国家和地区。1979 年 9 月，招商局与香港宏德机器铁工厂合资经营，成立了蛇口工业区的第一家港资企业——中宏制氧有限公司。1982 年 4 月，港商独资企业陆氏实业（蛇口）有限公司成立。1983 年 4 月，日本三洋电机株式会社在蛇口独资成立三洋电机（蛇口）公司。中国集装箱集团有限公司、香港森发实业有限公司、远东（香港）面粉厂、香港江维逊海务工程公司、香港远东饼干厂等先后与招商局签约，以合资或独资形式在蛇口办厂。1985 年，开发科技（蛇口）有限公司在蛇口工业区成立。这是国内首家生产电脑用温盘磁头的企业，当时被誉为“特区电子明珠”。

同年，中国科学院在蛇口成立中国科健公司，研制生产电子设备和计算机设备。计算机辅助工作站是科健早期的代表性科研成果。当时，我国还没有掌握磁共振成像技术，中国科健公司联合在磁共振设备方面有较强开发能力的美国安娜逻辑公司，共同创办了安科高科技公司，研发磁共振成像设备，并在 1989 年底成功推出第一台拥有自主知识产权的磁共振成像系统设备，获得中国科学院 1990 年度科技进步一等奖，使我国成为全球第四个能生产同类产品的国家。多普勒血流仪、生命电子监护仪等一批高技术电子医疗设备也相继问世。安科高技术公司成为我国最主要的高端电子医疗设备生产商，也成为我国最大的电子医疗设备的人才集聚地，被称为“中国电子医疗仪器的黄埔军校”①。

在引进国外先进技术、成熟设备和科学管理的同时，三资企业不断提高产品质量，如深圳生产的“康丽牌”双卡式收录机在 1983 年获国家经贸委颁发的优秀新产品证书，深圳产的“三洋牌”彩色电视机在 1984 年时质量超过日本三洋同类产品水平。到 1984 年底，深圳引进了一批比较先进的设备，有印刷电路板生产线、电脑检测彩电生产线、集成电路后工序生产线、七彩印刷薄膜生产线、泡沫塑料生产线、液晶显示器生产线等，在当时的国内具有较高的技术水平。

① 钱汉江主编：《深圳电子三十年》，深圳报业集团出版社 2017 年版，第 81—82 页。

三、内联企业加速科技产业聚集

在大力引进外资的同时，深圳制定“立足深圳，依托内地，面向海外，走向世界”的发展方针，实施横向经济联合，即“内联”“手拉手”，依托全国工业基础和技术力量，引进内地的企业和其他经济组织在深圳兴办企业。内联企业与外资企业、市属企业形成三足鼎立之势，促进了多元化、现代化跨国企业集团和科学技术的发展。①

内联企业在特区成立之前就已经开始进入深圳，成为推动深圳经济发展和技术进步的重要力量。从 1979 年下半年开始，总参通讯部、第四机械工业部（后更名为电子工业部）、第三机械工业部 (后更名为航空工业部)、航天工业部、兵器工业部、核工业部、船舶总公司等中央各部门，以及广东、江苏、甘肃、贵州、吉林等地的省属企业相继在深圳兴办工业企业。深圳内联企业形成了四种基本的组织形式：一是由国务院工业部委牵头，联合各省市同行业和深圳组成联合股份公司，如纺织工业部的华联纺织有限公司、轻工业部组织的振华兴华联合股份有限公司、广深医药联合有限公司等；二是由深圳工业行业公司和国务院有关部委在深圳的分公司组成工业集团公司或联合公司，如电子工业集团公司、有色金属总公司和深圳的公司组成联合公司；三是以国务院有关工业部委为主，组织所属企业来深圳办厂，如中

① 深圳市委政策研究室编著：《深圳特区十年》，海天出版社 1990 年版，第 28 页。

航技进出口有限责任公司等；四是以深圳市的市属企业为主，和国内各省市地方的企业或部属企业组成独立的内联企业，如华发电子公司、第二砂轮厂深圳联合公司等。①

1983 年，《深圳经济特区近期内联企（事）业若干政策的规定》出台，对开展横向经济联合的原则、重点、对象、税收优惠办法等都做出了明确具体的规定，并鼓励更多的内地单位到深圳联合新办企业，强调内联的重点是工业项目。1984 年，邓小平视察特区并肯定深圳的发展成绩，更多内地企业被吸引前来深圳投资办厂。1985 年，全国经济体制大改革，国务院的经济管理部门开始转换职能，实行政企分离，部属企业纷纷转向市场，投入市场经济大潮。在此背景之下，各地区、各部门的资源、资金、人才、技术、产品等要素争相涌入深圳经济特区，出现内联企业创办高潮。1986 年 3 月，国务院颁布《关于进一步推动横向经济联合若干问题的规定》，鼓励内联企业进行技术创新和产品开发，支持生产企业和科研单位联合进行中间试验，并对联合的技术成果所有、利用等进行了界定。1987 年，深圳明确提出内联不仅要增强特区经济实力，发展外向型经济，同时也要发挥特区“窗口”和“辐射”作用的基本途径。深圳要“努力扩大和加强与内地科技部门的联合，充分依靠内地的科技力量，提高本市的科技开发能力”②，内联企业开始从低层次、自发、

① 乐正主编：《深圳的国际科技创业创新之路》，海天出版社，第 37 页。
②《中共深圳市委员会、深圳市人民政府关于加强科技工作的决定》（深委〔7986〕第 3 号）。

零散的联合向有计划有步骤的联合发展。深圳积极与内地高校和科研院所联合，移植优秀科技成果，进行科技研发和新产品开发，推动企业技术进步，初步建立起以企业为主体、科研生产一体化的研究开发新机制。

爱华电子有限公司先后与电子工业部六所、电子工业部十五所、清华大学、北京工业大学等单位开展协作，研制生产单板机、软磁盘、微型计算机、显示器及开发相关软件，实现了高速发展。为抓住世界光纤通信发展机遇，追赶光纤技术先进水平，1988 年 7 月，深圳光通发展有限公司成立，引进国际光纤光缆生产线，延揽加拿大光纤专家，大规模生产光纤。到 1990 年，深圳生产的光纤产品已经在国内通信工程中大规模使用。中兴半导体有限公司与北京邮电学院程控交换系合作研究开发程控交换机，自行研制的 500 线数字程控交换机 ZX500 于 1989 年 11 月通过技术测试，被认定为国内具有自主产权的第一台数字程控交换机。国家科委、中国生物工程开发中心、中国预防医学科学院病毒研究所、卫生部上海生物制品研究所和卫生部生物制品研究所于 1989 年联合创建深圳科兴生物制品有限公司，成为中国第一个现代化生物工程生产企业，迈出了我国生物科技与资本结合的第一步。中国长城（深圳）计算机公司至 1990 年底共推出科研成果 120 多项，生产微型机 4 万多台、显示器 5 万多台，工业总产值 12 亿元以上，出口创汇 2000 多万美元，成为当时全国最大的计算机生产企业，其研发生产基地也成为我国当时最大的微机开发生产基地。

内联企业对深圳电子工业的发展起到了关键作用。经济特区建立之初，深圳就将电子工业列为产业布局之首。1980年，《深圳市城市建设总体规划》第一次以权威文本明确规划发展电子产业。同年，电子工业部与深圳市商定，将电子信息产业确立为深圳主导产业。1981年，《深圳经济特区社会经济发展大纲》明确深圳的工业以电子工业为主，产品主要面向国际市场。1985年，电子工业部、国家商检局和深圳市政府共同出资创办电子检测技术公共服务平台及相关机构，为电子产品开发提供技术支撑。当年底，不同经济性质的电子企业达178家，职工工人数达1.7万多人。《深圳经济特区"七五"规划（1986—1990年）》继续将电子工业列为优先发展产业。

在电子工业部及有关部门的共同努力下，1987年，电子工业部在深圳的办事处成功转制为桑达电子实业公司，结束政企合一的行政化管理体制，作为一家独立经营的电子企业走上市场化道路。为解决内联企业部属、省属与深圳市属多头管理、重复生产的诸多弊病，优化产业结构与组织结构，更好引导行业发展，深圳决定对一些较大型的企业实施集团化运营。1986年，经过磋商，深圳市政府与广东省政府、电子工业部决定以市属、省属、部属的117家电子企业为基础，组建深圳电子集团公司。1988年1月，深圳电子集团公司正式更名为赛格电子集团，成为中国电子工业第一个新型技术密集的外向型工业企业集团，重点研发生产三大类产品，即为整机配套的专业化大批量基础类电子产品、高科技类产品和市场需求迫切、能形成大的规模的产品。集团旗下一度拥有宝华、康佳等168家电子企业，1989年底总资产达28.67亿元，被国家列为全国4个重点试点企业集团之一。赛格集团先后与内地15所高校、28家研究所、28家骨干企业联合，积极开展科技引进吸收、研究开发和成果运用。集团成立第一年，开发新产品78项，新增产值2.5亿元。第二年开发新产品215项，新增产值4.3亿元。随着彩色电视机工业进入高速发展时期，没有本土彩管厂的短板严重制约了深圳彩电业发展。1989年1月，赛格集团与日本日立公司合资成立深圳赛格日立彩色显示器件有限公司，着力解决彩色电视机“卡脖子”问题，成为全国彩电重要配套企业。

该阶段，全球电子信息产业在深圳加速布局，深圳的产业能力和产业水平快速提高。1988年，第一届全国电子百强企业评比中，深圳的华发电子有限公司、光明华侨电子工业有限公司和深圳华强电子工业有限公司分列第17、25、35位，并占全国电子百强销售总额的4%。在此期间，深圳的彩电年产量达300万台，收录音机及音响年产量达200万台，电话单机达2500万台，计算机开关电源年产量达60万台，软磁盘片年产量达2万片，深圳成为全国最大彩色电视生产基地和最重要的微机及元器件生产交易中心。到1990年，全市电子工业产值72.36亿元，其中出口产值49.2亿元，占电子工业产值的67.9%，占全市出口产值的47.9%。在这一过程中，深圳电子信息产业实现了四个转变，即从来料加工为主向自主开发为主转变，从生产低档消费类电子产品为主向既发展应用的电子产品又相应发展高档电子消费类电子产品转变，从进口元器件为主向逐步提高国产化比例转变，从内销为主向既发展出口产品又相应生产国内急需的产品转变。[①]

经过近10年横向经济联合的实践探索，深圳得到内地在技术、设备、人才、资金、物资、产品等方面的大力支持，迅速发展成为全国最大的电子产业集群地，为产业发展奠定了坚实的基础。1987年，全市工业总产值55.8亿元中，纯内联企业产值达10.3亿元，占全市工业总产值约18.5%。至1989年底，中央40多个部委、总公司和30个省市、自治区以及112个地市都在深圳设立了办事机构，兴办内联企业3900多家，协议投资80多亿元，实际投资30多亿元。内联企业中工业、工贸企业有1400家，约占全市企业的一半。深圳还提出“双向联合”的横向经济联合方针，即由以往内地单方面到深圳投资，转变为深圳也到内地投资协作，向内地转移先进技术、市场信息以及科学管理方法，为内地的改革开放提供许多可供借鉴的经验。1989年底，深圳企业在全国26个省、市、自治区设立了198家工商企业和分支机构，有效发挥了深圳经济特区“窗口”辐射和带动作用。

---

① 魏志达等：《制度变迁中的解构与创新》，人民出版社2010年版，第8—9页。

四、民营科技企业激发创新活力

1987年2月，深圳颁布《关于鼓励科技人员兴办民间科技企业的暂行规定》(以下简称《暂行规定》)，规定科技人员可以“自筹资金、自愿组合、自主经营、自负盈亏”模式，组建民营科技企业，参与科技创新进程。《暂行规定》承认并保护民间科技企业的财产权、正当经营权及其他企业享有的同等权利，允许科技人员自愿联合投资从事科技开发及与其相关的生产、销售、咨询服务等经营活动的企业。科技人员可以用现金、实物、专利、专有技术、商标权等投资入股，取得股息和红利，允许一万元注册，并允许无形资产折成资本，降低科技人员创业门槛。民间科技企业按集体企业纳税，解决了企业的性质问题。特区内干部职工到民营科技企业工作，可以辞职或停薪留职2到3年，消除了干部职工的后顾之忧。特区外科技人员在特区创办或入职特区民营科技企业，可以办理特区内的居住手续。

《暂行规定》使得科技人员从研究机构投身市场第一线，经市场风雨洗礼快速成长，激发出无限活力，掀起深圳民营科技企业发展高潮。《暂行规定》出台仅三个月，深圳市科委就接待了164批、约500人次的来访者。有48家民间科技企业申报注册①，其中企业负责人原单位在特区外的有21个，分别来自北京、上海、广州、西安、武汉、成都、昆

①《深圳市已有48家民间科技企业申报注册》，《特区经济》1987年6月25日。

明等十几个城市。此后几年，大量科技人员在深圳创办科工贸一体化的民营科技企业，推动科技成果转化为商品，为探索高科技产业发展闯出新路子。这些企业注重技术与市场的紧密结合，通过发明新专利和开发新产品成为市场翘楚。这些企业主要分布于电子、机电、仪器仪表、计算机及软件、化工材料轻工、生物制品、医疗设备、工程设计等行业，在当时生产出一批畅销商品，如深圳云海计算机通讯有限公司的寻呼发射机、深圳新世纪饮水科技有限公司研制的系列多功能饮水设备、深圳生命力保健科技有限公司和深圳蓝宝科技的系列保健食品、深圳求实技术开发公司自主开发的储油罐内浮顶系列产品、深圳五岳电子有限公司的系列计量产品、深圳科发实业有限公司的石英钟、新地计算机网络有限公司的计算机网络产品、康地科技有限公司的电脑台、捷成电子公司的不间断电源等，具有很强的市场竞争力。

1987 年，任正非和另外 5 名技术人员共投入资金 2.4 万元，在南头区南油工业区创办了华为技术公司，靠代理一家香港公司的程控交换机获得第一桶金。任正非认为，企业如果不搞自主开发，就没有前途。尽管资金有限，他坚持自主开发程控交换机，于 1990 年开始自主研发面向酒店与小企业的 PBX 技术并进行商用。华为技术公司紧紧依靠自主研发，在信息通信行业不断发展壮大，产值收入、研发费用、专利数量等都实现了快速增长。1987 年 4 月，在江西南昌一家电视机厂担任副总工程师的邓清辉出差到深圳，得知《暂行规定》出台，于当年 11 月辞职来深创办了深圳辉煌电子股份有限公司。这是我国第一家获电子工业部颁发彩色电视机生产许可证的民营企业。1989年，张思民在蛇口一套普通民房里创办深圳工贸公司（海王集团前身）。公司利用仅有的一个专利技术成果，生产从牡蛎中提炼的海洋生物保健产品——海洋药物（金牡蛎），当年销售额就突破千万元。1990年，徐少春"下海"来到深圳，在一家会计师事务所担任电脑部经理，他在工作中意识到财务管理软件的前景，于次年创办深圳爱普电脑技术有限公司（金蝶软件的前身）。1990年4月，两仪文化科技有限公司和深圳科技工业园总公司电脑实验室联合开发完成世界首创的高科技成果"聚珍整合系统"，成为继"全汉字编码输入与字形输出技术"后的又一项重大突破。成都电子科技大学的一批科技人员在深圳创办新欣软件产业有限公司，研发了全国证券交易系统并得到广泛应用，对深圳的软件和网络应用与发展起到了重要的引领作用。另一家以网络研究与建设为主的企业深圳黎明电脑网络公司，其产品在证券交易领域也发挥了重要作用。

1987年至1989年的两年间，深圳民营科技企业开发的新产品达210多项。[①] 截至1990年，深圳的民营科技企业发展到134家，职工人员2042人，科技人员占42%，工业产值达到1.46亿元，创汇1047万美元，累计上缴税金1140万元。其中，产值超过千万的企业有3家，超过百万的企业有

① 深圳市委政策研究室编著：《深圳特区十年》，海天出版社1990年版，第127页。

17家，华为技术有限公司1990年产值和销售额均超过3500万元[①]。截至1991年，深圳民营科技企业获国际奖17项，国家级奖3项，部省级奖16项，地市级奖23项，为深圳技术革新作出了巨大贡献。20世纪90年代初的深圳市民间科技企业调查显示[②]，深圳民间科技企业中的科技人员80%以上来自内地大专院校、科研单位、军工部门，基本上是五六十年代培养的大学生，80年代的新毕业大学生、研究生也占一定比例，他们被深圳优越的创业环境所吸引，想到特区干出一番事业。此外，深圳的民间科技企业约有7000多家属于电子和计算机行业，约有60%从事高新技术领域的开发和生产。实践证明，《暂行规定》对深圳发展高新技术产业具有里程碑式的意义，促成了华为、金蝶、海王等等一批高科技民营企业的诞生，也促成了深圳研发机构、研发人员、研发投入、研发成果90%在企业基本格局的形成。

① 谢绍明：《特区建设中一只不可忽视的科技力量——深圳市民间科技企业调查报告》，《中国科技产业》1991年第6期。
② 谢绍明：《特区建设中一只不可忽视的科技力量——深圳市民间科技企业调查报告》，《中国科技产业》1991年第6期。

第三节 建设工业载体和科技园区

一、开发建设蛇口工业区

1979年1月31日，经国务院批准，香港招商局在深圳蛇口全资独立开发工业区，蛇口工业区正式成立，成为中国第一个对外开放的工业区。

蛇口工业区位于南头半岛，与香港新界的元朗和流浮山隔海相望，水陆交通便利。作为我国第一个出口加工工业区，蛇口工业区采取了特殊经济政策，货物、人员进出口自由，行政管理由广东省负责，企业管理由招商局按香港办法实行，工人工资发放原则既参照香港又照顾内地。1979年2月，蛇口工业区参考新加坡、菲律宾、马来西亚、罗马尼亚、南斯拉夫等国加工区、自由贸易区的有关条例、法令，制定《招商局蛇口工业区投资暂行条例》。11月，广东省、深圳市和招商局签订《关于经营蛇口工业区的内部协议》，蛇口工业区成为深圳经济特区的一个部分，是“特区中的特区”。

蛇口工业区的开发建设始于艰巨的基础工程。1979年2月，招商局与广东省公路勘察规划设计院和交通部第四航务工程局签订了蛇口工业区“三通一平”（路通、水通、电通、平整土地）设计委托书。7月8日，蛇口工业区破土动工，打响了中国改革开放“第一炮”。工业区首期开发 1 平方公里的荒坡地，开始进行“三通一平”，后来发展为“五通一平”（通水、通电、通电讯、通航、通车和平整土地）第一期工程包括建设港口（开挖航道和自建 600 米长的工业区专用码头），修建公路、变电站、水厂，铺设管道、电线等。开发平整好的工业用地可在 50 米内与地下工程（水、电、电讯、污水处理管道）接通，并有公路与工业区主干道相连，形成良好的交通和设施基础。至 1981 年 5 月，一期工程建设基本完成。

蛇口工业区在建设之初就开始与外商、港商洽谈办厂，充分体现了“时间就是金钱、效率就是生命”的理念。1979 年 9 月，招商局与香港宏德机器铁工厂签订合资经营中宏制氧有限公司协议，中宏公司成为进入蛇口工业区的第一家港资企业。12 月，招商局与瑞士大昌洋行集团有限公司达成协议，组成中瑞机械有限公司，总部设在香港，分公司及总厂设在蛇口工业区。法国、日本、意大利、美国、澳大利亚、印尼、毛里求斯、阿富汗等国的企业家、外交官也纷纷前来洽谈办厂事宜。第一期基础工程完工时，蛇口工业区已引进生产项目 14 个，总投资 5 亿港元，包括集装箱厂、轧钢厂、铝材厂、船用油漆厂、制氧厂、游艇厂、拆船厂、面粉厂、饼干厂和饮料厂等。

在大力发展生产的同时，蛇口工业区注重提供园区配套服务，发展房地产业和第三产业，兴建了一批酒店、餐厅、宾馆和商场，开设中资和外资银行，开办水陆运输公司、旅游公司，建设医院、学校、幼儿园及各类文体娱乐设施，加强交通、治安和环境绿化管理。蛇口工业区通过对外合作，加速推动城市基础设施建设，如美国建业投资公司出资建设标准工业厂房，香港大东通讯公司供应及安装设于蛇口的电话交换机以及连接蛇口与深圳两地的微波通讯系统，与香港汉贸公司合作兴建别墅及公寓型住宅等。工业区还加快引进世界先进技术、设备、工艺，如美国微波中继数字程控交换通讯系统、日本联合切割机、丹麦“老人”牌油漆配方和工艺设备、美国制氧设备、高级润滑油技术、大规模集成电路、电脑控制系统、意大利连铸机等，同时注重引进先进的管理方法，如蛇口三洋采用日本式管理，生产效率不断提高。

1984 年，蛇口工业区范围重新划定，总面积增加至 11.4 平方公里。此时的蛇口工业区，已经建设成为一个资金以外资为主、产品以外销为主、产业以工业为主的初具规模的新型出口加工工业区。1987 年，蛇口工业区实行公司制，成立蛇口工业区有限公司。到 1989 年底，蛇口工业区实际利用外资 36.8 亿港元，其中工业投资占 71%；创办各类工业企业 156 家，主要产品有计算机磁盘、驱动器、线路板、开关电源、电视机、医疗器械、玻璃机器制品、丝绸服装等 181 种，当年工业总产值为 20.5 亿元，出口产值占比 70%。①

蛇口工业区在全国率先推行企业的管理体制、分配体

① 深圳市地方志编纂会员会：《深圳市志 · 第一二产业卷》，方志出版社 2008 年版，第 127 页。

制、干部人事制度、住房制度、金融改革等一系列改革试验，有效激发了企业的创造力和发展活力，解放和发展了社会生产力，同时积极推动对外开放，探索发展模式创新，形成了独特的“蛇口模式”，成为中国改革的“试管”、对外开放的“窗口”，为深圳经济特区推动对外开放和科技创新积累了宝贵经验。

二、规划建设十大工业区

深圳最初的产业载体较为落后。改革开放初期，企业主要集中在胶花、塑料和服装行业，生产规模小，大多利用原有的祠堂、仓库、食堂等作为厂房。不少对外合办的企业开始只能在狭小简陋的铁皮房中组织生产，许多乡村的剧场、文化室也被改造成工厂。经济特区成立后，深圳开始大力兴建厂房，逐步完善产业载体设施。

1982 年，深圳决定成片开发工业区，这在国内尚属首创，无经验可循。为使工业区分布和城市组团布局相适应，并能相对集中于邻近水陆货运站点，根据《深圳经济特区社会发展规划大纲》，深圳规划建设了 10 个工业区，总占地面积达 15 平方公里，包括：（1）上步工业区，占地 1.4 平方公里，主要从事电子产业、轻工业；（2）八卦岭工业区，占地 1 平方公里，为综合性工业区；（3）莲塘工业区，占地 0.8 平方公里，主要安排轻纺工业；（4）水贝工业区，占地 0.5 平方公里，主要安排五金、机械工业；（5）福田工业区，占地 4.8 平方公里，为综合性工业区；（6）车公庙综合性工业区，占地2平方公里;（7）沙河综合工业区，占地1平方公里;（8）后海综合性工业区，占地1平方公里;（9）蛇口工业区，占地1平方公里;（10）南头综合性工业区，占地2平方公里。

深圳按照工业区建筑要具备“七通一平”（即通电、通水、通电讯、通排水、通排污、通道路、通煤气和平整土地）功能的要求，先规划、后建设。同时采用“滚雪球”的方法，积累和扩大资金来源，先盖后卖，边盖边卖，先卖后盖，对预购用户实行优惠。坚持规划一片、开发一片、受益一片的方针，合理安排，精打细算，降低开发成本，形成了一套工业区开发和建设工程总承包的管理办法。

1982年9月，上步工业区和八卦岭工业区作为特区内重点建设工程，率先破土动工。到1985年，共投入开发资金约6亿元，竣工厂房面积90万平方米。两个工业区内共开办企业225家，其中有国家航天工业部、电子工业部、纺织工业部、轻工部等10余个中央部委和全国多个省市的内联企业100余家，引进荷兰、日本、美国及香港的中外、内地与香港合资企业30余家；生产门类涵盖电子、机械、化工、医药、服装等20多个，电子产品生产企业有80余家，产品包括彩电、微电脑、收录机、电子元器件等。上步工业区成为深圳主要的电子工业生产基地。① 到1989年底，深圳已经建成8个工业区，1个科技工业园，50个居住小区，房屋竣工面

① 深圳市地方志编纂会员会:《深圳市志·第一二产业卷》，方志出版社2008年版，第126页。

积 2206.3 万平方米，住宅建筑面积 935.71 万平方米，工业厂房、仓库、商业服务用房、写字楼等 1100 多万平方米。①

20 世纪 90 年代初，随着重大基础建设项目规模扩大及高新技术项目不断引进，各工业区原有标准厂房已经不能适应产业发展需要。为此，深圳在早期规划范围之外划出专用工业用地，建立专用厂房，形成如赛格日立、深圳啤酒厂、广东浮法玻璃等专用厂区。原有工业区也逐步转型，如上步工业区以电子、通信、计算机软件等专业配套市场和商业街为主，八卦岭工业区也向商业化服务业方向转变。而特区外宝安、龙岗等地由于加工贸易的兴起，工业环境进一步完善，且生产成本低于特区内，先后建成不少颇具规模的村镇工业区，如布吉、龙岗、平湖、石岩、葵涌等工业区。此后，深圳基本形成以多种形式工业开发区为基础、以重点产业为支柱、以高科技产业为主导的合理的工业布局。

三、与中科院合办科技工业园

经济特区成立后，为进一步促进科研与生产结合发展，深圳着手筹建科技工业园，得到了中国科学院的大力支持。1985 年 3 月，中国科学院 30 多位专家和管理人员应邀到深圳，专门研讨制定《深圳经济特区科技工业园规划》。深圳科技工业园的规划范围为深圳大学以东、大沙河以西，紧贴

① 深圳市委政策研究室编著：《深圳特区十年》，海天出版社 1990 年版，第 44 页。

大冲村西侧，面积3.2平方公里。规划提出近期目标是发展短、平、快，风险小、投资少、回报快的项目，远期目标是发展电子、通讯、新材料和生物工程等项目。4月29日，深圳市政府与中国科学院签订协议，双方各投资1000万元人民币合作兴办科技工业园，中国科学院负责科技和管理方面的人才支持，深圳市在人员调动、户口、住房、职称、出国考察方面提供优惠政策。7月30日，深圳科技工业园举行奠基仪式，谷牧发来贺信称："这是我国把现代科技与生产紧密结合起来的新的尝试，是深圳特区发展进程中的一件大事。"①

深圳科技工业园是中国大陆第一个高新技术产业开发区，是中国科学院在异地合办的唯一科技开发区，也是深圳依托内地，在引进和移植基础上进行科技创新的有益探索和尝试。7月，深圳科技工业园总公司成立，负责工业园的开发、管理、服务和高科技产业投资，目标是在特区建立高科技产业，引进国外先进技术和将中国科学院及国内其他部门科研成果转化为产品，逐步形成有深圳特色的拳头产品，打入国际市场。

中科院先后将一批高分子材料、金属材料等高科技项目转移到深圳进行产业化，成功孵化了长园、金科、西甫、天鼎等一批高新技术企业，取得了良好的经济效益和社会效益。1986年，深圳科技工业园总公司与中科院长春应用

---

①《谷牧同志的贺信》，《深圳特区报》1985年7月24日。

化学研究所合资创办了长园应用化学公司，利用长春所开发的“记忆效应”高分子材料，生产热辐射材料、电缆附件和化学新产品，1987 年初正式投产，产品达到国际同类产品水平，被广东省列为替代进口产品。公司成立 3 年的利润就达到了最初投资额的 8 倍，是中科院科研成果在科技工业园迅速转化的生动典型。中国科技大学的发明家邹德骏工程师在深圳科技工业园的帮助下，创办泰克新技术开发公司，研发的高效机床工辅具系列产品被列为国家计委“七五”重点推广新技术项目。深圳科技工业园建设的前 3 年便吸引了新加坡、美国、日本、澳大利亚、奥地利和中国香港等地的企业前来投资技术型产业，总规模超过 5000 万美元，引进了 IBM、飞利浦、哈里斯、福士科、巴斯特·梅里厄等著名跨国公司，如从美国引进基因工程乙肝疫苗的生产技术，经过消化、吸收，达到 20 世纪 90 年代国际生物技术的先进水平。

我国拥有数百所高等院校和数千家科研设计机构，拥有雄厚的科技开发力量和丰硕的科研成果，但在当时缺乏有效的科技转化能力与平台。为此，深圳科技工业园建立了企业孵化机制，为科技成果的产业化提供了广阔平台，使这些置身高楼深院的科技力量和科研成果走向了深圳产业界，同经济生产紧密结合，从而转化为强大的生产力。引进、消化、吸收和创新，在移植基础上进行二次开发，这是深圳科技工业园发展的主要技术路径。1987 年 3 月，受法国、联邦德国“科技苗圃”及美国“新企业孵化器”的启发，科技工业园建立了民间科技开发基金和中心，这是全国第一个由企业投资的科技开发基金和中心。1987 年 7 月 27 日，广东国际信托投资公司参股深圳科技工业园，成为我国实行科技、工业、金融三位一体的首次试验。深圳科技工业园是我国第一个建立新型科技体制的工业园区，实行管理委员会领导体制，管委会由深圳市、中科院主要领导和股东负责人组成。1988 年 1 月，深圳科技工业园决定投资 100 万元建立一个以企业经营方式运作的新企业孵化器——民间科技创业中心，吸收和扶持产品能够外销的民间科技企业及重点开发科技人员优秀的非职务发明，进一步促进了科技成果转化和民间科技企业发展。园区内微电子和信息工程、光电子、精密机械、新材料、新能源、生物工程、精细化工、海洋工程等领域的企业最先获益，并迅速发展。

到 1989 年，园区共有企业 50 家，职工总人数 3340 人，其中工程技术人员 200 余人。科研成果转化率高，产品包括电脑软盘、驱动器、电脑电源开关、石英谐振器、高精度金属膜电阻、化学分析仪器仪表和人造金刚石等，部分产品出口新加坡、日本、美国等国家和地区。此外，手提 X 光机、不锈钢焊管、车床高效工具夹、浓缩乌龙茶粉、奶茶，以及香水、护发素等精细化工产品也都产生了良好的经济效益，当年完成工业和建筑业总产值 1.45 亿元。园区共有 4 个项目列入 1989 年国家及重大新产品试产计划，自行开发的第一项科技成果——全汉字编码输入与字形输出技术及整合软件系统通过专家鉴定，达到国际领先水平。深圳科技工业园在国内外逐步建立声誉，加入了国际科学园协会，成为该会亚太分会理事会成员。[①]1991 年 3 月 6 日，深圳科技工业园成为首批国家级高新技术产业开发区，此后逐步发展为产业发展环境优越、高新技术企业云集、创新创业氛围浓厚、科技创新人才济济的一流高科技产业园区，成为深圳发展高新技术产业的重要基地，造就了国内科技产业界赫赫有名的“深圳科技园”模式，为全国的科技体制改革积累了重要经验。

四、建立三大保税区

保税区是继经济特区、经济技术开发区之后，国务院批准设立的开放程度更深、层次更高的海关监管特殊经济区域。深圳是全国最早创建保税区并最早投入实际运行的地区。

中央曾经设想把深圳经济特区建成特别关税区，特区与香港之间的货物、人员、资金往来逐步放开，香港的货物免税进入深圳，从深圳运往内地照章纳税。1986 年 4 月“二线”（特区与非特区的隔离线）启用后，深圳并没有享受到特殊的关税政策。在建立大保税区的设想难以实施的情况下，深圳提出先划出一小块地方做试验，成功后再推广到整个特区的设想。1986 年下半年，沙头角镇政府提出利用毗邻香港的特殊条件，创办沙头角出口加工区或沙头角保税工

① 深圳市地方志编纂会员会：《深圳市志·第一二产业卷》，方志出版社 2008 年版，第 132 页。

业区。7月，深圳在全省第一次对外加工装配工作会议上提出建立“出口加工区”的设想。12月25日，深圳市政府下发《关于设立“深圳市沙头角保税工业区”的通知》，参考国外自由港和自由贸易区的经验，在沙头角设立了我国第一个保税区。沙头角保税区位于深圳东部，围网面积0.27平方公里，于1988年上半年完成建设规划。1988年7月，《深圳市沙头角工业区暂行管理规定》颁布，探索按照国际惯例运作，发展外向型经济，鼓励外商兴办技术先进适用、产品档次高、经济效益佳、发展前景好的外向型企业。沙头角保税区仅靠20万元开办费和70万马克贷款滚动发展，实现了“当年规划、当年建设、当年投产、当年收益”的目标。当年9月8日，沙头角总投资459.66万美元建立的第一家合资企业——深圳富华纺织丝绸有限公司成立，并于11月30日实现投产。

1990年3月2日，在沙头角保税区成功运作的基础上，深圳设立福田保税工业区，围网面积1.35平方公里，面积是沙头角保税区的6倍。1991年5月28日，国务院正式批准成立福田保税区和沙头角保税区，要求保税区充分发挥毗邻香港的优势，引进资金和先进技术，发展出口工业。1992年7月，经国务院特区办、经贸部等5部门联合批准，同意福田和沙头角保税区在引进外商投资、扩大经营范围等方面放宽政策。同时，深圳颁布《福田保税区管理暂定规定》，明确福田保税区按照国际惯例运作，建成多功能、综合性的自由贸易区。1992年以前，沙头角保税区主要引进投产快的中小型出口加工项目，并在 1993 年提出发展资金密集型工业项目，逐步建立电脑及电子产品、高档电动玩具、黄金珠宝加工三大支柱产业，形成生产仪器仪表、精细化工、新材料等档次较高的产业体系。福田保税区提出以仓储起步，带动物流、国际贸易、转口贸易和出口加工业的功能，促进区域经济上档次。

1996 年 9 月 27 日，国务院批复设立盐田港保税区，首期开发 0.85 平方公里。至此，深圳建立了三个保税区。为加强对保税区的领导与管理，深圳在三大保税区分别设立了保税区管理局。2001 年，三个保税区管理局合并为深圳市保税区管理局，统一代表市政府管理保税区的开发、建设、运营及各项行政事务。

沙头角、福田和盐田港三大保税区与香港紧密相连，是国际、国内两个市场的重要连接点，也是全国建设特别关税区的“试验场”。三大保税区的开发建设，进一步促进了对外贸易和改革开放，深化了我国在经济上与世界的联系、在技术上与国际的接轨，推动了深圳外向型经济发展和高新科技进步。

第四节　建立生产要素市场

一、大举引进培育科技人才

深圳经济特区初创时期，外资企业大量进驻，各行各业高速发展。与之形成鲜明对比的是，深圳专业人才极度紧缺，全市仅有2名工程师和325名初中级专业技术人员，没有高级技术人才。深圳通过“打破铁饭碗”，在劳动用工方面率先进行改革，引进和培育了大量实用技术人才，有力缓解了特区建设初期人才供求矛盾。到1990年，深圳各类科技人员已达6万多人，中高级职称人员达1万多人，科技人才队伍逐步壮大。

1983年开始，深圳率先打破固定用工的传统体制，实行双向选择，确立了自主用人的劳动合同制和配套制度。《广东省经济特区条例》对特区企业用工作出具体规定，明确企业和职工拥有双向选择的权利：特区企业要同职工签订劳动合同，企业按照经营要求对职工进行管理，必要时可以解雇；职工也可以按照劳动合同的规定向企业提请辞职。1981年7月，《广东、福建两省和经济特区工作会议纪要》印发，要求特区企业职工一律实行合同制，企业有权自行招聘、使用、解雇。企业工资可以分为基本工资和浮动工资两部分，与劳动者效率挂钩。特区统筹建立职工年老退出和社会保险制度。1983 年 8 月 26 日，《深圳市实行劳动合同制暂行办法》出台，加快推行用人自主的劳动合同制。暂行办法共 18 条，涵盖工人招聘、劳动合同、工作时间、辞退、补助、劳动保险等内容，是我国第一个以政府规章形式规定的劳动合同用工制度。1989 年，深圳经济特区的合同制工人已发展到 6.75 万人，在已有的 9 万多名固定工中，实行合同化管理的有 4.5 万人。①

深圳大胆改革组织人事制度，通过公开招聘的方式，把过去单一调配改为多种方式招聘，从全国各地选拔高素质人才，突破人才流动障碍。1980 年，深圳率先实行企业领导人员选拔任用制度，广开渠道引进管理人才。从 1982 年起，深圳每年派出招聘工作组，从全国各地择优选用大批领导骨干和专业技术干部，同时采取商调、选调、招聘、借调、兼职、对口支援等形式调配人才。

1985 年，深圳成立了第一家人才服务机构——深圳市人才服务公司（即深圳市人才服务中心前身），对接企业招工和劳动者求职的双向需求，成为深圳人才引进的重要窗口。1987 年起，深圳开办综合性劳动力市场，形成市场化的劳动力供求网络。深圳还利用毗邻香港的地理优势，采用灵活措施，通过各种渠道大力引进国外和港澳地区人才。特区企业可以根据生产经营的需要，聘用或辞退职工，雇请外籍职工、华侨、港澳人士担任技术管理工作的人员。

① 南岭：《深圳产业政策 40 年》，中国社会科学出版社 2020 年版，第 34 页。

深圳高度重视技能人才职业教育。为满足特区建设和企业用人需求，深圳坚持“积极稳妥、统筹规划、广辟途径、加速发展、多头办学”思路，大力推动职业技术教育发展。1981 年，深圳市财经学校等 3 所中专学校创办。1983 年，福田、翠园、蛇口 3 所普通中学开办职业高中试点工作。1984 年，第一所完全建制的职业学校 —— 岗厦职业中学组建。1985 年，全市新增工业学校等 4 所中专学校，普通中学开办职业高中班试点工作扩大到 8 所。此后，深圳职业技术教育进入快速发展时期，职业高中如雨后春笋般涌现。通过在普通中学推行“先上马、后备案”的方式，中等职业学校办学规模和办学条件得到明显改善，办学质量明显提升，专业设置日趋全面。1988 年，深圳总结职业教育发展经验，从有利于职业教育统筹规划和管理出发，把财经、工业、建筑、司法等 4 所中专学校划归教育部门管理，初步建立起了与职业教育发展相适应的办学体制和管理机制。至 1989 年底，深圳共有职业中学 5 所，11 所普通中学开设职业高中班，中等专业学校 7 所，技工学校 1 所，为特区培养技术人才近 6000 人。成人教育也有所发展，到 1989 年底，深圳共拥有成人高校 3 所（含全日制高校附属的成人高校）、成人中专 7 所，每年参加各类成人教育学习的人数达到 15 万多人次。

与此同时，深圳着手创办综合高校，自主培育专业技术人才。1983 年 5 月 10 日，经国务院批准，教育部颁发文件，深圳大学正式设立。深圳市委、市政府拿出当年市财政收入的三分之一，高标准建设“具有中国特色的社会主义新型大学”。深圳大学临时校址在原宝安县委、县政府办公地，新校区接近南油开发区，南临深圳湾，西北是城市干道。深圳大学创办之初受到中央高度重视，北京大学援建中文、外语类学科，清华大学援建电子、建筑类学科，中国人民大学援建经济、法律类学科，一大批知名学者云集。通过名校援建、学者引进，深圳大学拥有了快速发展的坚实基础，实现了当年建校、当年招生、当年开学。1983 年 9 月 27 日，深圳大学教学大楼、图书馆、办公大楼和宿舍楼建成，第一批 210 多名本科生如期开学，创造了国内高等教育史上的“深圳速度”。建校伊始，深圳大学即改革高校管理体制，在奖学金、学分制、勤工俭学等方面进行了积极探索，率先在国内实行毕业生不包分配和双向选择制度，推行教职员工全员聘任制度和后勤部门社会化管理改革，在全国引起强烈反响。此后，深圳大学逐步形成“特区大学、窗口大学、实验大学”的办学特色，成为一所学科齐全、设施完善、师资优良、管理规范的综合性大学，拥有从学士、硕士到博士的完整人才培养体系，为深圳科技事业发展培养了大量专业人才。

二、逐步建立金融市场体系

金融是经济的血液。深圳依托政策优势，大胆突破计划经济体制的束缚，持续推动金融领域改革创新，大量具有全国影响的金融改革举措不断涌现。随着第一家外汇调剂中心、第一家中外合资财务公司、第一家企业法人持股的股份制商业银行、第一家公开发行股票上市的股份制商业银行、第一家证券公司、第一家非银行金融机构等相继设立，深圳金融业快速发展，银行、证券、保险、基金、资产管理等金融机构日益齐备，证券市场开始运行，适应外向型经济发展的金融市场体系逐步建立，有力支撑了特区产业发展和科技创新，为走出一条具有深圳特色的科技金融结合发展之路奠定了良好基础。

1979 年，深圳全市仅有 125 家金融机构，金融从业人员 700 多人，存款来源十分有限。经济特区成立后，深圳金融业多样化、综合化、实体化发展步伐明显加快。到 1982 年，原有的各国家专业银行一级机构先后由支行升格为分行。同年，经中国人民银行批准，我国第一家港资银行——香港南洋商业银行深圳分行正式开业，以满足日益增长的国际结算业务需要。各类金融机构通过放宽搞活贷款，支持特区开发建设，对改善深圳投资环境起到了积极作用。1985 年至 1986 年，中央政府逐步赋予深圳等经济特区四项金融特权。一是信贷资金“切块”管理权，赋予经济特区资金存留及使用的管理权；二是利率调节权，允许经济特区的资金使用及其价格可与全国政策出现差异化而无须担心“纠偏”风险；三是存款准备金率调节权，使经济特区在宏观经济和金融政策调控上拥有更直接的监管调节权力，可通过存款准备金的调整来释放或缩紧流动性，以更好满足经济特区的资金需求；四是部分金融机构审批权，有利于经济特区通过设立金融机构来实现金融产品和服务的创新需求，有利于发挥金融总部和金融要素集聚功能，有利于建立健全金融机构体系和金融市场体系。此后，深圳逐步引进日本、法国、美国、加拿大、英国、新加坡和中东地区等国家的外资银行。1987 年，深圳的外资银行机构增加到 23 家。1988 年，深圳金融机构达 505 家，国家级银行 242 家，区域性银行 63 家，境外驻深圳金融机构 23 家，中外合资金融机构 1 家。

为大力发展外向型经济，提高企业创汇积极性，深圳在外汇管理方面对企业实行优惠政策，企业出口工业品收汇留成 95%，出口农副产品收汇留成 82%，且 50% 为现汇。1985 年 11 月，《深圳经济特区留成外汇调剂管理暂行办法》出台，中国首家外汇调剂中心——深圳外汇调剂中心成立并开始运作。外汇调剂中心开办初期，调剂范围仅限于深圳特区内的国营、集体企业，调剂价格受到严格限制，买卖双方不见面，只能通过调剂中心进行。1986 年第二季度开始，调剂对象扩大到外资企业，价格适度放开，工业用汇的企业可自寻卖方，直接见面成交，但外商投资企业和国营、集体企业间需要分开进行调剂。1986 年 11 月，开始“管两头、放中间”，即只管外汇来源和用途，全面放开调剂价格，调剂范围扩大到宝安县，交易外币由单一美元扩大到多种外币，外汇交易额也从 1985 和 1986 年的 0.58 亿美元，提高到 1987 年的 4.72 亿美元，1988 年和 1989 年成交额超过了 22 亿美元。外汇调剂中心有效调剂了企业之间外汇资金与人民币资金余缺，出口利润大大增加，充分调动了企业扩大出口的生产积极性。1988 年，国家外汇管理局将深圳经验推广至全国。

深圳建市之初，为解决资金短缺问题，乡镇股份企业开始出现。1983 年 7 月，宝安县联合投资公司以县财政为担保发行股票，首期集资 1300 万元，成为首家通过报刊公开招股的公司，“深宝安”次年向全国发行股票凭证。1986 年 10 月，《深圳经济特区国营企业股份化试点暂行规定》出台，深圳开始探索企业股份制改革。1987 年 5 月 10 日，经人民银行深圳分行批准，深圳发展银行首次以自由认购方式向社会公开发行 39.65 万股，每股面额 20 元，筹集资金 793 万元作为股本金。1987 年 9 月 19 日，经中国人民银行批准，深圳经济特区证券公司在深圳成立，1988 年 1 月挂牌营业。公司由 10 家金融机构出资合办，性质为股份制企业。这是改革开放后第一家证券公司，是中国证券市场专业中介机构发展的开端。1988 年 3 月，深圳决定对市属赛格集团、城市建设开发集团、物资总公司、石化总公司等 6 家大型国营企业实行股份化改造，资产分为国家股、企业股、社会股、职工私人股等。1988 年 4 月，深圳发展银行股票在特区证券公司挂牌买卖，开深圳股票交易之先河。1990 年 12 月 1 日，深圳证券交易所试营业，实现了证券交易由柜台交易向集中交易的转变。大量的中小企业特别是高新企业开始寻求上市，极大地盘活了深圳市中小型高新企业。1991 年 4 月 11 日，深交所获中国人民银行批准成立，7 月 3 日正式开业，标志着深圳证券市场朝着规范化、制度化方向发展。证券市场的有序运行，对优化资源配置、调整经济结构、筹集社会资金、促进深圳产业转型、科技创新起到了重要作用。

三、启动土地管理体制改革

为了发挥市场在资源配置中的作用，合理利用土地资源和筹集发展资金，深圳大胆探索土地管理体制改革，借鉴香港土地制度的经验，率先引入市场机制，实行土地使用权的转让。

1980 年 12 月 5 日，深圳市房地产公司与香港中央建业有限公司签订营建商住大厦协议书，客商一次性缴纳土地使用费。这是经济特区收取土地使用费的首次尝试，开创了我国国有土地有偿使用的先河。1981 年 12 月 24 日，《深圳经济特区土地管理暂行规定》出台，对土地流转和有偿使用与管理进行了创新性、制度性规范，明确土地作为生产要素的价值及产权关系，土地流转开始从计划划拨向市场化过渡。客商在特区投资建厂需要使用土地，凭深圳市人民政府批准文件和合同、协议书及投资兴办的有关资料填写用地申请表，经市规划部门核准后办理土地使用费缴纳，定点划线，发给土地使用证书。土地使用费按照每年每平方米收费，工业用地 10—30 元、商业用地 70—200 元、商品住宅 30—60 元、旅游建筑用地 60—100 元，并规定土地使用费每 3 年调整一次，变动幅度不超过 30%。1984 年 11 月，广东省人大常委会颁布《关于授权深圳市人民政府自行决定调整深圳经济特区土地使用费收费标准的决定》，授权深圳市人民政府自行决定深圳经济特区土地使用费收费标准。1984 年 12

月，深圳市人民政府颁布《深圳经济特区土地使用费调整及优惠减免办法》，按照每年每平方米收费，一类地区的工业、仓储用地1.6元、商业、宾馆（含旅馆）、酒楼用地21元、商品住宅、招待所用地9元、旅游建筑用地（含构筑物用地）18元。据统计，特区建立至1986年底，市规划部门共划拨土地82平方公里，税务部门收取土地使用费的面积仅17平方公里，土地使用费仅占财政收入的1.58%。

1987年5月，深圳市委、市政府出台《深圳经济特区土地管理体制改革方案》，在保留土地所有权前提下，通过拍卖、招标、协议等方式将土地使用权以一定价格、年期及用途出让给使用者，出让后的土地可以转让、出租、抵押，打破了土地长期无偿、无限期、无流动、单一行政手段的划拨制度，是以市场手段配置土地的重大突破。同年9月，深圳率先试行土地使用权有偿出让，将一块5321平方米、使用年限为50年且严格规定用途或建筑物高度密度的土地，有偿出让给中国航空进出口公司深圳工贸中心，最终以总价106万元即每平方米200元底价成交。这是我国第一次以公开协议方式有偿出让土地使用权。12月1日，深圳举办新中国成立以来的首次国有土地使用权公开拍卖。一块面积为8588平方米的住宅用地，经过数轮竞价，最终以525万元即每平方米611元成交，大大提高了土地使用权出让的价格。1988年4月，全国人大七届一次会议修改《中华人民共和国宪法》有关条款，删除土地不得出租的原有条文，规定“土地使用权可以依照法律的规定转让”，肯定了深圳的做法，为全国实行国有土地使用权的有偿转让提供了法律依据和保障。同年 12 月，《中华人民共和国土地管理法》修改议案通过，当年全国各城市即开始建立房地产交易所。1990 年 5 月，国务院颁布《城镇国有土地使用权出让和转让暂行条例》《外商投资开发经营成片土地暂行管理办法》等文件，标志着我国土地市场走上了有法可依的轨道。

第五节　建立科技创新培育保障机制

一、构建政策保障体系

经济特区建立后，为加快先进技术引进吸收，创造高新技术产业发展的良好环境，深圳出台了一系列政策规定，着重规范技术引进、加强技术审核，在税收、用地、市场准入等方面对利用先进技术的企业给予优惠，初步构建起科技创新的政策保障体系。

深圳遵循国际专利技术保护规则，在国家层面尚未对专利保护和技术交易进行规定的背景下，率先出台规范有偿引进技术的相关政策。1984 年 2 月 8 日，《深圳经济特区技术引进暂行规定》出台，对特区内的企业、事业单位、其他经济组织从国外的企业和其他经济组织、个人有偿引进技术进行规范。《暂行规定》将引进的技术分为三类：有效专利权的技术（甲类）、正在申请专利的技术（乙类）和技术诀窍（丙类）。明确技术提供方可以技术入股、合作经营、提供咨询和技术服务，并要求技术提供方不仅要提供设计图纸、工艺规程、技术数据、配方、公式、关键设备、材料清单、说明书、操作方法说明、产品质量控制和检验方法、维修方法等资料，还要将全部转让技术传授给受让方指定的人员并负责培训，保证受让方掌握全部技术和操作方法。深圳重点选择引进技术密集型、知识密集型、生产型、创汇型的项目，以及引进技术专利、技术诀窍和软件。

为保证引进技术的先进性，深圳在先进技术鉴定和监督考核规定方面也进行了探索。1984 年 9 月 8 日，深圳市政府印发《深圳经济特区引进先进技术鉴定暂行办法》，有偿引进具有世界先进水平或具有重大经济效益的技术，明确由深圳市科学技术发展中心进行技术鉴定，并对鉴定的范围、时间、流程等进行了规范。1987 年 5 月 18 日，深圳出台《关于确认和考核外商投资的产品出口企业和先进技术企业实施办法》，对外商投资企业采用的技术、工艺和主要设备，凡属于国家公布的鼓励投资项目、具有先进性和适用性、属于国内短缺的、产品是新开发的、对国内同类产品能更新换代的、能增加进口或替代出口的，可确认为先进技术企业，给予一定税费优惠。市工业办会同有关主管部门进行年度检查考核，考核不合格的企业，需补交当年享受产品出口企业或先进技术企业优惠待遇而减免的税费。

在加快技术引进的同时，深圳也特别重视先进技术的吸收和新产品、新技术的开发。1987 年 9 月，深圳颁布《加强我市工业企业新产品开发、技术开发的暂行规定》，对企业新产品开发的内容和任务、技术组织和领导、资金来源、优惠和待遇等进行了规定，鼓励企业加大研发投入，对研发投入和产出给予相应的税收优惠和奖励，从而加速了企业技术引进、消化、吸收和再创新的进程。《暂行规定》明确要求，企业新产品、新技术开发的主要内容包括新产品、新技术、新工艺、新材料的开发，引进技术的消化和创新，国内科技成果的二次开发，企业技术储备开发及其他科技攻关等。新技术、新产品开发列入企业负责人任期的考核内容，要求集团公司、行业公司、大中型企业等尽早建立相应机构，可以采取内联、联办、自办，或者吸纳高校、科研机构、设计单位进入企业等方式建立，中小型企业可以联合组织兴办或者委托科研机构和技术开发部门代为开发。新产品开发和技术开发的资金由企业承担，企业的研发支出可以从税收留利中提取 10%—20%，可以从收取的技术转让、咨询、设计、试验、培训等收入中提取 30%—40%。新产品经过审核认定后，可减征或免征一定期限的产品税或增值税。对企业新产品开发、技术开发作出成绩的单位、集体、个人，可以给予奖励。

为促进特区高新技术产业发展，加快传统产业的技术进步，1988 年出台的《深圳经济特区加快高新技术及其产业发展暂行规定》，确立了深圳发展高新技术产业的基本思路：一是以市场为导向。科技项目必须根据国内外市场需要确定研究课题，并根据市场经济规律的预测去开发适销对路的产品。二是注重国际配套。深圳高新技术产品开发不走全部自己开发生产的老路，可以通过与国际接轨及国际产品配套的形式迅速投产见效。三是体制灵活多样。鼓励搞股份制，动员社会力量，允许厂房入股、资金入股、技术入股，可以利用外资或请外国专家“头脑”入股。四是创造宽松环境。通过制定规划、政策及发展科技项目的导向，普及与推广应用科学等，努力营造发展高新技术产业的投资环境，大力鼓励与支持、扶持高新技术产品的开发生产。1990 年，《深圳市科学技术发展规划（1990—2000）》正式发布，明确提出 20 世纪 90 年代深圳科技发展重点领域是电子信息、新材料和生物工程技术，对高新技术企业的发展起到了重要的引领和推动作用。

深圳对先进技术企业采取减免所得税、再投资免税、加速折旧等税收优惠措施，鼓励企业采用先进生产技术。根据《广东省经济特区条例》规定，特区企业进口生产所必需的机器设备、零配件、原材料、运输工具和其他生产资料，免征进口税。特区企业的所得税税率为 15%，投资额达到 500 万美元以上或技术性较高、资金周转期较长的企业，给予特别优惠。深圳经济特区对列入国家计划试制的新产品，给予定期的减税、免税。全国范围内第一次试制并列入国家科委试制计划的新产品，从试制销售之日起，免征产品税、增值税 3 年。列入中央各部委一级试制计划的新产品，以及列入各省、自治区、直辖市科委、经委一级试制计划，并商得同级税务部门同意的新产品，在试制期间销售的，根据情况免税 1 至 2 年。外商投资者将其从企业分得的利润，在中国境内再投资举办、扩建产品出口企业或先进技术企业，经营期不少于 5 年的，经税务机关核准，全部退还其在投资部分已缴纳的企业所得税。

特区创办初期，内资企业不能享受外资企业所得税优惠。为贯彻“公平税负、平等竞争”原则，经财政部批准，从 1985 年起，深圳内外资企业统一按 15% 税率计征企业所得税。特区内资企业的固定资产折旧，可按国家规定的固定资产分类折旧标准加速 50% 计提固定资产折旧资金。外商投资企业，经市税务机关批准，可根据实际情况，加速固定资产折旧。民间科技企业自行发明和研制的专有技术或技术成果，凡经市科委鉴定、登记、确认和发给证书的，进行技术转让（包括技术咨询、技术服务和技术培训等），年净收入在 30 万元以下的，免征所得税。超过 30 万元的部分，按规定征收所得税。① 民间科技企业按照集体企业纳税，在发展初期可以根据经营情况向税务部门申请减免 1 至 3 年企业所得税。1988 年起，深圳按照国家和特区产业政策要求，不分经济性质，统一了特区内外资企业的税收优惠政策。1984 年起，深圳实行地产地销免税政策，对“本地生产、本地销售”的商品予以免征产品税或增值税的优惠。据测算，这一政策每年为企业减轻税收负担 15 亿至 20 亿元，深圳众多高新技术企业的初期崛起得益于该项税收优惠。1985 年起，深圳开始办理出口退税，10 年间共办理出口退税 63.16 亿元，为促进外贸出口从无到有、快速发展起到重要作用。

深圳经济特区提供给各类投资客商的土地，有比较科学的使用年限，使用费也比较合理和低廉，对技术先进、出口

① 深圳市委政策研究室编著：《深圳特区十年》，海天出版社 1990 年版，第 17—21 页。

为主的企业还给予更多的用地优惠。特区土地的使用年限根据用途确定，工业用地为30年，商品住宅用地为50年，教育、科学、卫生项目用地为50年，收费标准不仅比中国香港和亚洲其他出口加工区要低，而且根据不同条件还有一定优惠。开发土地期间和企业基建期间，按照收费标准的30%缴纳土地使用费，特殊情况可批准延长。经深圳市科技发展中心审定，技术比较先进的项目用地，可给予定期减免土地使用费。外商投资企业属产品出口企业和先进技术企业的用地，免缴土地使用费5年，5年后再减半缴纳5年，技术特别先进的项目用地，经批准可免缴土地使用费。内资企业产品年出口额达到50%以上的企业用地，经批准可以给予定期减免土地使用费。①

深圳经济特区以外向型经济为主，鼓励企业产品向国际市场销售，但中外合营企业生产的产品允许有一定比例的内销，对技术先进且国内需要的产品，在内销比例上更有所倾斜。属于采用我国原材料生产的产品，或客商提供了先进技术设备进行生产、我国又需要进口的产品，内销比例可适当增大，有的甚至可以内销为主。此外，达到进口产品同等水平，国内又需要进口的，可以从特区采购替代进口。②

深圳经济特区还为客商提供出入境便利，方便外来投资

① 深圳市委政策研究室编著：《深圳特区十年》，海天出版社1990年版，第22—23页。
② 深圳市委政策研究室编著：《深圳特区十年》，海天出版社1990年版，第23—24页。

和技术引进。客商到特区访问、考察、旅游、洽谈业务或者投资设厂，出入境手续十分简便。罗湖、文锦渡、蛇口、沙头角等口岸设有专用通道，方便客商往返香港、澳门，允许香港私人小汽车进出特区。深圳着力简化出入境手续，增辟出入境口岸，延长海关出入境关闸时间。凡是来特区投资设厂、兴办各种事业，以及购有住宅或经常出入境的客商，可办理往返多次有效的入出境签证，口岸查验机构优先放行，尽量提供方便。凡与中国有外交关系的外国旅游、探亲者，来深圳可直接在罗湖口岸办理停留 5 天的签证，从深圳前往内地开放地区，可直接在深圳办理延期。深圳经济特区灵活利用出港出国人员审批权，对出港、出国进行考察、洽谈、开展业务的人员简化审批手续、缩短审批时间，对需要经常往来香港、澳门的人员发给多次往返有效的往来港澳通行证。这些便利的出入境政策，吸引了大批经常与香港、国外进行经济技术交流的企业来深圳设立办事处和内联企业。企业可以根据生产经营的需要，雇请外籍职工、华侨、港澳人士担任技术管理工作人员。

二、推动科研机构转型

深圳建市之初，主要科研机构仅有 5 所，分别为中国水产学院南海水产研究所盐田试验站，以及市属的农业科学研究所、林业科学研究所、农机科研所和水产科研所。市属 4 所科研机构均为事业单位，专业技术人员不足 30 人，严重缺乏科研经费和科研设备，仅能从事以农牧渔业技术为主的应用服务工作，无法开展较高层次的科研业务。

特区成立后，深圳先后建立起一批科研机构，包括深圳市新技术研究所、电子研究所、科技情报研究中心、建筑科学研究中心、标准计量研究所、食品饮料工业研究中心和畜牧研究中心等。新技术研究所主要从事新技术新工艺的引进、消化、吸收和推广，电子研究所主要从事计算机网络工程技术与通信技术的研究开发，科技情报研究中心主要从事科技情报信息研究和服务、科技网的建设和管理等。这些研究机构主要依靠财政投资，大部分属于事业单位，行政上隶属于政府各部门，主要为城市基本建设和最早发展起来的电子工业服务，没有与生产部门相结合。1982 年至 1984 年，全市科研基建和设备投资超过 1000 万元，深圳大学和一些企业也开始建立了一些研究机构和产品开发和技术部门。

1982 年 12 月 22 日，深圳市科学技术协会成立。1984 年 5 月，深圳市科委打破地方科委只负责科研管理的限制，经市政府批准，成立深圳市先科技术开发公司，引进国外资金发展高新技术产业。1985 年 4 月，先科公司与荷兰飞利浦公司签订深圳首个高科技产品引进合同，引进全套激光、唱盘生产线和技术，成为当时中国唯一开发激光产品的企业。在市政府的支持下，先科公司与飞利浦公司签订协议，各出资 50%，成立深飞激光光学系统有限公司。

1985 年 11 月 27 日，深圳市召开第一次科技工作会议，确定了以外向型工业为主的经济发展方向，进一步加强对全市科技工作的宏观指导和管理。1986 年 1 月 1 日，深圳市委、市政府出台《关于加强科技工作的决定》，提出要加快建设各专业科研机构，有计划有重点地在电子、石化、激光、建材、轻纺、食品、包装、保险等行业逐渐建立一批新的专业研究所，有关部门应在人、财、物和实验场地等方面给予大力支持。

1987年至1988年，深圳企业技术改造与扩大再生产效果显著，形成了特区建立以来第一个开发新产品、采用新技术的高潮。深圳科研机构获得较大发展并实现市场化转型，由原先事业单位包揽科研转变到以企业建立的研发机构为主的轨道上，科研经费则以新产品新技术开发费的方式安排给工业企业。到1989年底，电子、机械、石化、食品、饮料、纺织等行业的大中型企业集团都建立了研发机构，如赛格集团公司的研究开发院、深圳科技工业园总公司的电脑实验室、爱华电子公司的电子研究所、康佳电子公司的电子研究所、深宝食品饮料公司的产品开发中心、食品饮料工业公司的食品饮料研究所、纺织公司的纺织研究所、华联集团公司的纺织服务研究所、医药生产供应公司的深洛医学图像研究所等。

截至1989年底，全市共有各类研发机构99个，其中企业性质57个，占比57.6%，成为研究机构的主体力量。1988年至1989年，通过市级以上鉴定的136项科研成果中，工业项目占86%。获市以上奖励的31个项目中，工业项目占71%。工业成为深圳科技创新的主战场。工业企业的技术力量成为深圳科技开发的主力，并逐渐形成一个以企业研发机构为主体、产业化为方向的研发新体系。科研力量向企业转移，科研成果可以更快转化为产品并投入到市场中，极大增强了企业的市场竞争实力。

三、改革科技经费制度

1986年1月，国务院发布《关于科学技术拨款管理的暂行规定》[①]，决定改变科研机构任务和经费单纯依靠国家包揽的状况，引入竞争机制和经济杠杆作用，对科研机构按任务和活动进行分类管理，对科研基本建设和科技三项经费在保持原渠道不变的情况下，部分试行有偿使用的改革政策。同年，深圳开始对传统的科技经费拨款制度进行改革，明确科技经费投入应高于财政收入增长，同时采取多种拨款形式，重点围绕企业的研发活动引进竞争机制，将无偿拨款改革为有偿使用，大大提高了科技经费使用效率。深圳市委、市政府发布《关于加强科技工作的决定》，提出市科技经费拨款计划单列，其中科技事业费、科技三项经费和科技基建设备费等每年按照地方财政收入的合理比例拨付，确保科技经费以高于财政收入的速度增长。按照不同类型科技活动特点，实行经费分类管理，推行经费有偿使用、合同制和基金制。建立市、局、公司三级发展基金和科技信贷、科技风险资金，用以投资实业。企业可以从税前利润中按销售总额的

---

① 中华人民共和国科学技术部编著：《中国科技发展70年（1949—2019）》，科学技术文献出版社2019年版，第94页。

一定比例提取研究开发经费，用作本企业的技术开发和新产品开展专款。同时，允许企业将技术开发费分摊入成本。科研机构的各项收入，纯收入不上缴财政，用于建立科技发展基金、集体福利基金、奖励基金和所长基金。

1987年10月，深圳成立市科技发展基金会，由市财政拨款1000万元，同时吸纳国内外社团组织、企业和个人的有偿或无偿资助，以多种形式对科技项目进行有偿投资。基金会先后对电子、光学、新材料、食品、医药、精密模具、综合开发等项目进行了投资，取得了良好的效益，促进了特区科技投资市场的形成与发展。同时，深圳市科委与国家科委的新技术创业投资公司联合成立了科技创业投资基金会，以支持高新技术发展，加速推动技术成果商品化。科技创业投资基金会第一期投入资金500万元，主要用于支持风险较大的高科技开发项目。

四、发挥行业协会作用①

特区经济是多种经济并存的综合体，原有的部门行业管理体制难以适应新的发展。1986年3月，深圳市政府决定成立行业协会，通过市场手段为企业提供展会、产业基地、研发检测、信息平台、行业刊物、职业培训等特色服务。到1987年底，深圳市先后成立了电子、装饰、机械、印刷、

① 黄瑞琰：《深圳市行业协会的发展及其作用》，《特区经济》1987年6月，第15—17页。

家具、食品、塑胶、建材、纺织服装、钟表、旅游等行业协会。

行业协会在行业发展、创新、治理以及交流等方面发挥了积极的作用，是促进产业升级、推广新技术、承办行业展览、制定行业标准等方面的重要推手。通过规定行规行约，加强行业自律，倡导诚信准则，行业协会有力地维护了市场秩序。通过参与国际经贸文化合作、组织出国考察、邀请国外专家讲座、参与国际规则制定，行业协会在协调贸易纠纷、扩展海外市场方面发挥了积极作用。通过参与社会治理，行业协会居间沟通协调缓解企业与社会矛盾，传达行业利益诉求，促进了行业健康发展。如深圳电子行业协会组织大型研讨会，出版《电子信息》和《电子行业动态》两份刊物，开展业务技术培训；装饰行业协会邀请内地和香港专业人员为深圳装饰行业队伍开展理论和技能培训，组织项目论证和科研鉴定，组织企业参加各种展会、参与外部项目的竞争，等等。据统计，深圳行业协会中，承担着行业调查和统计职能的占52.4%，承担了行业培训、考核职能的有39%，承担了资质认定与行业展览职能的有35%，30%的行业协会在政策论证、行业标准制定、技术推广方面扮演重要角色。①

深圳的行业协会在发展过程中还引入了适度竞争机制，

① 中华全国工商业联合会：《深圳以诚信建设构建亲清新型政商关系》，2019年4月15日。

实行一个行业多个协会，一业多会、适度细分、引入竞争，促使行业协会不断提高服务质量，避免发展成垄断性的组织。行业协会的不断发展，推动深圳于 1999 年出台全国首部行业协会条例《深圳经济特区行业协会条例》，以及 2004 年率先开展行业协会管理体制改革等创新举措，为全国行业协会改革进行了先行探索。行业协会的不断改革，也为推动全市科技进步持续发挥重要作用。

第六节　提升城市功能性载体品质

一、优化城市总体空间规划

随着城市定位的不断变化，深圳建设规模、产业空间、基础设施等不断优化，城市总体规划先后历经三次调整。1979 年初，深圳建市后进行第一次城市规划，目标是将深圳建成一个面积为 10 平方公里，有 10 万居民工作、生活的小型城市，成为工农业相结合的出口商品基地、吸引港澳游客的旅游区和新型边防城市。中央明确办出口特区后，深圳城市规划进行第一次调整，规划范围主要是老城区周围、铁路线两侧以及毗邻地区，红岭、上步主要发展来料加工，红围、木头龙等地规划为居民生活区。中央也十分关注深圳的市政规划工作，谷牧指示深圳"不能受条条框框束缚，要搞活，步子要大一点，城市规划要抓紧搞"[①]。1980 年，深圳成立建设规划委员会。从 5 月起，中央有关部门和省内外十多个设计院工程技术人员 100 多人，经过五个多月勘测、讨论和多种方案比较，对深圳城市规划进行了第二次调整，提出了包括功能分区、专项设计和经济分析的深圳经济特区总体

① 深圳经济特区研究会、深圳市史志办公室：《深圳经济特区三十年》，海天出版社 2011 年版，第 27 页。

规划草案，预计到1990年初步建成可居住30万人口的新型现代化城市。[①]发展目标是以工业为主，同时发展贸易、农业、旅游业。1981年7月，中共中央、国务院批转《广东、福建两省和经济特区工作会议纪要》，提出特区的规划和建设一定要因地制宜，要把深圳建设成为兼营工商、农、牧、住宅、旅游等多种行业的综合性特区。为适应特区事业综合发展的要求，深圳再次组织对特区进行了全面的现状调查和发展预测，对深圳城市规划进行了第三次调整，并先后邀请国内外专家近300人次对总体规划草案进行评审。1982年11月，《深圳经济特区社会经济发展规划大纲》制定完成，并上报广东省政府和国务院审批。经济特区总体规划按地形和功能划分为东、中、西三片，共十八个功能区。城市建设总体布局采用带状组团式结构，使城市功能区之间富于弹性，方便客商投资进行成片开发建设。大纲不仅对城市建设进行了总体规划，也对社会经济发展进行了全面规划，要求办成以工业为重点的综合型经济特区，在兼营行业中特别强调指出了科研行业。

二、建立健全市政基础设施

深圳不断完善港口航运系统，加大口岸建设力度，积极筹建深圳机场，规划建设区域间快速交通，各类市政基础设

①《关于我省试办经济特区的情况报告》(粤发〔1981〕30号)，1981年5月24日。

施逐步建立健全，形成了海陆空立体城市空间格局。

港口是发展外向型经济的重要基础设施。深圳位于珠江三角洲东侧，南邻香港，东临大鹏湾，西联深圳湾和珠江口，东西部海岸线达260公里，其中约有三分之一为深水岸线，拥有重要港口资源。随着经济特区的建立和发展，从工业港口到远洋港口，从西部片区到东部沿海，深圳逐步建立起通达世界的港口航运系统。

改革开放前，深圳只有几个百吨级内河土坡码头，年吞吐量10万多吨，海上运输几乎一片空白。深圳经济特区成立前夕，香港招商局创办蛇口工业区，同时开始建设蛇口港区。1979年7月，蛇口港破土动工，开始兴建600米3000吨级的驳船码头，港区规划面积8万平方米。1980年底，蛇口港建成投产，被国务院批准为一类口岸。1980年至1984年间，蛇口港在为深圳市和蛇口工业区提供建设用物资及原材料、生产成品装卸等方面发挥了重要作用，属于典型的工业港。1986年9月，蛇口港首开远洋班轮码头业务。1988年7月，成立集装箱部，率先开展集装箱码头业务。① 1982年6月，经国务院批准，中国南山开发股份有限公司成立，全权负责开发赤湾港。1982年11月，赤湾港正式开工建设。1983年，赤湾港首座万吨级泊位建成投产，这是深圳经济特区第一座万吨级深水泊位，也是第一个由企业集资建设和

① 张晓鹏：《蛇口港：深圳港的起笔》，《集装箱化》2006年第9期，第5—7页。

经营的大型深水海港。1985 年至 1990 年，赤湾港与挪威、丹麦签订散装化肥中转合同，深圳开始具备远洋运输功能。1991 年，蛇口集装箱码头建成，开辟蛇口至中东的钟摆式航线，随后赤湾开辟至欧洲的定期集装箱班轮。此后，赤湾港大型散粮码头、大型液体化工中转码头的建设与投产，逐步确立了深圳作为华南远洋运输港的地位。① 随着深圳港区物流量的日益增长，蛇口港、赤湾港不能完全满足物流需求，妈湾港的建设被提上日程。1990 年 7 月，妈湾港建成 13.5 万吨级泊位并开港，同年 10 月经国务院批准对外开放。妈湾港位置优越、交通便捷、腹地宽阔，建港条件优越，发展迅速，1994 年就完成吞吐量 360 万吨。妈湾港还是深圳西部主要能源的进口港，妈湾电厂、月亮湾电厂和南山热电厂等发电所需的燃料油、煤炭等均通过妈湾港进口。

从 1985 年开始，深圳将建设港口的目光放在了东部，成立东鹏公司进行盐田港建设前期准备。盐田港拥有媲美国际大港的优越地理条件，可供兴建深水泊位的海岸线长达 6.7 公里，200 公里半径涵盖了香港、澳门、珠江三角洲的新兴城市和发达地区，是发展集装箱码头的理想场所。1987 年 1 月，深圳决定先由市财政投入部分资金，然后带动外资投入建设。当年 12 月，盐田港码头动工兴建。到 1992 年，深圳累计投入 9 亿多元，完成了“三通一平”和一期工程，盐

---

① 梁逢伍：《赤湾港的建设与发展》，《水运工程》1996 年第 10 期，第 78—83 页。

田港区的公路、铁路以及用水、用电等基础设施初步完善。1993 年 1 月，深圳与香港和记黄埔集团达成合作协议，和记黄埔与盐田港集团合资成立深圳盐田国际集装箱码头有限公司，共同经营盐田港区一、二期工程。1994 年，盐田港区一期工程投产，多家国际班轮公司开辟了盐田至欧洲、美洲的航线，形成了以欧洲、美洲航线为核心，东南亚、中国沿海航线为基础的班轮网络。

深圳口岸是全国主要陆路口岸之一，原来只有罗湖、文锦渡两个口岸，通关能力有限。随着经济的快速发展，往来于深港两地的车辆人员急剧增加，对口岸的通行规模、通行能力提出了更高要求。1979 年，文锦渡口岸正式直通进出境货车，启用了 4 条进出境汽车通道。深圳经济特区成立后，逐步增设开放一批新口岸。1981 年 4 月，经国务院批准，蛇口工业区码头对外国籍船舶开放。9 月，位于珠江口东岸、深圳市西部南头半岛南段的蛇口口岸对外开放，这是我国改革开放后第一个由企业自筹资金建设管理和经营的国家一类口岸。1983 年 4 月，国务院正式批准位于大鹏湾半岛南端的西冲作为对外开放的旅游专用口岸。4 月，蛇口工业区码头正式成为国家对外开放口岸。1984 年 5 月，经国务院批准，赤湾口岸对外开放。1985 年 3 月，通往香港新界的沙头角口岸正式启用，这是继罗湖、文锦渡之后的第三个深港陆路边境口岸。沙头角口岸配套新建 3 个停车场，可同时停 800 辆以上的大小车辆。1988 年 11 月 30 日，国务院批准皇岗口岸对外开放。皇岗口岸是国内货车出入境最多的客货综合性公路口岸，在国内率先实行24小时通关，日均过境游客超过8万人/次，出入境车辆超过2万多辆/次，极大促进了深港两地人员流动、技术合作和经济发展。

深圳经济特区成立不久，筹建机场就提上了日程。1981年，国务院明确，特区的机场、海港、铁路、电信等企事业单位，应允许引进外资，由特区自营或中外合资，自负盈亏。① 1982年11月，深圳成立机场筹建处，不断完善立项报告。1985年4月《关于深圳机场工程项目建议书的报告》提交国务院审议。1988年1月，国务院总理李鹏对深圳机场选址进行考察。5月20日，深圳黄田国际机场正式动工。同年12月，国家正式批复同意深圳机场建设。经过两年的建设，共荡平5座山头、填入2000多万立方土石。1991年10月12日，深圳机场实现通航。2001年9月18日，深圳黄田国际机场更名为深圳宝安国际机场，一直沿用至今。深圳机场是国内第一家由地方自筹资金兴建的机场，首期工程投资近10亿元，其中80%资金由机场通过发行债券、贷款、合资途径解决。管理模式上，深圳机场由地方自行管理、自负盈亏、自主经营，在国内机场行业中率先成为经营实体，完成了机场属地化、企业化、公司化改革。通航以来，深圳机场的旅客和货邮吞吐量快速增长，2003年旅客吞吐量首次突破1000万人次，2019年突破5000万人次，跻身全球机场前30位。

---

① 深圳经济特区研究会、深圳市史志办公室：《深圳经济特区三十年》，海天出版社2011年版，第69页。

深圳机场已成为展示城市开放活力和对外交往的窗口，为深圳经济社会快速发展提供了有力支撑。

特区初创时期，广九单线铁路是深圳唯一的对外交通动脉，运力紧张。为此，深圳大力建设新的对外通道——广深高速公路。

广深高速是国内第一条由粤港合作投资建设的高速公路项目，也是我国首次以项目抵押方式获得国际融资银团商业贷款的项目。1981 年粤港双方就建设广深高速签署了合作意向书，1987 年正式动工，1994 年试运营，1997 年 7 月 1 日正式通车，全程 122.8 公里，由广东省公路建设有限公司与香港合和中国发展（高速公路）有限公司共同投资兴建。广深高速建成通车后，车流量高速增长，从 1994 年试运营时的日均 3.63 万车次，发展到 2020 年日均车流量达 65 万车次，被称为“中国最繁忙高速公路”，极大提高了深圳到广州及沿线城市的人流、物流效率，成为一条连接沿线科技创新资源的快速走廊。

三、完善生产生活配套建设

深圳高度重视生产生活配套建设，大力提升城市内部交通、电力供给和通讯能力，着力建设商业和文化设施，不断满足产业发展所需的生产、经营、居住、旅游、娱乐等基本条件，创造良好投资环境，为生产效率的提高和科学技术的进步奠定了坚实基础。

1979 年，深圳全市只有 720 公里沙土公路可以通车，市运营车辆500多辆，深圳河运营的小船13条，260公里的海岸线上没有营运的货船和客船。1982年以前，交通运输业上的投资较少。1982年初，深圳市路网规划方案出台，大规模的“七通一平”基础工程拉开序幕。这一年动工的城市道路有深南大道、上步中路、人民南路、湖贝路、红岭中路、笋岗路、银湖路、爱国路、泥岗路等。1983年至1985年是深圳交通运输事业的第一个大发展时期，投资额是前3年的27倍。到1990年，深圳在交通运输方面累计投资达21.3亿元，公路通车里程达到834.6公里，省养公路的95%为沥青路面，地方公路70%为水泥路面，全市机动车达到7万余辆，其中出租车达3000多辆。

经济特区成立后，深圳加快建设一批变电站，仅用5年时间，供电量从3514万千瓦时提高到63023万千瓦时，增长17倍。1984年初，深圳经济特区电力开发公司与香港合和（中国）电力有限公司合作建设沙角B电厂，装机容量70万千瓦时，70%的用电供特区使用。此外，这一时期还建设了10多个小电厂。1985年，广东核电投资有限公司和香港核电投资有限公司正式签署合营合同和引进设备、技术供货和贷款合同。1987年8月，大亚湾核电站主体工程开工。1994年2月和5月，两台百万千瓦级压水堆机组分别投入商业运行。此后在大亚湾核电站之侧又建设了岭澳核电站，于2003年1月投入商业运行，两者共同组成一个大型核电基地。大亚湾核电站是中国大陆第一座大型商用核电站，也是大陆首座使用国外技术和资金建设的核电站，缓解了特区电力供应难题。

1979 年，深圳只有一所邮电局、2000 门电话、9 条省内长途线路和 12 条香港线路。1983 年 11 月 28 日，深圳市邮电局与英国大东电报局合资成立深大电话有限公司，这是我国邮电系统第一家中外合资企业。1985 年 2 月，深大电话有限公司开通了 1.4 万门市内电话，使深圳人均电话占有率跃居全国大城市前列。1987 年，深圳市邮电局与美国安邦公司、英国怡和公司合作成立深圳快递公司，除国内主要城市外，业务覆盖 170 多个国家和地区。深圳还陆续建立了无线对讲电台系统、无线移动电话系统、无线传呼系统等先进通信设施，为市内、对外通讯交流提供了相对便利的条件。

在产业工人生活配套方面，深圳着力在居住、餐饮、公共文化服务等方面加以保障。1979 年，深圳仅有饮食企业和单位 50 家，从业人员 800 人。到 1990 年时，饮食企业和单位发展到 2300 多家，从业人员增长到 2.37 万人。商业单位从 1979 年 1039 家、从业人员 9000 多人，增加到 1990 年 2 万多家、从业人员 8.6 万人，个体户增加到 1.56 万家。住房保障方面，1987 年深圳已经建起了 417 万平方米的住宅、35 万平方米的文化教育用房和 15.5 万平方米的医疗卫生用房。1981 年，为改善文化设施和服务落后状况，深圳决定投资 3 亿元兴建八大文化设施。经过几年奋战，建成了具有现代化水平的图书馆、博物馆、大剧院、电视台、体育馆、深圳大学、新闻文化中心和科学馆等八大文化设施，创办了《深圳特区报》、深圳广播电台、海天出版社、深圳交响乐团、艺术中心、艺术学校和深圳画院，并扩建了市粤剧团、美术馆、深圳戏院和新华书店。1986 年开始兴起的“大家乐”舞台和文化部门逐步开辟的艺术广场等，提供了大量群众喜闻乐见的文娱活动，丰富了广大市民和来深建设者的业余生活，也为高新技术产业发展营造了更好的人文环境。

第二章

开辟集成创新路径，大力发展高新技术产业

（1991—2000年）

20世纪90年代，全球产业经济分工与转移的趋势日益明显。党中央顺应时势，提出科教兴国战略，围绕科技与创新主体能力建设出台一系列政策措施。1992年，邓小平第二次视察深圳，充分肯定深圳的改革成就和市场经济体制探索，鼓励深圳大胆试验。江泽民先后四次视察深圳，要求深圳加快体制机制创新步伐，大力推进科技创新，增创新优势。

深圳市委、市政府积极贯彻党中央决策，1990年市第一次党代会提出由“深圳速度”向“深圳效益”转变，培育一批高科技产业；1991年制定《关于依靠科技进步推动经济发展的决定》，把发展科技摆到经济和社会发展首位，提出“以先进工业为基础”发展高新技术产业的战略。这一时期，深圳积极构建高新技术产业生态与制度环境，着力在引进消化吸收先进技术的基础上进行模仿创新、集成创新、微创新，全市高新技术产业产值突破千亿大关，并进入年均增长千亿的快速发展通道，专利授权增长14倍，先后创立高新区、高新投、产权交易所、南方国际技术交易市场、虚拟大学园、高交会等重要平台，涌现出金蝶、研祥、联创、比亚迪、迈瑞、大族激光、腾讯等典型企业，华为、中兴、华强、海王等企业设立了国家级企业技术中心和工程中心，初步形成研发机构、研发人员、科技三项经费主要在企业的特征。高新技术产业逐渐发展为深圳国民经济支柱产业。

第一节　改革开放再立潮头

一、邓小平再次视察掀起改革开放新浪潮

进入20世纪90年代，国际国内形势动荡多变，苏联解体、东欧剧变，国际共产主义运动陷入低潮，我国发生严重政治风波，国内出现经济滑坡，国有中小企业面临“三角债”难题。面对困局，一些人对前途失去信心，更有一些人对改革开放发难，主张走“回头路”，反对以经济建设为中心的基本路线，反对发展市场经济。在我国改革开放和现代化建设的关键时刻，88岁的邓小平视察南方并发表谈话，对建设中国特色社会主义理论作了精辟深刻的论述，科学回答了什么是社会主义、如何建设中国特色社会主义等重大理论和实践问题，明确回答了长期困扰和束缚人们的许多重大认识问题。

1992年1月18日至2月21日，邓小平先后视察武昌、深圳、珠海、上海等地。1月19日上午，邓小平乘专列抵达深圳站。他在广东省、深圳市领导陪同下，乘坐中巴先后参观了火车站和皇岗口岸。在中巴车上，邓小平指出，“亚洲‘四小龙’发展很快，你们要用20年时间超过‘四小龙’。‘四小龙’中新加坡不但经济发展很快，社会秩序也

比较好。你们要在两个文明建设方面，都超过‘四小龙’，这才是有中国特色的社会主义。”[①] 20日上午，邓小平参观了国贸大厦，在听取深圳市委书记李灏的汇报后，发表了较长时间的谈话。他指着窗外的高楼大厦说，深圳发展这么快，是靠实干干出来的，不是靠讲话讲出来的，不是靠写文章写出来的。[②] 22日下午，邓小平接见了深圳市五套班子负责人并发表重要讲话。他指出，没有一点闯的精神，就走不出一条好路，走不出一条新路，就干不出新的事业。不冒点风险，办什么事情都有百分之百的把握，万无一失，谁敢说这样的话？每年领导层都要总结经验，对的就坚持，不对的赶快改，新问题出来抓紧解决。他强调，“计划多一点还是市场多一点，不是社会主义与资本主义的本质区别。计划经济不等于社会主义，资本主义也有计划；市场经济不等于资本主义，社会主义也有市场。计划和市场都是经济手段。”[③] 社会主义的本质，是解放生产力，发展生产力，消灭剥削，消除两极分化，最终达到共同富裕。社会主义要赢得与资本主义相比较的优势，就必须大胆吸收和借鉴人类社会创造的一切文明成果，吸收和借鉴当今世界各国包括资本主义发达国家的一切反映现代社会化生产规律的先进经营方式、管理方法。

23日上午8点30分，邓小平乘车到蛇口。路上李灏向

①《邓小平文选》第三卷，人民出版社1993年版，第378—379页。
②《邓小平文选》第三卷，人民出版社1993年版，第381页。
③《邓小平文选》第三卷，人民出版社1993年版，第373页。

他汇报了下一步工作设想：第一，进一步放开一线，管好二线；第二，搞产业结构调整，发展金融业、服务业和高新技术产业，把第三产业作为支柱产业来抓；第三，撤销宝安县，建立2个区，逐步推进特区内外的农村城市化；第四，充分利用全国人大授予深圳的立法权，加强法制建设，把全市工作纳入法制化轨道。听完汇报，邓小平立即表态："你说的那几项我都赞同，你就大胆按照这个去做，你要注意总结经验，发现做得不对的就要赶快纠正，避免犯错误""第一就是大胆去干，第二是发现干得不对的地方要及时纠正，总结经验，不是首先考虑犯不犯错误""改革开放的胆子要大一些，敢于试验，不能像小脚女人一样。看准了的，就大胆地试，大胆地闯，深圳的重要经验就是敢闯"。在即将登上前往珠海的舰艇之前，邓小平回头对深圳市领导说："你们要搞快一点！"①

2月28日，中共中央将邓小平南方谈话以中央文件的形式向全党下发和传达，在国内外引起了强烈反响。邓小平南方谈话在国际国内面临严峻考验的重大历史关头，科学总结了党的十一届三中全会以来的基本实践和基本经验，从理论上深刻回答了长期困扰和束缚人们思想的许多重大认识问题，充分肯定了深圳等地建设社会主义市场经济体制的探索，再一次在深圳掀起了改革开放的大潮。

---

①《东方风来满眼春》，《深圳特区报》1992年3月26日。

二、江泽民视察要求增创新优势

1994年6月19至21日，中共中央总书记、国家主席、中央军委主席江泽民视察深圳，并代表党中央发表了关系经济特区前途命运的重要讲话。江泽民指出，中央对发展经济特区的决心不变，中央对经济特区的基本政策不变，经济特区在全国改革开放和现代化建设中的历史地位和作用不变，即“三个不变”。他还强调：“要把发展经济特区贯穿于社会主义现代化建设的整个过程，基本实现国家的现代化要搞多久，经济特区就要搞多久。”① “特区的发展，已进入了一个提高整体素质、增创特区优势的新阶段，要把发展经济特区贯穿于社会主义现代化建设的整个过程。”② 在谈到如何增创新优势时，江泽民提出了五点要求：一是经济特区要加快建立全国的社会主义市场经济体制，继续积极探索和创造更多的经验；二是要通过深化改革和扩大开放，保持国民经济又好又快地向前发展；三是要继续发展外引内联，为带动和促进全国其他地区的共同发展、共同繁荣做出新的贡献；四是经济特区尤其是深圳、珠海特区要积极为国家恢复对香港、澳门行使主权和保持香港、澳门的长期繁荣做出更多的贡献；五是大力加强特区的社会主义精神文明建设，加强和

---

①《经常特区要增创新优势，更上一层楼》（1994年6月20日），《江泽民文选》第一卷，人民出版社2006年版，第374页。

② 深圳经济特区研究会、深圳市史志办公室：《深圳经济特区三十年》，海天出版社2011年版，第86页。

改善党对特区工作的领导。[①] 江泽民的讲话，不仅表明了党中央、国务院继续办好经济特区的决心，消除了人们对经济特区的种种疑虑和担忧，也为深圳二次创业、加速发展高新技术产业指明了方向。

1995年12月5日至7日，江泽民再次考察深圳，调研康佳电子、长城计算机、长科国际电子等企业，高度肯定深圳高新技术产业发展。他指出，深圳除了要继续发挥对外开放的“窗口”作用，经济体制改革的“试验场”作用，对内地的示范、辐射和带动作用之外，还要在恢复对香港行使主权和保持香港繁荣稳定方面起促进作用。[②] 12月6日，江泽民专门为深圳经济特区创办15周年题词：“增创新优势，更上一层楼”。

2000年2月21日至25日，江泽民围绕加强新时期党的建设和推进高新技术产业发展两个课题到深圳调研，考察了深圳高新技术园区，听取了深圳高新技术产业发展的情况汇报。11月14日，江泽民外出访问后取道深圳回国，出席深圳经济特区建立20周年庆祝大会并发表重要讲话，要求特区人民认真总结成功经验，“继续‘增创新优势，更上一层楼’，努力创造新的业绩，率先基本实现现代化”。特区要“带头加快体制创新，率先为全国建立比较完善的社会主

---

① 深圳经济特区研究会、深圳市史志办公室：《深圳经济特区三十年》，海天出版社2011年版，第87页。

② 深圳经济特区研究会、深圳市史志办公室：《深圳经济特区三十年》，海天出版社2011年版，第87页。

义市场经济体制积极探索和实践”“带头大力推进科技创新，在加快结构调整和产业优化升级、实现经济增长方式的根本转变上创造新鲜经验”“带头增强服务全国的大局意识，加强与内地的经济技术交流与合作，积极支持实施西部大开发战略”“带头始终不渝地坚持‘两手抓，两手都要硬’的方针，大力加强社会主义精神文明建设”“带头按照‘三个代表’的要求全面加强党的建设，不断提高党组织的战斗力和凝聚力，增强拒腐防变的能力”。江泽民勉励深圳继续当好改革开放和现代化建设的排头兵，积极争当建设有中国特色社会主义的示范地区，继续充分发挥技术的窗口、管理的窗口、知识的窗口和对外政策的窗口的作用，努力形成和发展经济特区的中国特色、中国风格、中国气派。[①] 江泽民的重要讲话为深圳进一步发展确定了目标、指明了方向，经济特区开始担负起为中国从经济现代化到有中国特色的社会主义的全面现代化开路的新使命。

三、获得特区立法权

市场经济本质上是法治经济。随着经济超常规发展及各项建设的不断深入，深圳在许多方面出现了迫切需要解决的新问题，解决这些问题需要配套的法律手段，而当时国家和广东省的立法已不能满足特区发展的实际需要。

---

① 深圳市史志办公室：《深圳改革开放纪事（1978—2009）》，海天出版社 2009 年版，第 298 页。

1986年，深圳组织相关专家和工作人员到香港、欧洲和美国考察，搜集了大量的相关法律条文进行比较研究，拟定《借鉴移植香港和国外立法经验、加快深圳立法的工作方案》，计划在5年内制定135项经济和行政法规，让特区各项工作都能做到有法可依。该方案经市委审定后，报送广东省委、省人大、省政府和中共中央、全国人大常委会及国务院审批。1987年底，深圳市委向中央上报《请求全国人大授予深圳经济特区制订经济特区法规和政府规章的权力》。1989年3月，七届全国人大二次会议召开。会上，国务院向全国人大提交《提请审议授权深圳市人民代表大会及其常务委员会和深圳市人民政府分别制定深圳经济特区法规和深圳经济特区规章的议案》。但由于当时深圳市人大及其常委会尚未成立，反对声音较大。

1990年12月，深圳市人民代表大会及其常委会成立，深圳具备了行使授权立法的基本条件。1991年9月，深圳市再次以书面形式向全国人大提交了请求授予立法权的议案。1992年7月1日，七届全国人大常委会第二十六次会议审议通过了《关于授权深圳市人大及其常委会和深圳市政府分别制定法规和规章在深圳经济特区实施的决定》。在当时，除了全国人大及其常委会外，只有省级人大及其常委会才拥有立法权，即使是各省的省会城市也只有“半个立法权”。授权深圳市人民政府制定规章并在深圳经济特区组织实施，在全国是第一次，体现了中央对深圳的大力支持。

深圳获得经济特区立法权后，开始有目标有计划地启动大规模立法工作。1992年9月28日，深圳市委发布《关于加强立法工作的决定》，明确提出“争取在三年左右时间做到适应市场经济体制的主要方面基本有法可依，有章可循，五年内做到适应市场经济需要的法规、规章基本配套，到本世纪末形成与国家社会主义市场经济法律体系协调配套的、与国际惯例相衔接、适应深圳经济社会发展的较完备的法规和规章”。深圳遵循授权决定和立法法，珍惜和用好立法权，把制度创新作为特区立法的重要使命，充分发挥特区立法“试验田”的作用，在没有上位法支持的情况下，借鉴香港及国外优秀法律文化，率先制定了股份有限公司、有限责任公司、国有资产管理、律师、无偿献血、政府采购、政府投资项目管理、听证、人体器官捐献移植等条例。深圳经济特区法制体系的完善，促进了房地产、劳动力、建筑、运输、医疗、技术六个方面的市场法规逐步成型配套，并在中介管理、市场秩序、城市管理等方面为国家和其他省市的立法提供了经验。到20世纪90年代末期，深圳初步形成了以民商法、经济法为主干，以社会法、行政法为辅，与国家市场经济法律体系相配套且适应特区市场经济的法规体系框架，从法律上为特区改革和经济建设保驾护航。

特区立法权的获得，为深圳经济特区在改革开放和体制创新中更好发挥“试验田”“排头兵”作用、促进经济社会快速发展，提供了坚实的法制保障。截至2020年7月，深圳市人大常委会先后通过法规及有关法规问题的决定496项，其中制定法规241项，覆盖经济社会发展各个方面，初步形成了与国家法律体系相配套、与国际惯例相接轨、与深圳经济社会发展相适应的法律框架。①

四、开启“二次创业”

20世纪90年代，西方发达国家相继调整产业结构，鼓励本国资本向高精尖技术密集型产业投入。在亚太地区，除亚洲“四小龙”外，马来西亚、印尼、泰国等也加大吸引外资力度，经济发展速度加快。

1992年10月，党的十四大召开，首次明确提出建立社会主义市场经济体制的目标，全国掀起新一轮改革开放浪潮。11月21日，为贯彻落实邓小平南方谈话和党的十四大精神，深圳市委召开第一届五次全体（扩大）会议，明确提出新时期深圳经济特区的跨世纪战略规划：把深圳建成综合性的经济特区和多功能现代化的国际性城市，为广东力争20年赶上亚洲“四小龙”基本实现现代化多做贡献。全会还对加快深圳改革开放和现代化建设、努力实现跨世纪战略目标进行了部署，重点包括：深化企业制度改革，建立现代企业制度；培育和完善特区要素市场，建立起与国际和国内市场相互沟通的现代市场体系；建立健全市场中介组织，继续深化分配制度改革；完善社会保障制度，建立适应市场经济要求的市场秩序和法规体系；优化产业结构，加快第三产业发展；切实简政放权，理顺政企关系，等等。

①《200多项法规铺就深圳繁荣发展路》，《深圳特区报》2020年8月28日。

1993年4月8日，深圳召开全市处级以上干部大会，明确提出“发挥优势，再造优势”的战略口号。6月23日，市委书记厉有为在市委工作会议上作题为《发挥优势，再造优势，努力把深圳建成多功能、现代化的国际性城市》的报告，提出“再造优势”是将特区建设推上新台阶的必然要求和迎接新挑战的必然选择，也是团结和动员全市人民共同开创特区发展新局面的动力。此后，深圳在建立现代企业制度、调整产业结构、完善城市功能等方面进行了积极探索和实践，并大力发展高新技术产业，使其成为深圳经济的第一增长点。

1995年4月25日至28日，深圳市第二次党代会召开，首次明确提出“二次创业”的战略口号。会议确定新时期深圳经济特区的定位和发展目标是以争创新优势、提高整体素质为根本措施，以率先建立社会主义市场经济体制和运行机制、优化经济结构、完善城市功能为重点，以建立区域性金融中心、信息中心、商贸中心为突破口，以加强党的建设和精神文明建设为保证，再用15年或者更长一点时间进行第二次创业，把深圳建设成为富裕、文明、民主的社会主义现代化国际性城市。5月，深圳市二届人大一次会议提出要努力增创“十大优势”。一是增创产业新优势，保持国民经济持续、快速、健康发展。二是增创改革开放新优势，率先建立社会主义市场经济体制。三是增创基础设施建设新优势，实现城市功能现代化。四是增创人才新优势，努力建设教育强市。五是增创依法治市新优势，营造良好的法制环境。

六是增创横向经济联合新优势，强化辐射和服务内地功能。七是增创深港衔接新优势，为保持香港繁荣稳定发挥积极作用。八是增创管理新优势，全面提高城市管理水平。九是增创社会发展新优势，不断提高人民生活质量。到 2000 年，深圳居民生活水平要在小康基础上再提高一步，接近中等发达国家和地区的水平。十是增创社会主义精神文明建设新优势，全面提高深圳人的综合素质。①

5 月，深圳市委召开二届二次会议，对实施“九五”计划作具体部署。一是要努力实现“三个根本性转变”，即从传统的计划经济体制向社会主义市场经济体制转变，经济增长方式由粗放型向集约型转变，特区发展从主要依靠优惠政策向提高整体素质、增创新优势转变；二是实行“三个协调发展”方针，即三大产业协调发展（以高新技术产业为先导、先进工业为基础、第三产业为支柱，加强“三高”农业、调整优化第二产业、积极发展第三产业）、特区内外协调发展、“两个文明”建设协调发展；三是实行“三个一批”发展战略，即形成一批支柱产业、发展一批大型企业集团、争创一批名牌产品。自此，“二次创业”由战略口号和目标变成了具体的规划和蓝图。

---

①《论增创深圳特区十大新优势——厉有为在深圳市第二次党代会上的工作报告摘录》，《特区理论与实践》1995 年 5 月。

五、率先建立市场经济体系

以邓小平1992年南方谈话和党的十四大为标志，我国改革开放和现代化建设进入一个新的发展阶段。深圳通过率先进行市场取向的经济体制改革，在全国率先建立社会主义市场经济体系基本框架，为高新技术产业发展奠定了市场化基础。

（一）改革企业注册审批制度

1981年和1984年，《广东省经济特区企业登记管理暂行规定》《深圳经济特区企业登记管理实施细则》相继颁布实施，对外资企业、中外合资企业和合作企业设立的常驻办事机构等的登记管理进行规范。随着特区市场经济的发展，原有的企业设立审批程序开始暴露出手续繁琐、环节交叉、多头共管、效率低下等诸多问题，制约了社会经济的进一步发展。

1993年起，深圳加大了企业设立审批改革力度。1月，为满足日益扩大的外商投资便利化需要，深圳颁布《关于简化外商投资立项审批程序的试行办法》，规定：市政府制定鼓励、允许、限制、禁止四类投资导向目录，委托福田保税区管理委员会、沙头角保税区管理委员会对辖区范围内的外商投资项目进行审批。对于部分鼓励、允许、限制类投资项目，投资者直接到市工商行政管理局和保税区管理部门申请登记注册，不再履行投资立项审批程序。2月，市政府颁布《深圳经济特区贯彻〈全民所有制工业企业转换经营机制条例〉实施办法》，全面落实企业经营自主权，规定企业投资生产性的技术改造和基本建设项目以及进行新产品、新技术的开发，能够自行解决建设和生产条件的，报政府有关职能部门或办事机构备案；企业根据经营和生产发展的需要，可以自主决定用自筹资金到内地投资的项目，不需政府审批等。同时发布的《深圳市企业登记管理规则》，将企业注册由政府审批制转变为准则登记制，除《深圳市投资导向目录》规定的限制项目外，企业的设立、变更、注销登记等事项，不需政府职能部门批准，企业可直接到工商行政管理部门办理手续。这一企业登记制度开始与国际惯例接轨。为更好转变政府职能、提高审批效率，深圳还借鉴香港公司注册处实行的“准则主义”做法，在工商局内成立了注册分局，专门承担注册登记的全部职能，实施“注册官”审批（受理、核准）两个环节的注册程序，大大提高了工作效率。10 月，市政府成立外商投资服务中心，与外商投资有关的 17 个政府部门集中办公，为外商提供优质高效的一站式服务，进一步改善了投资环境，当年即注册外资企业 3367 家，创特区建立以来之最。

1997 年初，深圳在全国率先推行行政审批制度改革，政府从大量的微观审批事务中解放出来，将更多精力投放到改善投资环境、创造公平竞争的市场环境上来。1998 年 2 月，《深圳市政府审批制度改革实施方案》出台，对行政审批项目进行清理，开创中国内地审批制度改革先例。《方案》要求对国家现行法律、法规、行政规章没有明确规定审批的事项，取消审批；对国家和省规定审批但又没有指标和额度限制的事项，原则上也取消审批；对深圳市自行确定的审批事项，大部分予以取消；对不属于政府职能或不应当由政府直接管理的事项，则坚决取消审批。改革后，深圳市政府部门原有审批事项737项，保留了310项，比原来减少57.9%；原有核准项目371项，保留321项，比原来减少13.5%。减少政府审批和核准事项后，企业自主权扩大，政府部门和行业关系被理顺。在取消的审批和核准事项中，23项属于对企业生产经营活动的前置审批，放开后改由企业自主决定，或由市场调节，或实行公开招标、拍卖，扩大了市场配置资源的范围。1999年2月，市政府颁布《深圳市审批制度改革若干规定》，从审批项目、审批程序、审批时限等方面对企业设立的前置审批行为加以规范，进一步降低了企业准入门槛，各类企业登记业务的办事时限平均缩短70%以上，办理的各类登记事项的期限最长不超过五天。

（二）建立现代企业制度

企业是市场的主体，现代企业制度是社会主义市场经济体制的基础和关键。特区建立初期，深圳开展扩大国有企业自主权改革，通过承包制、劳动用工制、工资制等初步建立起现代企业制度。1986年，深圳开始积极推行企业股份制试点改革，逐步建立起产权转让和破产制度。

20世纪90年代，深圳开始按照“小政府，大社会”的原则，建立更加适合市场经济的现代企业制度。1993年1月起，《深圳经济特区全民所有制工业企业转换经营机制实施办法》（以下简称《实施办法》）等系列改革文件陆续出台，深圳开始全面落实企业经营自主权。《实施办法》以国务院颁布的《全民所有制工业企业转换经营机制条例》（以下简称《条例》）为依据，结合深圳实际，参照国际惯例，除将《条例》规定的 14 项权利还给企业外，还将投资开发、企业设立登记、进出口权限、劳动用工、收入分配等自主权下放给企业，增强了企业自主经营、自负盈亏、自我约束、自我发展的能力。4 月 26 日，深圳市第一届人民代表大会第五次会议通过《深圳经济特区有限责任公司条例》和《深圳经济特区股份有限公司条例》，为理顺产权关系、加快公司化步伐提供了法律依据。9 月，《深圳市属国有企业分类定级实施方案》出台，正式取消市属国有企业的行政级别。同时，《深圳市属国有企业利润计划编制和征收办法》《深圳市属国有企业领导人员管理暂行办法》等配套措施相继颁布实施，在保证国家所有权的前提下，使企业真正成为市场主体，企业的竞争意识和自我约束意识不断增强。此后，《深圳经济特区合伙条例》《深圳经济特区股份合作公司条例》等陆续颁布实施，为推动公司化改造工作、建立现代企业制度奠定了制度基础。至 1993 年底，深圳上市公司达 30 家，内部股份公司 152 家。

1994 年，《深圳市企业无行政主管部门改革实施办法》出台，取消国有企业的行政隶属关系，将企业划转到资产管理部门进行管理，开展现代企业制度试点工作，在产权制度、企业领导体制、分配体制、监督约束机制和强化管理五个方面进行了改革。1995 年初，深圳在试点基础上制定《建立现代企业制度实施纲要》。1996年，《深圳市关于完善国有资产管理体制，加强国有资产监督的若干意见》《深圳市属国有企业财务风险预警管理办法》《深圳市市属国有企业领导人员管理暂行办法》《现代企业制度试点企业董事长、总经理年薪制办法（试行）》等一系列政策文件出台。改革后，深圳市属企业基本理顺和界定了国家与企业、企业与企业的产权关系，并通过改组、改造、合并、兼并等多种形式，进一步重塑和规范了企业组织结构，现代企业制度基本确立。1996年11月18日，《深圳经济特区董事会工作暂行规定》《深圳市公司经理工作暂行规定》《深圳市党组织工作暂行规定》《深圳市公司监事会工作暂行规定》和《深圳市公司工会工作暂行规定》等5个关于国有企业领导体制改革的暂行规定颁布实施，这是深圳国有企业领导体制改革的重大突破，推动充满活力的决策体制、经营运行机制、监督约束和激励机制加速形成。到1999年底，深圳市属国有企业的总资产规模约1617亿元，年均递增43.93%，实现利润41.36亿元，年均递增26.16%，总资产报酬率、净资产利润率、资本收益率、销售利润率、获利倍数5项主要经济效益指标在全国各省市（含计划单列市）地方国有企业中位居前列。

随着社会主义市场经济体制的建立，民营企业不断涌现，并迅速建立起适应市场变化的现代企业制度。1990年，平安保险成立两年后，董事会明确规定按股份制企业原则办事，股东不得干预经营。1994年，平安保险开始向公司治理国际化转型，首先引入摩根士丹利和高盛战略入股，在外资股东的推动下，按照国际标准建立了全新的决策、内控和信息披露制度，并聘请国际会计师、精算师按照国际准则进行审计。平安保险创新设置了董监事联席会议，必要时监事会可提议召开董监事联席会议，对公司重大治理事项进行决策。为避免董事会、监事会职能重叠、权责冲突，同时坚持党的领导与国际化公司治理相结合，平安逐步建成股东大会、董事会、党委会、监事会、执行委员会“五会一体”、各司其职、规范运作的治理结构。这种既有中国特色又符合国际规则的现代企业制度，充分保障了企业持续发展与国际化的要求。①

1998 年，华为公司发布《华为基本法》，建立并完善了华为内部员工持股制，确定员工持有的股份根据才能、责任、贡献、工作态度等进行动态调整，持股员工间接选举产生董事长和其他董事，由副董事长担任轮值董事长，轮值董事长主持公司董事会和常务董事会。董事会行使公司战略与经营管理决策权，持股员工代表会是公司最高权力机构，对利润分配、增资和董事监事选举等重大事项进行决策。员工持股模式将公司的长远发展和员工的个人努力有机结合在一起，形成了长远的共同奋斗与分享机制。

---

① 肖扬：《中国平安：完善公司治理 实现金融科技融合“聚变”》，中国金融新闻 https://www.financialnews.com.cn/bx/jg/202008/t20200826_199247.html。

（三）构建市场经济十大体系①

建立健全现代市场体系是社会主义市场经济体制的重要内容。经济特区建立以来，深圳在全国范围内率先进行一系列风险与机遇并存的超前性改革，到 1996 年、1997 年，已初步形成社会主义市场经济体制的基本框架，在全国率先建立社会主义市场经济十大体系：以公有制为主体，多种经济成分平等竞争、共同发展的所有制体系；以资本为纽带的国有资产监督管理和运营体系；以市场为基础的价格体系；以商品市场为基础、要素市场为支柱的市场体系；社会共济与个人保障相结合的社会保障体系；以中介组织为主体的社会服务监督体系；适应市场经济需要的国民经济核算和企业财务会计体系；以按劳分配为主，效率优先、兼顾公平的分配体系；以间接手段为主的面向全社会的经济管理调控体系；适应特区社会主义市场经济体制需要的法规体系。

率先建立社会主义市场经济十大体系，标志着深圳基本完成了从计划经济到社会主义市场经济的过渡。1996 年 10 月起，《深圳商报》连续发表 10 篇综述，对十大体系进行报道。1997 年 4 月，国家体改委在向国务院提交的《关于上海、深圳建立社会主义市场经济体制进展情况的报告》中指出："在新体制建设方面，两市都走在全国的前面。深圳市作为改革开放以来新兴的城市和经济特区，在建立市场经

---

① 李子彬：《深圳初步形成社会主义市场经济十大体系》，《上海改革》1997 年第 8 期。

济体制方面起点较高，新体制的框架已初步形成。”同年 5 月，在全国城市综合配套改革试点工作会议上，市长李子彬首次系统介绍了深圳建立社会主义市场经济十大体系的主要内容和实施情况。

第二节　出台支持高新技术产业发展的配套措施

一、制订科学技术发展规划

1990 年 8 月，《深圳市国民经济和社会发展十年规划和“八五”计划》出台，提出到 2000 年，要使采用先进实用技术的传统产业和高科技产业成为深圳国民经济的主导，使技术进步成为经济发展的主要动力。12 月，深圳市第一次党代会提出要充分利用特区作为技术窗口的优势，跟踪世界新技术革命的进程，引进先进技术，培育一批高科技产业。年底，《深圳市科学技术发展规划（1990—2000）》（以下简称《规划》）颁布，明确提出要坚持科技创新、发展高新技术产业的战略方针，对依靠科技进步创造“深圳效益”、加速深圳国民经济和社会发展进程起到了重要作用。

《规划》确定深圳经济特区在 20 世纪 90 年代要重点抓好 14 项关键技术的引进、消化和吸收工作，即：（1）集成电路、大功率晶体管 CAD 的设计和生产工艺；（2）计算机及软件和工程技术；（3）激光存储技术、激光声像设备及器件的制造技术；（4）液晶显示大面积成模技术及液晶电视制造技术；（5）光线通讯、卫星通信、移动通信技术及其产品制造技术；（6）数控技术及数控装置、伺服装置和数控机床制造技术；（7）精密模具 CAD/CAM 技术；（8）固体摄像技术及其应用产品制造技术；（9）片状元件生产技术及表面贴装技术；（10）数字电视、高清晰度电视产品及其器件制造技术;（11）磁敏、光敏、热敏等新材料及传感器制造技术;（12）医药生物工程技术及其应用产品制造技术；（13）石油精炼、合成材料及其应用产品制造技术；（14）高档时装设计与纺织品后整理技术。此 14 方面技术涵盖深圳当时主要的高新技术产业领域，它们中的大部分后来均成长为深圳科技创新的重点产业。

《规划》提出，制约深圳科技发展的因素主要包括六个方面：一是科技基础薄弱，研究开发尚处于初级阶段；二是产业结构、产品结构和技术结构偏重于消费类产品的成品装配与加工业，以投资类产品与元器件、新材料和精密器械加工为支柱的基础工业十分薄弱；三是发展先进适用技术与高、新技术产业，开拓国际合作、国际贸易所急需的高素质、一专多能的技术、贸易、金融、管理人才不足，现有职工队伍特别是生产工人的科学文化素质与操作技能仍较低；四是脑力劳动与体力劳动收入倒挂，生产、行政事业部门与贸易、服务部门工资福利待遇的差距，人才经济与结构不合理、知识老化之间的矛盾，对有效利用现有人才资源产生制约；五是企业管理薄弱，还贷付息压力大等因素产生的短期化行为，在一段时期内尚难解决，对企业的研究与发展产生制约；六是风险投资事业尚处于萌芽状态，风险创业投资、研究发展基础投资与外汇储备不足。

基于此，《规划》提出十二点对策与措施：一是实行倾斜式产业、技术政策，实施特殊的优惠措施，对电子元器件、精密机械、精密模具、传感技术、新材料等 14 类产业给予重点支持。二是建立与加强研究开发新体系，即建立一个以企业新技术、新产品研究开发机构为基础，以集团公司的专业化新技术新产品研究开发中心为核心，以内地高等院校、科研设计机构为依托，以国际经济技术合作为对外渠道的产业化研究开发新体系。三是增加研究开发投入。采取有效的政策和措施，适当增加新产品、新技术研究开发方面的投入，到 1995 年，全市研究开发总投资应占国内生产总值 1% 以上的水平，到 2000 年达到 1.2% 以上的水平。四是大力引进和培养人才。调整人口政策与教育政策，有意识地优先引进与培养技术决策型人才、技术管理型人才、具有市场销售与服务能力的科技人才、高素质的专业工程技术人才、高级技工等。到 1995 年，市属各类专门人才要达到 8.4 万人，占职工总数 13% 左右；到 2000 年，市属专门人才达到 13.8 万人，占职工人数 15.7% 左右。五是积极引进技术，加强消化吸收，“八五”期间要重点抓好 14 项关键技术的引进与消化吸收。六是积极开展与内地的科技合作，将其作为未来深圳外向型经济与科学技术发展的战略性措施。七是加强深港两地的科技合作，有机结合香港、深圳和内地三者的优势。八是加快高新技术开发区的建设，重点抓好深圳科技工业园、赛格高科技工业区、黄金台科技创业村和农业科学研究中心等新技术开发区配套设施的建设，重视保税工业区中高、新技术产品及企业的引进。九是加强标准计量与质量检验工作，制定符合国际标准要求的深圳标准与企业标准，创立权威检验机构，推动高、新技术产品开发和销售。十是建立科技情报与信息系统，尽快形成渠道畅通、手段先进、反馈敏捷的科技情报与技术经济信息网络。十一是深化体制改革，推行科学管理。积极推行承包制、股份制和科学决策、科学管理，使企业技术进步建立在科学管理的基础上。十二是积极争取国家与省的支持。

1995 年，《深圳市科学技术发展“九五”计划和 2010 年规划》和《深圳市高新技术产业发展“九五”计划和 2010 年规划》公布，提出“九五”期间深圳将重点发展计算机、通信、微电子及新型元器件、机电一体化、新材料、生物工程、激光七大高新技术产业。根据这 2 个《规划》，深圳着力推动科技发展呈现四方面特点：一是发展高新技术和新兴产业；二是用高新技术大力改造传统产业，推动产业结构调整，促进技术升级；三是加速高新技术向第三产业的渗透，建设现代化信息系统工程；四是组建工程技术研究中心。

二、建立高新技术产业发展政策体系

1986 年，我国开始实施《高技术研究发展计划纲要》（即“863”计划）。1988 年，《高技术产业发展计划》（即“火炬计划”）颁布，国家越来越重视高新技术研究成果的商品化和高新技术产业的发展。深圳市委、市政府很早就认识到高新技术和高新技术产业的重要性，但当时尚不具备独立发展的条件，因而主要采取引进世界先进技术和发展适用技术的策略。进入90年代，深圳基本形成较好的产业基础和适合科技成果转化的市场化环境，市委、市政府适时推出一系列重大政策和措施，及时确立重点发展方向，使高新技术产业走上了一条持续快速发展的道路。

1991年是深圳支持促进高新技术产业发展的转折年。当年6月，《深圳经济特区加快高新技术及其产业发展暂行规定》颁布实施，这是全市首个专门支持促进高新技术产业发展的规定，第一次明确市政府成立高新技术发展领导小组。《规定》对高新技术、高新技术产业、高新技术产品作了清晰界定，明确了高新技术企业认定条件，并在税收、金融信贷、建设用地和购置住房、人才借聘调入和人员赴港等方面给予高新技术企业相关优惠政策。8月，市委、市政府颁布《关于依靠科技进步推动经济发展的决定》，明确指出深圳要继续担负改革开放排头兵的重任，保持深圳速度，创造深圳效益，就必须依靠科技进步。《决定》规定各级财政的科技三项经费（新产品试制费、中间试验费、重大科研项目补助费）要占当年财政预算的1%—2%，并提出建立以企业为主体、科研生产紧密结合的科技开发体系，积极发展高新技术产业，优化产业结构，加强科技队伍建设，建立和完善科技服务体系。《决定》对深圳科技创新体系做了一次较为全面系统的部署，是深圳由技术引进消化进入吸收再创新阶段的重要标志。

1992年4月，深圳召开全市科技工作会议，提出“依靠科技进步，推动深圳再跨新台阶”的战略方针，强调要把深圳建成“科学技术比较先进”的国际性城市。1993年6月29日至7月2日，广东省委省政府在深圳召开珠江三角洲地区发展高新技术产业座谈会，市委书记厉有为在发言中将高新技术产业发展放在市场机制的基点上，对深圳高科技产业发展做出了前瞻判断。当年底，在厉有为主导下，深圳出台决议，停止登记注册新的“三来一补”企业，特区内已办的属于环境污染的“三来一补”加工业要坚决迁走。[①] 深圳主动放弃发展势头良好的“三来一补”加工贸易，转向利用高新技术促进传统产业升级，充分显示了深圳推动高新技术产业引领经济发展的前瞻性。

1995年5月，深圳市政府颁布《关于加强“三来一补”管理的若干规定》，提出从实际出发，不同地区有区别、分层次地发展“三来一补”，即特区内要适度发展，宝安和龙岗两区要积极发展，山区和偏僻地区要鼓励发展。现有厂房未充分利用之前，一般不批准新建厂房。“三来一补”产业政策要与全市产业政策一致，鼓励发展资金密集、技术密集和全工序配套生产项目，限制发展高能耗高水耗等资源占用量大的项目。禁止兴建污染环境的项目，已有污染环境的项目必须限期治理，逾期达不到标准的，坚决停办或者搬迁。

①《深圳新经济何以成功？从零开始向高科技转型》，《21世纪经济报道》2016年5月10日。

《规定》的出台对进一步加强“三来一补”产业管理，及时解决发展过程中出现的问题具有重要意义。

1996 年 10 月，《深圳市高新技术企业认定办法》出台，将高新技术企业分为开发型、生产型、应用型和投资性 4 类。12 月，《深圳市高新技术项目认定试行办法》颁布，将高新技术项目分为开发型和生产型。同年，为扶持重点产品、骨干企业和支柱产业发展，深圳推出高新技术产业“三个一批”战略（一批重点产业、一批大型企业、一批名牌产品），将电子、生物工程和新材料确立为高新技术三大支柱产业，重点扶持华为、中兴等 26 家高新技术重点企业和 19 个创名牌产品，在资源配置、人才引进、政策扶持等方面向“三个一批”计划的企业和产品实施倾斜。计划实施以后，每年科技三项经费的 60%以上投入到相应产品、企业、产业，对全市高新技术产业上规模、上水平、上档次起到了明显的促进作用。

1998 年 2 月，深圳市政府发布《关于进一步扶持高新技术产业发展的若干规定》（即“二十二条”），激发了市场对科技创新及产业化的热情。“二十二条”是深圳科技政策的一次集成创新，在全国引起轰动，很多省市到深圳考察学习，并颁布相似政策。1999 年 8 月，中共中央、国务院召开全国科技创新大会，发布《关于加强科技创新发展高科技实现产业化的决定》。为贯彻中央精神，深圳在结合实际的基础上，对原“二十二条”进行了补充和完善，同年 9 月发布《关于进一步扶持高新技术产业发展的若干规定（修订）》，提出加大财政对科技投入、建立投融资体制、设立风险投资机构、设立出国留学人员创业资助资金、支持创办研发机构与载体、减免税收、政府采购支持、解决入户指标、提供微利商品房、授予人才专家称号发放特殊津贴、设立深圳科技贡献奖、加强知识产权管理保护等措施，再次加大对高新技术产业发展的扶持力度。新“二十二条”进一步突出强化技术创新、技术服务和以人为本的特色，力图通过创造更优越的条件，吸引国内外优秀的科技人才，大力发展具有自主知识产权的高新技术产业。新“二十二条”针对科技人才的扶持政策更丰富，如增加科技三项经费投入规模、提高对拥有自主知识产权的高新技术成果转化项目的财税支持比例、为留学人才创业提供一揽子服务等。

经过十多年发展，深圳高新技术产品产值从 1991 年的 23 亿元发展到 2000 年的 1064 亿元，占全市工业总产值比重从 12% 提高到 42%，年均增速超过 60%，高新技术产业成为深圳的重要支柱产业和第一经济增长点。

三、培育以企业为主体的研发体系

20 世纪 80 年代后期，深圳率先支持大型企业集团建立技术中心，并通过技术引进和合作的方式，与内地大学、科研机构逐步构建科研生产联合体。深圳把科研重点放在企业，引导和扶持科技企业组建技术中心、工程中心及实验室，由此诞生了华为、中兴通讯、华强集团等第一批政府认定的企业技术中心及工程中心。

1991 年，深圳颁布《关于依靠科技进步的决定》，首次提出科技进步的关键是解决科技与经济发展“两张皮”的问题，要逐步建立以企业为主体、科研与生产紧密结合的科技开发体系。《决定》指出，要推动企业成为科技开发、技术应用的主体，增强企业技术进步的动力和压力；要积极推动开发型科研事业机构向科工贸一体化实体转化，大力兴办科技开发型内联企业；要建立依托内地科技力量的体系，积极兴办民间科技企业，促进企业研发力量的构建与发展。

1993 年，《深圳市企业开发经费提取和使用暂行办法》出台，规定高新技术企业可提取销售收入的 3%—10% 作为研发费用，试制新产品的单台设备 5 万元以下可进入成本，5 万元以上者经税务机关批准也可进入成本，引进技术的项目投产后可免征三年所得税等。这一政策降低了企业研发成本，对激励企业创新起到了促进作用。该年 5 月，《深圳市奖励技术开发人员暂行办法》发布，规定技术开发奖提取比例，鼓励国内外单位和个人以专利或非专利技术入股企业。为保护企业技术秘密，激发企业研发热情，1995 年 11 月，市人大颁布《深圳经济特区企业技术秘密保护条例》①，明确规定企业有权要求员工或者业务相关人员保守企业技术秘密，可以通过签订保密协议、公布保密制度、发放保密费等方式向员工提出保密要求；侵犯企业技术秘密，给企业造成损失的，应当赔偿被侵害企业的经济损失。这是国内第一部规范商业秘密的地方性法规，对于增强企业和员工的保密意

① 后经 2009 年 5 月和 2019 年 10 月两次修订。

识、规范企业和员工的保密行为、调处技术秘密方面的纠纷具有重要作用。

1998 年 2 月颁布的“二十二条”明确规定，市级科技三项经费在 1999 年要达到预算内财政支出的 2%，且逐年增长，鼓励企业设立工程技术研究中心和博士后流动工作站，对国家级工程技术研究开发（企业技术）中心每个资助 500 万元，市级工程技术研究（企业）中心每个资助 300 万元，进站博士后每位每年补助经费 5 万元，新认定的生产性高新技术企业实行“两免八减半”的企业所得税优惠，原有享受“二免六减半”优惠的企业增加两年减半征收企业所得税优惠。“二十二条”极大激发了深圳企业的研发热情与动力，到 1999 年，全市 521 家研究机构中，企业创办的有 477 家，占 91.6%。全市研究人员有 90% 集中在企业，科研经费有 81.9% 来自企业，科研开发投入的 90% 来自高新技术企业。为进一步鼓励企业建立技术开发机构，促进企业更好成为技术开发、技术创新的主体，2000 年，深圳制定《工业企业技术中心认定和考核管理办法》，对企业技术中心的建设与发展情况进行考核，从根本上提高了企业自主开发和创新能力，增强了企业持续发展后劲。

到 2000 年，深圳拥有华为、中兴通讯、康佳、华强、海王、三九、桑达等 8 家国家级企业技术中心，技术专利、成果、人才、资源等快速增长，已初步形成以企业为主体，以市场需求为导向、科研和生产一体化的研究开发新体系。

四、大力支持民营科技企业发展

民营科技企业是深圳自主创新的主力军。继1987年出台《关于鼓励科技人员兴办民间科技企业的暂行规定》后，1993年6月，深圳颁布全国第一个民营科技企业行政法规《深圳经济特区民办科技企业管理规定》[①]，确定了民营科技企业的法人地位、组织形式、设立条件和程序，并在税收、户籍、职称、出境等方面给予政策优惠，民营科技企业的设立和运营有了直接的法律依据，发展环境得到极大改善。根据《规定》，民办科技企业从获利年度起第一、二年免征企业所得税，第三至五年减半征收企业所得税。年交税金20万元以上的，可以为符合规定的员工申请特区户口。业务骨干出境或出国，有权办理出境或出国手续。工作满一年的科技人员可以参加市专业技术职务任职资格评审。符合法律、法规和特区有关规定的民办科技企业，可以改组为股份有限公司。《规定》还鼓励个人以合法拥有的专利、非专利技术向民办科技企业投资入股，鼓励归国留学人员创办民办科技企业。

1995年10月，深圳出台《关于推动科学技术进步的决定》，提出继续扶持民办科技企业，帮助它们建立符合现代企业制度要求的经营机制，完善鼓励民办科技企业发展的有关政策法规，继续实行技术软件评估作价入股政策，强化对民办科技企业的服务，使其成为发展高新技术产业的重要

① 后经2002年7月和2004年8月两次修订。

力量。

在一系列政策的刺激下，90 年代深圳诞生了一大批本土民营科技企业，包括 1991 年成立的迈瑞，1993 年成立的金蝶软件、研祥、联创科技，1995 年成立的比亚迪，1996 年成立的大族激光，1998 年成立的腾讯等。截至 2000 年，经深圳市科技局认定的民营科技企业达到 855 家。这些民营科技企业重视技术与产品创新，同时在管理创新、商业模式创新等方面不断探索和实践，产业规模不断扩大，核心竞争力不断增强，成为深圳科技创新的重要力量。

五、制定高新技术产业园区法律法规

1991 年，深圳科技工业园成为国务院认定的第一批国家高新技术产业开发区之一。深圳高新区先后培育出华为、中兴通讯、迈瑞、腾讯、朗科、大族激光等一大批高科技领军企业，诞生了许多世界知名的高新技术产品。

1992 年邓小平南方视察之后，深圳科技工业园产业集聚加速，海曼、康泰、长园、科兴等企业相继崛起，长城计算机、华为等大型企业纷纷进驻。1993 年，科技工业园总公司对 1992 年认定的 19 家高新技术企业进行复查考核，取消 9 家企业的资格。高新技术不搞“终身制”，极大提高了高新技术企业的研发和创新压力。1993 年 4 月，国家科委确认深圳京山民间科技工业村、中国科技开发园同属于深圳高新技术产业开发区。1996 年 1 月，全国和广东省人大代表组成深圳开发区视察组，对开发区进行视察并听取汇报。视察组提出，深圳开发区已形成包括深圳科技工业园、京山民间科技工业村、中国科技开发院、高新技术工业村、国家电子技术应用工业性试验中心在内的“一区多园”格局，各园隶属关系不同，为避免重复建设弊端、提高科技资源使用效率，建议成立派出机构，代表市政府统一管理。

1996年5月，市政府决定组建深圳市高新技术产业园区，实行“一区多园”管理体制，成立由市长担任组长的园区领导小组，对高新技术产业园区实行统一领导、统一规划、统一政策、统一管理。9月，高新区高新办成立。10月，高新区规划领导小组成立。12月，经国家科委批准，深圳高新区实施“一区多园”的管理体制，面积扩大到11.5平方公里。在广泛借鉴国内外高新区规划、建设、管理、服务经验的基础上，深圳结合实际，历时两年完成高新区总体发展规划、产业发展规划、土地利用规划、城市设计、信息网络规划、园区管理规定、环境影响报告书的编制与批准实施，为高新区各项工作的开展建立了总体框架。

1997年6月，深圳制定《高新技术产业园区发展规划纲要》，提出要将深圳高新区建设成为国内一流、国际上有影响的高新技术产业园区，特区高新技术产业发展的主要基地，以及深圳市大规模高效益的高新技术产业区、企业运行机制的试验区、科技成果的转化区、国内外经济技术的合作区、高层次人才的培养教育区，重点发展电子信息、生物工程、新材料、光机电一体化四大产业。1998年8月20日，《深圳经济特区高新技术产业园区管理规定》颁布，明确了高新区产业导向和入园条件，并对高新区内土地规划等进行规范。1999 年，深圳北大生物谷、深圳清华大学研究院、长城科技研发基地相继在高新技术产业园区落成。2000 年 10 月 14 日，深圳留学人员创业园在高新技术产业园区内正式挂牌。创业园采取“政府主导，企业化运作，留学生管理”的运作模式，由市政府财政投资 1.8 亿元建成留学生创业大厦，成为留学生创业的固定孵化基地。10 月，全国首家中外合资经营的高新技术企业孵化器——深圳创新科技园在高新技术产业园区成立。

2001 年 3 月，《深圳经济特区高新技术产业园区条例》颁布，成为继北京《中关村科技园区条例》后，我国第二部地方高新技术园区法规。《条例》从人才引进、资金支持、风险投资、规划建设四方面对高新区内的企业进行政策鼓励与保障，明确高新区进入与迁出条件、管理体制与政府行为规范。从此，深圳高新区的建设、管理、运营等进入法制轨道。

第三节　高新技术产业跨越式发展

一、电子信息产业链不断完善

电子信息产业是深圳高新技术产业的龙头，产业配套完善、产业生态丰富。2000年，深圳电子信息产业配套企业超过1500家，计算机产业配套能力达3000万台，程控交换机配套能力达2000万线，在全国处于领先地位。

（一）消费电子：技术与市场交锋

20世纪80年代，深圳电子信息产业以生产消费电子产品为主，录音机、录放机、电话机、电视机等在全国占有重要地位。1989年，深圳的彩色电视机、录放机、收音机、电话机的年产量分别达到157万台、8924万台、3823万台和8924万台。1990年，深圳成为全国最大的电视机生产基地。但进入90年代，全国家电行业竞争白热化，产量小、质量差、市场意识弱的家电企业被逐步淘汰。到1992年，深圳电视机生产企业从80年代的20多家减少到5家。该年，创维集团有限公司成立。创维采取多元化产品策略，除遥控器和彩电外，还开发生产VCD、DVD、家庭影院和卫星接收机等。1993年，创维集团与中国（深圳）彩电总公司、中国电子器件工业总公司合资成立深圳创维－RGB电子有限公司。

在整机生产企业减少的同时，两家大型显示器生产企业在深圳诞生。1989 年，赛格集团与日立公司合资兴办赛格日立公司，投资 1.6 亿美元生产彩色显像管，成为当时国内彩电行业屈指可数的大项目。同年，中国电子信息产业集团公司、赛格集团和香港康贸发展有限公司三方合资成立中康玻璃有限公司，主要为赛格日立彩色显像管生产配套玻壳。深圳彩色电视机产业构建起更完整的配套体系。

1996 年之后，随着我国 CRT（阴极射线管）技术日渐成熟，彩电行业的市场竞争日趋激烈，彩电价格战打响，倒逼彩电行业进行技术创新。1998 年，创维在国内率先推出多媒体系列电视，彩电产销量跃居同行业第四位。次年，创维获得世界最大投资集团之一的 ING 集团等三家国际资本高达 3000 万美元的战略投资，并在美国硅谷设立实验室，利用硅谷的高端技术和人才等资源提升技术水平。1999 年，康佳推出具有自主知识产权、符合美国制式（ATSC）的高清数字电视，建立了中国第一条高清晰数字电视生产线，研发能力达到世界领先水平。

当时，国内一些生产彩电的企业因一直采用 OEM 方式代工，缺乏核心技术，随着加工费持续下降，经营环境不断恶化，而不得不退出彩电市场。与此同时，深圳的 VCD、DVD、CD 等消费电子产品开始登上舞台。1997 年，先科集团率先推出激光视盘及唱盘，成为全国的畅销产品。先科集团在宝安建设的 VCD、DVD 产业基地，也成为当时全国最大的 VCD、DVD 加工制造集群。

20 世纪 90 年代中期，手机通信日益成为主流，诺基亚、爱立信、摩托罗拉、三星等国外巨头纷纷进入中国市场。1997 年，深圳飞利浦桑达消费通信（深圳）有限公司引进飞利浦手机生产线，成为深圳最早的手机生产企业。深圳中科健旗下科健电子公司引进韩国三星技术，推出科健手机。中兴通讯、康佳、天时达、宇龙等公司相继推出各自品牌手机。此外，大量小品牌甚至没有品牌的手机争相涌现，深圳手机行业形成群雄逐鹿局面，为手机配套的精密元器件提供了广大的潜在市场，华强北发展成为我国最大的手机和电子元器件集聚地和交易市场。科技园附近也诞生了一大批手机生产企业，车公庙天安数码城则集聚着大批手机方案设计公司和配件公司。手机行业的迅猛发展，推动深圳在芯片、微电子器件、液晶显示器、印刷电路板、敏感器件等硬件以及各种方案设计和软件研发领域不断创新。

（二）计算机及软件：与国际高手过招

长城计算机深圳公司、深圳爱华电子有限公司、深圳华明计算机有限公司、深圳市赛格计算机有限公司是深圳计算机工业的开拓者。这些企业在 20 世纪 90 年代初基本完成原始积累，开始在全国崭露头角。1993 年，致力于建设中国“信息准高速国道”的国家信息化工程——“三金工程”正式启动，催生了巨大的计算机需求市场。IBM、康柏、希捷、爱普森、富士施乐等国外企业纷纷落户深圳，为深圳计算机企业提供了近距离向国际高手学习的机会，深圳的计算机及软件产业由此走上从模仿学习到自主创新的道路。截至 1997 年，深圳拥有计算机、软件及周边设备相关企业 1500 多家，其中生产规模较大、知名度较高的有 30 多家。2000 年，深圳的驱动器、硬盘磁头、计算机板卡、打印机的产量分别占全国的 95%、90%、70% 和 42.9%，均居全国第一。

长城计算机深圳公司是当时我国最大的计算机开发和生产企业。在与 IBM 等国际计算机巨头合作过程中，长城计算机深圳公司在全球 IT 产业制造环节的地位快速提升。公司在成为国际巨头的“代工厂”“贴牌厂”和“营销基地”的同时，也不断加快研发步伐，创立自主品牌，生产的“金长城”系列微机成为家喻户晓的品牌。1993 年，联想集团在深圳设立个人电脑研发与生产基地，采取消化和学习的创新策略，与美国最大的芯片制造商英特尔公司合作建立联合实验室，应用英特尔最先进的第五代芯片处理器——奔腾芯片生产主机卡。联想个人电脑以万元以下的价格成为消费市场的佼佼者。同年，陈志列在华强北成立研祥公司。1997 年，研祥公司投资 3000 多万元自主开发工控机，自创品牌。1999 年，研祥公司第一张自主研发的工业主板问世，研祥工控机进入全国市场。2000 年后，富士康承接了一批国际计算机巨头的加工订单，并推出自主生产组装的计算机产品，迅速成为全球最大的电脑及主要部件制造基地。

计算机行业的繁荣带动了外围设备的发展，深圳硬件产业链日趋完备，大量国内外知名企业来深圳投资生产。1999 年，邓国顺创办朗科科技有限公司，通过把闪存芯片与电脑接口结合起来，成功研发出国内第一个具有自主知识产权的优盘，并快速实现产业化，朗科的优盘很快风靡国内外市场。此外，日立环球公司的大型存储器、唯冠科技（深圳）有限公司的彩色显示器、鑫茂科技（深圳）有限公司的主机板、富士施乐科技公司的复印机和激光打印机、日本兄弟亚洲制造厂的打印机传真机等，也在各行业占据重要地位。

作为计算机的下游产业，深圳的软件业也不断发展，一大批软件公司迅速崛起。1995年底，刚成立不久的金蝶软件公司组织骨干技术人员研究把电算化软件嫁接到当时风靡世界的Windows操作系统。1996年4月，金蝶软件公司开发的财务软件Windows标准版在第7届中国软件交流交易会上获最高奖——优秀软件奖。1999年7月，深圳蓝点软件公司创立，不久便在全球发布Linux1.0RC版，引起IT界的轰动，并被列为首届高交会十一大推荐项目之一。2000年，深圳利用计划单列市在经济领域的省级审批权，成功获批软件企业和软件产品的“双软认定权”，为软件业快速发展提供了难得的机遇。当年6月19日，深圳数码港成立揭牌，成为中国第一家由企业运作的软件、网络高新技术企业孵化器，50多家IT企业首批进港。互联网及软件企业逐渐在深圳形成集聚，企业数量从2000年的不到1000家猛增到2002年的2800家，软件业迅速渗透到制造业和服务业，并引导一大批电子设备制造企业走上高端化发展道路。

1994年4月，中国通过64K国际专线接入互联网，开启了互联网时代。1995年，工程师张春晖在深圳电信的机房写下了中国内地互联网第一行代码，创办环球新天地网页。1997 年，美商网在深圳创办，引入当时美国流行的电子商务模式，建立跨境电子贸易交易服务平台，成为我国最早的一批平台型电子商务服务企业。1998 年，马化腾和张志东创办腾讯计算机系统有限公司，次年成功研发出即时通信软件 —— OICQ。腾讯将 OICQ 放到互联网上供网友免费使用，迅速获得 500 多万用户数量。2000 年，中国移动推出移动梦网业务，通过短信推送的方式为手机用户提供各类信息增值服务。腾讯作为当时移动梦网的最大合作伙伴，也获得了持续稳定的业务增长来源。腾讯的创立和发展，使深圳互联网行业的竞争力与国内代表性企业处于同一水平。

（三）通信设备：深圳企业的崛起

在中国通信市场和民族通信产业崛起的过程中，深圳企业一直走在前列。

1992 年，华为先后投入 1 亿元研发大型数字交换机设备，于 1993 年成功推出 C&C08 交换机，跻身国内电信设备制造领域领先行列，销售额实现连年翻番。1995 年，华为成立知识产权部，设立北京研发中心，此后陆续在印度、瑞典、美国等国家设立境外研发中心，加快宽带移动通信核心网工程技术、数字通信工程技术的研发，开展国际间技术合作。1997 年，华为全面引入 IBM-IPD 集成产品开发流程和方法，推动大规模组织变革，形成高效的研发管理体系。1998 年，《华为基本法》明确提出坚持将年销售收入的 10% 拨付研发经费，建立产品发展战略规划研究体系、产品研究开发体系及产品中间试验系统，在国内外具有人才和资源优势的地区建立分支研究机构。1999 年，华为年销售额达到 115 亿，超越西门子、朗讯等跨国公司，成为中国第一大电信设备提供商。

同样在 1992 年，深圳市中兴半导体有限公司的一部分技术骨干和管理者成立中兴维先通设备有限公司。1993 年 3 月，中兴维先与航天部 691 厂、深圳广宇工业（集团）公司共同成立中兴通讯公司。中兴通讯研制出 60 多种具有自主知识产权的通信产品，1995 年研制的大型数字式局用程控交换系统 ZXJ10 机具有国际先进水平，成为邮电部批准入网的四种机型之一。中兴通讯启动国际化战略，相继与和记电讯、法国电信、英国电信等全球顶级运营商及跨国运营商建立合作关系。1997 年 11 月，中兴通讯在深圳证券交易所成功上市，成为中国大型通信设备制造企业中首家上市公司。1998 年 10 月，中兴通讯在与 30 多家国际知名企业的激烈竞争中中标，与巴勒斯坦电信公司签订总价值 9500 万美元的交换和传输“交钥匙”工程，成为中国通信企业通过国际竞标获得的第一个国外大规模电信工程总承包项目。1999 年 11 月，中兴通讯自主研发的全套 GSM900/1800 双频移动通信系统获得信息产业部颁发的六张电信设备进网许可证，与南斯拉夫 BK 集团签订总额 2.25 亿美元的 GSM 移动通信设备供货合同，实现了中国拥有自主知识产权的 GSM 移动通信产品的首次出口。

20 世纪 90 年代，光纤技术成为现代通信行业最令人瞩目的高新技术。1993 年，深圳长城光纤网络有限公司成立，引进美国技术开发生产光纤网络产品，迅速发展成国内计算机网络技术开发、应用的高科技龙头企业。1994 年，深圳日海通讯公司成立，通过引进日本光纤技术，进入全国城市通信行业中的网络基础设施系统工程市场。1999 年，全球最大的通信产品公司美国朗讯科技公司在深圳成立朗讯科技（深圳）有限公司，从事无线网络、光网络、数据网络业务，同时耗资 900 万美元成立宽带网络研发中心，成为当时中国最大、世界一流的宽带网络研究中心。2000 年 9 月，深圳特发信息股份公司从欧美国家引进一整套当时处于世界先进水平的光纤生产技术及检测设备，成为深圳光纤业的一支重要力量。日本光纤光缆行业巨头住友电工也在深圳成立生产基地。通过与国外企业合作的方式引进先进技术，深圳光纤及相关网络技术实现了快速发展，不到 10 年就成为了国内最大的光纤生产基地。

（四）微电子："909" 工程的深圳企业

微电子是电子信息产业的核心。1992 年，深圳大力倡导开放式电子设计，投入专项风险基金，支持成立 ASIC 设计群。1994 年，深圳大学 EDA 技术中心成立，主要开展微电子系统技术、电子设计技术的社会化培训，被确认为 ASIC 设计技术培训基地。随后，清华大学研究院也成立了 EDA 技术中心。1995 年 12 月，为改变我国集成电路的落后局面，国家启动 "909" 工程。深圳意识到专用集成电路设计业在电子信息产业中的重要性，力促更多企业加入到

“909”工程行列中，引领带动深圳集成电路行业的发展。赛意法微电子公司、国微电子、华为集成电路设计公司、航天科技集成电路设计深圳公司是“909”工程中在深圳设置的4个重点设计中心。这些企业以集成电路设计为主导，努力拓展芯片研发和应用，迅速发展成深圳芯片行业的骨干力量。

华为集成电路设计公司在成为“909”工程设计中心后，芯片设计水平迅速提升，不仅为上海华虹公司提供芯片设计，还实现了通信类电子产品中核心技术的超大规模集成。其产品应用到华为自主研发的通信设备后，极大提高了设备的自主性、稳定性和可靠性。赛意法微电子公司聘请意法半导体有限公司资深集成电路设计专家担任经理，配置了当时世界上最先进的设计和测试设备，产品种类涵盖大部分高科技电子产品。1998年3月，深圳高新技术产业园建立集成电路设计中心，并成为第一个经国家计委批准的国家级中心。

在激光产业领域，1996年12月，高云峰依靠客户40万元的预付订金创办大族激光。当时发达国家的激光技术已广泛应用到生产的各个领域，而国内还停留在科研院所的实验室。高云峰另辟蹊径，为每台出厂的设备都配备一名维护工程师，负责解决现场所有的技术问题，实现了激光设备24小时连续运行。大族激光的产品技术水平和工艺性毫不逊色于进口设备，而售价只需进口设备的1/3，极具竞争优势。1997年，大族激光独立开发国内第一套自主知识产权的振镜式打标软件，并起草《YAG激光打标（雕刻）机产品企业标准》，一跃成为全球少数几个掌握激光光源核心技术和软件控制技术的行业领先企业。

除集成电路设计、激光行业外，这一时期深圳在基础电子元件、液晶显示器、谐振器等领域也形成较强的优势，处于国内先进水平。这些微电子及器件企业为深圳电子信息产业发展提供了重要支撑，也为深圳高新技术产业发展贡献了重要力量。

二、生物工程与医疗设备产业化加速发展

现代生物工程技术自20世纪70年代诞生以来，在西方发达国家迅速发展。到90年代初，生物制药、干细胞、基因组、转基因食品、生物能源等领域的生物技术公司不断涌现。深圳后来者居上，在生物工程产业化方面提质加速发展。

随着一批国家“863”计划、火炬计划的生物技术重大成果相继落户，深圳在90年代初形成了以康泰、迈瑞、海王、科兴、绿鹏为代表的30多家生物工程企业集群。康泰生物公司从美国默克公司引进重组乙肝疫苗的全套生产线、核心技术及管理制度，成为我国乙肝疫苗生产的重点企业。海王生物工程公司在医药产业和生物工程产业等领域不断开拓，成功研制出免疫核糖核酸、红细胞生成素、重组促血小板生成素等产品。1991年，李西廷与同事创办迈瑞公司。在依靠代理国外医疗器械产品获得第一桶金后，迈瑞在1992年底研发出第一款产品血氧饱和度监护仪，产品上市后以其

高性价比获得较大的市场份额。1993 年，科兴生物制品公司成功研发的干扰素 α1-b 实现大规模生产，年产量达 160 万支。这是世界上第一个采用中国健康人白细胞的基因工程药物，也是“863”计划中生物技术领域第一个实现产业化的产品，标志着中国在生物制药领域跨入世界先进行列。海王集团提出“大医药产业”发展构想，建立海王工业城，年产冻干粉针 1000 万支、片剂 15 亿片、胶囊 5 亿粒、水针 1 亿支、颗粒剂 1.5 亿袋，成为国内重要的制药生产基地。1998 年，海王技术中心成为当时 23 家国家级技术中心之一，主要开展现代中药、生物工程等领域的新产品和新技术开发。2000 年，海王成为国家高新技术研究发展计划成果产业化基地，海王技术中心获批成立企业博士后科研工作站，对生物医药技术创新起到重要的推动作用。深圳绿鹏公司承担国家“863”重大项目动物乳腺反应器，“九五”期间生产转基因胚胎数达 2.4 万个，使我国成为继美国、英国之后世界上第三个建成动物乳腺生物反应器的国家。

在生物医药技术研发和产业化过程中，深圳结合电子信息技术优势，医疗设备行业得到迅猛发展。安科高技术公司的磁共振成像系统和彩色超声多普勒血流成像系统实现了产业化，并取得多项行业第一，填补了多项国内空白。迈瑞公司逐步开发形成生命信息与支持、体外诊断以及医学影像三大产品领域。理邦精密仪器公司生产了中国第一台基于 Windows 操作平台的经颅多普勒、中国第一台 MFM 系列母亲 / 胎儿监护仪、第一套产科综合监护信息网络系统 MFM-

CNS、第一台可双侧同时探测脑血栓的 TCD 产品等。1990 年至 2000 年，深圳还涌现出一批医疗器械细分领域的企业和新产品，如深圳雷杜生命科学公司的生化分析仪和体外诊断设备、深圳奥沃国际科技公司研制的旋转式伽玛刀、深圳一体智能技术开发公司研制的全自动多叶准直器、深圳高斯达电子科技有限公司研制的医用磁共振成像系统等。

三、新能源与新材料实力攀升

20 世纪 90 年代，深圳新能源产业进入快速发展阶段。大亚湾核电站全面建成并投入商业运行，推动中国核电追赶国际先进水平，实现跨越式发展。近 20 家企业专门从事太阳能相关的开发生产和加工，太阳能行业逐渐起步。1995 年，王传福创立比亚迪，以 OEM 方式贴牌生产手机用镍镉电池。比亚迪通过“拆解改装”和“逆向开发”获得基本研发能力，然后改进工艺、优化生产管理，自创“人力流水线”，大力降低产品成本，提高竞争力，开始在我国新能源产业大潮中扬帆起航。此后，比亚迪获得中国台湾大霸电子公司订单，进而成为朗讯的供应商，并与松下、GE、摩托罗拉等国际大客户建立合作关系。1997 年，比亚迪自主研发的锂电池实现量产，成为摩托罗拉第一个中国锂电池供应商，深圳也逐渐成为以比亚迪为行业龙头的全国电池生产制造重要基地。

同一时期，深圳新材料产业的整体实力也不断上升，在基础材料、应用材料和特种材料等领域涌现出一批专业化程度较高的研发和生产企业。杜邦（中国）公司于 1990 年在深圳投产后，生产化工原料、化工电子和涂料等系列产品，很快成为深圳化工电子产业化的领头羊。宙邦化工有限公司生产锂电池化学品、电容器化学品、有机氟化学品、半导体化学品等电子化学产品，为半导体制造业提供基础原材料。王子新材料股份有限公司生产新型环保包装材料，率先在全国推出环保包装概念。雷地科技公司生产的类金刚原子晶体膜设备和类金刚膜产品，广泛应用于表面处理工程，在国际上居于领先地位。深圳市烯碳复合材料有限公司是国内较早进行碳纤维树脂复合材料改性研发的企业。贝特瑞新能源材料公司专业从事锂离子电池负极材料、纳米材料的研发和生产，利用科研院所的技术力量，陆续承担两项“863”项目，编制《锂离子电池碳负极材料国家标准制》，确立了其在该领域的领先地位。

深圳新材料产业为制造业提供了基础配套，成为电子信息、生物工程、新能源等产业链的重要环节，推动高新技术产业向纵深发展。

四、机电一体化产业迈向高端

深圳机电一体化产业从无到有，逐步发展壮大。仪器仪表、注塑机、数控机床、模具加工、特种装备等一批既有规模、有特色，又有一定影响力的产品呈现良好发展势头。

1993 年，中集集团业务从集装箱制造延伸到运输车辆、能源化工和食品装备、海洋工程等多个领域。1997 年，中集的集装箱销量达到 28 万标准箱，占中国产销量 40% 以上，国际市场占有率约 25%，排名世界第一。中集在国内首创的登机桥产品，占国内市场份额 80%，世界市场份额 10%，是全国同行业中唯一出口的产品。1999 年，香港科技大学李泽湘教授率领研究团队成立固高科技（深圳）有限公司，专业从事运动控制及其自动化核心技术研究与开发。公司在香港研发、深圳生产，创立当年便推出第一款插卡式运动控制器，提升了国内智能机器的核心技术水平。

2000 年，“世界注塑机大王”香港震雄集团在深圳投产当时亚洲最大的机电一体化注塑机生产基地，全线系列注塑机畅销世界各地，成为全球注塑机销售量最大的生产商。深圳道斯有限公司研制出的 1000 行脉冲抛式垃圾焚烧炉成套设备，是深圳第一套列入国家重大装备国产化计划的大型装备。深圳福斯特数控有限公司、博利昌数控有限公司、元征公司、开发科技公司、捷顺公司等自主研发生产的数控机床、等离子切割设备、仪器仪表、自动化设备等，也在国内行业拥有较大知名度。这些企业通过提升核心技术与产业化水平，综合竞争力不断增强，迅速成为我国机电一体化产业领域的骨干企业。

在深圳加工制造业起步的过程中，模具发挥了重要作用。经过近 20 年发展，到 2000 年，深圳成为我国模具市场的主要集散地和该行业最重要的制造中心，产值规模约占全国的 1/4。富士康、比亚迪、康佳等深圳模具工业龙头企业建立了大型、精密、复杂的模具加工中心，达到我国行业领先水平，也引领带动了深圳其他中小型模具企业的快速发展。2000年，深圳从事机电一体化相关产品生产与销售的企业近3000家，形成了齐全的产业链配套。

第四节　构建高新技术产业服务体系

一、建立创业风险投资体系

随着深圳高新技术产业快速增长，高新技术企业的融资需求也不断上升。早在 1987 年，市政府就批准成立深圳市科学技术发展基金会，在财力紧约束条件下，市财政仍拨款 1000 万元给予支持，并吸收国内外社团、企业和个人的有偿或无偿资助。1988 年，市政府投资 100 万元在深圳科技园建立科技创业中心。1993 年，深圳提出通过科技与金融融合，推动高新技术产业发展，并建立创业风险投资体系。1995 和 1999 年，深圳先后发起设立高新投和深创投两家公司，奠定了我国创投产业“政府引导、市场化运作和按国际惯例管理”的基本方向。

（一）高新投为中小企业提供担保

20 世纪 90 年代，为服务高新技术产业发展，深圳决定成立一家为中小高科技企业提供融资服务的机构，专门为那些具有发展前景但无法从银行和股市融到资金的高科技企业解决资金难题。

1994 年 12 月，深圳市投资管理公司（60%）、市科技和信息局（20%）、市发展和改革局（10%）、市贸易工业局

（10%）筹集1亿元，发起成立深圳市高新技术产业投资服务有限公司（简称“高新投”）。[①] 高新投主要提供担保、风险投资和咨询服务，主要服务对象包括经《深圳市高新技术认定办法》《深圳市高新技术项目认定办法》认定的技术先进企业和项目，列入国家及省市高技术、新产品推广计划的项目，重点科技开发项目，国家科技攻关计划、工业性试验计划项目，以及其他符合深圳市高新技术产业政策的投资、开发和生产项目等。高新投创立第一年的担保额就超过了1亿元，此后担保业务一直保持高速增长。1998年出台的《关于进一步扶持高新技术产业发展的若干规定》提出，到2000年，市财政每年对高新投增加注资1亿元。后来，深圳市政府又将支持高科技企业的政府专项基金交由高新投管理。

作为国内最早成立的担保投资机构之一，高新投积极培育中小微科技型企业成长。深圳科兴生物工程有限公司因生物科技行业研发周期长、前期投入大，自成立以来就连年亏损。虽然企业研发出国内自行研制的第一个基因工程药物α1-b干扰素，但已无力进行产业化生产和市场推广。1995年，深圳高新投经过评估，认为科兴生物技术成熟、产品科技含量和附加值高、市场广阔且颇具潜力，具有较大社会价值，为其提供了1800万元贷款担保。以此为助力，1996年，科兴生物成功将α1-b干扰素推向市场，实现产业化。

---

① 2004年，深圳市高新技术产业投资服务有限公司更名为深圳市高新技术投资担保公司。2011年12月27日，更名为深圳市高新投集团有限公司。

1999 年，高新投大举开展创业投资项目，在当年就投资大族激光、同洲电子、科陆电子等企业，并参股中宝华电子、华贸典当行、国投先科光盘等。

高新投成立后，努力为中小科技企业提供融资服务，建成了遍布深圳的融资服务网络。高新投支持的华为、比亚迪、大族激光等一批高科技企业驰名国际。截至 2020 年底，深圳高新投累计为 3.7 万多家中小微企业提供了 7000 多亿元的担保服务，撬动新增产值超过 12000 亿元，新增利税超过 2400 亿元，促进新增就业超过 740 万人，成功助推 300 多家中小微企业实现海内外上市。高新投已成为全国同行业最知名和品牌影响力的金融服务机构之一。

（二）深创投为创业提供风险投资

1997 年 9 月，深圳市科技风险投资领导小组及其办公室成立，深圳科技风险投资体系创建工作正式启动。同年 12 月，深圳首先建立风险投资市场的中介组织中科融投资顾问有限公司，为高新技术公司与投资机构、个人牵线搭桥，推动科技与金融相结合。1998 年 2 月，《关于进一步扶持高新技术产业发展的若干规定》提出由市财政出资 5 亿元发起成立创新科技投资有限公司。6 月，国家科技部批准深圳为首家科技风险投资试点城市。1999 年 8 月，深圳市创新投资有限公司成立，注册资金 7 亿元，市政府投入 5 亿元，社会募集 2 亿元。2002 年 10 月 16 日，国内首家大型投资企业集团——深圳市创新投资集团（简称“深创投”）正式成立。这家以资本为主要联结纽带、母子公司为主体的大型投资企业集团，构建起从企业初创期到成熟期的创投融资服务链。深创投主要投资中小企业、自主创新高新技术企业和新兴产业企业，涵盖信息科技、互联网 / 新媒体 / 文化创意、生物技术 / 健康、新能源 / 节能环保、新材料 / 化工、高端装备制造、消费品 / 现代服务等行业，覆盖企业全生命周期，并通过资源整合、资本运作、监督规范、培训辅导等多种方式助推投资企业快速健康发展。

截至 2020 年 11 月底，深创投投资企业数量、投资企业上市数量均居国内创投行业首位，投资项目达 1180 个，累计投资金额约 567 亿元，其中 178 家投资企业分别在全球 16 个资本市场上市，助推潍柴动力、酷狗音乐（腾讯音乐）、睿创微纳、西部超导、迈瑞医疗、中新赛克、光峰科技、微芯生物、斗鱼直播、信维通信、宁德时代、环球易购（跨境通）、多氟多、柔宇科技、康方生物、盛瑞传动、星环科技、越疆科技、杰普特等众多明星企业成长。[①]

（三）制定全国第一部创业投资规定

为进一步吸引国内外创业资本，加快高新技术产业发展，形成完善的创业投资体系，2000 年 10 月，深圳制定出台《创业资本投资高新技术产业暂行规定》，成为国内地方政府制订的第一部有关创业投资的规章。《规定》除对创业投资公司和创业投资管理公司的设立、经营、解散做了明确清晰的界定外，还规定创业投资可享受深圳的相关优惠政策

① 资料来源：深圳市创新投资集团有限公司官网，www.szvc.com.cn。

和保护创业投资者的各项权益。《规定》明确了创业投资退出通道，明确企业可通过并购、股权回购、上市等方式撤出变现。

根据中国风险投资研究院（香港）统计，至 2000 年底，深圳的创业投资资本总规模达 100 多亿元，投资项目超过 200 个，专业创投公司及有关机构 122 家，其中创业投资公司 43 家，创业投资管理公司 36 家，创业投资中介机构 23 家以及境外机构 12 家，资本规模和机构数量远超上海和北京，深圳逐渐成为全国管理本土投资资本总额最多、创新动力最充足、本土创投最活跃的地区。[①]

为鼓励和规范创业投资活动，保障创业投资当事人的合法权益，2003 年，《深圳经济特区创业投资条例》出台[②]，体现了深圳大胆的探索精神，也为 2005 年国家十部委联合发布《创业投资企业管理暂行办法》提供了有益借鉴。

二、大力优化人才机制

开放、包容的人才政策，是深圳高新技术产业快速发展的助推器。通过大力优化人才市场与机制，深圳吸引了全国乃至世界各地的人才，为高新技术产业的发展提供了支撑。

（一）建立人才市场机制

1993 年，深圳市人才服务公司成立华强北人才市场，

①《深圳创业投资重金百亿为京沪之和》，《羊城晚报》2001 年 6 月 15 日
② 后经 2012 年 6 月和 2019 年 4 月两次修订。

面积增加到2000多平方米，摊位增加到108个。1997年，深圳人才大市场在罗湖成立，深圳成为全国最早建立人才市场的城市。人才大市场面积2万平方米，可容纳标准展位400多个，每天接待超过200家用人单位和1万多人次求职者，日均向社会提供3000—4000个就业岗位信息。1997年7月，深圳人才大市场设立人才测评部，在全国较早提供常设人才测评服务。8月，在教育部支持下，深圳人才大市场开设国内第一家文凭验证服务机构。1998年，深圳人才网开通运行，人才服务实现信息化。同年，市人才服务中心与深圳人才大市场合并为深圳市人才交流服务中心。中心服务类别包括“引才、辨才、育才、荐才”，很快发展成为扎根深圳、辐射华南、闻名全国的人才服务专业机构。

随着高新技术产业向纵深发展，深圳的人才需求层次不断提升。1991年，深圳市人才智力市场应运而生并于1992年以深圳市政府的名义赴美国招聘境外人才，开全国到境外揽才的先河。1996年，深圳市企业高级经理人才评价推荐中心成立。1997年，人才智力市场成建制转入深圳人才大市场。1998年，深圳市高级人才市场投入使用。通过这些机构，深圳市政府先后到美国、英国、法国及中国香港招聘了一大批专才。

（二）完善人才引进政策

1989年，深圳在全国率先成立劳动监察队伍，把劳动监察与劳动仲裁有机结合，通过监察企业用工、工资发放等环节，保护劳动者权益。1992年获得特区立法权后，深圳围绕劳动力市场的完善和发展，先后出台《深圳经济特区劳动务工条例》《深圳经济特区劳动合同条例》《深圳经济特区最低工资条例》《深圳经济特区失业保险条例》等一系列法规规章。1991 年，《深圳经济特区大学中专毕业生就业合同管理暂行办法》颁布，高技术、高层次人才引进政策配套体系进一步完善，为推动劳动密集型产业向资本密集型和技术密集型产业转型注入活力。1993 年 6 月，深圳制定《关于企业取消干部、工人身份界限，实行全员劳动合同制若干问题的意见》，推行企业全员劳动合同制，打破企业内部干部、工人身份界限，基本确立劳动力市场两个主体的平等地位，为特区劳动力市场大发展扫除了体制障碍。当年底，深圳有 2.5 万家企业的 200 万名员工与企业签订劳动合同，其中有 10 万多人原为干部和国家固定工人。

1997 年 3 月 27 日，《深圳市优秀青年科技人才选拔培养方案》出台，从人才选拔、培养、待遇、考核等方面提出多项鼓励措施，旨在造就青年优秀科技人才队伍。同年 7 月 14 日，深圳市高级人才培养工程全面启动。1999 年 3 月 27 日，深圳市首届经理人才暨高科技人才招聘会举行，共吸引 108 家企业、8275 名应聘者参加。1999 年 8 月 5 日，深圳市引进高科技人才工作取得重大突破，中国工程院院士牛憨笨加入深圳大学，成为深圳第一位院士。他带领西安光机所光电子学科 16 名科研人员调入深圳大学组建信息技术研究所。2000 年 2 月 1 日，中国工程院徐大懋、郑健超、倪嘉缵三位院士落户深圳。

2000 年 6 月，深圳颁布实施《鼓励出国留学人员来深圳创业的若干规定》，大力吸引留学人员来深创业，并在深圳高新区设立留学生创业园，成为深圳吸引海外留学人员回国创业、扶持留学生企业发展的重要平台。留学生创业园被人社部批准为与深圳市政府共建的“中国深圳留学人员创业园”，被科技部认定为“国家高新技术创业服务中心”，孵化出了以朗科、迅雷为代表的数百家优秀企业和优质项目。到 2001 年，深圳已形成普通劳动力市场、人才市场、经理市场并存，有形市场与无形市场相结合，多层次、开放型的区域性劳动力市场格局。

三、建立技术成果交易体系

技术成果交易能让科技成果接受市场的评估和评价，使其价值直接与市场挂钩，快速变成经济利益。深圳通过建立技术成果交易体系，实现了科技成果交易的公开化，避免了科技成果被低价转让，保护了科研成果所有人的利益。

1992 年 8 月 8 日，深圳在市科学馆举办首届科技成果拍卖大会，当场成交 7 项成果，成交金额达 95.2 万元，作出了科技成果商品化的有益尝试。1993 年 6 月，深圳市科技成果交易中心挂牌营业，标志着深圳技术市场进入新的发展阶段。中心开业首月就从全国收集了 8000 多项科技成果，接待寻求投资合作的企业和科研院所 150 多家。开业一年后，技术交易额达到 470 多万元，收取中介服务费 40 多万元，此后每年以 20% 以上的速度增长。1997 年，全市技术交易总额达 3.5 亿元。截至该年，深圳先后与 120 多所国内外高校和科研院所建立联系，搜集高新技术项目 1 万多个，与深圳近 200 家企业进行技术挂钩，使一批高技术成果进入企业并孵化成产品走向市场。

1993 年 2 月，深圳市产权交易所成立，这是我国第一家跨地区的产权交易中心，标志着深圳产权转让正式进入市场。产权交易的公开化，杜绝了国有资产的低价转让或流失，促进了产业结构的调整与完善。6 月，深圳市无形资产评估事务所正式挂牌，成为全国首家为无形资产贸易及无形资产司法实践提供服务的中介机构，在国有企业逐步转换经营机制进程中承担着重要的中介作用。该事务所主要从生产要素市场的角度，对知识产权、商誉、专有技术、经营秘密等进行评估，项目范围遍及全国各地。

1994 年 3 月 25 日，《深圳经济特区无形资产评估管理办法》颁布，成为我国第一个无形资产评估地方法规。《办法》将专利权、商标权、著作权、技术秘密、商业秘密、厂商名称字号、原产地名称、商誉以及法律法规或国际惯例承认的其他无形资产全部纳入评估范畴，并对评估情形、企业类型、评估程序方法、法律责任等进行规定，为无形资产的交易、入股提供制度保障。1996 年 2 月，深圳知识产权审判庭成立，当年审理案件 30 例，结案率达 75%，为我国知识产权保护司法审判制度做出了新探索。1997 年 2 月，由市科技局、中国技术市场管理促进中心和深圳金源实业股份有限公司联合筹建的南方国际技术交易市场获国家科委正式批准，并被定为国家级常设交易市场。同年，深圳被确定为国家科技成果推广示范基地，先后建立技术经纪行、技术合同仲裁委员会等机构，基本形成集交易、中介、评估、信息咨询、专利代理、仲裁和审判各环节的“一条龙”技术市场体系，为技术供求双方创造了一个公平交易、平等竞争、渠道畅通的良好环境。

2000 年 8 月，深圳市产权交易所改制为深圳市产权交易中心，主要业务包括：面向国内外和各种经济成分进行产权交易，办理企业部分或整体产权、股份交易，为产权交易的企业提供资产评估、产权拍卖、代理过户等。10 月，深圳市中国国际高新技术成果交易中心、深创投等九家股东发起设立深圳国际高新技术产权交易所，成为国内首家实行市场化运作的股份制产权交易机构和重要的投融资信息服务平台、产权交易平台。交易所挂牌当天便有 90 个项目进场交易，成交金额 12 亿元。2009 年 11 月，深圳通过整合产权交易中心和国际高新技术产权交易所，组建深圳联合产权交易所，定位为全市统一的综合性产权交易平台。经过多年发展，交易所已成为各类国有、集体企业产权流转、资产处置、增资扩产的“三公”交易平台，以及为中小企业提供跨市场的综合金融服务和多层次资本市场解决方案的专业化服务平台。

四、创办“中国科技第一展”高交会

1998 年 4 月，深圳市委书记张高丽率市党政领导班子到厦门、上海、大连等地学习考察。当时三地发展都有比较成熟的平台，深圳考察团受到启发，决定将深圳连续举办 10 届的“荔枝节”改为更符合未来发展方向的“科技节”。经过深入研究，“科技节”被具体化为更具针对性的“深圳高新技术成果交易会”。为提高交易会水平，扩大规模和影响力，深圳邀请国家外经贸部、科技部、信息产业部和中国科学院参与，将交易会正式命名为“中国国际高新技术成果交易会”（以下简称高交会）。

随后，市委、市政府决定在福田中心区黄金地段，划出 5.4 万平方米土地建设高交会临时展馆。1999 年 7 月 30 日，深圳最大的临时建筑高交会馆落成。10 月 5 日至 10 日，首届中国国际高新技术成果交易会在高交会馆举行，国务院总理朱镕基出席开幕式并宣布高交会每年举办。首届高交会主要由高技术成果交易、以“国家计算机、通信、网络”产品为主题的高新技术产品展示交易、高新技术论坛三个部分构成，总展览面积 2.02 万平方米，参展企业 2856 家，参展项目 4150 个，到会投资商 955 家。5 个外国政府团组，30 多家世界著名的高科技企业，全国 31 个省、自治区、直辖市和港澳台地区以及 22 所高校组团参加了展示交易洽谈，成交额达 64.94 亿美元。30 多位诺贝尔奖得主、国内外著名科学家、企业家、经济学家、风险投资及金融专家等在高新技术论坛发表演讲。高交会成功实现了大规模、高水平、国际性的既定目标，成为继中国出口商品交易会（广州）、中国投资贸易洽谈会（厦门）之后的又一个国家级交易盛会。

从此，中国高新技术成果有了一个卓有成效的产业化转化平台。

至2020年，高交会已成功举办22届，展览面积扩大了7倍，被誉为深圳乃至全国发展高新技术产业的一个里程碑。高交会最大限度地集聚和整合世界范围内的创新资源，使技术、资本、市场率先在深圳实现对接，催生出一批又一批创新型科技企业扎根深圳发展。

经过多年发展，高交会以其“国家级、国际性、高水平、大规模、讲实效、专业化、不落幕”等特点，成为中国规模最大、最具影响力的科技类展会，是名副其实的“中国科技第一展”和深圳最响亮的城市名片。高交会也是我国高新技术领域对外开放的重要窗口，在推动高新技术成果商品化、产业化、国际化以及促进国家、地区间的经济技术交流与合作中，发挥着越来越重要的作用。

第五节　全方位营造科技创新发展氛围

一、建立科学技术激励机制

1985 年，深圳开始奖励在科技进步活动中作出突出贡献的单位和个人。1987 年 5 月，《深圳市科学技术进步奖励暂行办法》出台，通过设立科学技术进步奖，奖励在推动全市科学技术活动中作出突出贡献的自然人、组织，调动广大科技工作者和经营管理者的积极性和创造性。进入 20 世纪 90 年代，深圳加大对科学技术的奖励力度，并逐渐形成制度延续至今。

1994 年 12 月 22 日，深圳举行首届青年科技奖励大会，10 名优秀青年科技工作者和 40 名科技论文作者获奖。黎明电脑网络分公司总经理邓一辉创造性地研制出证券交易委托录入和自动撮合成交系统，奠定了我国证券交易自动化、无纸化、网络化的基础，被评为一等奖，奖金 10 万元。刘仲健、马君显、陆鉴良三人获得二等奖，奖金各 3 万元。其他六人获得三等奖，奖金 1.5 万元。

1995 年 10 月，深圳出台《关于推动科学技术进步的决定》，在科技投入、企业科技进步、高新技术产业发展、科技立法、科技奖励、科普、科技人员培养等方面提出具体措施，并要求市财政划拨1000万元设立科技奖励基金。1996年2月，《深圳市科学技术奖励基金管理暂行办法》出台，明确基金奖励范围为年度深圳市科学技术进步奖、年度优秀科技人员奖和理事会确立的其他科技奖项。至此，深圳科学技术奖励机制基本形成。此后，《深圳市科学技术奖励办法》又经过多轮修订，逐步形成较为健全的激励机制。

二、创办虚拟大学园

作为一座新兴城市，深圳高校和科研院所较少，缺乏高新技术产业发展的人才和科技基础。从现实条件看，深圳要建设许多高校在短期内几乎不可能。为弥补这一先天不足，实现高新技术产业可持续发展，深圳市委、市政府选择建设虚拟大学园。

1996年12月，深圳市政府和清华大学签订合作协议，共建深圳清华大学研究院，开启了中国新型科研机构的崭新探索。研究院致力于将清华大学的科技成果在深圳转化，服务深圳社会经济发展。1998年4月，在深20多所大学校友会秘书长会议召开，并以“深圳高技术产业园创新科技大学合作基地课题组”名义发出《关于加强深圳高新技术产业园区和国内重点大学合作的建议》，明确提出在深圳高新技术产业园区内，联合国内（包括香港）有实力的著名大学建设一种新型的合作关系，创建一个第一流的、在国际上有相当影响的，以高科技开发为中心、实现产学研结合的大学合作基地。10月，在澳大利亚举行的国际科技园协会上，课题组提交了《在高新技术产业园区创建虚拟大学园的思考》，提出深圳高新技术产业园区的虚拟大学园不是单一大学，也不仅仅具备教育功能，而是基于科技园基本特征和深圳发展需要，更多突出在科技创新、教育与经济、科技和企业的结合。虚拟大学园的功能主要有：加速国内高校科技成果的商品化、产业化，聚集国内外科技人员开发高科技产品、软件，为深圳企业和高校科技力量合作搭桥，孵化和培植高科技企业，培养高层次的科技人才，促进深港科技合作等。

此后，不断有高校和著名机构来深圳商谈合作。北京大学和香港科技大学在高新区建立联合研发中心，中国工程院决定在高新区建立中国工程院咨询研究活动中心（深圳），浙江大学在高新区建设产学研基地。香港工程科学院、香港工业科技中心、中国科学院、中国科技大学、北京理工大学、哈尔滨工业大学、西安交通大学、南京大学等也表达了合作愿望。1998 年 2 月，《关于进一步扶持高新技术产业发展的若干规定》明确提出在高新区建立深圳虚拟大学园，无偿为各入园大学提供办公室、设施、网络通信设备等。12 月，深圳几位副市长在高新区现场办公，确定虚拟大学园项目。1999 年 6 月，虚拟大学园正式开始接纳成员，并在 9 月 10 日教师节当天正式开园。深圳市政府为此成立虚拟大学园管理中心，每年划拨 1000 万元专项经费用于入驻单位的补贴，并通过科技扶持资金资助各院校在深圳的科技项目，为虚拟大学园安排固定资产项目投资。①

深圳虚拟大学园的创办是市委、市政府为大力发展高新技术产业而实施的具有战略意义的创新举措。至2020年底，虚拟大学园聚集了65所国内外知名院校，包括清华大学、北京大学等49所中国内地院校，香港大学、香港中文大学等6所香港院校，佐治亚理工学院等7所外国院校以及中国科学院、中国工程院院士活动基地和中国社会科学院研究生院；在深设立研发机构187家，其中获批市级以上重点实验室、工程实验室等创新载体74家，形成了从学士到硕士、博士的在职学历学位培养和从短期专项到为企业量身定做的订单式人才培养体系，累计培训各类人员40.3万余人。虚拟大学园与清华大学等高校建立了16家产业化基地，累计孵化科技企业1724家，承担国家级科技项目1501项，获得专利1866项，转化成果2237项。虚拟大学园逐步成为特色鲜明、专业突出的高端人才宜聚地、研发机构聚集地和中小科技企业集散地。

三、率先建立企业博士后工作站

博士后是位于人才金字塔的顶端群体之一，是企业转型升级、进行技术研发的中坚力量。为了让高层次创新人才进入企业，为企业创新服务，1995年7月，深圳联合全国博士

① 深圳市政协文化文史和学习委员会编：《深圳四大支柱产业的崛起——高新技术产业》，中国文史出版社2010年版，第123—124页。

后管理委员会设立企业博士后工作站，这是继上海宝钢之后的第二个企业博士后试点工作站，也是第一个以城市为单位建立的企业博士后工作站。① 深圳随即成立了以市长挂帅，由市人事局、财政局、科技局等多个部门负责人组成的领导小组，与市内5家条件较好的高新技术企业联系了解需求，并组织人员到北京大学、清华大学等高校考察，加深企业与高校的相互了解。在全国博管会指导下，深圳制定颁布《深圳企业博士后工作管理暂行规定》，编印刊物《深圳企业博士后工作站》，初步建立起一套企业博士后工作站管理制度。

1996年，深圳首先在安科、中华、三九、华为、莱英达等5家企业建立博士后工作站。至2000年底，华为、深圳证券、赛格、深圳大学高新技术企业公司、奥沃公司等8家企业与清华大学、中国科技大学、浙江大学等6所高校联合招收培养博士后，在站博士后达52名，先后有26名博士进站工作，其中10名博士后完成科研任务，顺利出站。仅2000年，深圳博士后承担国家级科研项目2项，获专利5项。华为13名博士后的研究项目都是公司关键技术，深圳证券交易所工作站首批10名博士后的研究课题是与我国证券市场发展紧密联系的基础型、前瞻性课题。②

2000年3月，深圳市政府决定从当年起为在站工作博

① 王卓明：《产学研结合的新天地——记深圳市企业博士后工作站》，《中国公务员》1999年1月号，第40—41页。

②《小荷才露尖尖角，已有大户立上头——来自深圳企业博士后工作站的报道》，《广东科技》2000年第6期，第17页。

士后每人每年发放 5 万元工作生活补贴，并在户口管理、住房、赴港审批、子女入托入学等方面给予妥善安排。2016 年，《深圳市博士后资助资金管理办法》发布，对博士后的生活补助提高到每人每年 12 万元，总额不超过 24 万元的标准，进一步推动高层次人才队伍建设。

截至 2020 年底，深圳有博士后科研流动站 19 家，博士后科研工作站 76 家，博士后科研工作分站 15 家，博士后创新实践基地 320 家，在站博士后占全省的一半左右。[①] 在企业设立博士后工作站，为深圳拓展了一条引进和培养高科技人才的新路，不仅实现了产学研的结合，而且提高了企业科技创新能力和市场竞争力。

四、开展职业技能培训

深圳一直把加强进城务工人员的教育培训、提高进城务工人员的素质和技能作为推动科技创新的重要工作来抓，定期对进城务工人员教育培训工作作出部署，并把它纳入经济社会发展总体规划。

特区成立之初，深圳即开展了青年初高中文化补习及岗位培训、成人高考辅导等，其中包括进城务工人员的技能培训。根据产业结构调整和发展需要，深圳先后发布《中等职业教育深化改革方案》《关于利用我市职业和成人教育学校资源开展面向外来务工人员教育培训工作的通知》《关于规

① 数据来源于深圳市科创委网站。

范我市成人中学管理工作的通知》《关于开展中等职业教育学历证书和资格证书相互沟通试点工作的意见》《关于实施深圳市技能振兴行动计划工作方案的通知》等文件，在职业学校逐步推行学分制，建立各中职学校之间跨校选修、学分互认制度，为沟通和衔接各级各类教育提供了条件。通过改革招生办法，实行弹性学制，允许灵活安排，方便务工人员半工半读、工学交替、分阶段完成学业；实行双证制度，使重点中职学校主体专业、示范专业的学生，在毕业获得学历证书的同时，还能取得相应的职业资格证书。

深圳通过多种形式对进城务工人员进行培训，提高职业技能和综合素质。一是搭建文化教育平台，在街道建设成人文化学校和文化类培训机构、社区学院和社区学校等，开展进城务工人员的文化素质培训。二是搭建职业技能培训平台，组建公共职业培训机构、技工学校、民办技校等，提高进城务工人员职业技能。华为、富士康、康佳、比亚迪等大型企业成立“依托企业、面向市场、体制创新、机制灵活、管理先进”的企业培训班，培养企业急需的技能型人才。三是搭建学历教育平台，通过深圳大学、深圳电大、深职院、深圳信息职业技术学院等高校开展成人学历培训，提高务工人员学历层次。2005 年，全国进城务工人员职业教育培训现场会在深圳召开，深圳经验得到肯定和推广。同年，深圳市职业技能培训指导中心成立，大力实施“职业技能提升行动”民生工程，至 2020 年累计开展公共训练服务 300 万人次、职业技能评价 3 万人次、竞赛服务 1.6 万人次，建成 442 家高技能人才培训基地、技师工作站、大师工作室。

深圳还通过制定地方性法规，为开展进城务工人员教育培训提供法律保障。1993 年，《深圳经济特区劳务工条例》颁布，规定“劳务工从事特种作业的，必须凭依法取得的‘特种人员操作证’上岗。劳务工从事技术工作的，必须凭依法取得的‘技术等级证书’‘技师合格证书’上岗”，较早实行了部分工种就业准入制度，为推动相关培训提供依据。1994 年，《深圳经济特区成人教育管理条例》颁布，对特区成人教育的管理进行规范，并于 2002 年、2004 年两度根据形势发展进行修订。《深圳经济特区职业技能鉴定条例》和《深圳市职业训练条例》也分别于 1997 年、2003 年颁布执行。这些地方性法规对深圳技能性人才培养和职业技能训练工作进行了规范，理顺了成人教育和职业技能培训机构的管理体制、审批程序、经费保障和运行机制，为开展进城务工人员教育培训工作提供了法律保障，也为深圳高科技产业发展提供了强大的技术工人和高技能队伍储备。

五、全面推动科普工作

科学技术普及工作是提高全民科学素质、助推科技创新事业发展的重要手段。深圳高度重视科普工作，每年召开全市科普工作会议，逐步建立科普工作联席会议制度，制定科普工作政策，常态化开展科普活动。

1992 年，深圳开始举办“科技进步活动月”，开展不同主题的科普宣传教育活动。1995 年出台的《关于推动科学技术进步的决定》提出，加强科学技术的普及工作和科技宣传工作，提高公众的科技素养和科技意识，每年从科学事业费中划出 100 万元作为科普经费，并建设一座具备科技普及、科技教育、学术交流、科技信息等多种功能的综合性科技博览馆。1996 年，《深圳市加强科学技术普及工作的意见》[①]和《深圳市“九五”科学技术普及工作规划》印发，确立了科普工作新的战略地位。同时，深圳建立由市科技局、市委宣传部、市科协等 10 个单位组成的市科普工作联席会议制度，负责统筹协调全市科普工作，推广普及适用先进技术。

1995 年 9 月，南山博士协会成立，会员约有 200 名。1998 年，在南山区科协和南山图书馆的组织策划下，南山博士协会利用周日推出“博士论坛”公益性系列科普讲座，涉及计算机千年虫、激光、环境和噪声、现代通信等领域。不少单位对讲座进行复制和“移植”，进一步延伸了听众覆盖面，受到社会各界热切关注。到 2000 年，科普讲座共举办了 40 场，除涉及光电子产业、生命科学等高科技知识外，还涉及新经济时代的企业管理、网络文化、企业创业等知识，听众也扩展到企业管理者等不同阶层人士。南山“博士论坛”一直坚持举办，截至 2018 年已经举办 500 多场，成为独具特色、面向大众、服务社区的知名科普品

① 1994 年 12 月，中共中央、国务院颁布《关于加强科学技术普及工作的若干意见》，要求各级党委政府切实加强和改善对科普工作的领导，确定全国的科普工作由国家科委牵头负责。2001 年 3 月 22 日，国务院批准每年 5 月的第 3 周为全国“科技活动周”。

牌项目。

2019 年 6 月 26 日，《深圳经济特区科学技术普及条例》出台，深圳科普工作建立起法制化、规范化、长效化发展机制。《条例》提出科普是全社会的共同任务，将每年 9 月第 3 周定为深圳科普周，规定义务教育阶段逐步实行科普教育学分制，在深圳从事科普工作可以申请相应的科普专业技术资格等。同年底，总建筑面积 10 万平方米的深圳科技馆（新馆）开工建设，选址光明区科学公园，全市再添一重要科普基地。

第三章

确立自主创新战略，努力建设国家创新型城市

（2001—2011 年）

新世纪以来，党中央提出实施自主创新战略、建设创新型国家的重大决策。胡锦涛三次视察深圳，支持深圳大胆探索、先行先试，突破更多关键核心技术。2008 年，国家发改委批准深圳为全国第一个创建国家创新型城市试点，要求将深圳建设成为创新体系健全、创新要素集聚、创新效率高、经济社会效益好、辐射引领作用强的国家创新型城市，赋予深圳科技创新事业新的历史使命。

深圳市委、市政府积极贯彻党中央决策，把自主创新作为城市发展的主导战略，不断完善区域创新体系和创新环境，大力培育发展自主创新型企业，积极优化提升产业结构，推动以自主创新为特征的高新技术产业成为全市第一支柱产业。至 2011 年，全市科技创新投入和产出均居全国前列，创造的 GDP 总量达 1.2 万亿元，专利授权数达 3.9 万件，发明专利达 1.2 万件，PCT 专利申请量达 7933 件，占全国的 48.35%[①]，R&D 投入达 416.1 亿元，占全国 4.79%。华为、中兴、比亚迪、腾讯、迈瑞、海王等拥有核心技术和自主知识产权的企业大放异彩，中科院深圳先进技术研究院、华大基因研究院、光启高等理工研究院等新型研发机构先后成立，深港产学研基地、深圳创新投资集团、深圳证券交易所的中小板和创业板等创新配套进一步完善。

---

① 2011 年全国 PCT 专利申请 16406 件。数据来源：《2011 年世界 PCT 专利发展态势与中国特点分析》，《中国科技纵横》2013 年第 18 期。

第一节　以科学发展观为指引加快创新驱动步伐

一、胡锦涛视察要求落实科学发展观

进入 21 世纪，我国经济开始新一轮强劲增长，全方位对外开放格局呈万马奔腾之势。深圳作为经济特区代表，处在“标兵”和“追兵”的包夹中，20 余年高速增长中所积累的矛盾和问题也开始凸显。

2003 年 4 月 11 日至 12 日，在深圳发展面临新形势新机遇新挑战的重要时刻、在全国抗击“非典”的紧要关头，中共中央总书记、国家主席、中央军委副主席胡锦涛来到深圳视察。胡锦涛十分关心深圳经济特区的建设和发展，十分关注深圳高新技术产业发展情况，先后考察了深圳高新技术产业园区、深圳虚拟大学园、深圳清华大学研究院、中兴通讯、长城计算机、富士康、华为等。每到一处，他都认真听取汇报，详细了解情况。在深圳清华大学研究院，胡锦涛敦促科研人员尽快研制测温仪，后来这款测温仪对预防和控制“非典”起到了十分重要的作用。在考察一众高新企业时，他肯定深圳在发展高新技术产业方面走在了前面，产业结构调整很有成效。他强调，发展高新技术产业，掌握核心技术很重要，不掌握核心技术就会受制于人，要下决心攻克一批关键技术，这样才能在竞争中赢得主动。在华为考察时，他说："发展高新技术要坚持'有所为，有所不为'。在有些领域必须'有所为'，否则在国际竞争中就没有地位。"[①] 他勉励深圳科技企业一定要下苦功夫，为我国在世界高新技术领域占有一席之地、为民族高新技术产业发展多作贡献。胡锦涛对深圳寄予了殷切希望，要求深圳加快发展、率先发展、协调发展，继续走在全国前列，更好发挥经济特区的历史作用。

4 月 15 日，胡锦涛在广东考察工作结束时发表重要讲话，强调："从根本上说，增强发展后劲，增强我国经济国际竞争力，取决于科技进步和创新，取决于人才效应充分发挥。""要依托雄厚的经济和科技实力，完善技术创新体系和知识创新体系，瞄准世界科技发展前沿，选择具有一定优势和对经济社会发展有重大带动作用的关键领域进行重点突破，不断提高核心技术和重要应用技术的创新能力，努力抢占高新技术及其产业化的制高点，增强企业自主创新能力和核心竞争力。""要认真贯彻尊重劳动、尊重知识、尊重人才、尊重创造的重大方针，大力开展人力资源能力建设，积极做好培养、引进、使用人才特别是高层次人才工作，为他们创造良好创业环境，提供施展才干的平台，并使更多优秀

① 深圳经济特区研究会、深圳市史志办公室：《深圳经济特区三十年》，海天出版社 2011 年版，第 172 页。

人才脱颖而出，为加快经济社会发展贡献力量。”①

2010 年 9 月 4 日至 6 日，胡锦涛再一次来到深圳视察，出席深圳经济特区建立 30 周年庆祝大会并发表重要讲话。在讲话中，胡锦涛充分肯定深圳经济特区取得的巨大成就，指出兴办经济特区是党和国家为推进我国改革开放和社会主义现代化作出的一项重大决策，是中国共产党人和中国人民在探索中国特色社会主义道路上进行的一个伟大创举。他强调，经济特区要适应国内外形势新变化、按照国家发展新要求、顺应人民新期待，面向现代化、面向世界、面向未来，继续解放思想，坚持改革开放，努力当好推动科学发展、促进社会和谐的排头兵，在改革开放和社会主义现代化建设中取得新进展、实现新突破、迈上新台阶。他要求深圳继续加快转变经济发展方式，为推动科学发展探索新路，坚持自主创新、重点跨越、支撑发展、引领未来的方针，加快构建以企业为主体、市场为导向、产学研相结合的技术创新体系，提升核心技术自主创新能力，推动经济发展从要素驱动向创新驱动转变。②

为全面了解深圳建立科技创新体系、培育战略性新兴产业的情况，胡锦涛在中国科学院深圳先进技术研究院考察时，参观了华为、中兴通讯、迅雷、中青宝、远望谷、研祥、大族激光、北科生物、华因康、先健、微芯生物、比亚

①《胡锦涛支持深圳改革发展纪实》，中国共产新闻网，2010 年 8 月 23 日。
②《胡锦涛在深圳经济特区建立 30 周年庆祝大会上讲话》，中国政府网，2010 年 9 月 6 日。

迪、杜邦太阳能、拓日新能源、科陆电子、光启研究院等16家深圳科技企业的创新成果展览。在腾讯公司考察时，胡锦涛指出："国家的未来在创新，创新的希望在青年，希望大家充分发挥聪明才智，坚持自主创新，推动企业不断发展，为壮大民族互联网产业贡献力量。"在中国科学院深圳先进技术研究院与科研人员交谈时，他指出，加快转变经济发展方式，自主创新是根本，培养人才是关键。他希望研究院的同志们立志做自主创新的"领头羊"，围绕经济社会发展需要，突破更多关键核心技术，为产业转型升级提供有力的科技支撑。①

胡锦涛的视察及重要讲话，充分肯定了在全国改革开放和科技创新的重要作用，为深圳以科学发展为指导、大力实施创新驱动发展战略、建设国家创新型城市指明了前进方向，注入了强大动力。

二、发展循环经济和知识经济

2003年6月25日，深圳市委工作会议提出，按传统外延发展模式，深圳已快走到极限，因此必须实现经济发展与人口、资源和环境的和谐共进。2005年5月16日，深圳市第四次党代会召开，市委书记李鸿忠在报告中指出，按照传统的发展模式，深圳正面临四个"难以为继"：一是土地、

①《国家的未来在创新 创新的希望在青年》，中国青年网，2010年9月8日。

空间有限难以为继；二是能源、水资源短缺难以为继；三是人口不堪重负难以为继；四是环境承载力严重透支难以为继。为此，深圳必须“增强危机意识，转变发展模式，走出新的路子”。报告提出，要“根据科学发展观的要求转变经济增长方式，实现由粗放型增长向集约型增长转变，克服经济增长对物质资本积累和自然资源的过分依赖，更多地通过提高人力资源、自然资源和资本使用效率以及技术进步，保持经济持续增长，大力发展知识经济和循环经济，走新型工业化和可持续发展道路，不断提高经济增长质量和效益”。报告强调，要“实施自主创新战略，建设自主创新型城市”，积极探索具有深圳特色的自主创新模式，加快完善区域创新体系，努力营造有利于自主创新的良好环境。①

2006年3月，深圳市四届人大常委会第五次会议审议通过《深圳经济特区循环经济促进条例》，这是全国首个发展循环经济的地方性法规。该条例于当年7月1日开始实施，共规定10项基本制度：循环经济发展评估制度；抑制废弃物产生、废弃物回收、废弃物循环利用制度；清洁生产审核制度；政策扶持和淘汰制度；绿色消费制度；政府绿色采购制度；财政补贴制度和资金支持制度；政绩考核制度，等等。该条例得到了全国人大的肯定，也引起了国内外的广泛关注。

① 李鸿忠：《努力建设和谐深圳效益深圳——在中国共产党深圳市第四次代表大会上的报告》，2005年5月16日。

同年 5 月，深圳市委、市政府正式作出《关于全面推进循环经济发展的决定》，制定《深圳全面推进循环经济发展近期实施方案（2006-2008）》，勾画了循环经济发展的目标、任务及路线图。11 月，深圳市政府和博鳌论坛联合举办了首次循环经济国际峰会，进一步在决策层形成共识。12 月，市政府发布《深圳市循环经济发展“十一五”规划》，提出到 2010 年初步建立起循环经济产业体系、生态保障体系、制度创新体系和以水资源、能源和废弃物循环利用为重点的循环经济基础设施体系，建成国内发展循环经济的样板城市。法规先行、制度先行、考核先行，深圳的循环经济发展从一开始就处于刚性约束之下、科学规划之下、政策引导之下。

2007 年 1 月，深圳推出第一批共 37 家循环经济示范项目，在全国引起较大反响。10 月，《深圳市产业结构调整优化和产业导向目录（2007 年版）》发布，89 个循环经济项目被列入鼓励类产业首要位置。深圳尤其注重发展循环经济中的科研活动，“十五”期间对循环经济科研活动共资助 168 个项目，资金总额为 1.1 亿元，约占“十五”期间市本级科研经费的 6%。“十一五”期间，市科技和信息局每年从市科技研发资金中安排 1 亿元资助循环经济科研活动，资助金额约占市本级科技研发资金的 20%。深圳高新技术产业实力比较雄厚、技术创新能力比较强的特点，又反过来为循环经济、知识经济加速发展提供了有力的科技支撑和转化条件。

深圳大力发展循环经济和知识经济，不仅是破解四个难以为继的瓶颈制约、在紧约束条件下实现更高水平发展的重要路径，对于需要自主创新支撑、不以资源消耗为代价、资金密集、技术密集、高附加值、高产出的高新技术产业来说，无疑也营造了更好的制度环境，对全市科技创新产生了深远影响。

三、率先建设国家创新型城市

进入 21 世纪以来，深圳高新技术产业面临的结构性、阶段性和资源性问题日益突出。其中，结构性问题主要表现在与本土企业相比，加工贸易占比重过大，在高新技术产业内部，信息产业占比重过大；阶段性问题表现在深圳已经进入国际产业转移的后阶段，自主技术创新能力亟待提高；资源性问题表现在技术、人才、土地等方面不具备优势。

为解决上述问题，2004 年 1 月 16 日，深圳市委、市政府出台“一号文件”《关于完善区域创新体系推动高新技术产业持续快速发展的决定》（以下简称《决定》），并于 1 月 18 日召开全市高新技术产业工作会议，明确提出要完善以市场为导向，产业化为目的，企业为主体，人才为核心，公共研发体系为平台，形成辐射周边、拓展海内外，官产学研资介相结合的区域创新体系，进而全面提升高新技术的自主创新能力、承接国际产业转移的持续吸纳力、对社会经济的强劲带动力和走向世界的广泛影响力，优化高新技术产业的软硬环境，推动深圳成为综合营商成本最佳的地区，努力建设国际化的高科技城市。

《决定》围绕高度重视人才在区域创新体系中的核心作用、努力强化企业在技术创新中的主体地位、加快建设高新技术公共技术平台、大力培育科技孵化体系、积极完善高新技术产业链、全力营造完善区域创新体系的良好环境、加大政府对完善区域创新体系的投入以及切实加强对完善区域创新体系的组织领导等八个方面，制定了52条具体措施。《决定》的出台和实施，标志着深圳的高新技术产业发展从成立高科技企业和出台优惠政策，进入到完善区域自主创新体系的新阶段。

2005年5月，深圳市第四次党代会提出，利用深圳的环境优势、市场优势、企业家群体优势、技术创新机制优势等，抢占自主创新的制高点，争当自主创新的排头兵。9月8日，市政府办公厅印发《深圳市建设创新型城市工作方案》，提出以市委、市政府名义出台《关于建设创新型城市的决定》；市政府制定出台鼓励创新的一系列配套政策、《深圳市创新型城市指标体系》和《深圳市建设创新型城市项目投资计划》，成立深圳市建设创新型城市工作领导小组，统筹自主创新政策的制定和实施等工作，领导小组办公室设在市科技信息局，等等。

2006年1月4日，深圳市委、市政府再次以“一号文件”形式，出台《关于实施自主创新战略建设国家创新型城市的决定》。《决定》围绕发挥人才第一资源作用、提升企业持续创新能力、发展战略创新产业、大力实施知识产权战略、提升源头创新能力、完善创新资金链条、利用海内外创新资源、完善创新体制机制、培养强化创新意识等九个方面，提出“一个主导战略”“四个高地”和“五个平台”的发展规划。其中，“一个主导战略”是把自主创新作为深圳未来发展的主导战略，努力建设国家创新型城市；“四个高地”即创新型人才高地、创新型企业高地、创新型产业高地和自主知识产权高地；“五个平台”即创新公共基础平台、创新资本平台、创新合作平台、创新成本平台和创新文化平台。

为做好《决定》的贯彻落实工作，2006 年 4 月，市委、市政府推出由 20 个相关部门制定的 20 项配套政策，总计 340 条、约 4.6 万字，从经济、法律、技术、人才等各方面诠释《决定》。例如，市科技信息局出台鼓励自主创新活动配套政策，加大对自主创新活动的资金扶持力度；市贸工局出台增强企业自主创新发展能力的配套政策，优化资源配置，鼓励大中型企业建立自主研发机构；市发展改革局出台加快建设科技产业示范基地和科技基础设施建设的配套政策，加快生物医药与医疗机械产业发展；市财政局出台通过政府采购扶持自主创新的配套政策，将自主创新产品和服务纳入政府采购目录。《决定》和各项配套政策构成了具有深圳特色的“1+N”式自主创新政策框架，标志着深圳建设国家创新型城市已经初步形成完整的政策体系。①

① 吴丽娟、王波兰：《透视“1+N”——深圳自主创新政策框架幕后新闻》，《深圳特区科技》2006 年第 5 期。

为搭建更高创新平台，2007年，深圳分别与国家科技部、信息产业部、知识产权局以及广东省政府签署相关协议，就共建国家创新型城市、国家信息产业基地、自主创新示范城市和知识产权强市达成共识。同年，深圳被确定为综合性国家高新技术产业基地和国家知识产权示范城市。5月21日，经中央批准，深圳与香港正式签署《香港特别行政区政府、深圳市人民政府关于“深港创新圈”合作协议》（以下简称《协议》），在加强两地创新人才交流、实现资源共享等十七方面达成共识。《协议》提出，深港将会加强创新人才、设备、项目信息资源的交流与共用，鼓励相关科研机构积极开展科技管理和研究人员互派学习活动，鼓励两地科技园区和中介服务机构合作，加强在医疗卫生、环境保护、食品药品检验、出入境检验检疫等公共服务领域的科技合作与交流。《协议》还提出深港研究共同出资支持两地企业和科研机构合作开展创新研发项目。

2008年6月12日，国家发改委正式发文批准将深圳列为全国第一个创建国家创新型城市试点，要求深圳把自主创新作为城市发展的主导战略，夯实创新基础，完善政策环境，增强创新能力，建设成为创新体系健全、创新要素集聚、创新效率高、经济社会效益好，辐射引领作用强的国家创新型城市。文件还要求深圳重点围绕加强创新基础能力体系、创新产业体系、创新政策体系、创新资本体系、创新合作体系五方面抓紧编制建设规划。这是自2006年市委、市政府出台《关于实施自主创新战略建设国家创新型城市的决定》以来深圳自主创新工作新的里程碑，是深入贯彻党中央、国务院关于建设创新型国家的重大战略决策，是全面落实科学发展观、促进国民经济又好又快发展、建设各具特色和优势的区域创新体系的又一重大举措。

7 月 22 日，《深圳经济特区科技创新促进条例》出台，将自主创新从制度机制上升到法律保障。作为经济特区首部科技创新领域的基本法，《条例》在诸多方面开国内科技立法先河，对深圳科技创新产生了深远影响。例如，它规定政府要建立财政对科技投入的稳定增长机制，引导和促进企业以及其他社会资金投入科技创新活动，推动全社会科技创新经费持续稳步增长。政府既可以发起或参与设立创业投资基金，投资预期良好的科技项目或属于鼓励发展范围的初创科技企业，也可以设立再担保机构，重点扶持担保机构对企业科技创新活动提供担保，还可以建立政策性信用担保机构风险准备金制度，对于政府设立的再担保机构为担保机构担保科技创新型企业提供再担保而发生的亏损，实行财政有限补偿担保代偿损失。

9 月 19 至 21 日，深圳市委、市政府相继推出《关于加快建设国家创新型城市的若干意见》《关于加强高层次专业人才队伍建设的意见》《关于加强自主创新促进高新技术产业发展的若干政策措施》《深圳市创新型产业用房建设方案》等政策文件，分别在优化创新环境、提供人才支撑、增加科技投入和土地资源供给等方面提出配套政策。9 月 23 日，深圳召开全市自主创新大会，颁布我国首部创新型城市规划

《深圳国家创新型城市总体规划（2008—2015）》，全面部署建设国家创新型城市的总体规划和各项措施，为自主创新战略的深入实施奠定了坚实的基础。12月，国家发改委在印发的《珠江三角洲地区改革发展规划纲要（2008—2020）》中提出深圳“一区四市”战略定位：国家综合配套改革试验区、全国经济中心城市、国家创新型城市、中国特色社会主义示范市、国际化城市。国家创新型城市的定位意味着深圳要在自主创新方面积累经验，为建设创新型国家探索路径、作出贡献。

2009年5月26日，国家发改委、广东省发改委和深圳市委、市政府联合举行新闻发布会，正式发布获国务院批准的《深圳市综合配套改革总体方案》，提出完善自主创新的体制机制，加快建设国家创新型城市，确定“四个先行先试”的改革基本思路：一是对国家深化改革、扩大开放的重大举措先行先试；二是对符合国际惯例和通行规则、符合我国未来发展方向、需要试点探索的制度设计先行先试；三是对深圳市经济社会发展有重要影响、对全国具有重大示范带动作用的体制创新先行先试；四是对国家加强内地与香港经济合作的重要事项先行先试。8月11日，广东省政府在深圳召开全省推进自主创新工作现场会，总结推广深圳经验。

为深入推进自主创新战略，加快建设国家创新型城市，2011年12月8日，深圳市政府印发《深圳国家创新型城市总体规划实施方案（2011—2013）》，提出了新的建设目标：建设若干所特色学院，聚集一批高水平研发机构，拥有一批国际化创新型领军人才，形成一批跨国性创新型企业，自主创新能力显著提高，创新服务体系不断完善，自主创新的区域辐射力进一步加强。为完成建设目标，《方案》围绕加强高水平的高等院校、研究机构和重点实验室建设，提高科技创新与科技成果转换能力，组织实施攻关计划、研发和应用推广计划，加快培育发展战略性新兴产业，加快发展高端产业，加快创新企业孵化器和产业基地建设，提高吸纳和配置全球创新资源的能力等十个方面提出了具体措施。

第二节　依靠科技创新转变经济发展方式

一、改造提升优势传统产业

特区成立初期，深圳是香港“前店”的“后厂”，经济结构以传统产业为主导。其主要特点是投资以外商为主，生产以加工为主，产品以出口为主，小工厂多，生产规模小、产品档次低。20 世纪 90 年代，一些企业从劳动密集型向劳动密集和技术密集并重转变，逐渐形成了以机械、服装、钟表、家具、珠宝加工、包装印刷等为代表的一批优势传统产业。进入 21 世纪时，深圳传统产业产值占工业总产值的比重将近 60%。随着发展水平的提高，用高新技术改造和武装传统产业、促进传统优势产业升级，增强城市综合竞争力和发展后劲，已经迫在眉睫。

1996 年，深圳首次设立“挖潜改造资金”，引导企业加快技术改造，推动优势产业改造升级。2001 年 8 月，深圳出台《用高新技术或先进适用技术改造优势传统产业指导意见》，提出加速推进传统中药实现现代化，加速推进医疗器械高技术产业发展，努力实现纺织和服装产业技术升级，巩固扩大钟表业的领先优势，大力发展技术含量较高的新型建材，巩固珠宝首饰在全国的龙头地位，推动食品工业向支柱产业发展，提高皮革行业的制革自动化水平，对家具行业进行技术改造等指导意见，充分调动企业技术改造的积极性。

2006年1月，深圳出台《关于改造提升我市优势传统产业的若干意见》，将优势传统产业界定为产业规模较大，集中度较高，存续时间长，拥有一定自主知识产权和自有品牌，在国内外具有较高的市场占有率和知名度，以生产传统产品为主的产业，并且将产业重点缩小到了机械、服装、钟表、家具、印刷包装、黄金珠宝首饰六个行业。为推动优势产业改造提升，《若干意见》提出了十五个方面的针对性措施，主要包括创新产业发展模式、推动技术进步、健全区域创新体系、全面实施信息化改造、实施名牌战略、拓宽资金来源、实施“走出去”战略、加大知识产权保护力度、创新节能促进机制等。与此前的《指导意见》相比，《若干意见》更加聚焦重点产业，各方面的政策措施也更具针对性和可操作性。

2008年9月，深圳市委、市政府发布《关于加快建设现代产业体系推进产业转移和劳动力转移的若干意见》，提出在产业和劳动力双转移的过程中，将发展优势传统产业和高新技术产业结合起来，提升高新技术产业的主导地位；发展以品牌化集约化为特征的传统优势产业，提高产品的科技含量、附加值和市场竞争力。

2009年6月，《深圳市现代产业体系总体规划（2009—2015年）》发布，提出“到2015年，50%的优势传统产品技术达到国际21世纪初期先进水平，80%达到同期国内先进水平，传统产业自有品牌拥有率达到70%以上”的目标。为此，深圳加强传统产业配套建设和产业技术研发，以品牌化、集约化为方向，以技术创新、管理创新、整合资源为手段，推进产业走集约型、节约型、生态型、环保型发展模式，提高企业自主研发和设计水平，努力把优势传统产业发展成为先进制造业，提高产业竞争力，形成在全国、全球具有竞争力的区域品牌。

此后，深圳不断加大转变经济发展方式的制度供给。2010年10月出台《关于加快转变经济发展方式的决定》，不仅提出到2015年经济发展方式转变的有关指标，还部署了具体措施。11月出台《关于优化产业结构加快工业经济发展方式转变的若干意见》，强调通过提升工业经济自主创新能力，加快信息化工业化融合等措施推动工业经济发展方式转变。2011年1月出台《关于加快转变经济发展方式的行动计划》，提出推进国家创新型城市建设、促进基础研究和应用研究互动发展、提升自主创新能力等方面的行动措施，如实施重大科技专项和重点技术攻关，力争在新一代信息技术、互联网、生物医药、基因工程、干细胞、新能源、新材料、新能源汽车、节能环保等领域取得核心技术和关键技术重大突破等。

深圳改造提升传统优势产业的政策效果非常明显，截至2011年，优势传统产业中70%以上企业研发经费占销售收入的比重超过5%，每年向外转移产业规模超过1000亿元。

二、率先发展战略性新兴产业

2000 年，深圳高新技术产业产值首次突破千亿大关，此后以每年千亿的速度增长。面对来自国内外的激烈竞争，深圳逐步将发展高新技术产业的重点放到抢占科技制高点上。2009 年，深圳正式出台生物、互联网、新能源三大新兴产业的振兴发展规划和政策，第一批扶持计划项目达 269 个，吹响了率先发展战略性新兴产业的号角。2010 年 10 月，国务院颁布《关于加快培育和发展战略性新兴产业的决定》，强调战略性新兴产业是引导未来经济社会发展的重要力量，要加快培育和发展。深圳积极响应国家政策，先后出台生物产业、互联网产业、新能源产业、新材料产业、文化创意产业和新一代信息技术等产业的发展规划和发展政策，为推动战略性新兴产业发展壮大制定了新的蓝图。

早在 2005 年，深圳被国家发改委认定为第一批国家生物产业基地，生物产业纳入国家总体发展布局。2004 至 2007 年，深圳生物产业年均增速达到 49.4%，产品出口覆盖 140 多个国家和地区。2008 年，深圳生物产业销售收入达到 358.5 亿元，产业规模居国家生物产业基地城市前三位，生物医疗设备、生物制药产业规模全国领先。2009 年 9 月 16 日，深圳市政府印发《深圳生物产业振兴发展规划（2009—2015 年）》（以下简称《生物产业发展规划》）和《深圳生物产业振兴发展政策》（以下简称《生物产业发展政策》），重点发展生物医疗、生物医药、生物农业、生物环保、生物制造和生物能源等产业，提出将深圳建设成我国乃至全球重要的生物产业基地的目标。《生物产业发展规划》提出的主要任务是通过提升自主创新能力、加强产业国际合作、扩大产业发展规模、推动产业重点突破、促进产业集聚发展、构建产业支撑体系，促进生物产业的快速发展。《生物产业发展政策》提出建立深圳生物产业发展联席会议制度，设立5亿元生物产业发展专项资金和研发中心、工程实验室、重点实验室、工程中心、公共技术服务平台等，促进创新能力提升。

在互联网产业发展方面，深圳是我国第一批向社会提供Internet进入服务的城市，发生了第一笔网上支付交易，诞生了第一家互联网上市公司，是全国第一座“国家电子商务示范市”。2009年，全市互联网产业规模约占全国的12%，位居全国前列。当年12月28日，深圳市政府出台《深圳互联网产业振兴发展规划（2009—2015年）》（以下简称《互联网产业发展规划》）和《深圳互联网产业振兴发展政策》（以下简称《互联网产业发展政策》），支持发展以互联网为依托、以信息技术为主要支撑的现代服务业，包括互联网基础服务业和互联网应用服务业。《互联网产业发展规划》提出把深圳建设成为我国互联网产业发展的领先城市和下一代互联网应用的示范城市，重点加快网络基础设施建设，持续提升模式创新和技术创新能力，健全投融资服务体系，大力实施创新能力提升、基础设施优化、无线网络建设、下一代互联网示范、电子商务拓展等十大重点工程。《互联网产业发展政策》在土地、税收、人才、研发、知识产权等方面，为互联网产业发展制定了一系列扶持政策，如设立互联网产业发展专项资金，重点资助互联网产业核心技术攻关与应用示范，鼓励用旧厂房建设互联网产业集聚地，加强互联网产业知识产权工作，组织国内外会展活动，引导社会资金投向互联网产业等。

2009 年 12 月 30 日，深圳市政府出台《深圳新能源产业振兴发展规划（2009—2015 年）》（以下简称《新能源产业发展规划》）和《深圳新能源产业振兴发展政策》（以下简称《新能源产业发展政策》），支持开发利用新能源和对传统能源进行新技术变革相关产业的发展。《新能源产业发展规划》提出到 2015 年把深圳建设成为国家新能源产业重要基地和低碳经济先锋城市的目标，重点发展太阳能、核能、风能、生物质能、储能电站和新能源汽车等领域，实施科技创新、产业培育、开发促进、应用拓展、产业服务五大工程，促进新能源产业迅速发展。《新能源产业发展政策》提出，设立深圳新兴高技术产业发展领导小组，建立深圳新能源产业发展联席会议制度，加强对全市新能源产业发展的统筹协调。

2011 年下半年，深圳市政府陆续发布《深圳新材料产业振兴发展规划（2011—2015 年）》《新一代信息技术产业振兴发展规划（2011—2015 年）》及相关产业振兴发展政策。至此，深圳形成了以生物产业、互联网产业、新能源产业、新材料产业和新一代信息技术产业为主体的战略性新兴产业规划引导和政策支持体系，为全市转变经济发展方式，加快建设具有国际竞争力的现代产业体系提供了强有力的支撑。

三、支持民营企业创新发展

民营科技企业是深圳科技创新的中坚力量，深圳不断出台各项政策支持民营企业创新发展。2003 年 5 月，深圳市委、市政府出台《关于加快民营经济发展的意见》(简称“三十五条”)，提出要重点扶持科技型民营企业发展，大力支持民营企业科技创新与产业化，鼓励民营科技企业与高等院校、科研院所建立合作关系，进行产学研联合攻关，大力培育各类科技中介服务机构，为民营科技企业提供科技创新、成果转化、技术咨询和人才引进等服务。从 2003 年开始连续 5 年，深圳市财政每年安排 1 亿元为民营及中小企业发展提供专项资金。根据企业技术进步、经营资产、营业收入、利税和自主知识产权拥有量等指标，每年确定深圳民营企业 50 强，平等享受政府支持大企业和企业集团的优惠政策。鼓励高等院校、科研院所、国有企业的科技人员，留学回国人员以及社会各界创办和投资民营科技企业及科技中介服务机构。鼓励支持有条件的民营科技企业建立高新技术研究开发中心、工程研究中心、企业技术中心，设立博士后科研工作站、博士或硕士试验基地，等等。

为支持自主创新能力强、行业优势明显的民营企业做大做强，带动广大民营中小企业发展，2006 年 8 月，深圳市政府出台《关于进一步加快民营经济发展的若干措施》，提出对民营企业实行梯度扶持和重点培育，筛选出一批掌握核心技术、具有行业领先地位的行业领军企业，以及自主创新能力强、技术先进、主业突出的行业骨干企业，进行重点扶持。《若干措施》在鼓励民营企业开展自主创新和实施名牌战略方面推出 9 条措施，包括鼓励民营企业实施科技成果产业化、建立自主研发机构、开展技术改造、提高产品设计能力等。此外，还提出引导民营企业参与国防科技建设，对民营企业自主创新和循环经济产品实行政府采购扶持。

作为《若干措施》的配套政策，深圳同时出台《民营领军骨干企业认定暂行办法》，为领军型民营科技企业提供奖励激励。华为等 5 家企业被认定为 2007 年至 2008 年度“深圳市民营领军标杆企业”，大族激光等 106 家企业被认定为 2007 年至 2008 年度“深圳市民营领军骨干企业”。民营领军标杆和领军骨干企业全部设立了企业研发机构，其中 72 家获市高新技术企业认定，5 家获国家级企业技术中心或国家级工程技术研究中心认定，15 家获国家技术发明奖、国际科学技术进步奖、中国专利金奖、中国专利优秀奖。2006 年，深圳民营企业申请国内专利 2 万多件，占全市的 98%。2009 年，深圳拥有 1000 多家国家和省级高新技术企业，其中 60% 是民营科技企业。以华为、比亚迪、腾讯、海王等为代表的一大批拥有核心技术和自主知识产权的民营科技企业迅速崛起，成为深圳在国际舞台上的一张张名片。

四、建设高新技术产业带

进入新世纪，深圳高新技术产业发展日渐面临土地空间和载体资源不足的挑战，制约了产业整体实力的提高和规模水平的扩大。为了从根本上解决这一问题，拓展高新技术产业发展空间，2001 年 7 月，深圳市委、市政府做出建设深圳高新技术产业带的重大决策。

7 月 3 日至 7 日，深圳市委三届三次全体（扩大）会议审议通过《关于加快发展高新技术产业的决定》《深圳高新技术产业带规划纲要》《关于进一步扶持高新技术产业发展的若干规定》，市委书记张高丽在会上作了题为《以建设高新技术产业带为新的起点，努力把深圳建设成为高科技城市》的报告。7 月 25 日，市委发布《关于加快发展高新技术产业的决定》，明确提出抢占高新技术产业发展制高点，建设深圳高新技术产业带，将其打造成全市高新技术产业的主要载体，进一步增强和提高深圳高新技术产业的整体实力和规模水平。深圳市委、市政府成立专门的高新技术产业带领导小组，加强对产业带建设的领导和协调，按照“统一领导、统筹规划，功能合理、产业衔接，梯次开发、分片管理，多方参与、利益共享，深化改革、创新机制”的原则，科学制定产业带总体发展规划和主要高新技术片区及卫星城镇的建设发展规划。同年 9 月，国家科技部复函同意，深圳高新技术产业（区）带正式成立。

深圳高新技术产业带贯穿特区内外，全长 100 余公里，由深圳市高新技术产业园片区、南山前海片区、西丽大学城和留仙洞片区、宝安石岩片区、宝安光明南山片区、宝安观澜至龙华及龙岗坂雪岗片区、龙岗宝龙至碧岭片区、深圳市龙岗大工业区片区、龙岗葵涌至大鹏片区共 9 个片区组成，总用地面积 152.62 平方公里。[①] 产业带主要布局超大规模集成电路、软件、电子信息、光机电一体化、生物技术和新材料、生态农业六大产业，主要发挥研究开发、高等教育、科技成果孵化、留学生创业和出口加工五大功能。产业带建设不仅包括基础设施的建设和空间的扩容，还包括创新和产业的综合性生态建设。通过产业布局和土地利用规划，深圳优化了土地资源配置，为未来可持续发展预留了宝贵的物理空间。产业带安排了一批提高全市发展后劲的重大项目，初步形成了产业集聚发展的态势。到 2008 年，高新技术产业带已形成以高新区为技术核心区，其他各片区为规模生产区的总体布局。产业带由计算机与通讯、集成电路、生物医药、平板显示与化合物半导体等多个产业集群和专业园区构成，聚集了华为、中兴通讯、比亚迪、腾讯、迈瑞、大族、富士康、恩斯迈、日立环球、联想、长城、创维、TCL、中集、五洲龙、海王、天马微电子、方正微电子、意法半导体、爱普生、奥林巴斯、世纪晶源、华映显示、日东电工等一大批在国内外有影响力的行业领军企业，形成了产业优势与品牌特色。高新技术产业带的规划建设，促进了创新要素聚集和产业集群的形成，为推动产业结构调整升级、转变经济增长方式，落实国家自主创新战略走出了一条新路。[②] 这是深圳继

---

① 深圳市地方志编纂委员会编：《深圳市志·改革开放卷》，方志出版社 2014 年版。

② 深圳市史志办公室编著：《深圳改革开放纪事 1978—2009》，海天出版社 2009 年版，第 330 页。

举办高交会之后的又一重大战略举措。

2009 年 8 月 21 日，市政府印发《深圳高新技术产业园区发展专项规划（2009—2015 年）》，将深圳高新技术产业带各片区统称为高新区，总面积达 185.6 平方公里，其中高新技术产业用地 76.1 平方公里。截至 2011 年，深圳市高新技术产品产值首破万亿元，深圳作为全国高新技术产业重镇的地位进一步凸显。经过 20 多年发展，深圳高新区以全市不到 10% 的土地面积创造了全市约 11% 的 GDP，诞生了全市约 14% 的国家高新技术企业，培育了众多科技型中小企业和创新创业人才，成为全国创新资源最为集聚、创新成果最为显著、创新氛围最为浓郁、创新环境最为优越的区域之一。

五、推动高科技产业与文化创意相结合

20 世纪 90 年代中后期，随着高新技术产业迅猛发展，传统文化制造业升级换代速度加快，其科技含量也不断提升。同时，在消费水平提升和产业升级过程中，科技企业也需要通过文化创意设计来构建自己的品牌，提高产品含金量。

工业设计是文化创意设计的重头戏，在制造业转型过程中发挥了重要推动作用。工业设计并非只关注产品的外观，它同时涵盖产品功能、结构造型、价值创造以及用户体验等方面，是制造业价值链的关键环节和企业自主创新的重要内容和形式。深圳早在 1987 年就成立了工业设计协会，是我

国最早成立的工业设计组织之一（2004 年更名为深圳市设计联合会）。1993 年起，该协会陆续举办了“深圳市工业设计经验推广会”“深港台工业设计交流会”“深圳市工业设计市长杯”等活动，对培养大批设计人才、促进设计企业和设计行业发展发挥了重要作用。

2003 年 1 月，深圳市委三届六次全会确立“文化立市”发展战略，提出进行文化体制改革，大力发展文化产业，成立深圳市文化立市及文化体制改革与文化产业发展领导小组。2004 年 11 月，深圳成功举办首届中国（深圳）国际文化产业博览交易会（简称“文博会”），这是我国唯一的国家级文化产业博览交易会，为文化产业搭建了高起点、高规格的博览、交易和信息交流平台。至 2020 年，深圳文博会共举办 16 届，成为中国文化产业第一展。

2007 年 5 月，深圳第一个工业设计类创意产业园区——中国（深圳）设计之都田面创意设计产业园正式开园，被业界誉为“中国工业设计第一园”。浪尖、中信国华、鼎典、心蕾、飞亚达设计中心、洛可可等中国工业设计领军企业入驻。国外入驻设计企业有瑞士波斯卡工业设计、日本 01 工业设计、美国 DF 设计、澳大利亚 DETECK 设计、美国奥斯本景观设计等。园区设有朗 · 纳巴罗、田中浩昭、巴斯科等国际知名设计大师的工作室 9 个，及约翰 · 霍金斯创意产业研究中心、中国工业设计协会华南分会等 10 个创意研究服务机构。

2008 年，深圳市工业设计行业协会（SIDA）成立，并逐渐成为全球工业设计领域最大的专业行业组织。该协会是国内首个加入世界设计组织（WDO）的行业组织，获得iF、红点、G-MARK、IDEA 四大国际顶尖奖项的授权，开展国际设计交流与合作，推动深圳工业设计往高端化、国际化、品牌化发展。2008 年 11 月 19 日，深圳经联合国教科文组织批准加入全球创意城市网络，获得“设计之都”称号，由此成为继柏林、蒙特利尔、布宜诺斯艾利斯、神户、名古屋之后第六个“设计之都”。2009 年 9 月 24 日，深圳市人大常委会将每年 12 月 7 日确定为深圳的“创意设计日”。该年 12 月 7 日，在第一个“创意设计日”当天，深圳召开首次设计师大会，发布《关于促进创意设计业发展的若干意见》，确立了建设国际创意文化中心的总目标和将创意设计业打造成为深圳文化产业支柱行业的具体目标。

2012 年 12 月，深圳市政府印发《关于加快工业设计业发展若干措施的通知》，从指导思想和目标任务、提升工业创新能力、推动工业设计高端化发展等八大方向，对加速工业设计业发展提出了要求，成为之后几年全市发展工业设计的总纲领。此后，深圳又陆续出台《深圳市知名工业设计奖奖励计划》《深圳市工业设计业发展专项资金管理办法》《关于进一步促进工业设计发展的若干措施》《深圳市工业设计研究院创建实施方案》《深圳市工业设计发展扶持计划操作规程》等重要政策，多层次全方位推动工业设计发展。工业设计作为深圳高新技术产业的一股重要力量，迅速渗透到企业产品设计、生产、营销等环节，助推深圳企业产品向高端化、国际化、品牌化迈进。

深圳高科技产业与文化创意的结合，形成了“科技＋文化”的独特模式。一批以高新技术为依托、数字内容为主体、自主知识产权为核心的文化科技型企业格外引人瞩目，它们将文化元素和文化服务植入科技产品，极大丰富了电子信息产业的发展生态和产品结构，催生出动漫、网络游戏、数字内容、手机媒体、多媒体产品等一大批极具发展潜力的新兴文化科技业态。雅昌文化集团利用互联网、大数据、云平台、虚拟仿真等现代数字技术，把传统的印刷和艺术产品与科技结合，打造了覆盖艺术全产业链的文化科技产业创新平台。华强文化集团则是通过“文化＋科技”成功走向产业升级之路的典型代表，利用多年电子信息产品研发经验和科技、人才资源，打造了独树一帜的科技文化产业，建成了世界领先的动漫生产线。华强文化集团利用人工智能技术、数据库管理技术等自动进行动漫创作，其动画片生产的产量为传统模式的10倍，实现了三维动画、环幕4D影院、数字立体电影制作的产业化。

2020年，深圳工业设计总产值为134.56亿元，带动上下游产业产值超千亿元，拥有各类工业设计机构近2.2万家，工业设计高新技术企业700余家，拥有工业设计师及从业人员超过15万人，累计建成飞亚达、浪尖、中兴通讯、创维、海能达等国家级工业设计中心7家，省、市级工业设计中心分别达57家和87家。全国首个工业设计产业创新联盟也落户深圳。

六、华强北涅槃“中国电子第一街”

华强北的前身是建于 1982 年的上步工业区，经历工业区和商业街区的演变，因“中国电子第一街”而家喻户晓，最终发展成为深圳创新创业的集聚地。

深圳很多企业初创时都选择在华强北片区或周围办公，如神舟电脑、研祥、腾讯、普联、传音等。2003 年之后，随着多功能手机芯片实现量产，手机的准入门槛大为降低，工厂只要造好外壳、主板和电池，贴上标牌就能拿到市场上销售。众多不知名的手机厂商通过相关渠道购买芯片，从华强北配套所有硬件，借助方案设计公司完善功能后进行批量生产，然后在华强北销售至全世界。赛格广场大厦、宝华大厦等电子市场周边集聚了一大批手机制造厂商。华强北以其完整的电子产业链和繁荣的电子产品交易市场，成为手机集散地。

2007 年 10 月 12 日，中国首个电子市场价格指数——“华强北 · 中国电子市场价格指数”（以下简称“华强北指数”）于第九届深圳高交会期间正式对外发布，同时还开通“华强北价格指数”网站（www.hcsindex.com）、启动华强北价格指数展示厅。华强北指数是反映华强北电子元器件和电子产品交易综合变动情况的一个重要经济指标，也是国际跨国公司采购的风向标和晴雨表，进一步巩固了华强北在全国电子产品市场交易的龙头地位，增强了华强北市场对珠三角、全国甚至全球电子产品尤其是电子元器件产品定价的话语权。华强北指数的诞生，彻底改变了我国电子行业“有市场无指数”的局面，在我国电子交易市场发展过程中具有里程碑式的意义。2008 年 10 月 12 日，中国电子商会授予华强北“中国电子第一街”称号，同日深圳国际元器件中心（ICC）在第十届高交会华强北分会场开业，华强北公共电子商务平台上线运营。一年后，国内首个 LED 国际采购交易中心落户华强北，是国内功能最强的产品交易中心以及技术转化、产品品牌、行业数据发布的高端服务市场。

华强北云集了电子、电气、材料、电脑、通讯、数码产品等大量商家，分布在赛格电子市场、都会电子城、新亚洲电子城、华强电子世界、新华强电子城、明通数码城、远望数码城、万商电脑城、赛格电脑城、通讯大世界、工业品展览中心、太平洋安防数码城、赛博数码电子城、中域电讯、国际电子城等 30 多家电子交易市场。华强北写字楼内还聚集着大量与电子信息产业相关的设计公司、贸易公司、供应链服务公司等，使得华强北除了产品交易外，还承担着产品展示、信息交流、技术引进、研发创意、新产品新技术发布、资金融通、物流配送、企业孵化等多种功能。华强北既是全球最大的专业性电子市场，又超出电子市场本身，深刻影响着深圳电子信息产业的发展。

华强北是“深圳奇迹”的精彩缩影。2020 年 12 月 30 日，华强北博物馆正式开馆，充分展示了华强北创业历史和不断创新的发展面貌与成就。

第三节　高新技术产业形成国际竞争力

一、电子信息产业加速发展

2000年后，深圳消费类电子行业步入新的发展阶段。以数字电视为例，由于国家将深圳确定为数字电视试点城市，全市数字电视行业迅速发展，从数字电视标准研制到数字电视发射设备，从高清晰度电视机到数字电视机顶盒，从数字电视地面传播到数字电视有线传输，涌现出一大批研发生产企业。创维、康佳、TCL、同洲电子等在2000年之后都推出数字电视系列品牌和数字电视盒，并拓展了产业链相关产品。典型的如创维，围绕数码显示技术实施彩电、多媒体、光电背投、移动通信、安防等多元化战略。2001年，创维投产液晶背投生产线，进一步掌握液晶显示模组上游核心技术。2003年至2006年，创维陆续推出液晶电视、平板电视、高清音频引擎电视、健康电视、数字移动电视、3G-USB液晶电视等产品，跻身国内彩电品牌第一阵营。

这一时期，深圳计算机和软件产业持续向产业链价值链高端迈进，并在超级计算机、海量存储、信息安全等领域加快自主创新。2002年，陈世卿带着在美国研发的刀片计算机技术，来到深圳成立蚬壳星盈科技（深圳）有限公司。2004

年，蚬壳星盈在当时的世界超级计算机 500 强中名列第 100 位。2005 年 5 月，蚬壳星盈研发的 4 万亿次 GT4000 超级刀片计算机诞生，在当时全球同类产品中运算效率居第一位。2006 年 2 月，日立环球存储产品（深圳）有限公司投资近 5 亿美元建成超级硬盘生产中心，厂房设在龙岗大工业区，这是深圳海量存储行业的世界级生产企业。

2001 年至 2011 年，深圳软件业发展全国领先，业务收入从 2001 年的 138 亿元增长到 2011 年的 2286 亿元，多年保持全国大中城市第二位，其中软件出口额从 2001 年的 11 亿元增长到 2011 年的 904 亿元，占据全国的半壁江山。2011 年时，深圳软件企业达 2142 家，从业人员超过 43 万人。

深圳的半导体、显示器件、光电子器件、电子元件及组件、印制电路等各领域持续发展，带动了一大批高新技术产品的研发和制造。2003 年，深圳芯邦科技股份有限公司成立，发展成为移动存储、多媒体芯片设计和整体解决方案的全球领军企业，不到五年便成为 U 盘控制芯片全球最大的供应商。2004 年，世纪晶源科技有限公司成立，公司研发的化合物半导体微波器件、激光器达到国际同类产品最高水平。2008 年，中芯国际集成电路制造（深圳）有限公司成立，在深圳投建 8 英寸和 12 英寸集成电路生产线，成为深圳集成电路设计、研发和生产的一支重要力量。在 RFID 领域，深圳也涌现了国民技术、远望谷、先施科技、鼎识科技等一批龙头企业，其中约 80% 的企业有自主开发的产品，超过 40% 的企业拥有专利。

同一时期，深圳的液晶显示面板行业迅猛发展。2002年，欧菲光集团股份有限公司成立，成为我国少数在精密光电薄膜元器件领域取得世界领先地位的创新型企业，产品包括红外截止滤光片及镜座组件、纯平触摸屏和光纤头镀膜等。2006年，欧菲光自主研制的红外截止滤光片占全球市场份额的1/3，居全球首位。2008年，深超光电（深圳）有限公司的第5代TFT-LCD面板生产线项目建成投产，这是国内第四条、珠三角地区第一条中大尺寸液晶面板生产线。2009年11月，华星光电技术有限公司成立，投资总额超1500亿元，正式启动8.5代液晶显示面板生产线项目，2011年8月建成投产，标志着我国在高世代平板显示产业核心竞争中迈出关键一步。

除上述行业外，深圳电子信息产业领域还涌现出大量空间信息服务、数字内容、电子商务、增值服务、动漫游戏等中小型新兴服务业企业。2011年，全市电子信息产业产值达1.05万亿元，发展动能不断壮大。

二、通讯产业形成全球竞争力

进入新世纪，深圳通讯产业在全球的地位日渐显著，已形成完备的上下游产业链，华为、中兴通讯成为全球先进的两大通信设备生产商和电信设备供应商。深圳每年的手机终端出货量达数亿部，占据全球首位。到2011年，深圳拥有600多家通信设备制造企业和100多家通信技术服务与内容服务企业，华为、中兴通讯的通信、移动宽带、LTE商用网络、云服务等业务迅速占据全球主要市场份额，全球竞争力不断增强。

富士康从2000年开始代工手机，先后为诺基亚、摩托罗拉、苹果等企业代工，一举成为全球最大的手机代工厂。华为于2003年进军手机市场，2011年推出首款智能手机，销量和品牌知名度迅速提升。传音科技从2006年起将目标锁定新兴市场，采用差异化和本地化的策略在竞争激烈的手机市场走出一条新路，特别是在非洲市场获得了远高于其他手机厂商的市场占有率和品牌影响力。2010年全球手机出货量达14.25亿部，其中深圳生产的手机高达3.5亿部，占全球1/4。

华为先后与3Com、西门子、摩托罗拉、Global Marine、赛门铁克合作成立合资公司或研发中心，开展企业数据网络解决方案、TD−SCDMA解决方案、存储和安全产品与解决方案、海缆端到网络端解决方案的研发。2005年，华为的海外合同销售额首次超过国内。2008年，移动宽带产品市场份额位列全球第一。2009年，无线接入市场份额位列全球第二。2011年，华为云成立，专注云计算中公有云领域的技术研究与生态拓展，到2020年已冲入中国公有云市场第二名。

中兴通讯在长期的研发投入下，技术创新水平亦不断提升。2009年，中兴通讯PCT专利申请居全球首位，累计拥有国内国际专利逾3万件，超过90%为高质量、高价值的发明专利，其中4000多项国家专利全面覆盖3G、4G核心技术。2000年起，中兴通讯在全国率先研发CDMA产品并服务中国联通，2004年至2007年间几乎承包了中国所有的电信合约机，LTE商用网络业务增速最快，成为当时中国移动第一大LTE设备供货商。2009年，在中国TD、CDMA2000、WCDMA 3种3G制式的市场公开招标中，获得近三成的综合市场份额，成为中国最大的3G网络设备供应商。同时，中兴通讯大力实施国际化战略，逐步向国际市场拓展。2005年，中兴通讯的3G终端开始大规模进入欧美高端市场，2007年，中兴国际营收额占公司总收入额的六成左右，首次超过国内收入，并进入全球100家顶级电信运营商的前50名。截至2010年，中兴通讯研发队伍达3万多人，占公司员工数的一半，并在全球设立18个研发中心，实现研发布局全球化。

三、生物医药产业集群形成

自2005年被国家发改委认定为第一批国家生物产业基地以来，深圳的生物产业快速发展，至2011年，深圳生物产业工业增加值已达到174.96亿元。2009年起，深圳开始重点打造生物医药产业集群，先后建成坪山国家生物产业基地、国家生物谷两大生物医药产业集聚区，在核磁共振、B超显像仪、临床监护、生命体征检测、保健康复等领域实现了关键核心技术自主创新，逐步形成较为完善的生物医药产业链。迈瑞医疗、华大基因、赛百诺、海王生物、海普瑞、翰宇药业、致君制药、北科生物等企业发展成为我国各专业领域自主创新的龙头企业，在全球的知名度日益提升。

赛百诺从 2001 年开始启动“重组人 p53 腺病毒注射液”科技攻关计划。2005 年，该公司自主研发的今又生 / Gendicine 产品获得国家科技部等四部委联合签发的《国家重点新产品证书》。世界前三大生物医药企业葛兰素史克、赛诺菲安万特的流感疫苗项目先后落户深圳，成为我国最重要的外商投资生物制药项目。2005 年，北科生物科技有限公司成立，标志着深圳在我国个体化细胞治疗技术临床转化领域迈出重要一步。北科生物公司此后成为亚洲最大的综合性干细胞库群，持续推动生物治疗技术临床转化。2007 年 10 月 11 日，深圳华大基因研究院等单位的科学家宣布成功绘制完成世界上第一个完整中国人基因组图谱（又称“炎黄一号”），这也是第一个亚洲人全基因序列图谱。这项在基因组科学领域具有里程碑式的科学成果，对于中国乃至亚洲人的 DNA、隐形疾病基因、流行病预测等领域的研究具有重要作用。2011 年华大基因研究院基因测序及基因组分析能力达到全球第一，在 *Nature* 和 *Science* 等发表论文 17 篇，在中国科研机构中排名第四位。

至 2011 年底，深圳已拥有生物领域上市企业 19 家，成为全国最具影响力的医疗器械产业基地。至 2019 年初，深圳集聚的医疗器械生产企业 700 多家，总产值超 400 亿元，占我国医疗器械市场总规模约 80%。典型的如迈瑞公司，作为中国首家医疗设备企业，于 2006 年在纽约证券交易所成功上市。同年 9 月，成功推出国内首台具有完全自主知识产权、同步世界前沿数字技术的全数字彩色多普勒超声诊断仪

DC−6，成为中国超声产业跨入高端技术领域、实现产业化进程的重要标志。迈瑞打破了长期以来国外品牌垄断国内彩超市场的状况，获科技部批准挂牌成立“国家医用诊断仪器工程技术研究中心”，成为中国最大、全球领先的医疗器械及解决方案提供商，产品覆盖生命纤细与支持、体外诊断、医学影像三大领域。

四、新材料新能源实现技术突破

在新能源领域，以比亚迪为代表的深圳充电电池行业开始步入世界领先行列。2000 年起，比亚迪先后成为摩托罗拉、诺基亚的第一个中国锂电子电池供应商。2003 年，比亚迪镍镉电池产量达到 4 亿只，超过三洋成为世界第一，并开始在充电电池、终端业务之外布局崭新的业务板块，通过收购生产福莱尔小轿车的西安秦川汽车进军汽车领域，成为一家新兴的汽车生产企业。2005 年 9 月，比亚迪 F3 轿车成功上市。2008 年，比亚迪推出全球首款量产的插电式混合动力车型，引起国外投资者关注。美国著名投资者沃沦 · 巴菲特旗下的中美能源控股公司认购了比亚迪 2.25 亿股。2011 年是比亚迪电动车大规模量产元年，该年比亚迪向深圳第 26 届大运会提供 500 台电动车，展示了“世界上最年轻的汽车企业”独特形象。

此外，深圳还诞生了一批聚焦电池及材料、电机及驱动控制领域的优秀企业，典型如比克电池、中聚雷天、海盈科技、沃特玛、贝特瑞、拓邦股份、英威腾、科士达等。2005

年，世界最大的锂电池专业制造商之一比克电池有限公司成立。2006 年，比克电池建成第一条自动化 18650 电芯生产线，并从日本引进先进自动化设备，辅以国内成熟的其他装备，逐渐建成四条 18650 生产线。2008 年，比克电池承接应用于汽车的锂电池国家“863”项目——“电动汽车用锂离子动力电池系统产业化技术研究”，并逐步实现项目商业化。2009 年，比克电池为克莱斯勒 GEM 电动车提供锂电池，安装到意大利 G8 峰会各国首脑会务用车上。2010 年，比克动力“锂离子动力电池及关键材料研发与产业化”项目入选“深圳特区三十年十大自主创新项目”。

在新材料领域，刘若鹏于 2010 年带领超材料科研团队回国，密集考察多个城市后，在深圳创办了以超材料原创技术为核心的民办非企业新型科研机构光启高等理工研究院。团队的平均年龄只有 28 岁，在三四十平方米的办公室兼实验室里研发超材料领域的产业化应用。2011 年，光启率先研制并推出超材料航空结构件、超材料天线、浮空器超材料囊皮等系列产品。除了光启，深圳还拥有一大批在新材料细分领域已形成行业知名度、具有较强市场竞争力的企业，如长园、中金高能、沃尔核材、拓日、欧菲光、新宙邦、华星光电等。

在 LED 产业领域，2009 年深圳从事半导体照明技术及产品研究、开发、生产及应用的企业达 700 多家，占全国半壁江山，成为全球最大的太阳能 LED 灯具生产和供应基地、全球主要的 LED 背光源生产和供应基地、国内最大的

LED 显示屏生产和供应基地。2004 年 10 月，深圳市洲磊电子有限公司成立，于 2005 年率先推出分立表贴显示屏替代亚表贴显示屏的 LED 产品。2007 年，率先推出 LED 户外全彩显示屏。2008 年，正式更名为深圳市洲明科技有限公司。2009 年，洲明科技成功承制建国 60 周年庆典天安门广场大屏并获国庆 60 周年庆典突出贡献奖，次年 5 月又助阵上海世界博览会 50 余块 LED 显示屏。至 2020 年底，洲明科技拥有专利达 1500 项，在业内率先开启小间距、LED 超级电视、光通信、智能照明、量产 Mini LED 0.9 等技术潮流，先后获得国家科学技术进步一等奖、国家知识产权优势示范企业、国家绿色工厂、工信部制造业单项冠军、广东省政府质量奖等多项重要荣誉。

五、互联网产业规模迅速扩大

2000 年，腾讯的 OICQ 正式更名为 QQ。2002 年，腾讯 QQ 发展为亚洲最大的即时通信服务网络，其用户群成为中国最大的互联网注册用户群。2003 年，腾讯开始涉足门户网站和网络游戏，这两个板块成为腾讯营业规模的主要来源。2010 年 3 月 5 日 19 点 52 分 58 秒，腾讯 QQ 最高同时在线用户数突破 1 亿，这是人类进入互联网时代以来，全世界首次单一应用同时在线人数突破 1 亿。

迅雷诞生于 2002 年，软件工程师邹胜龙与程浩从硅谷来到深圳，成立深圳市三代科技开发有限公司，入驻深圳留学生创业园，研发网络下载软件。在参加第五届高交会后，公司获得 IDG 首轮风投，成功发布迅雷，一举成为中国最大的下载服务提供商，并更名为迅雷网络技术有限公司。2006 年，迅雷用户数突破 1 亿，成为用户规模最大的下载加速软件。此后迅雷陆续进军游戏、软件、视频、数字内容娱乐等领域，迅雷看看成为国内首家实现全网高清的在线视频网站。

深信服科技股份有限公司于 2000 年 12 月成立，公司的三位创始人来自华为和中兴通讯，主要从事企业级安全、云计算及 IT 基础设施的产品和服务的研发。深信服的技术研发锁定 VPN，在 2002 年便自主研发出比同行业产品性价比更高、更简单易用的 IPSec VPN 产品及 IPSec/SSL 二合一 VPN 产品，其市场占有率从 2008 起就持续位列第一。2005 年，推出上网行为管理 AC，其市场占有率从 2008 起同样持续位列第一。之后，深信服又相继推出广域网优化产品、应用交付产品防火墙等，让各行业用户的 IT 更简单、安全、有价值。2011 年，深信服入选国家规划布局内重点软件企业。

六、高新技术企业开始“走出去”

随着高新技术产业不断发展壮大，深圳的对外科技合作也从最初的技术引进转向主动“走出去”，进一步带动高新技术产品、关键设备、技术和技术服务的出口。2004 年，深圳重点对 300 家科技企业进行了抽样调查，结果显示，受调查企业中八成以上以各种形式开展了国际科技合作，其中民营企业占 76%，技术合作所占比例有明显增长。[①] 到 2007 年，深圳设立境外企业和机构 436 家，对外投资协议金额 21.5 亿美元，遍及 80 多个国家和地区。这些科技企业的海外拓展，标志着深圳本土高新技术企业跨入国际竞争的行列。

华为、中兴通讯是深圳高科技企业“走出去”的典型代表。2003 年，华为海外销售额达到 10.5 亿美元，同比增长 90%，覆盖五大洲 40 多个国家和地区。2009 年，海外销售额超过 160 亿美元，6 年时间增长近 16 倍。中兴通讯 2003 年海外销售额达到 6.1 亿美元，2008 年海外销售额占比总额超过 60%，达到 40 亿美元。迈瑞公司是深圳医疗器械行业内较早实施国际化的高科技企业，其在国际市场中不仅销售了产品，而且收获了国际资本、先进技术和品牌价值。2006 年，迈瑞公司成为我国首家在纽约证券交易所上市的医疗设备企业。2008 年，迈瑞医疗国际有限公司收购美国 Datascope 公司生命信息监护业务，成为该行业全球第三大品牌。2008 年至 2011 年期间，迈瑞公司先后并购多家国外医疗器械行业核心技术领先的研发型公司，涵盖检验、体外诊断、医学影像和高端放射等领域。

国际科技合作也成为深圳企业“走出去”开展技术、知识和管理交流的重要方式。改革开放之后，深圳在外向型经

①《借得风来好扬帆——深圳企业开展国际科技合作透视》，《深圳特区报》2004 年 1 月 31 日。

济发展过程中，开始积极探索与港澳台地区开展各种科技创新合作。进入 21 世纪，随着“深港创新圈”建设不断推进，深港两地进入了深层次、多领域、全方位的科技合作，为科技创新驱动产业和经济发展提供了可持续动力。

2007 年 6 月，深圳市委、市政府出台《关于大力实施“走出去”战略的决定》，将“走出去”纳入城市发展重大战略，通过构筑海外代表机构网络、组织企业参加海外大型展览会、打造企业海外发展基地等方式，促进企业“走出去”。2008 年，政府间科技合作协议框架内，深圳重点发展与芬兰、匈牙利和加拿大艾伯塔省的科技合作。越南—深圳经济贸易合作区项目落户深圳，规划占地面积 160 万平方米，以电子信息、医药、服装加工为主导产业，为相关中小企业搭建海外发展的平台。芬兰创新中心、芬兰诺鼎经贸技术合作中心在深圳国际科技商务平台设立办事处，使深圳、芬兰间的交流合作进一步向纵深推进。“深圳—匈牙利科技合作基金”也在深圳成立并受理了多个深圳—匈牙利合作项目。此外，加拿大通讯科技实验室与中科院深圳先进技术研究院开展项目合作，艾伯塔卓越科研圈与深圳华大基因研究院合作实施“千株植物研究计划”。在 2004 年成功组织高科技企业以“中国深圳”名义赴德国汉诺威参加 CeBIT2004 展览会后，深圳加大了组团参加国际展览的支持力度。2009 年 800 多家深圳高科技企业参加 25 个重点境外展览项目，签订贸易合同额达 3 亿多美元。2011 年，300 多家高科技企业参加了 18 次大型国际科技展览，横跨欧洲、南北美洲、亚洲，涵盖电子信息、电脑、通讯、生物医药等高科技领域。截至2011年底，深圳共有经批准设立且运作正常的境外企业和机构1170家，分布在全球112个国家和地区，累计协议投资总额50.81亿美元，其中中方协议投资额45.67亿美元。

第四节 优化自主创新体系

一、改革科技创新管理体制

2001 年 12 月，深圳被中央编办确定为行政体制改革试点，率先探索加入世贸组织后的行政管理体制改革。在此之前，深圳已着手开展科技创新管理体制改革。2001 年 1 月，国家科技部批准在深圳率先进行科技成果鉴定改革，试行由科技中介机构负责科技成果鉴定，打破了我国由政府科技部门从事科技成果鉴定的传统。国家科技部曾先后两次发文，向全国各省市和部委推荐深圳科技成果鉴定制度改革的成功经验。

2004 年 5 月 21 日，深圳市委、市政府出台《深圳市深化行政管理体制改革试点方案实施意见》，组建科技和信息局，挂市信息化办公室牌子，不再保留科学技术局、信息化办公室。深圳市科技和信息局的职能是负责研究拟定全市科学技术和信息化发展战略、规划和政策；负责全市高新技术产业化、科技成果转化、对外科技合作等方面的管理协调工作；负责信息化建设、软件业、信息服务业、通信业等信息行业管理工作。深圳市科技和信息局成立后，推行了一系列科研体制改革。

2005 年，深圳市科技和信息局联合市人事局（市编办）、发展和改革局、财政局、国有资产监督管理委员会、国土资源和房产管理局、劳动和社会保障局、工商局、地方税务局等部门，研究出台《深圳市科研事业单位机构改革实施方案》，改革目标是将政府投资建立的应用开发类科研事业单位转制为企业，实行市场化运作，公益类和准公益类科研事业单位创新机制，建立现代科研院所制度。5 月 9 日，深圳市人民政府印发《关于我市科研事业单位机构改革的若干意见》，按照承担的公益性研究和公共服务性质的不同，将市属科研事业单位划分为公益类、准公益类和应用开发类 3 种类型，按不同类别实施改革。其中，应用开发类科研事业单位改为企业，条件具备的同步进行产权制度改革，建立产权多元化的科技型企业；公益类和准公益类科研事业单位在管理创新、制度创新上取得新突破，建立起职责明确、评价科学、管理规范、优胜劣汰的现代科研院所制度，成为技术创新的重要力量。财政对科研事业单位的拨款和补助逐步由人员经费转向项目经费，科研机构主要通过申请承担政府的科技项目计划和研究开发任务等方式获取政府的资金支持。

为进一步鼓励科技创新，深圳着手进行科技研发资金管理、科技奖励制度和科技评价体系三大改革工作。通过积极修订科技研发资金管理办法，创新运作模式和管理方式，进一步提高资金的使用效率，完善软科学计划项目招投标制度，改善项目立项和结题验收管理。深圳大胆改革科技管理体制和科技资源配置方式，在已经形成的以企业为主体的创新体系基础上，建设五大服务平台：以重点实验室、工程中心为核心组成的公共研发平台，以高新技术武装传统产业为重点的公共技术平台，以提供检测条件为主要服务内容的公共检测平台，以提供科技文献、情报、信息服务为主的科技信息平台，以促进高新技术产权交易、风险投资为目的的技术产权交易平台。这些平台的建设对深圳高科技企业自主创新能力的提高起到了重要作用。

为促进科技成果转化，更好适应自主创新战略和建设国家创新型城市的需要，从2005年5月起，深圳市科学技术奖励办公室和市科技和信息局着手对现行的科技奖励办法进行改革。改革更加突出“自主创新、以人为本”原则：一是以自主创新为出发点和主轴线；二是奖励体系覆盖创新链的全过程；三是奖项设置体现区域创新体系特点；四是奖励对象以个人为主；五是奖励指标突出市场导向。[①]与国家和广东省科技奖励办法对比，深圳市科技奖励改革的创新点主要在于：一是取消了奖励等级，政府设置的“市长奖”和“创新奖”均不再设“一、二、三等奖”；二是创新了评奖方式，突破以往由不同专业的专家组成评委，再统一对所有项目进行投票的做法，有利于改变“外行评内行”的局面；三是取消了评奖推荐的限制，所有奖项均可自行申报，有利于降低申报门槛，减少各种限制因素；四是鼓励社会力量设奖，

① 深圳市科信局：《深圳市科技奖励改革为自主创新战略助力》，《中国科技奖励》2007年第4期，第35页。

并首次提出对社会力量设奖进行资助；五是奖金额度大幅增加，奖励总金额从 800 万元增加到 2000 万元，市长奖从 50 万元增加到 100 万元，其他奖项奖金均有大幅度增加。科技奖励办法的改革，有力调动了科技创新的社会积极性，效果显著。

二、出台新的科学技术奖励办法

2002 年 7 月 15 日，深圳市政府颁布《深圳市科学技术奖励办法》，取代施行了 15 年的《深圳市科学技术进步奖励暂行办法》。《奖励办法》规定市财政每年安排 800 万元作为市科技奖励经费，分设“深圳市市长奖、深圳市科学技术进步奖、深圳市技术发明奖三个奖项。当中，首次明确规定设立深圳市市长奖作为全市科技进步最高奖，奖励在深圳高新技术成果产业化活动中作出突出贡献的科技人员。2003 年 1 月 10 日，深圳市政府首次颁发深圳市市长奖，奖金高达 50 万元，获奖者为中兴通讯副总裁谢大雄。此外还评出科学技术进步奖项目 96 项，项目获奖人员共 536 名。

2004 年，深圳在面临资源瓶颈约束和发展模式转型的挑战下审时度势，从创新城市发展路径、推动企业高端化发展的高度，借鉴美国、日本、欧盟等发达国家和地区实施国家质量奖的成功经验，率先在国内设立深圳市市长质量奖。2008 年 5 月，市政府印发《深圳市市长质量奖评定管理办法》，规定深圳市市长质量奖每年度授奖名额不超过 3 家，获奖组织由市政府常务会议审定，市长颁奖。2012 年 5 月，

《深圳市市长质量奖管理办法》出台，规定市政府对获得市长质量奖（大奖）、市长质量奖提名奖、市长质量奖鼓励奖的企业和组织分别奖励200万元、100万元、50万元。作为深圳质量领域的最高奖和自主创新制度体系中的一项重要内容，深圳市市长质量奖的设立为企业创新服务提供了平台，在“速度深圳”向“效益深圳”的转型中发挥了重要的推动作用。

2007年3月，深圳市政府颁布《深圳市科技创新奖励办法》，率先在全国对科学技术奖励进行重大改革。《奖励办法》规定，设立深圳市科技创新奖，奖励在科技领域进行原始创新、集成创新、引进消化吸收再创新及在科技成果转化、产业化方面取得突出成绩，创造显著经济效益或社会效益的自然人或组织。在奖项设置上，深圳市科技创新奖主要分为市长奖、创新奖、专利奖三大类别，每年评奖总计不超过100项；每年奖金总额从800万元大幅增至2000万元，其中市长奖每年最多可评5项，奖金额从原来的50万元提高至100万元，创新奖每年最多评85项，奖金为10万或20万元。《奖励办法》还首次提出，在政府引导扶持的技术专业或产业范围内，鼓励社会力量设立科技奖，经政府登记备案的社会力量设奖可申请得到一定比例的资金支持。此次改革突破了2002年《深圳市科学技术奖励办法》奖项单一的局限，丰富了奖项的内容，扩大了奖项的范围和覆盖面，对广大科技工作者起到了激励作用，科技部及各省市纷纷前来考察取经。

经过多年实践，深圳在科技奖励制度方面的改革取得了显著效果，充分调动了科技工作者的积极性和创造性，优秀科技成果加速聚集，一批有影响力的成果脱颖而出。

三、发展新型科技研发机构

为弥补科研机构的不足，深圳积极与海内外知名高校、科研院所、企业等建立联合研发机制，推动技术创新从应用技术研究向应用基础研究延伸。深圳清华大学研究院、中科院深圳先进技术研究院等一批新型研发机构快速发展，成为科技研发和跨国科技交流的主力。

深圳清华大学研究院是深圳市政府和清华大学于 1996 年 12 月共建的、以企业化方式运作的科技研发机构，以“服务于清华大学的科技成果转化、服务于深圳的社会经济发展”为目标。1999 年 10 月，研究院大楼在南山区高新技术产业园南区落成。2000 年后，电力系统国家重点实验室深圳研究室、企业博士后科技工作站、深圳中药及天然药物研究中心、国家杂交水稻工程技术研究中心清华分中心等机构相继挂牌成立。深圳清华大学研究院是全国首个新型科研机构，实现了体制机制的创新和突破。研究院“四不像”，第一，既是大学又不完全像大学，文化不同；第二，既是科研机构又不完全像科研院所，功能不同；第三，既是企业又不完全像企业，目标不同；第四，既是事业单位又不完全像事业单位，机制不同。作为企业化管理的事业单位，研究院实行理事会领导下的院长负责制，全员聘用，自收自支，自负盈亏，滚动发展。研究院以研发平台、创新基地、投资孵化、科技金融、国际合作和人才培养六大板块为基本内容，定位于“科技研发——推出自主创新的应用成果”“成果转化——加速科技成果产业化”“企业孵化——孵化高新技术企业”“人才培养——培养高层次人才”四大职能，打造出产学研深度融合的科技创新孵化体系，成功孵化出深圳拓邦电子科技股份有限公司等一批行业骨干企业。

2006 年 9 月 22 日，深圳市人民政府和中国科学院签署共建中国科学院深圳先进技术研究院（以下简称“深圳先进院”）协议书，深圳市人民政府、中国科学院、香港中文大学三方签订共建先进集成技术研究所《协议书》。深圳先进院是国家深化科技体制改革的产物、深圳建设区域创新体系中的“试验田”，自成立起即实行理事会管理机制。理事会主要职责是审议先进院的重要规章和制度，提出所长（院长、主任）与副所长（副院长、副主任）的建议人选，审议发展战略、规划及法定代表人任期目标，审议年度工作报告、财务预算方案和决算报告，审议批准薪酬方案等。这是世界各国科研机构通行的现代院所制度。2009 年 7 月 22 日，经中央编办批复，深圳先进院成为中国科学院序列下的一个新的事业法人单位。

1999 年 9 月 9 日，华大基因研究中心在北京成立。2003 年，华大基因在国内第一个破译四株 SARS 病毒全基因组序列，在全球首个公布 SARS 诊断试剂盒。2007 年 6 月 19 日，华大基因中心主力南下深圳，成立深圳华大基因研究院。该院致力于基因组学、转录组学等多组学方面的公益性研究，涵盖医疗健康、农业育种、环境等生命科学研究领域。深圳华大基因研究院自成立后，坚持由基因组为基础的科学发现到技术发明和产业发展的“三发”联动的科学发展观，创建了以国际竞争和合作的大科学项目为引领，带科学、带产业、带人才的“三带”发展模式，是世界领先的基因组中心。

2008 年 9 月 17 日，广东省委、省政府颁布《关于加快吸引培养高层次人才的意见》，开国内由政府组织实施以团队形式规模化引进高层次人才的先河。2010 年 7 月 13 日，深圳光启高等理工研究院挂牌成立。光启团队是广东省第一批引进的十二个创新团队之一，是国际顶尖科研团队计划引进取得的重大突破。研究院采用理事会领导下的院长负责制，理事会成员由政府、产业界及研究院代表组成，组织架构灵活，可给予研究人员更多自由发挥的空间。光启团队核心成员年龄在 28—35 岁之间，均拥有世界顶尖高校的科研经历和教育背景，研究方向涉及新型人工超材料、微波电磁场、太赫兹器件、现代贝叶斯统计、未来通信系统、尖端光子器件、微流控生物医学芯片、生物信息电路、高性能材料生长等多个领域。作为新型研发机构，光启研究院研发项目的投入更加自主，资源配置更有效率，产品需求也更加贴近市场，从成立到 2011 年，发明专利的申请量就达到 1229 项，申请 PCT 专利 700 多件。2011 年 7 月 18 日，深圳超材料产业联盟暨深圳光启高等理工研究院重点实验室工程实验室成立，标志着以光启高等理工研究院为技术核心、集聚大规模科技创新群体、带动万亿产值规模的超材料产业集群正式落户深圳。

四、提升城市发展品质

科技创新需要良好的城市环境作为支撑。进入 21 世纪以来，深圳从兴建文化设施、改善居住环境、加强城市规划和改进城市交通等方面入手，迅速提升城市的发展品质。

特区创办的第一个十年，深圳兴建了图书馆、博物馆、大剧院、电视台等“老八大文化基础设施”。第二个十年，建设了深圳音乐厅、中心图书城、少年宫、中心书城等“新八大文化设施”，为特区文化发展奠定基础。2000 年 11 月 1 日，第一届“深圳读书月”活动在深圳书城罗湖城广场正式启动，之后每年的 11 月被确定为“深圳读书月”，至 2020 年已举办 20 届，参与人数由首届的 170 多万人次上升至逾上千万人。“读书月”成为深圳最美丽的文化名片之一，影响着深圳文化形态、文化气质和文化活力的形成和重塑。

2005 年 1 月，为全面实施“文化立市”战略，深圳市委、市政府出台《深圳市文化发展规划纲要 2005—2010 年》，确立了把深圳建设成国际化城市、文明城市和高品位文化城市的目标，提出加快建设“两城一都”（即“图书馆之城”“钢琴之城”和“设计之都”）。截至 2009 年，深圳拥有群众艺术馆和文化馆（站）62 个、图书馆（室）617 个、各类文化广场 360 个。2013 年 10 月 21 日，联合国教科文组织授予深圳“全球全民阅读典范城市”称号，这是该组织在全球城市推行全民阅读颁发的最高奖项。

为完善城市功能，促进城市发展，提高居民生活质量，2004 年 10 月 22 日，深圳市人民政府印发《深圳市城中村（旧村）改造暂行规定》，开始对城中村（旧村）改造进行规范。根据《规定》，城中村纳入改造的条件包括：一是城市基础设施及公共设施需要改造的；二是村内生活环境恶化，居民生命财产安全和人身健康受到严重威胁的；三是因调整产业结构、引进重大项目，村内环境污染、治安恶化等问题，严重妨碍周边地区单位和居民正常经营和生活的；四是因公共利益需要，市（区）政府决定改造的。

2005 年 11 月 24 日，为加快建设和谐深圳效益深圳和国际化城市，充分发挥城市规划在经济社会发展中的先导、主导和统筹作用，深圳市委、市政府召开建市以来的首次全市规划工作会议，明确新时期规划工作的指导思想和任务要求，出台《关于进一步加强城市规划工作决定》。《决定》提出要合理引导旧工业区的功能置换，支持高新技术产业、现代物流业、金融服务业和文化产业发展，推动全市产业空间集聚和升级，加强交通建设，形成便捷的立体交通体系，完善城市供排水、电力、燃气和垃圾处理等公用事业服务体系，建立健全城市综合防灾减灾体系等。

2006 年 7 月 26 日，深圳市四届人大常委会第七次会议审议通过《深圳 2030 城市发展策略》，成为全国第一个法定化的城市发展策略。《策略》编制历时 4 年，以城市发展的战略转型为背景，以深港共建世界级大都市圈为目标，提出建设可持续发展的全球先锋城市，从单纯经济增长转向全面、协调、可持续的科学发展，对城市功能定位、区域合作、产业布局、空间发展方向、大型基础设施等进行系统研究和前瞻部署。

2007 年 5 月，深圳市规划局发布《深圳市近期建设规划（2006—2010）之新城规划》，提出要建设龙华新城、体育新城（市大运中心）、光明新城和东部新城，拉开了新一轮城市发展帷幕，特区内外一体化建设呈现新的局面。在《珠江三角洲地区改革发展规划纲要》发布后，深圳市政府成立相关领导小组，制定实施方案，在新的历史起点上谋划深圳未来发展，逐步形成“一市多城”的城市格局，城市环境日益优美，陆续获得“中国人居环境奖”、联合国环境规划署组织评选的“全球 500 佳”等荣誉称号。

2009 年 5 月 4 日，《2008—2009 年深圳市城中村（旧村）综合整治改造年度实施计划》颁布，确定对 107 个城中村（旧村）实施综合整治，城市环境进一步改善。10 月 15 日，《深圳市容环境提升行动计划》颁布，提出以迎接 2010 年深圳经济特区建立 30 周年和 2011 年第 26 届世界大学生夏季运动会为契机，组织开展以“办赛事、办城市、新大运、新深圳”为主题的市容环境提升行动，对公共设施进行全面修缮，打造 6 条星光大道，绿化黄土裸露区域，新建一批市政公园，扩建北环大道等新一轮“城市装修”，进一步完善城市功能，改善人居环境，提升深圳城市综合竞争力和城市文明水平，深圳的市容环境管理成为全国排头兵。

1998 年 7 月 31 日，深圳地铁有限公司经国务院批准成立，拉开深圳轨道交通建设的序幕。2004 年 12 月 28 日，深圳地铁一期工程通车试运营，包括 1 号线从罗湖口岸站到机场东站、4 号线由皇岗站（后改名为福田口岸站）到少年宫站。2006 至 2011 年，深圳进入轨道交通二期建设，延长 1 号线、4 号线，并新增 2 号线、3 号线和 5 号线，深圳地铁总长达到 178 公里。2007 年，深港西部通道、福龙路、南光高速等投入使用，南坪快速二期、丹平快速、沿江高速、205 国道等动工建设。到 2011 年，"一横八纵"骨干路网基本建成，覆盖全市的数字化城市管理系统全面建成并投入使用。

2011 年深圳市政府工作报告提出，深圳将把速度、效益优势转化为质量优势，从注重经济增长向更加注重经济社会全面发展转型，使经济更有效益、民生更为幸福、文化更具品位、城市更富魅力、生态更加美好。在城市建设品质方面，以推进特区一体化为突破口，着力提升城市发展质量，加快城市更新，基本完成原特区内的城中村转型改造，以及原特区外主要地区的城中村整治。借鉴香港、新加坡等世界先进城市的管理经验，塑造人性化、生态化和特色化的公共空间环境，加强机场、口岸、车站等重点地段的综合整治，提高城市管理的精细化水平。2011 年，全市建成区绿化覆盖率 45.1%。生活垃圾无害化处理率 95%，主要饮用水源水库水质达标率 100%，城市生活污水处理率 94%。全市达到

I 级和 II 级空气质量天数 362 天。深圳城市发展品质再上新台阶。

五、建设深港创新圈

深港合作贯穿于深圳经济特区成立以来的全部发展历程。深港两地的合作重点最初在经济层面，形成分工协作关系，2000 年后开始转向科技创新，着手建设“深港创新圈”。2003 年 6 月 29 日，中央政府与香港特别行政区签署《内地与香港关于建立更紧密经贸关系的安排》，深港科技创新合作是当中的重要议题。2004 年 6 月 17 日，深港两地政府签署《关于加强深港合作的备忘录》及法律服务、经贸合作、投资推广、旅游、科技等 8 个具体合作协议（“1+8”协议），香港数码港与深圳高新技术产业园区签署战略合作协议书，开展多方面的合作，包括崭新信息科技应用服务的开发、研发成果商品化、市场推广和人力资源发展等。

2005 年 6 月，深圳市委、市政府首次提出“深港创新圈”概念，并将加快建设“深港创新圈”写入 2006 年“一号文件”《关于实施自主创新战略建设国家创新型城市的决定》。该《决定》提出，要完善深港科技合作机制，促进两地创新要素合理流动，探索建立联合创新信息平台、联合培训基地、联合实验室、联合教育体系，实现信息互通、实验室共用、研究经费共担、研究成果共享；支持深圳企业以委托研究、共同开发等形式，与香港高校和科研机构进行研发合作，把香港的金融、现代服务与深圳的高科技产业结合起来，使深港成为创新资源最集中、创新活动最活跃的创新圈。

2007年1月15日，“与深圳建立更紧密的合作，研究建立深港创新圈的具体措施”写入香港特区政府文件。3月，深圳市政府工作报告对“深港创新圈”进行明确界定，即“深港两地政府与民间力量共同促成的，由两地城市创新系统、产业链以及创新资源互动、有机连接而形成的跨城市、高聚集、高密度的区域创新体系及产业聚集带”。5月21日，深港两地政府共同签订《“深港创新圈”合作协议》，标志着深港创新圈建设进入一个新的历史阶段。双方在战略研究与规划布局、科技人才培养交流、公共平台共建共享、科技中介合作交流、创新项目资助支持、科技园区合作、知识产权保护、市场推介与招商引资等17个方面达成共识，几乎涵盖深港双方科技创新的所有优势领域。双方决定每年定期举行高层会议，深港创新合作进入实质性操作阶段。

10月15日（第九届高交会期间），深港合作共建的深港生产力基地揭幕，深港创新圈首个项目正式启动，并在深圳会展中心举行深港创新及科技合作督导会第一次会议，审议通过《深港创新及科技合作督导会议工作机制》。次年5月，深港创新及科技合作督导会第二次会议在香港举行，双方商定推动科研发展和成果转化、加强在RFID方面的合作。“深港创新圈”建设的目标是整合创新资源、发挥各自创新优势，共同建设统一的区域创新体系。从2007年开始，深圳、香港每年分别从科技开发资金中拨出 3000 万人民币和 3000 万港币用于资助“深港创新圈”创新环境的建设和科技研发活动，至 2009 年共资助 49 个科研开发项目和 4 项创新资源平台建设。

2009 年 3 月 31 日，深圳召开深港创新及科技合作第三次督导会议，原则通过《深港创新圈三年行动计划（2009—2011）》。深港两地政府计划通过 3 年努力，建设一批深港创新基地和创新平台，完成 24 个重大项目，合作项目实行“半年一检查，一年一评估，三年一总结”的监督机制。11 月 17 日，杜邦太阳能薄膜电池项目正式投产运作，该项目是“深港创新圈”战略提出后深港联合招商成功的第一个高新科技项目。早在 2006 年，香港科技大学毕业生汪滔等人在深圳创立大疆创新科技有限公司，此后发展为无人机领域的独角兽企业。这是科技成果在香港孵化、深圳产业化的成功案例，是深港创新合作的典范。

2009 年 8 月 19 日，粤港澳合作联席会议第 12 次会议在香港举行，会议签署 8 项合作协议，核心协议首推《关于推进前海深港现代服务业合作的意向书》。前海深港现代服务业合作区位于南头半岛西部，大多数为填海地，面积约 15 平方公里，为珠江入海口的咽喉之地，毗邻深圳机场、西部港口群和大铲湾港，处于整个珠三角湾区的核心位置，主要承载深港现代服务业和科创服务的合作。“前海计划”借助“深港创新圈”平台，尝试共建开放型的区域产业创新服务平台。2010 年 3 月 15 日，前海合作区管理局挂牌，正式开始筹建工作。8月26日，在深圳经济特区建立30周年之际，国务院正式批复同意《前海深港服务业合作区总体规划》，为深圳发展提供重要战略支点。10月，国务院批复同意前海合作区成立并享有计划单列管理许可权。

1997年，深港合作治理深圳河，将弯曲的河床拉直，造出一片面积约96公顷的河套地区。围绕面积1平方公里的河套地区开发，深港双方讨论了近20年。“深港创新圈”战略推动了落马洲河套地区的开发速度。2007年12月，深港两地政府正式签署《关于近期开展重要基础设施合作项目协议书》，提出双方合作研究落马洲河套地区的建议，成立“港深边界区发展联合专责小组”，加快推进开发落马洲河套地区的研究工作。2008年11月13日，深港两地政府签署《落马洲河套地区综合研究合作协议书》，将研究范围划分为三个片区，其中河套A区和B区由港方牵头聘请顾问开展规划、工程和勘察研究，深方参与；河套C区由深圳牵头聘请顾问开展研究，港方参与。自2009年开始，深港两地政府每年都召开深港合作会议。

2009年4月10日，《落马洲河套地区邻近范围C区规划综合研究》招标工作正式启动。11月，深港合作会议在深圳召开，双方签署《落马洲河套地区综合研究合作协议书》《教育合作协议》《加强深港清洁生产合作协议》《文化合作协议》和《旅游合作协议》5个合作框架协议，呈现良性互动局面。此外，双方还达成全方位推动金融合作、加快推动“深港创新圈”合作和加快跨境基础设施建设的共识。在粤港澳大湾区战略中，落马洲河套地区定位为深港科技创新合作区，对推动两地加强创新创业合作、深圳建设国际科技产业创新中心和粤港澳大湾区进一步融合具有重要意义。

第五节　完善企业科技创新生态

一、建立健全知识产权法律保护体系

随着经济全球化进程的加快，特别是在我国加入世界贸易组织（WTO）以后，知识产权成为中国企业深度参与全球市场竞争的必要条件。增强自主创新能力，提升专利发展水平，尊重和保护知识产权，成为深圳科技创新的核心动力。

为加强知识产权保护，推动科技进步和经济发展，2003年3月17日，深圳市财政局和知识产权局联合发布《深圳市专利申请资助管理办法》，从科技三项经费中划出2000万元，用于鼓励发明创造，支持申请国内外发明专利，促进重大发明专利的产业化，增强深圳原始科技创新能力。2004年7月30日，在机构缩减的大背景下，深圳单独成立市知识产权局，加挂版权局牌子，成为全国第一家统筹专利、版权事务的试点单位。同年，深圳市被授予“国家知识产权试点城市”的称号，高新区成为继北京中关村后第二个综合类“国家知识产权试点园区”。

2005年12月26日，深圳市人民政府印发《深圳市知识产权战略纲要（2006—2010年）》（以下简称《纲要》），于2006年1月1日正式实施。这是国内第一个地方政府通过的知识产权纲要，率先在全国提出建设知识产权强市的目标。《纲要》坚持“产业第一、企业为大”的指导方针，围绕深圳自主知识产权创新和保护体系建设来定任务、定标准、定措施，把知识产权工作各项资源整合到促进企业效益和能力的提高上。《纲要》针对深圳中小企业的知识产权保护需求，围绕建设创新活力、保护有力、服务完善、专业人才、产业集聚等方面提出 50 条内容，帮助中小企业建立知识产权制度。在中小企业集中的园区和基地设立知识产权工作站，通过行业协会建立行业自律和行业维权机制，保护中小企业权益等。

2006 年 3 月 22 日，经国家知识产权局批准，深圳专利代办处开始受理专利申请及办理其他有关专利事务，成为国内第一个非省会城市设立的专利代办处，把深圳企业创新成果转化为专利纳入法律保护范畴。2006 年 7 月 28 日，按照国家统一部署，深圳市保护知识产权举报投诉服务中心正式开业，成为全国 50 个举报投诉服务中心之一。为配合《纲要》实施，深圳分别在 2007 年 5 月 18 日和 11 月 19 日印发了《深圳市标准化战略实施纲要（2006—2010）》和《深圳市商标战略纲要（2007—2010）》，在国内率先探索实施知识产权和标准化战略，建立起完整的知识产权体系。

2007 年 6 月 13 日，深圳在全国率先发布《知识产权指标体系》，全面衡量全市知识产权高地建设状况。指标体系设置 22 项指标，包括“创造能力”“管理水平”“保护力度”“运用成果”和“环境建设”五个方面，对于激励知识产权创造、加强知识产权保护、促进知识产权运用、完善知识产权管理、优化知识产权服务、培养知识产权人才形成工作合力，为推进国家创新型城市、知识产权强市建设提供了可衡量的依据。①6月26日，深圳召开近年来规模最大、规格最高的知识产权工作会议，为“国家知识产权示范城市创建市”揭牌，成为全省继广州之后第二个获此殊荣的城市。12月13日，国家知识产权局和深圳市政府签署《共建知识产权强市合作议定书》，深圳成为首个与国家知识产权局开展合作共建的地方城市。一系列知识产权机构的设立，加快了深圳企业专利申请速度和保护力度，有力支撑了深圳的自主创新。

2008年4月1日，深圳市第四届人大常委会第十八次会议审议通过《深圳经济特区加强知识产权保护的若干规定》，并于当年7月1日起正式实施。这是全国第一部以立法形式出台的对知识产权各领域综合性保护的地方性法规。《若干规定》共30条，涵盖知识产权各方面，在社会管理与部门衔接、知识产权保护实际操作等方面都作出了有益的探索与突破，建立起全方位、多角度的知识产权管理与保护的整体机制。2009年5月21日，市人大对《深圳经济特区企业技术秘密保护条例》进行了修正，扩大了企业技术秘密的保护范围，对企业员工进行企业技术秘密的保密义务作了新

①《深圳市率先推出知识产权指标体系22项指标做到全面衡量》，新华网，2007年6月14日。

的规定，进一步加大了对企业技术秘密的保护力度。2009年6月11日，深圳市政府常务会议审议并原则通过的《深圳市互联网软件知识产权保护若干规定》列举了互联网环境下侵犯知识产权的情况，并规定了需负的相应法律责任，进一步加强了互联网环境下计算机软件的知识产权保护，促进了互联网产业和软件产业的快速健康发展。

2009年大部制机构改革后，深圳充分整合优势，统筹推进商标、专利、版权等知识产权职能，努力构建大知识产权新格局，提升知识产权管理和服务能力。2011年，深圳市市场监督管理局加挂深圳市知识产权局牌子，为深圳加快建设国家创新型城市、全面提升深圳质量内涵和深入实施知识产权战略提供有力保障，也进一步在全球树立了深圳重视创新、尊重知识产权的良好形象。同年12月23日，深圳市政府印发《深圳市知识产权与标准化战略纲要（2011—2015年）》，力推知识产权与标准化结合。

经过多年在专利等知识产权保护方面做出的努力，深圳营造了激励和保护创新的良好环境，增强了企业自主创新动力，在知识产权投入和产出方面取得了骄人的成绩。从2000年起，高新技术产业由引进技术加工制造为主转向自主开发为主，深圳的国内、国际专利申请不断取得重大突破。在2003年国内企业专利申请十强中，华为、中兴通讯、鸿富锦等深圳企业名列前茅，仅华为公司一家就申请专利2300件，蝉联全国“专利王”。世界知识产权组织公布的数据显示，2008年全球专利申请公司（人）排名榜上，华为首次占据榜首。第十一届信息技术领域专利态势发布会上，公布的全国信息技术领域专利申请量前三名分别是华为、中兴通讯和比亚迪，全部为深圳企业。截至 2011 年底，深圳国内有效发明专利累计达 4.05 万件，专利密度为 39 件 / 万人，高出国家“十二五”规划目标 10 倍，高居全国榜首，PCT 国际专利申请量 7933 件，连续 8 年居全国首位。

二、创立中小板创业板

由于创业型企业、中小企业和高科技企业等无法通过股票主板市场进行融资，2004 年和 2009 年，深圳证券交易所分别设立中小板和创业板，为有潜力的中小企业、高科技企业提供融资机会，中小板和创业板成为孵化科技型、成长型企业的摇篮。

1999 年，深圳证券交易所着手筹建创业板。1 月，深交所向证监会呈送《深圳证券交易所关于进行成长板市场的方案研究的立项报告》并附实施方案，得到证监会“可以考虑在沪深证券交易所内设立科技企业板块”的明确回复。8 月 20 日，党中央、国务院出台《关于加强技术创新，发展高科技，实现产业化的决定》，指出要培育有利于高新技术产业发展的资本市场，适当时候在现有的上海、深圳证券交易所专门设立高新技术企业板块。

12 月 25 日，第九届全国人大常委会第十三次会议通过对《中华人民共和国公司法》的修改决定，支持有条件的高新技术股份有限公司进入证券市场直接融资，对高新技术的股份有限公司运用资本市场筹集发展资金，要坚持国家产业政策，符合高新技术要求。根据高新技术股份有限公司的特点，其上市交易的股票在现有的证券交易所内单独组织交易系统，进行交易。

2000 年 5 月 16 日，国务院讨论同意证监会关于由深交所尝试设立二板市场的请示，将其命名为创业板市场。8 月 22 日，《创业板发行上市管理办法（草案）》获国务院批准。10 月，深交所宣布创业板技术准备就绪。2002 年 6 月 29 日，第九届全国人大常委会第二十八次全体会议审议通过《中小企业促进法》，深交所果断调整思路，将中小板作为创业板的过渡，服务于中小企业。

2004 年 5 月 17 日，证监会同意深交所设中小板，明确中小板是深市主板市场的一个组成部分，重点安排主板市场拟上市公司中具有较好成长性和较高科技含量的中小企业发行股票和上市。6 月，深交所发行 8 只中小板股票。许多中小企业利用中小板搭建的资本平台，实现了跨越式的发展。同时，深圳启动中小企业上市培育工程，安排专项资金支持中小企业和民营企业发展，大族激光、同洲电子就是较早在中小板上市的深圳科技企业。随着中小板的平稳运行，创业板的设立再次被提上议事日程。

经过两年多的筹备，2009 年 3 月 31 日，中国证监会正式发布《首次公开发行股票并在创业板上市管理办法》，从当年 5 月 1 日起开始实施。随后出台了《深圳证券交易所创业板股票上市规则》和《深圳证券交易所创业板市场投资者适当性管理实施办法》，从 9 月 25 日到 10 月 30 日，完成首批 10 家创业板公司申购。截至 2011 年，深交所中小板企业达 646 家，总市值 2.74 万亿元；创业板上市公司达 28 家，总市值超 7400 亿元。

在推出中小板和创业板的同时，深圳也积极提高财政对科技型企业及企业科技创新活动的支持力度。2011 年，深圳科技发展基金预算达到 55.1 亿元，其中包括科技三项费用 6.97 亿元、软件发展资金 1.5 亿元和高新技术企业及新产品资助经费 7 亿元、重点项目资助 16.6 亿元、高新技术重大项目专项资金 8.5 亿元和国家重大科技计划项目地方配套资金 5 亿元等。

2000 年以来，深圳创业投资体系快速完善，形成了涵盖创业投资机构、创业投资个人、产权交易中介组织、天使投资和股权交易在内，多层次、全方位、立体式的创业投资体系。为进一步吸引国内外创业资本投资高新技术产业，规范创业投资机构的设立和经营，保护创业投资者的合法权益，2000 年 10 月 11 日，深圳出台《深圳市创业资本投资高新技术产业暂行规定》，这是国内地方政府制定的第一部有关创业投资的规章。

2003 年 4 月 1 日，《深圳经济特区创业投资条例》正式实施。创业投资即风险投资，是指主要向未上市科技型创业企业和项目提供股权投资且为其提供管理服务，以期获取资本增值收益的投资行为。创业投资加速了创新型项目的市场化和产业化进程，使创新活动更容易实现商业成功。《条例》

对创业投资机构的设立、创业投资管理机构的设立、业务范围与经营规则、鼓励与优惠、监督管理、创业投资同业公会等进行明确和规范。这是国内首部创业投资的地方法规，为深圳吸引更多的创投资本、推动自主创新活动和企业发展提供了强大的法律保障。2007 年，深圳启动国家科技保险创新试点城市工作，制定《深圳市科技保险补贴资金管理暂行办法》，进一步完善科技投融资体系。

2011 年 10 月 20 日，国家科学技术部等五部委印发《关于确定首批开展促进科技和金融结合试点地区的通知》，包括深圳在内的 16 个地区被确定为首批促进科技和金融结合试点地区。到当年底，深圳的创业投资资本总规模达 2500 多亿元，专业创投公司及有关机构 2000 家，资本规模和机构数量与 2000 年相比分别增长近 25 倍和 20 倍，成为国内创业投资最为活跃的区域。深圳科技金融行业成功建立了机构和服务平台完善、规模庞大、产品丰富、多层次市场架构的市场体系，极大促进了深圳科技创新发展。

三、建设科技企业孵化器

深圳市创新载体建设始于企业、用于企业。1989 年，深圳市科技创业服务中心成立，拉开了全市孵化器建设的序幕。深圳依托华为、中兴通讯、华强等企业，先后成立企业技术中心和工程中心，依托科研院所的重点实验室、科技企业孵化基地，先后成立深港产学研基地、香港科技大学医学中心以及由联合国工业发展组织与中国外经贸部和深圳联合组建的深圳国际能源与环境促进中心等，形成了集工程中心、技术中心、重点实验室、孵化器为种群的科技载体群落。

深港产学研基地是深圳最大的特色孵化器之一。1998年11月13日，香港科技大学与北京大学签署学术联盟协议，提出在深圳高新区设立研究院，开展高级人才培训和科技研究开发，兴办高新技术企业。1999年3月21日，高新办向市政府提交《关于香港科技大学北京大学建议与深圳市合作在深圳高新区建立“深圳香港湾区研究院”的请示》，提出建立“深圳香港湾区研究院”，精选发展领域、精心组织项目、注重工商界“第三方”加盟，推动策略性合作，提高和转移技术，开发新项目，孕育新企业，开创新产业。5月22日，深圳市与北京大学、香港科技大学达成共识：一是建立三方合作的“深港产学研基地”；二是成立深港产学研基地理事会，深圳市市长任理事长，北京大学、香港科技大学领导任副理事长；三是运营和管理机构由北京大学出任主任，香港科技大学和深圳市出任副主任；四是成立筹备办公室，由北京大学牵头、三方派人参加。深圳市政府先拨款100万元以保证筹备工作顺利开展。

深港产学研基地是一个高层次、综合性、开放式的产、学、研、资相结合的实体，致力于成为深港湾区具有竞争力的科技成果孵化与产业化基地、风险基金聚散基地、科技体制创新基地、高新技术人才培养引进基地。2002年3月19日，深港产学研基地综合大楼正式投入使用。2009年3月6

日，深港产学研基地被认定为国家高新技术创业服务中心，摘得我国科技企业孵化器领域的最高荣誉。2014 年 11 月 17 日，在中国产学研合作大会上，深港产学研基地获得“中国产学研合作创新示范基地”的称号。

2003 年 4 月 10 日，深圳参照科技部《中国科技企业孵化器“十五”期间发展纲要》，结合实际情况制定《深圳市鼓励科技企业孵化器发展的若干规定》。这是当时国内操作性最强的孵化器发展专项政策，科技部对此高度评价。《若干规定》对科技企业孵化器的资金、人员、制度等给予了明确的认定条件，提出由深圳市政府从科技三项费用中安排一定金额作为科技企业孵化器建设专项资金，一次性无偿资助通过认定的科技企业孵化器，每个资助额为其总投资额的 20%，最高为 300 万元，有效规范了科技企业孵化器的建设标准和发展方向。

2004 年 1 月 16 日，深圳颁布《关于完善区域创新体系推动高新技术产业持续快速发展的决定》，提出大力培育科技孵化体系，建设科技企业孵化器，培育科技创业源头，支持海内外企业、高校、科研院所、行业协会及其他投资主体创办多元化科技企业孵化器，鼓励创办针对不同对象和不同行业的专业型科技企业孵化器，促进政府、高校、企业及各类孵化器之间的互动式发展。《决定》出台了扶持孵化器发展的具体措施，如资助科技企业孵化器的公共服务平台、网络通信、专业实验室设备仪器等共享设施建设，政府出资建立专业化生物孵化器等。2004 年，深圳市科技企业孵化器建设已有较大发展，孵化企业的年销售收入70多亿元，累计毕业近850家。北科创业、南山创业服务中心等4家孵化器被科技部评为国家级高新技术创业服务中心。

2007年8月16日，深圳召开首届孵化器工作会议，南山区科技创业服务中心、北科创业、龙岗区科技创业服务有限公司、深圳虚拟大学园管理服务中心等6家国家级孵化器单位被评为“深圳市优秀科技企业孵化器”，汽车电子创业园、硅谷大学生创业园、集成电路设计创业园等8家孵化器被授予“深圳市专业科技企业孵化器”称号。会议期间还举办了“深圳市科技企业孵化器发展成就展”，来自北京、天津、上海、深圳四城的170家科技企业孵化器负责人，聚集深圳会展中心，共同签署京津沪深城市科技企业孵化器服务联盟合作协议书，决定共享科技孵化平台、资源，为四大城市的9400多家孵化企业提供孵化、开拓异地市场提供便捷渠道，着力打造中国第一个城际间孵化企业公共服务网络平台。①

2011年11月19日，深圳30多家企业、高校和科研机构联合发起的“深圳市新材料产学研创新联盟”正式成立，成员包含北大深圳研究生院、清华深圳研究生院、光启高等理工研究院、深港产学研基地、深圳市通产丽星科技集团有限公司等。2012年11月20日，深圳市科技创新委员会、深

① 洪宾、安婷：《京津沪深170家孵化器结盟》，《深圳商报》2007年8月17日。

圳市财政委员会联合制定《关于促进科技企业孵化载体发展的若干措施》，并经深圳市政府常务会议审议通过，实施兴办创业苗圃、提升企业孵化器、创建企业加速器和推进科技园区建设相结合的大孵化器战略，构建企业培育生态链，构建充满活力的科技创新生态体系，。

在深圳投资建设企业孵化器的主体不仅来自国内不同地区，还有来自国外的投资者，当中包括美国太阳微系统公司、新加坡淡马锡公司、乌克兰基辅工业大学等企业和研发机构。深圳先后与清华大学、北京大学等近 50 所高校及中国科学院和中国工程院等科研院所合作，以企业孵化器的形式进行成果孵化、技术人才交流、技术培养和技术开发、成果转化等。通过大力扶持科技企业孵化器建设，深圳科技创新事业得以进一步高速发展。

四、超前布局国家级科创平台

深圳承接国家重大科技项目的科技基础设施比较薄弱。为建设创新型城市，提升科技创新能力，进入 21 世纪，深圳开始着力布局一批国家级科技创新平台。

1998 年 3 月 5 日，国家计委决定将第一个批准筹建的国家级集成电路设计中心设在深圳高新技术产业园，中心总投资 1 亿元。2001 年国家集成电路设计深圳产业化基地（深圳 IC 基地）经科技部批准成立，成为八个国家级 IC 设计产业化基地之一。基地于 2002 年建设，2003 年开始对外服务。深圳 IC 基地建成了 IC 设计的公共 EDA 平台、IP 复用与SOC开发平台、MPW服务平台三大平台，测试验证工程技术中心和教育培训中心，以及“十个产业园区”，即在珠海、惠州、中山、长沙、厦门等地设立资源共享分园或合作园，构建泛珠三角集成电路设计协作网，构建通信、移动多媒体、数据存储、驱动和触控、生物识别、物联网、生命健康和医疗电子、汽车电子、智能制造和数字装备、智能能源网与节能、人工智能与机器人、智慧家居、航空航天与军工等十三大IC设计与应用优势产业链。深圳IC基地的专业服务催生出一大批IC设计企业，改善了深圳IC产业的发展环境，加快了IC产品研发速度，助力其快速进入市场，为企业的良性发展奠定了基础，促进了相关电子信息产品的迭代升级。

2005年4月，科技部批复同意在深圳组建国家半导体照明工程产业化基地。6月13日，基地揭牌暨世纪晶源核心项目开工典礼仪式在光明高新产业园区隆重举行。同时，深圳还引进了一批国家实验室平台，11个国家重点实验室（工程中心）加盟虚拟大学园重点实验室（工程中心）平台，包括嵌入式系统集成工程中心、高性能网络与计算联合实验室、智能结构健康监测研发中心、生物电子学国家重点实验室深圳研发中心、轨道交通国家实验室等。深圳还向清华大学深圳研究生院、北京大学深圳研究生院各资助9000万元，用于建设9个国家级重点实验室。

2009年7月23日，由中科院深圳先进技术研究院牵头组织，张元亭教授为首席科学家的国家“973”重大基础研究计划项目“心脑血管易损斑块的高分辨率成像识别与风险评估预警体系重大问题的基础研究”获科技部批准立项，实现了国家重大科学基础研究项目落户深圳的历史性突破。7月 29 日，深圳第一家国家工程实验室 —— 电子信息产品协同互联国家工程实验室（闪联国家工程实验室）在高新园区揭牌。实验室以具有自主知识产权的核心技术和国际领先的闪联标准为核心，在深圳建设全球 3C（计算机、消费电子产品和通信）协同领域的研发和创新基地。

2009 年，国家发改委、科技部、中国科学院、深圳市政府决定在深圳大学城共同建设国家超级计算深圳中心。11月 16 日，国家超级计算深圳中心启动建设，总投资达 8 亿元，这是深圳建立以来最大的国家级重大科技基础设施，是深圳自主创新能力和科技地位的象征，也是深圳创新能力的一次硬件升级。同月，电子信息产品标准化国家工程实验室和数字音频编解码技术国家工程实验室在深圳会展中心举行揭牌仪式，深圳迎来首批国家级工程实验室。此后，深圳建成的国家级重点实验室、工程中心、公共服务平台、技术中心等快速增加，全市科技研发基础和能力持续增强。

第六节 健全人才发展综合保障服务体系

一、完善人才公共服务体系

为保障来深建设人才的合法权益，深圳从20世纪90年代就开始完善针对外来人口的社会保险、医疗保险、户籍管理和子女教育等配套制度，并实施居住证制度。

在社会保险方面，深圳逐步扩大保险的覆盖人群，提升保障标准。1992年8月1日，《深圳市社会保险暂行规定》出台，深圳在全国率先建立统一的医疗保险制度。1993年5月28日，深圳市第一届人大常委会通过《深圳经济特区劳务工条例》，这是全国第一部保护非户籍劳动者的法规。1996年7月1日，《深圳市基本医疗保险暂行规定》实施，外来劳务工可以参加保大病的住院医疗保险。2006年5月17日，《深圳市劳务工医疗保险暂行办法》出台，开始为非深圳户籍员工建立医疗保险制度，缴费标准为每人每月12元，最高可以报销上年度深圳城镇职工平均工资的2倍。当年7月，修订完善《深圳经济特区企业员工社会养老保险条例》，取消外来务工人员退休前5年必须在深圳连续缴费的限制。

2007 年 8 月 1 日，深圳市政府印发《深圳市少年儿童住院及大病门诊医疗保险试行办法》，将外来劳务工的子女也纳入参保范围，每年每人缴纳 75 元，可保少儿住院和大病门诊。2008 年 3 月 1 日，《深圳市社会医疗保险办法》正式实施，进一步整合全市医保政策，包括农民工在内的外来人口均被纳入了医保体系。截至 2009 年 12 月，深圳全市参加医保人数达 916 万人，其中深圳户籍人口 69.8 万人，其他大部分为非深圳户籍居民，在医保领域对外来人口采取了更为公平的待遇。

深圳户籍管理制度改革也走在全国前列。2005 年 8 月 1 日，深圳市委、市政府印发《关于加强和完善人口管理工作的若干意见》及五个配套文件（即《深圳市户籍迁入若干规定（试行）》《深圳市流动人口计划生育工作管理办法（试行）》《深圳市暂住人口证件和居住管理办法（试行）》《深圳市暂住人口子女接受义务教育管理办法（试行）》《深圳市暂住人员就业管理办法（试行）》，简称“1+5”文件），这是深圳第一次系统颁布关于人口管理的相关文件。“1+5”文件明确将暂住人口子女义务教育纳入城市社会年度发展计划，逐步解决暂住人口子女教育问题，凡年满 6—15 周岁的暂住人口子女可在深接受义务教育。在入户方面，深圳采取入户核准制，采用技术技能入户、投资纳税迁户、政策性迁户等户籍新政，扩宽了外来人口入户途径。

与此同时，深圳也开始酝酿居住证制度，保障非户籍居民的合法权益，完善居住服务，促进提升城市公共服务。

2007 年 7 月 31 日，《深圳市居住证试行办法》(以下简称《试行办法》) 发布，在盐田区试点推行。《试行办法》规定，居住证实行一证多用，涵盖劳动社保、计生、教育、公共交通等政府行政管理和公共服务的功能。2008 年 5 月 23 日，《深圳市居住证暂行办法》发布，居住证制度全面启动。至 2009 年底，全市累计发放居住证 1006 万张，深圳财政体系不再只管理 182 万深圳户籍人口，还囊括了 800 多万非户籍人口，社会保障等多数公共服务开始逐步实现全覆盖。与《试行办法》相比，取得居住证的人员享受的公共服务有所增加，如免费享受公共就业服务机构提供的就业服务和各类免费培训、子女接受基础疫苗免费接种、公共租赁住房的有关权益、参与社区组织有关社会事务的管理、劳动技能比赛和先进评比等。

2015 年 6 月 1 日，《深圳经济特区居住证条例》开始实施，对来深居住登记、居住证办理及权益保障等问题做了明确、具体的规定，持居住证享受的权益进一步增加，如可申办普通护照、往来港澳通行证、往来台湾通行证及签注，申请基本公共医疗卫生服务、免费婚前健康检查、基本殡葬服务补贴、公共文化和就业扶持、社会救助和住房保障等，深圳对居住证的管理纳入法制轨道。

为吸引高素质人才，改善非深户籍人才在深圳的工作环境和福利待遇，2002 年 1 月 8 日，市政府印发《关于深圳市办理人才居住证若干规定的通知》，确定了户口不迁、关系不转、双向选择、自由流动的人才柔性引进机制。持有深圳人才居住证的人员，除具有持暂住证人员的同等待遇外，还在子女入学、综合医疗保险办理和租用安居房等方面享有优待。

实施人才强市战略，进一步建设一批高素质人才队伍，2004 年 7 月 27 日，深圳市委、市政府出台《关于进一步加强人才工作的实施意见》，从加强人才培养、重点人才引进、改革人才评价评估、创新选人用人制度、规范人才市场和优化人才发展环境等方面制定行动措施。《实施意见》提出，经过 20 年左右的努力，把深圳建成人才资源能力的培养中心、人才与智力资源的汇聚中心、人才价值充分实现的创业中心、人才安居乐业的温馨港湾，使深圳成为开放包容、激励创新、崇尚创业、充满活力的现代人才良港。

2008 年 9 月，深圳市委、市政府正式发布《关于加强高层次专业人才队伍建设的意见》及 6 项配套文件（“1+6”文件），全面建立体现能力、突出业绩、适应城市发展目标、切合产业发展方向的高层次专业人才评价标准体系，并明确高层次专业人才住房问题、子女入学问题、配偶就业问题、学术研修问题以及国（境）外高级专家特聘岗位设置的解决办法，为高层次人才量身定做了一系列配套服务政策。这些政策文件对人才的柔性引进工作做了指引，尤其是在医疗卫生“三名”工程中发挥了重要作用，柔性引进的人才既可来深圳开展创新工作，又可以在现有岗位上承担与深圳单位的联合创新，提高了创新资源流动的速度。

二、推动高等教育跨越式发展

为满足产业发展对人才的需求，提高自主创新能力和发展后劲，提升城市人口素质和文化品位，推动高等教育实现跨越式发展，深圳市委、市政府决定创办深圳大学城。深圳大学城是全国唯一经教育部批准，由地方政府联合国内名校共同建立，以全日制研究生培养为主，结合高新技术发展开展教学和科研工作的大学城。

深圳大学城选址南山区西丽塘朗，2000 年 8 月开始创建，规划面积为 10 平方公里，计划用 10 年时间分两期建成。2003 年 9 月，北京大学、清华大学、哈尔滨工业大学三校深圳研究生院正式入驻大学城西校区办学。深圳大学城也于当月开学，迎来首批 800 多名研究生新生，深圳高层次人才培养实现新突破。到 2007 年时，深圳大学城已经逐步发展成为深圳高层次人才培养和聚集、高水平科研、高新科技信息和高层次国际交流的平台。教育部对深圳大学城进行评估时，认为高起点、高层次、高水准的深圳大学城一经建立，就已经具备了其他大学城所没有的优势，具有很好的发展前景。

2008 年 3 月，深圳市机构编制委员会下发《关于成立南方科技大学筹备办的通知》。12 月，教育部同意筹建南方科技大学。2011 年 2 月，南方科技大学正式开学。清华大学、北京大学、哈尔滨工业大学、中科院以及南方科技大学共同组成一个高端创新群落。

2009 年 11 月 17 日，深圳市委、市政府印发《关于加快发展深圳大学城的若干意见》，提出深圳大学城的目标是打造国际化、创新性、创业型、研究型一流大学群，成为高素质人才培养平台、高水平科技研发平台、高质量社会服务平台、高层次国际合作交流平台，成为国内外学者大师的集聚地和高等教育体制机制创新的试验场。深圳大学城聚集了一大批科研力量、专家学者，成为深圳重要的科技创新、科研成果转化基地和深圳提升软实力和创建国家创新型城市的重要力量。

截至2010年12月，深圳大学城共有全日制在校生5921人，其中硕士5011人、博士860人、本科生50人，与257家企事业单位开展了广泛的科研合作，与15所中国香港和海外的著名大学开展项目合作与交流。深圳大学城拥有已建和在建的市级以上重点实验室30个，筹建中的国家级重点实验室9个。3所研究生院累计承担国家、省、市科研项目1351项，获得专利授权266项，包括生物、新材料、新能源和新一代信息技术等战略性新兴产业的最前沿技术。

三、举办国际人才交流大会

中国国际人才交流大会是经国务院批准，由国家外国专家局于2001年创办，我国目前唯一专门对国（境）外专家组织、培训机构、专业人才开放的规模最大、规格最高，集人才、智力、技术、项目、资金和管理为一体的国家级、国际化、综合性的人才与智力交流盛会。大会前四届均在南京举办，第五届在沈阳举办。2007年，经慎重考虑并报国务院批准，第六届大会首次移师深圳，由国家外国专家局和深圳市政府联合主办，并长期落户深圳。此后，大会紧紧围绕“融全球智力，促共同发展”的主题和“国际化、高端化、专业化、精品化、市场化”的目标，搭建平台、推介项目、寻求合作、招聘人才、交流信息，对深圳、对广东、对全国各地招才引智发挥了十分重要的作用。

2007 年 11 月 30 日至 12 月 1 日举办的第六届中国国际人才交流大会，展览面积达 3 万平方米，40 多个国家的 600 多家专家组织、培训机构、专业协会、科研机构参展，3000 多名国（境）外代表、5000 多个项目和引智成果参会。大会首次设立香港板块，吸引 50 多个香港机构参会，其间还创办“国际人才高峰论坛”。截至 2020 年，深圳已成功举办 13 届国际人才交流大会。深圳充分发挥改革开放的先发优势、毗邻港澳的地理优势、高科技发达的产业优势和高层次人才的聚集优势，举全市之力办好大会，使人才交流大会成为继高交会、文博会之后又一个国家级、国际性盛会，为“科技立市、文化立市、人才强市”战略提供了重要平台和智力支持。2007 年至 2019 年，参加大会的专家组织、培训机构、专业协会、科研机构从 600 多家增加到 4000 多家，国（境）外专家和海外高层次人才代表从 3000 多名增加到 8500 多人，真正起到了汇聚全球精英、共襄创新创业盛举的作用。

四、实施“孔雀计划”

“两条腿走路才能又快又稳”，深圳一方面加大力度引进国内高层次专业人才，另一方面大力推出吸引海外高层次人才的“孔雀计划”，进一步健全高层次人才政策体系。

2008年9月，深圳在全国率先发布高层次专业人才认定标准，颁布《关于加强高层次专业人才队伍建设的意见》的“1+6”文件，得到社会的广泛认可和各界人才的积极响应，对高层次人才的引进、扶持和培养成效显著，为推动自主创新工作提供了有力支撑。2010年12月28日，《深圳市人才认定办法》正式实施，将人才分为高层次专业人才、高级人才和中初级人才三个层次，其中高层次专业人才又分为杰出人才、国家级领军人才、地方级领军人才和后备级人才（后三者统称为“领军人才”），获得认定的高层次人才，可以享受包括住房、子女入学、配偶就业、学术交流补贴在内的一系列优惠政策。

自高层次专业人才“1+6”政策实施以来，深圳集聚了一批领军作用突出的国家级领军人才、一批专业水平突出的地方级领军人才、一批崭露头角和发展潜力巨大的后备级人才，形成了结构合理、活力充沛的高层次专业人才梯队。截至2011年8月底，全市累计认定高层次专业人才1993人（杰出人才3人、国家级领军人才131人、地方级领军人才960人、后备级人才899人），企业人才1075人，占53.9%，海外人才（外籍人士或拥有海外学历）190人，占9.5%，高技能人才15人。其中，235人经认定后户籍迁入深圳，534

人在政策实施后取得新业绩而被认定或提升人才认定层级。陈国良院士等一批高层次人才在政策实施后调入深圳。

2010年10月28日，深圳推出“孔雀计划”，提出每年投入3亿至5亿元资金，打造国际人才宜聚城市，引进50个以上海外高层次人才团队、1000名以上海外高层次人才的目标。2011年4月12日，深圳市委、市政府正式出台“孔雀计划”文件（“1+5”文件），即《关于实施引进海外高层次人才“孔雀计划”的意见》《深圳市海外高层次人才确认办法（试行）》《深圳市海外高层次人才认定标准（试行）》《深圳市海外高层次人才享受特定待遇的若干规定（试行）》《深圳市海外高层次人才创新创业专项资助办法（试行）》《深圳市引进海外高层次人才团队评审办法（试行）》。8月，深圳发布《深圳市中长期人才发展规划纲要（2011—2020年）》，提出到2020年逐渐形成人才国际竞争比较优势，使深圳成为亚太地区最具创新活力、最具创新环境、最具轨迹氛围的人才“宜居”城市之一。这是深圳首次为人才发展制定中长期规划。

“孔雀计划”主要目标是以推动高新技术、金融、物流、文化等支柱产业发展，培育新能源、互联网、生物、新材料等战略性新兴产业为重点，聚集一大批具备较高专业素养和丰富海外工作经验、掌握先进科学技术、熟悉国际市场运作的海外高层次创新创业人才，引进一批对深圳产业发展有重大影响、能带来重大经济效益和社会效益的核心团队。通过建立健全引才目录定期发布机制、专项引才机制、创新创业专项资助机制、配套服务体制、专项投入机制等措施，为海外高层次人才团队及项目提供优质高效服务。“孔雀计划”以企业为单位，以新型科研机构和高等院校为依托，重点引进技术人才团队。第一批申报的 32 个团队中共有 9 名院士、7 名中组部“千人计划”入选人才，8 个团队在 *Nature* 和 *Science* 发表过文章，62% 的核心成员有博士学位，研究项目大部分处于国际前沿领域，最终评审后确定资助 6 个团队，总计资助费 1.9 亿元，涉及基因组学、新材料、新一代信息技术、农业生物技术等新兴领域。截至 2020 年底，深圳累计确认“孔雀计划”人才逾 3200 人。

另一方面，深圳进一步拓展海外高层次人才引进渠道，多次以市政府名义组团举办海外人才招聘活动，在欧洲、北美和日本等国家和地区设立海外人才联络处，与清华大学研究院在美国硅谷共同建立深圳（硅谷）海外创新人才引进中心，逐步建立起海外招才引智的前沿基地。

第四章

打造原始创新策源地，加快建设具有全球影响力的科技和产业创新高地

（2012—2020年）

党的十八大以来，以习近平同志为核心的党中央把科技创新摆在国家发展全局的核心位置。2016 年 5 月，党中央、国务院发布《国家创新驱动发展战略纲要》，完成了创新驱动发展战略的顶层设计和系统谋划。党的十九大强调创新是引领发展的第一动力，对加快建设创新型国家作出全面部署。习近平总书记在 8 年间三次视察深圳，充分肯定深圳改革开放和科技创新成就，亲自谋划、亲自部署、亲自推动粤港澳大湾区和深圳中国特色社会主义先行示范区建设、深圳综合改革试点及全面深化前海改革开放，确立深圳为大湾区综合性国家科学中心主阵地，使深圳成为多重国家战略的交汇地、国家战略科技力量布局的重要阵地。

深圳牢记习近平总书记、党中央殷切嘱托，乘部分高新技术产业进入技术“无人区”、深圳先后获批国家自主创新示范区、国家可持续发展议程创新示范区等东风，不断深化科技供给侧结构性改革，建立“基础研究 + 技术攻关 + 成果产业化 + 科技金融 + 人才支撑”全过程创新生态链，推动创新体系实现历史性变革、系统性重构，原始创新能力快速提升，发展质量跃上更高台阶。截至 2020 年底，深圳地区生产总值 2.77 万亿元、居亚洲城市第五位；国家级高新技术企业超过 1.86 万家，科技型中小企业超 5 万家，先进制造业增加值占规模以上工业比重、现代服务业增加值占第三产业比重均超 70%，战略性新兴产业增加值占地区生产总值比重居全国大中城市首位；PCT 国际专利申请量超 2 万件，连续 17 年居全国第一。深圳原始创新之路越走越坚实、越走越宽阔，为世界科学发展和我国科技创新贡献了更多智慧、方案和力量。

第一节　新时代深圳新使命

一、习近平三次视察赋予深圳新使命

2012 年 12 月 7 日至 8 日，中共中央总书记、国家主席、中央军委主席习近平视察深圳，这是他在党的十八大后离京调研的第一站。习近平表示，这次调研之所以到广东来，就是要到在我国改革开放中得风气之先的地方，现场回顾我国改革开放的历史进程，将改革开放继续推向前进。7 日下午，习近平在视察前海深港现代服务业合作区时指出，前海过去一片滩涂，现在是一片繁忙的建设景象。可以预期，前海发展将会实现新的沧桑变化，这个前景令人期待，希望前海一年一个样。中央决定设立前海深港现代服务业合作区的作用就是进一步促进粤港、深港合作，推动双方经济上的融合。前海既是粤港合作区，也是服务业创新区，要面向世界，以国际视野和胸怀，吸取国际上先进的管理经验和科技经验作为创新动力，通过前海创新来促进内地服务业的发展。习近平表示，只要坚定不移、持之以恒、艰苦奋斗、开拓创新，前海深港合作区将是深圳发展的新契机和新推动力，是经济特区继续不断创造新经验的新起点，也是粤港合作、深港合作的新平台。

之后，习近平又参观了深圳光启高等理工研究院和腾讯计算机系统有限公司。习近平表示，一个国家的强盛，国力的竞争，归根结底是人才的竞争。哪个国家拥有人才优势，最后就会拥有实力上的优势。我们国家要走创新发展之路，首先要重视创新人才的聚集，应该“择天下英才而用之”。我们既要充分运用好、发挥好现有人才资源的作用，也要敞开大门招四方之才，吸引国际上的人才。习近平肯定深圳拥有大量的创业团队、优秀企业家和年轻创业人才，要求深圳继续探索如何更好凝聚人才、发挥人才作用的体制机制，完善政策，进一步调动创新创业人才的积极性，为深圳特区进一步发展、广东省发展及全国全面建成小康社会和现代化事业作出新贡献。在听取深圳信息化建设情况汇报和广东省电子商务发展规划情况介绍后，习近平提到，人类社会已经进入互联网时代，互联网对人类生产、生活、生产力发展带来推动作用的同时，也带来了一些问题，要学会怎么去适应。“创新服务，改革活力，深圳还是很强的”，习近平对深圳的创新发展环境给予充分肯定，称赞移民城市活力强，要求深圳继续创新体制机制，营造创新创业的良好环境。①

8日上午，习近平到罗湖区南湖街道渔民村社区，视察社区党群服务中心和居委会，详细了解渔民村发展历程，并走进普通村民家中看望。随后，习近平到莲花山公园瞻仰邓小平塑像，并亲手种下一棵高山榕。他提道：“今天我们怀

①《习近平总书记在深圳考察纪实》，《深圳特区报》2012年12月15日。

着崇敬而激动的心情来到莲花山公园，瞻仰邓小平同志塑像，缅怀邓小平同志为党和人民建立的丰功伟绩。30 多年过去了，广东、深圳的实践充分说明，邓小平同志的决定是英明的、正确的。改革开放的决定是正确的，改革开放是正确之路、富民之路，我们要坚定不移地走下去，而且要有新开拓，要上新水平。深圳要大力实施创新驱动发展战略，加快完善创新机制，全方位推进科技创新、企业创新、产品创新、市场创新、品牌创新，加快科技成果向现实生产力转化，推动科技和经济紧密结合。”①

2015 年 1 月 5 日，习近平对深圳工作作出重要批示，充分肯定党的十八大以来深圳各项事业发展取得的新成绩，要求深圳牢记使命、勇于担当，进一步开动脑筋、解放思想，特别是要鼓励广大干部群众大胆探索、勇于创新，在全面建成小康社会、全面深化改革、全面依法治国、全面从严治党中创造新业绩，努力使经济特区建设不断增创新优势、迈上新台阶。②

面对新一轮科技革命和产业变革带来的重大机遇和挑战，以习近平同志为核心的党中央周密部署，形成了从思想到战略到行动的完整体系。2016 年 5 月，党中央、国务院发布《国家创新驱动发展战略纲要》，确立了 2020 年进入创新

---

①《习近平关于科技创新论述摘编》（二），中国共产党新闻网，2016 年 3 月 15 日。

②《习近平总书记对深圳工作作出重要批示》，《深圳特区报》2015 年 1 月 8 日。

型国家行列、2035年跻身创新型国家前列、2050年建成世界科技强国的战略目标，对科技创新完成顶层设计，创新驱动成为全国共识。2018年3月7日，习近平参加十三届全国人大一次会议广东代表团审议时发表重要讲话，强调“这些年，深圳高新技术产业发展成为全国的一面旗帜，要发挥示范带动作用”[①]。

2018年10月22日至25日，习近平再次来到广东考察。24日上午，习近平在深圳参观了“大潮起珠江——广东改革开放40周年展览”，并视察了前海蛇口自贸片区、龙华区北站社区。他强调，在改革开放40周年之际来到深圳，就是要向全世界宣示中国改革不停顿、开放不止步，中国一定会有让世界刮目相看的新的更大的奇迹。广东要弘扬敢闯敢试、敢为人先的改革精神，立足自身优势，创造更多经验，把改革开放的旗帜举得更高更稳。深圳要探索更多可复制可推广的经验，深化深港合作，相互借助、相得益彰，在共建“一带一路”、推进粤港澳大湾区建设、高水平参与国际合作方面发挥更大作用。[②] 25日下午，习近平在听取广东省委省政府工作汇报时，特别强调广东“成长出深圳这样的创新型国际化城市”，要求深圳“朝着建设中国特色社会主义先行示范区的方向前行，努力创建社会主义现代化强国

①《创新是引领发展的第一动力——从敢闯敢试到先行先试的深圳实践》，《深圳特区报》2020年8月12日。

②《深化深港科技合作 凝聚创新发展动力》，《经济日报》2019年1月24日。

的城市范例”。[①]

12 月 26 日，习近平再次对深圳工作作出重要批示，肯定深圳各项事业发展取得显著成绩，要求深圳市委、市政府始终牢记党中央创办经济特区的战略意图，认真总结改革开放 40 年成功经验，坚持和加强党的全面领导，坚持全面深化改革，坚持全面扩大开放，坚持以人民为中心，践行高质量发展要求，深入实施创新驱动发展战略，抓住粤港澳大湾区建设重大机遇，增强核心引擎功能，朝着建设中国特色社会主义先行示范区的方向前行，努力创建社会主义现代化强国的城市范例。[②]这一重要批示为新时代深圳发展明确了战略定位、注入了强大动力。

2020 年 10 月 14 日，习近平出席深圳经济特区建立 40 周年庆祝大会并发表重要讲话。习近平指出，深圳是改革开放后党和人民一手缔造的崭新城市，是中国特色社会主义在一张白纸上的精彩演绎。深圳等经济特区的成功实践充分证明，党中央关于兴办经济特区的战略决策是完全正确的，经济特区不仅要继续办下去，而且要办得更好、办得水平更高。习近平系统总结了深圳等经济特区 40 年改革开放实践积累的十条宝贵经验，一是必须坚持党对经济特区建设的领

①《创新是引领发展的第一动力——从敢闯敢试到先行先试的深圳实践》，《深圳特区报》2020 年 8 月 12 日。

②《牢记殷殷重托走在前列勇当尖兵 全面开启建设中国特色社会主义先行示范区新征程——深圳贯彻落实习近平总书记对深圳工作重要批示精神一年来改革发展纪实》，《深圳特区报》2019 年 12 月 26 日。

导，始终保持经济特区建设正确方向；二是必须坚持和完善中国特色社会主义制度，通过改革实践推动中国特色社会主义制度更加成熟更加定型；三是必须坚持发展是硬道理，坚持敢闯敢试、敢为人先，以思想破冰引领改革突围；四是必须坚持全方位对外开放，不断提高“引进来”的吸引力和“走出去”的竞争力；五是必须坚持创新是第一动力，在全球科技革命和产业变革中赢得主动权；六是必须坚持以人民为中心的发展思想，让改革发展成果更多更公平惠及人民群众；七是必须坚持科学立法、严格执法、公正司法、全民守法，使法治成为经济特区发展的重要保障；八是必须践行绿水青山就是金山银山的理念，实现经济社会和生态环境全面协调可持续发展；九是必须全面准确贯彻“一国两制”基本方针，促进内地与香港、澳门融合发展、相互促进；十是必须坚持在全国一盘棋中更好发挥经济特区辐射带动作用，为全国发展作出贡献。习近平指出，深圳等经济特区“要坚定不移实施创新驱动发展战略，培育新动能，提升新势能，建设具有全球影响力的科技和产业创新高地。要围绕产业链部署创新链、围绕创新链布局产业链，前瞻布局战略性新兴产业，培育发展未来产业，发展数字经济。要加大基础研究和应用基础研究投入力度，发挥深圳产学研深度融合优势，主动融入全球创新网络。要对标国际一流水平，大力发展金融、研发、设计、会计、法律、会展等现代服务业，提升服务业发展能级和竞争力。要实施更加开放的人才政策，引进培养一批具有国际水平的战略科技人才、科技领军人才、青年科技人才和高水平创新团队，聚天下英才而用之。”①

党的十八大以来，习近平三次亲临深圳视察，出席深圳经济特区建立 40 周年庆祝大会并发表重要讲话，对深圳工作作出一系列重要指示批示，多次对深圳改革开放、创新发展予以褒奖肯定，为深圳在科技创新领域全面发力、切实担当起推进科技自立自强的“深圳责任”指明了前进方向，提供了根本遵循。

二、增强粤港澳大湾区核心引擎功能

改革开放以来，特别是香港、澳门回归祖国后，粤港澳合作不断扩大深化，区域经济实力、竞争力显著增强。特别是香港、澳门和广东省的广州、深圳、珠海、佛山、惠州、东莞、中山、江门、肇庆等 9 市，文化同源、人缘相亲、民俗相近、优势互补，交通条件便利，合作基础良好，产业体系完备，经济互补性强，创新要素集聚，是我国开放程度最高、经济活力最强的区域之一，具备建成国际一流湾区和世界级城市群的基础条件。为进一步丰富“一国两制”实践内涵，促进粤港澳更深层次合作，以习近平同志为核心的党中央立足全局和长远发展，作出建设粤港澳大湾区的重大谋划。

早在 2012 年 12 月，习近平视察广东、深圳时就指出，

---

①《习近平在深圳经济特区建立 40 周年庆祝大会上的讲话》，人民网，2020 年 10 月 15 日。

希望广东联手港澳打造更具综合竞争力的世界级城市群。[①] 2016年3月，国务院发布《国民经济和社会发展“十三五”规划》《关于深化泛珠三角区域合作的指导意见》，明确指出“支持港澳在泛珠三角区域合作中发挥重要作用，推动粤港澳大湾区和跨省区重大合作平台建设”，粤港澳大湾区建设成为“十三五”时期重要工作内容。2017年7月1日，在习近平的亲自见证下，国家发展改革委、广东省人民政府、香港特别行政区、澳门特别行政区在香港共同签署《深化粤港澳合作推进大湾区建设框架协议》，标志着粤港澳大湾区建设正式启动。10月18日，习近平在党的第十九次全国代表大会上明确提出要支持香港、澳门融入国家发展大局，以粤港澳大湾区建设、粤港澳合作、泛珠三角区域合作等为重点，全面推进内地同香港、澳门互利合作，制定完善便利香港、澳门居民在内地发展的政策措施。[②] 2018年5月，习近平先后主持召开中央政治局常委会会议和中央政治局会议，审议《粤港澳大湾区发展规划纲要》。2019年2月18日，中共中央、国务院印发《粤港澳大湾区发展规划纲要》（以下简称《纲要》），将粤港澳大湾区定位为充满活力的世界级城市群、具有全球影响力的国际科技创新中心、“一带一路”建设的重要支撑、内地与港澳深度合作示范区、宜居宜

①《着眼发展大局，共享时代荣光——以习近平同志为核心的党中央关心粤港澳大湾区建设纪实》，新华社，2019年2月21日。

②《习近平在中国共产党第十九次全国代表大会上的报告》，人民网，2017年10月28日。

业宜游的优质生活圈。《纲要》把深圳列为粤港澳大湾区的四大经济中心城市和核心引擎，要求深圳发挥经济特区、全国性经济中心城市和国家创新型城市的引领作用，加快建成现代化国际化城市，努力成为具有世界影响力的创新创意之都。《纲要》提出要在大湾区建设重大科技基础设施，布局重大科研机构和重大创新平台，推进形成“广州—深圳—香港—澳门”科技创新走廊，吸引和对接全球资源，建设区域创新体系。

作为粤港澳大湾区的重要城市，深圳经济体量、人口规模占大湾区比重分别超过20%、30%，且与香港山水相依、联系紧密，在湾区城市中拥有明显的比较优势。深圳主动服务国家战略，举全市之力积极推进粤港澳大湾区建设。2017年8月，市委六届七次全会提出当年的“十大行动”，其中即包括开展“开放优势厚植行动”，积极参与和推动国家“一带一路”建设和粤港澳大湾区建设，加快前海合作区和前海蛇口自贸片区开发开放等。[①] 此后的市委历次全会，均强调要抢抓粤港澳大湾区建设重大机遇，努力形成全面开放新格局，携手周边城市共建粤港澳大湾区核心引擎和“一带一路”战略支点。2019年1月，深圳组建市委推进粤港澳大湾区建设领导小组办公室，将其作为市委工作机关，与深圳市政府港澳事务办公室合署办公，深圳建设粤港澳大湾区工作有了

---

①《深圳市委六届七次全会召开 王伟中作工作报告》，人民网，2017年8月25日。

统一领导机构。2020 年 6 月，深圳市委、市政府发布《粤港澳大湾区建设深圳指引》，提出加速推进前海深港现代服务业合作区、深港科技创新合作区、光明科学城、深港口岸经济带、西丽湖国际科教城、沙头角深港国际旅游消费合作区等 7 大重点平台建设，积极推进建设国际科技创新中心、深港金融市场互联互通、基础设施互联互通，构建具有国际竞争力的现代产业体系等重点领域的布局与发展，在金融、就业、居住、人才引进、教育等方面提供多项政策支持。

2020 年 10 月 14 日，在深圳经济特区建立 40 周年庆祝大会上，习近平指出，深圳是粤港澳大湾区建设的重要引擎，要抓住这一重大历史机遇，推动三地经济运行的规则衔接、机制对接，加快粤港澳大湾区城际铁路建设，促进人员、货物等各类要素高效便捷流动，提升市场一体化水平。要深化前海深港现代服务业合作区改革开放，规划建设好河套深港科技创新合作区，加快横琴粤澳深度合作区建设。以大湾区综合性国家科学中心先行启动区建设为抓手，加强与港澳创新资源协同配合。继续鼓励引导港澳台同胞和海外侨胞充分发挥投资兴业、双向开放的重要作用，在经济特区发展中作出新贡献。

建设粤港澳大湾区，是习近平总书记亲自谋划、亲自部署、亲自推动的国家重大发展战略，是新时代推动形成全面开放新格局的新举措，是推动“一国两制”事业发展的新实践，也是深圳发展的重大历史机遇。作为粤港澳大湾区的核心引擎之一，深圳深入对接中央要求、湾区所向、港澳所需、深圳所能，携手港澳和湾区其他城市共同打造国际一流湾区和世界级城市群，坚持创新在现代化建设全局中的核心地位，为新时代科技创新注入了新的动力。

三、建设中国特色社会主义先行示范区

习近平在 2018 年 10 月视察深圳和 12 月对深圳工作作出重要批示时，两次要求深圳“朝着建设中国特色社会主义先行示范区的方向前行，努力创建社会主义现代化强国的城市范例。”深圳市委、市政府全面贯彻落实这一重要讲话和重要批示精神，在 2019 年 1 月召开的市委六届十一次全会上，响亮提出建设“中国特色社会主义先行示范区、社会主义现代化强国的城市范例”的战略路径，指出深圳要在加强党的领导和党的建设、推动高质量发展、实施创新驱动发展战略、全面深化改革、全面扩大开放等方面先行示范。①

2019 年 7 月 24 日，习近平主持召开中央全面深化改革委员会第九次会议，审议通过《关于支持深圳建设中国特色社会主义先行示范区的意见》，强调支持深圳建设中国特色社会主义先行示范区，要求深圳牢记中央创办经济特区的战略意图，坚定不移走中国特色社会主义道路，坚持改革开放，践行高质量发展要求，深入实施创新驱动发展战略，抓住粤港澳大湾区建设重大机遇，努力建设社会主义现代化国家的

①《全面贯彻落实习近平总书记对广东重要讲话和对深圳重要批示指示精神 朝着建设中国特色社会主义先行示范区的方向前行 努力创建社会主义现代化强国的城市范例》，《深圳特区报》2019 年 1 月 9 日。

城市范例。8月18日，中共中央、国务院发布《关于支持深圳建设中国特色社会主义先行示范区的意见》(以下简称《意见》)，赋予深圳高质量发展高地、法治城市示范、城市文明典范、民生幸福标杆、可持续发展先锋等五大战略定位，以及率先建设体现高质量发展要求的现代化经济体系、率先营造彰显公平正义的民主法治环境、率先塑造展现社会主义文化繁荣兴盛的现代城市文明、率先形成共建共治共享共同富裕的民生发展格局、率先打造人与自然和谐共生的美丽中国典范等五个重要任务。《意见》内涵之丰富、战略定位之高、支持力度之大、政策举措之实，前所未有，标志着支持深圳建设中国特色社会主义先行示范区正式上升为国家层面的一项重大战略部署。《意见》还就“加快实施创新驱动发展战略”设置专门条款，明确提出支持深圳强化产学研深度融合的创新优势，以深圳为主阵地建设综合性国家科学中心，在粤港澳大湾区国际科技创新中心建设中发挥关键作用等。

建设中国特色社会主义先行示范区，是习近平总书记亲自谋划部署推动的重大国家战略，是着眼国家改革开放大局、“一国两制”伟大实践和社会主义现代化强国建设全局的重大部署安排，是深圳的重大历史使命。为加快推进深圳先行示范区建设，中央和国家相关部委迅速印发有关工作要点、分工方案等系列文件，成立重大改革事项领导小组和工作专班，对深圳提请的政策诉求、重大改革、重大项目等全力支持。广东省成立省级层面领导小组，全省动员、举全省之力支持深圳建设先行示范区。深圳成立以市委书记王伟中为组长的全市推进中国特色社会主义先行示范区建设领导小组，突出抓好重大改革、重大政策、重大平台、重大项目落地实施。9月17日，市委召开六届十二次全会，强调要把建设中国特色社会主义先行示范区作为深圳一切工作的总牵引、总要求，围绕实现2025年第一阶段发展目标，奋力跑好先行示范区建设“第一程”。[①]11月，市委、市政府出台《深圳市建设中国特色社会主义先行示范区的行动方案（2019—2025年）》，围绕先行示范区建设的战略定位、阶段发展目标和重点任务，以三个部分127项具体工作举措，充分衔接《意见》第一阶段发展目标，分阶段推动未来六年先行示范区各项重点工作，为全市工作画出了“施工图”、制定了“任务书”。市委市政府还制定了2019—2022年、2023—2025年两个三年滚动工作规划，编制了全面深化前海合作区改革开放、综合性国家科学中心先行启动区建设等方案，推动与《意见》形成“1+N”政策体系。此后的历次市委全会，均强调要抢抓粤港澳大湾区、深圳先行示范区“双区”驱动重大机遇，坚定扛起主体责任，持续在更高起点、更高层次、更高目标上推进改革开放，为全国全省发展大局作出深圳努力、深圳贡献。

2020年10月11日，中共中央办公厅、国务院办公厅对外发布《深圳建设中国特色社会主义先行示范区综合改革试

---

①《以习近平新时代中国特色社会主义思想为指导高举新时代改革开放旗帜全面开启建设中国特色社会主义先行示范区新征程》，《深圳特区报》2019年9月18日。

点实施方案（2020—2025年）》（以下简称《实施方案》），赋予深圳在重点领域和关键环节改革上更多自主权，支持深圳在更高起点、更高层次、更高目标上推进改革开放。《实施方案》明确了“三阶段主要目标”，即2020年，在要素市场化配置、营商环境优化、城市空间统筹利用等重要领域推出一批重大改革措施，制定实施首批综合授权事项清单，推动试点开好局、起好步；2022年，各方面制度建设取得重要进展，形成一批可复制可推广的重大制度成果，试点取得阶段性成效；2025年，重要领域和关键环节改革取得标志性成果，基本完成试点改革任务，为全国制度建设作出重要示范。《实施方案》按照“实施方案＋授权清单”形式制定，包括八部分、27项目标任务要求，围绕完善要素市场化配置体制机制、打造市场化法治化国际化营商环境、完善科技创新环境制度、完善高水平开放型经济体制、完善民生服务供给体制、完善生态环境和城市空间治理体制提出一系列重大改革措施，并以附件形式推出40条首批授权事项。

10月18日，国务院新闻办公室举行新闻发布会，正式发布《深圳建设中国特色社会主义先行示范区综合改革试点首批授权事项清单》。40条首批授权事项包括六个方面，其中要素市场化配置方面13条、营商环境方面8条、科技创新体制方面6条、对外开放方面7条、公共服务体制方面3条、生态和城市空间治理方面3条，各条中明确了改革事项的主要内容。列入授权清单的事项实施备案管理，除明确要报批的事项，其他不再逐项报批。首批授权清单中，20多项需突破现有法律法规和政策规定，涉及近百项具体法律法规和政策条款的调整，具有很强的创新性、突破性，体现了党中央授权改革的力度和深度。授权事项则将分批推出滚动实施。

深圳综合改革试点是习近平总书记、党中央着眼两个大局做出的重大决策部署。《实施方案》印发以来，国家相关部委高位推进、精心指导，省委省政府全省动员、大力支持，积极为深圳改革创造条件。深圳坚决扛起主体责任，蹄疾步稳推动改革任务落地落实。市委、市政府及时印发学习宣传贯彻文件及任务分工方案，确保各项任务压实压细。市委连续召开六届十五次全会、市委常委会（扩大）会议、全市干部大会等重要会议，动员全市上下抢抓历史机遇，为全国制度建设作出重要示范。深圳把科技供给侧结构性改革作为综合改革试点的重要内容，创新实验室管理模式，以综合性国家科学中心、鹏城实验室等落地为契机，探索“不定编制、不定级别、社会化用人”新型科研机构管理机制；创新科技资源配置方式，探索项目经理人、矩阵式科研管理、知识产权池等制度，健全非竞争性、竞争性“双轨制”经费投入机制；承接好外籍高端人才认定权，加快推进外籍人才签证便利化，等等。一系列改革将国家顶层设计与深圳实际需要紧密结合，衔接国内外先进标准，为完善深圳创新生态链、加快构筑科研创新高地、肩负起推进科技自立自强的深圳责任发挥了至关重要的作用。

第二节　建设国家自主创新示范区

一、完善自主创新配套政策

为充分发挥科技对经济社会发展的支撑和引领作用，深圳早在2010年就启动建设国家自主创新示范区的申报工作。2012年11月5日，深圳市委、市政府出台《关于努力建设国家自主创新示范区实现创新驱动发展的决定》及10个配套文件（即“1+10”文件），提出要努力建设国家自主创新示范区，打造科技体制改革的先行区、开放创新的引领区、创新创业的集聚区、战略性新兴产业的先导区，充分激发创新活力，高效配置全球创新资源，全面提升核心竞争力，把深圳建设成为具有世界影响力的国际创新中心。这是对深圳自主创新政策措施和体系的一次全面梳理、深化和补充。

“1+10”文件中，《关于努力建设国家自主创新示范区实现创新驱动发展的决定》提出，到2020年，深圳要形成符合创新驱动发展的体制机制，建成一批面向世界服务全国的重大科技基础设施，掌握一批事关国家竞争力的核心技术，聚集一批具有世界水平的科学家和研究团队，拥有一批世界知名的科研机构、高等院校和骨干企业，科技支撑引领经济社会发展的能力大幅提升。《关于深化科技体制改革提升科技创新能力的若干措施》旨在从促进科技资源优化配置、科研机构建设、创新人才培养、科技成果转化等方面，全面激发全社会创新创业活力，提升科技创新能力。《关于促进科技和金融结合的若干措施》旨在建立科技资源与金融资源有效对接机制，创新财政投入方式，放大政府资金引导作用，吸引社会资本投资科技创新领域，形成多元化、多层次、多渠道的科技投融资体系。《关于促进文化与科技融合的若干措施》旨在加速各类文化元素、内容、形式与科学技术原理、方法和手段的有机结合，实现科技与文化的协同创新、共同提升。《关于加快发展民生科技的若干措施》提出围绕民生和社会发展重大需求，实施科技惠民工程，提升人口健康、生态环境、公共教育、城市安全等领域的技术创新和推广应用能力。《关于促进高技术服务业发展的若干措施》旨在推动重点高技术领域服务业的发展，加快利用高新技术和先进管理方式改造提升传统服务业，构建现代产业发展体系。《关于促进科技型企业孵化载体发展的若干措施》提出实施创业苗圃、孵化器、加速器、科技园区相结合的大孵化器战略，形成全过程、全要素的企业孵化培育生态链。《深圳市促进科研机构发展行动计划（2013—2015 年）》旨在建立适应不同类型活动特点的管理体制和运行机制，加快发展新型科研机构，推动科研机构成为全市产业共性技术研究开发、重大科技成果工程化与产业化的核心基地。重新修订的《深圳市科学技术奖励办法》《深圳市科技计划项目管理办法》

和《深圳市科技研发资金管理办法》，旨在建立健全统筹的科技决策体制，完善科技评价和奖励制度，形成导向清晰、激励约束并重的评价标准和方法。“1+10”文件夯实了深圳自主创新体系全过程政策链，在促进科技资源优化配置、高效聚集、充分共享等方面发挥了积极作用，也为国家科技体制改革探索了新路。

2014 年 5 月 13 日，国务院批复同意支持深圳建设国家自主创新示范区，要求深圳充分发挥创新资源集聚和体制机制灵活的优势，积极开展激励创新政策先行先试，激发各类创新主体活力，加快科技成果转移转化，全面提升自主创新和辐射带动能力，努力建设成为创新驱动发展示范区、科技体制改革先行区、战略性新兴产业聚集区、开放创新引领区和创新创业生态区。这是党的十八大后国务院批准建设的首个国家自主创新示范区，也是我国首个以城市为基本单元的国家自主创新示范区。与北京中关村、武汉东湖高新区和上海张江等三个示范区相比，深圳国家自主创新示范区总面积达 397 平方公里，涵盖全市范围内的产业用地，约为 35 个深圳高新区面积，超过原深圳经济特区面积，相当于再造一个“科技特区”。12 月，科技部印发《深圳国家自主创新示范区发展规划纲要（2015—2020 年）》《深圳国家自主创新示范区空间布局规划（2015—2020 年）》，就深圳增强自主创新能力、打造创新型产业集群、建设创新要素聚集高地、统筹规划空间布局、全面推进开放创新、优化创新发展环境等方面制定了进一步的“行动纲领”。

2015年5月21日至24日，深圳召开第六次党代会，提出在未来五年建成现代化国际化创新型城市和“两区三市”的奋斗目标，其中“一区”即是努力建成更高水平的国家自主创新示范区。会议指出，要全面落实《深圳国家自主创新示范区发展规划纲要（2015—2020年）》，率先形成符合创新驱动发展要求的体制机制，到2020年，全社会研发投入占GDP比重达到4.25%，每万人拥有发明专利76件以上。此后，深圳出台了《深圳国家自主创新示范区建设实施方案》，对示范区建设五大方面109项工作进行了分工。2016年4月出台的《深圳市国民经济和社会发展第十三个五年规划纲要》，也围绕示范区建设提出一系列目标和措施。

2018年1月12日，《深圳经济特区国家自主创新示范区条例》出台并于3月起正式施行。深圳在国家和广东省尚未针对自主创新示范区建设发展制定上位法的情况下，以经济特区法规形式率先立法，在科技、产业、金融、管理和服务及空间资源配置等进行创新变通，形成拓宽财政科技资金投入渠道、让领衔科技专家有更大资源调动权、全链条金融体系服务创新等诸多亮点，为创新活动提供了更有力的法制保障。《条例》为“科技创新”单设一章，把科技创新放在自主创新核心位置，要求不断提高基础研究占财政科技投入比例，允许科研人员以知识产权直接持股，对政府部门的信息互联互通提出明确要求，并对创新型产业用地用房保障做出规定。

二、加快发展战略性新兴产业

深圳自 2008 年首次提出大力发展战略性新兴产业以来，战略性新兴产业发展驶入快车道。2009 至 2012 年间，全市战略性新兴产业增加值从 2265.64 亿元提高到 3982.44 亿元，年均增长 20.5%，占 GDP 比重提升至 29.9%，产业范围由生物、互联网、新能源产业扩大到新材料、文化创意和新一代信息技术产业，产业集聚效应初步显现。在党的十八大报告明确提出"推动战略性新兴产业健康发展"后，深圳进一步加大产业培育力度，加快产业布局，推动产业结构升级，使得战略性新兴产业成为全市经济发展的主引擎。

2013 年 12 月，深圳发布《深圳市未来产业发展政策》，着手培育生命健康、航空航天、海洋等未来产业，构建以"高、新、软、优"为特征的现代产业体系，形成梯次发展的产业结构和新的竞争优势。2014 年 11 月，深圳出台《机器人、可穿戴设备和智能装备产业振兴发展政策》，形成七大战略性新兴产业和四大未来产业的现代产业结构布局。2016 年 12 月，深圳制订实施《战略性新兴产业发展"十三五"规划》，提出以信息经济、生命经济、绿色经济、创意经济等为重点，引领产业向高端化、规模化、集群化发展。

为实现战略性新兴产业跨越攀升，2018 年 11 月 2 日，深圳在对以往政策文件进行全面梳理的基础上，出台了《深圳市关于进一步加快发展战略性新兴产业的实施方案》（以下简称《实施方案》），对战略性新兴产业发展做出新的决策部署。《实施方案》提出"三步走"策略：到 2020 年，支撑和引领战略性新兴产业发展的科技创新硬条件与软环境体系不断完善，重大科技基础设施对源头创新的支撑能力切实增强，在优势领域力争打造出万亿产业集群，在前沿领域争取建成一批带动能力突出、竞争优势明显的千亿级产业集群。到 2025 年，战略性新兴产业科技创新水平国际知名，掌握一批前沿引领技术和现代工程技术，力争培育更多世界五百强企业和一大批创新型企业，建成 10 个以上产业规模超百亿、产业链条完备、产业配套完善的新兴产业集聚区，打造更多千亿级和万亿级优势产业集群。再经过长期的努力，持续突破一批颠覆性技术，成为全球重要的新兴科技与产业创新发展策源地，持续支撑经济更高质量和更可持续发展，为建成竞争力影响力卓著的创新引领型全球城市和粤港澳大湾区国际科技创新中心做出更大贡献。《实施方案》明确，围绕新一代信息技术、高端装备制造、绿色低碳、生物医药、数字经济、新材料、海洋经济等七大战略性新兴产业，实施创新驱动发展战略，促进更多优势领域发展壮大并成为支柱产业，持续引领产业升级和经济社会高质量发展。

《实施方案》还提出，为保障战略性新兴产业发展空间，支持 37 个重点发展片区专业化、高端化、绿色化发展，快速形成“重点突出、错位协同”的产业空间发展格局。37 个重点发展片区包括南山高新区、坂雪岗科技城、空港新城、深港科技创新特别合作区、阿波罗产业集聚区、留仙洞产业集聚区、深圳湾超级总部基地、立新湖片区、宝安燕罗片区、前海片区、光明凤凰城、环西丽湖片区、梅观科技创新走廊、观澜高新园、坪山高新区、梅林—彩田片区、宝龙科技城、国际低碳城、九龙山片区、蛇口片区、光明科学城、大梧桐新兴产业带、清水河片区、大运新城、平湖金融与现代服务业基地、盐田河临港产业带、大鹏环龙岐湾、海山片区、公明片区、沙井片区、尖岗山—石岩南片区、西乡铁仔山科技城片区、新桥东科技城片区、宝安中心区—大铲湾片区、江碧环保产业园、深汕特别合作区。《实施方案》后附《关键领域重点任务（2018—2022年）》，提出聚焦集成电路、人工智能、5G移动通信、新型显示等10个重点领域和增材制造、石墨烯、柔性电子等6个前沿领域，按照2020年、2022年两个重要时间节点，梯次接续、滚动系统实施68项重点任务。

在出台战略性新兴产业配套政策的同时，深圳加大了产业基金投入力度。2012年，深圳市战略性产业发展专项资金规模已达180亿元，共组织实施了六批专项资金扶持计划，扶持产业化项目达296个，扶持资金达11.8亿元，总投资约142亿元。[①] 2017年3月起，深圳对历年专项资金使用情况开展绩效评估，着手编制《深圳市战略性新兴产业发展专项资金扶持政策》，并于2018年11月正式印发实施。《扶持政策》提出设立市战略性新兴产业发展专项资金，对提高自主创新能力和促进产业高端发展的企业进行多元化扶持，对创

①《深圳特区科技》杂志社编：《2013年深圳科技年鉴》，深圳报业集团出版社2013年版，第16页。

新载体最高支持 3000 万元，对高技术产业化项目最高给予 1500 万元资助。为补足市属国资国企在战略性新兴产业发展领域的短板，2019 年 8 月，深圳成立市属重大产业投资集团有限公司，构建重大产业的发现平台、引导平台和投资管理平台，进一步服务战略性新兴产业培育和孵化。

此后，深圳在技术、资金、人才、准入、监管、标准、知识产权等方面进行了系统谋划，修订出台新一轮战略性新兴产业发展政策，多措并举、持续创新，全面营造一流的产业发展生态，促进战略性新兴产业加快发展壮大。至 2020 年底，深圳战略性新兴产业增加值达 10272.72 亿元，占地区生产总值比重 37.1%。其中，新一代信息技术产业增加值 4893.45 亿元，数字经济产业增加值 1601.03 亿元，高端装备制造产业增加值 1380.69 亿元，绿色低碳产业增加值 1227.04 亿元，海洋经济产业增加值 427.76 亿元，新材料产业增加值 334.50 亿元，生物医药产业增加值 408.25 亿元。① 战略性新兴产业已发展为深圳经济增长的新支柱和主要动力，深圳也成为国内战略性新兴产业规模最大、聚集性最强的城市。

三、重点打造十七个增长级

自 2010 年 7 月深圳经济特区范围扩大到全市后，深圳采取科技驱动“重点区域开发建设”策略，积极提升城市精细化管理水平。2013 年下半年，深圳开始筹划开发建设一批

① 数据来源：2020 年深圳经济运行和进出口情况。

重点区域，通过提升重点地区开发能级，为产业转型升级和科技创新发展提供新的增长极。

2014 年 2 月，深圳市政府常务会议审议通过《关于加快推进深圳市重点区域开发建设的实施意见》，强调坚持质量第一，立足国际一流，高水平开发建设若干重点区域，全面提升产业核心竞争力、技术创新能力和可持续发展能力。同时，建立由市长担任总指挥的指挥部体制，统筹协调并抓好重点企业引进和重大项目建设，加快区域转型升级、区域结构优化。当年，深圳确定了 13 个重点发展区域，2017 年增至 17 个，包括：深圳湾超级总部基地、留仙洞战略性新兴产业总部基地、平湖金融与现代服务业基地、国际低碳城、坂雪岗科技城、深圳国际生物谷坝光核心启动区、大空港新城、深圳北站商务中心区、光明凤凰城、坪山中心区、宝安中心区、大运新城、笋岗—清水河片区、福田保税区、高新区北区、梅林—彩田片区、盐田河临港产业带等。

17 个重点区域的固定资产投资增速高于全市平均水平，有的甚至达到全市平均水平两倍。除深圳北站商务中心区、大运新城等少数区域以商务办公、生活休闲功能为主外，绝大部分重点区域以产业发展和科技创新驱动为主，吸引集聚了一大批战略性新兴产业的企业和项目。其中，平湖金融与现代服务业基地、国际低碳城、坂雪岗科技城形成了金融科技、低碳科技和智能制造产业集群，深圳湾超级总部基地引进了中国电子、深圳数码、中兴通讯、深圳碳云数字生命科技等企业总部，留仙洞战略性新兴产业总部基地引进了优必选、深信服、光峰光电、航天工业、大疆科技等战略性新兴产业企业，光明凤凰城引进了华星光电 11 代生产线以及全球最薄、抗伸缩性最强的偏光板生产线，国际低碳城引进了柔宇科技的全球第一条类 6 代超薄彩色全柔性显示屏生产线。国际生物谷坝光核心启动区成为深圳生物医药、生命健康、海洋等新兴产业的重要布局点，引进了“DNA 之父”詹姆斯·沃森的沃森生命科技中心、诺贝尔奖得主巴里·马歇尔的实验室、美国三院院士伯纳德·罗兹曼的罗兹曼转化医学研究院等。梅林—彩田片区重点打造“深圳智谷”，构建以人工智能、智能装备、智慧城市产业为重点、互联网技术为支撑的新一代信息技术产业集群。空港新城、高新区、坂雪岗科技城、国际生物谷等 4 个重点区域入选《广深科技创新走廊规划》提出的十大核心创新平台。

2018 年 8 月，深圳制定《深圳市重点区域质量型开发建设指引导则》和坪山中心区、坂雪岗科技城扩容实施方案，强调“要用最先进的理念、最好的技术、最优的方案、最高的标准，高水平推动重点区域建设，打造引领粤港澳大湾区建设的新名片”。11 月，留仙洞总部基地、梅林—彩田片区、盐田河临港产业带、深圳湾超级总部基地、宝安中心区、光明凤凰城、坪山中心区、大运新城、国际低碳城等 9 个重点区域入选全市 37 个创新节点。17 个重点发展区域成为深圳新的增长极，为深圳产业和科技创新提供了广大的空间支撑。

四、实施“十大行动计划”

为补齐全市科研院所数量和质量欠缺、基础研究人才匮乏、原始创新能力不足等短板，2017年起，深圳着手实施新一轮创新发展战略布局，启动“十大行动计划”，即布局十大重大科技基础设施、设立十大基础研究机构、组建十大诺贝尔奖科学家实验室、实施十大重大科技产业专项、打造十大海外创新中心、建设十大制造业创新中心、规划建设十大未来产业集聚区、搭建十大生产性服务业公共服务平台、打造十大“双创”示范基地、推进十大人才工程。2017年5月1日，市政府印发《加快深圳国际科技产业创新中心建设总体方案》及“十大行动计划”建设实施方案，全面开启建设国际一流科技产业创新中心征程。

（一）建设十大重大科技基础设施

《深圳市十大重大科技基础设施建设实施方案》提出，要前瞻谋划和系统布局国家重大科技基础设施，提升深圳原始创新能力，到2020年建成3至5个国家重大科技基础设施，到2030年国家重大科技基础设施全部建成并投入运营，在生命科学、信息技术、空间探索、材料科学等领域实现跨越发展，初步建成综合性科学中心。十大国家重大科技基础设施包括已启动的未来网络实验室、深圳国家基因库（二期）、国家超级计算机深圳中心（二期），拟建的空间环境地面模拟拓展装置、空间引力波探测地面模拟装置、多模态跨尺度生物医学成像设施等，预研和布局的脑解析与脑模拟重大基础设施、人造生命设计合成测试设施、生物医学大数据基础设施等。2020 年 7 月，深圳提出将启动首批 12 个重大科技基础设施项目，总投资达到 472 亿元。

（二）设立十大基础研究机构

《深圳市十大基础研究机构建设实施方案》提出，重点在数学、医学、脑科学、新材料、数字生命、金融科技、量子科学、海洋科学、环境科学、清洁能源等领域布局建设基础研发机构。首批十大基础研究机构包括数字生命研究院、生命科学研究院、量子科学与工程研究院、数学研究院、脑科学国际创新研究院、健康科学研究院、海洋科学与技术研究院、环境科学研究院、金融科技基础研究院等。截至 2020 年底，深圳已启动建设 13 家基础研究机构。

（三）组建十大诺贝尔奖科学家实验室

《深圳市十大诺贝尔奖科学家实验室建设实施方案》提出，加大对以诺贝尔奖科学家为代表的全球顶尖创新团队的支持力度，全面提高深圳国际科技产业合作的质量和水平。首批推进的诺贝尔奖科学家实验室包括：格拉布斯研究院、中村修二激光照明实验室、瓦歇尔计算生物实验室、诺沃肖洛夫新材料实验室、莫索尔生物医学光学实验室、科比尔卡创新药物开发和转化医学实验室等。2018 年 1 月，深圳市科创委颁布《深圳市诺贝尔奖科学家实验室组建管理办法（试行）》，对诺贝尔奖科学家实验室的建设及运行管理进一步予以规范和加强，强调对已建成的实验室采取定期评估、动态调整的管理方式。截至 2020 年底，深圳已批准授权格拉布斯研究院、中村修二激光照明实验室、马歇尔生物医学工程实验室、盖姆石墨烯中心等 11 家诺贝尔奖科学家实验室。

（四）实施十大重大科技产业专项

《深圳市十大重大科技产业专项实施方案》提出，为加快培育新的经济增长动力，增强创新型经济发展后劲，选择具有相对优势的战略领域，出台专项支持计划，加速创新成果转化及产业化。十大重大科技产业专项包括 5G 移动通信、石墨烯、虚拟现实和增强现实、机器人与智能装备、微纳米器材与器件、生物技术与精准医疗、智能无人系统、新能源汽车、金融科技、增材制造和激光制造等。2017 年至 2020 年，深圳每年对每个战略性新兴产业和未来产业安排 5 亿元专项资金，对重大科技产业专项予以支持。

（五）打造十大海外创新中心

《深圳市十大海外创新中心建设实施方案》提出，加大开放创新布局力度，支持企业和机构在美国、欧洲、加拿大等创新资源高度密集地区，规划建设 10 个海外创新中心，构建国际协同创新平台。首批推进的海外创新中心有美国波士顿海外创新中心、美国旧金山海外创新中心、美国西雅图海外创新中心、法国伊夫林海外创新中心、英国伦敦海外创新中心、以色列特拉维夫—海法海外创新中心、加拿大多伦多海外创新中心等。

（六）建设十大制造业创新中心

《深圳市十大制造业创新中心建设实施方案》提出，按照国家制造强国战略，围绕重点领域建设深圳制造业创新中心，构建能够承担从技术开发、转移扩散到商业化的新型载体。十大制造业创新中心分别是：石墨烯制造业创新中心、中德微纳米制造业创新中心、3D 打印制造业创新中心、智能制造无人系统制造业创新中心、智能海洋装备制造业创新中心、5G 移动通信制造业创新中心、太赫兹制造业创新中心、新一代显示制造业创新中心、激光制造及机器人制造业创新中心、新能源汽车制造业创新中心等。

（七）规划建设十大未来产业集聚区

《深圳市十大未来产业集聚区规划建设实施方案》提出，要打造一批产业特色鲜明、产业链完整、龙头企业主导、创新能力突出、辐射带动作用强的产业集聚区，到 2020 年力争培育 2 至 3 个千亿级产业集群和若干个百亿级产业集群。2017 年 5 月，深圳启动首批未来产业集聚区建设，包括龙岗阿波罗、南山留仙洞、龙华观澜高新园、大鹏坝光等 7 个集聚区，涵盖生命健康、军工、航空航天、机器人、智能装备等未来产业。2018 年 11 月，深圳新一批 8 个新兴产业集聚区正式授牌，包括福田深港科技创新特别合作区、罗湖大梧桐新兴产业集聚区、宝安大空港新兴产业集聚区、光明石墨烯新兴产业集聚区等，涵盖人工智能、生物与生命健康、石墨烯、第三代半导体、集成电路、航空航天、海洋、智能装备等新兴产业。至 2020 年底，深圳共授牌 15 个新兴产业集聚区。

（八）搭建十大生产性服务业公共服务平台

《深圳市十大生产性服务业公共服务平台建设实施方案》提出，在标准、计量、检验检测和认证认可等质量基础设施领域打造高水平公共服务平台，充分发挥生产性服务业在提升经济发展质量和产业结构优化调整中的作用。2017 年 6 月，深圳为较成熟的 8 个平台建设单位授牌。2018 年 9 月，《深圳市生产性服务业公共服务平台管理办法》出台，进一步规范和加强了平台认定及专项经费管理。十大生产性服务业公共服务平台包括：国家环保产品质量监督检验中心、医疗器械检测和生物医药安全评价中心、深圳出入境检验检疫综合技术中心、绿色建筑性能质量检测认证平台、深圳市产业计量基础公共技术平台、国家分布式光伏发电系统质量监督检验中心（广东）、国家口岸药品检验服务平台、中药材与植物药检测中心、电子电器有毒有害物质检测中心、锂离子电池安全技术标准服务平台。至 2020 年底，深圳又新增了新一代智能终端检测认证、智联网联汽车电子产品公共检测、新一代移动通信（5G）产品检测认证等服务平台。

（九）打造十大“双创”示范基地

《深圳市十大创新创业基地建设实施方案》提出，高水平建设一批创新创业基地，扶持一批创新创业支撑平台，构建创新创业发展生态。2017 年 3 月，深圳举行首批创新创业基地授牌仪式，华强北、大梧桐新兴产业带、坂田等 3 个区域创新创业基地，清华大学深圳研究生院、深圳大学、深职院等 3 个高校与科研院所创新创业基地，以及腾讯、前海深港（国际）、深圳湾、国际低碳清洁技术创新中心等 4 个企业创新创业基地入选。

（十）推进十大人才工程

《深圳市十大人才工程实施方案》提出，提升深圳科技、产业人才队伍的规模和质量，到 2020 年聚集海内外院士、诺奖得主等杰出人才 100 名左右，海内外高层次人才超过 1.5 万名，高层次创业团队超过 200 个，专业技术人才 180 万名，技能人才 390 万名，留学归国人员总量 12 万名，到 2030 年科技人才整体创新能力接近硅谷、以色列等先进地区，汇聚一大批世界一流科学家、顶尖科技专家，基本建成全球创新人才高地。十大人才工程包括：杰出人才培养引进工程、创新型科技人才量质双优工程、基础研究人才集聚工程、创新型企业家培育工程、产业急需紧缺人才引进工程、技能型人才培育工程、金融人才集聚工程、专业服务人才聚集工程、海外优秀大学生引进工程、党政干部专业能力培养提升工程等。

五、支持企业建设研发中心

深圳历来注重发挥企业在技术创新决策、研发投入、科研组织和成果转化中的主体作用。2012 年 11 月，市委、市政府印发《关于努力建设国家自主创新示范区实现创新驱动发展的决定》，提出将完善以企业为主体的技术创新体系放在首位，支持企业参与国家重大科技专项和科技计划，承担国家工程实验室、国家重点实验室、国家工程中心的建设任务，与高等院校、科研机构联合组建研发平台和科技创新联盟。当年，深圳新增各类实验室 35 家，其中市级重点实验室 31 家，省级重点实验室 4 家，在企业组建的重点实验室 4 家，共资助基础研究项目 474 项。

2013 年 12 月，《深圳市未来产业发展政策》颁布，决定对企业建设的研发中心给予不同金额的配套资金支持。企业建立的市级工程实验室、重点实验室、工程（技术）中心、企业技术中心，支持专项资金最高 500 万元；承担的国家工程实验室、国家重点实验室、国家工程中心等，支持专项资金最高 1500 万元。2016 年 3 月，深圳市委、市政府制定《关于促进科技创新的若干措施》，将对国家工程实验室、国家重点实验室、国家工程（技术）中心、国家企业技术中心、国家制造业创新中心的支持力度提高到 3000 万元，将对承担省、市级研发中心的支持力度提高到 1000 万元。当年，深圳建有维力谷无线技术、科陆电子、贝特瑞、科士达、迈瑞、华润三九、金证科技等多家国家级企业技术中心。

2017 年 5 月，深圳颁布《十大制造业创新中心建设实施方案》，提出要围绕 5G 应用、新型显示、集成电路、机器人、增材制造、石墨烯等 10 个领域建设制造业创新中心。由华讯方舟成立的深圳市太赫兹制造业创新中心，是全市首个制造业创新中心。依托深圳市先进石墨烯应用技术研究院、清华大学深圳研究院、深圳烯旺新材料科技股份有限公司等共同发起的深圳市石墨烯产业技术创新中心，是石墨烯科学技术应用转化的重要产学研平台。8 月，中集集团、海油工程、中兴通讯等 13 家企业联合成立深圳市智能海洋工程制造业创新中心，聚焦智能化与高端装备的研发应用。9 月，深圳光韵达光电科技股份有限公司牵头建立的深圳市 3D 打印制造业创新中心成立，瞄准 3D 打印产业领域国内外先进水平发力。2020 年 4 月，工业和信息化部批复同意广东省高性能医疗器械创新中心升级为国家高性能医疗器械创新中心，以深圳高性能医疗器械国家研究院有限公司为依托单位开展组建工作。这是全国组建的 16 个国家制造业创新中心之一，是深圳首家国家制造业创新中心，也是我国唯一的国家高性能医疗器械创新中心。至 2020 年底，深圳已经布局 9 家制造业创新中心。

跨国科技企业也积极在深圳设立区域性研发中心。苹果华南运营中心和研发中心、高通深圳创新中心、微软教育产业联盟创新中心、埃森哲深圳全球创新研发中心等先后在深圳设立。2019 年，空中客车（中国）创新中心在深圳成立，这是空客在亚洲设立的首个创新中心，开启了空客与深圳在前沿科技领域的深度合作。2020 年，丰田—比亚迪联合电动车研发中心在深圳成立，实现了比亚迪在纯电动车市场的竞争力、研发能力与丰田在品质、安全方面的强强联合。

人勤春来早，风正好扬帆。通过多年努力，深圳各类研发机构蓬勃增长。2012 年时，深圳有国家级重点实验室、国家工程实验室、国家工程中心、国家技术中心 43 家，到 2020 年底，已增长至 104 家，增长 141.9%；省级重点实验室、省级工程实验室、省级工程中心从 46 家增长至 954 家，增长 21 倍；市级重点实验室、市级工程实验室、市级工程中心和技术中心从540家增长至1308家，增长142.2%。至2020年底，全市各类创新载体达2681家。深圳逐步成为全球知名的创新之都。

2012年和2020年创新载体与研发平台数量对比[①]

	2012年			2020年		
	国家级	省级	市级	国家级	省级	市级
重点实验室	9	16	141	15	57	282
工程实验室	12	5	152	36	12	448
工程中心	6	25	135	18	885	272
技术中心	16	—	112	35	—	306
合计	43	46	540	104	954	1308

六、发展创客空间和孵化器

深圳具有完整的电子制造产业链、完备的创新生态体系和适合创客发展的良好环境。华强北是全亚洲数一数二的电子元器件集散地，创客能够以相对低廉的成本将创意变成产品。2014年，第十六届高交会主会场设立了专门的创客专区，亮相的创客项目达30多项，成为该届高交会新亮点。

2015年，深圳创客机构开始崭露头角，有一定规模的创客空间达20余家，其中前海深港青年梦工场、柴火创客空间、矽递、开放制造空间、HAX智能硬件孵化器、创客

① 表格中的国家级工程实验室数量，包含国家工程实验室和国家地方联合工程研究中心（工程实验室）两项。

工场和开源创客坊等具有较高的知名度和影响力。1 月 4 日，中共中央政治局常委、国务院总理李克强在深圳考察了柴火创客空间，体验年轻创客的创意产品。李克强说："你们的奇思妙想和丰富成果，充分展示了大众创业、万众创新的活力。这种活力和创造，将会成为中国经济未来增长的不熄引擎。"① 3 月，李克强在政府工作报告中指出，"推进大众创业、万众创新，打造发展新引擎，既可以扩大就业，增加居民收入，又有利于促进社会纵向流动和公平正义。"6 月，国务院发布《关于大力推进大众创业万众创新若干政策措施的意见》，强调进一步加快落实高校、科研院所等专业技术人员离岗创业政策，促进创业和创新的发展。大众创业、万众创新的时代潮流在全国蓬勃涌动。

深圳迅速响应党中央、国务院号召，于 6 月先后发布《深圳市促进创客发展三年行动计划（2015—2017 年）》（以下简称《行动计划》）、《深圳市关于促进创客发展的若干措施》（以下简称《若干措施》）、《深圳市创客专项资金管理暂行办法》（以下简称《暂行办法》）等文件，为"双创"提供全方位支撑。《行动计划》提出要把深圳建设成交流广泛、活动聚集、资源丰富、创业活跃的国际创客中心，依托现有孵化载体和旧工业区改造，实现从 2015 年开始每年新增 50 个创客空间、到 2017 年底创客空间数量达到 200 个的

① 李克强：《没有制度创新，科技创新就无从依附》，新华网，2015 年 1 月 4 日。

目标。《若干措施》从建立完善创客空间、培育创客人才队伍、强化创客公共服务、营造创客文化环境、拓宽创客融资渠道、加强财政资金引导等六方面，提出促进创客发展的具体措施。《暂行办法》则明确了对创客的具体资助办法，对新建、改造提升创客空间或者引进国际创客实验室给予最高500万元的资助，对于减免租金为创客提供创新创业场所的单个创客空间给予最高100万元的资助，对孵化器建设和能力提升单个项目最高资助300万元。

2015年6月，在科技部大力支持下，主题为“创客深圳”的首届深圳国际创客周主会场在深圳湾创业广场成功举办，吸引了35个国家和地区的26.7万人次参加。国际创客周还开展了系列主体性创客活动，如主会场全球创客市集、中国创新创业大赛创客赛、深圳创客高峰论坛、国际微观装配实验室（Fab Lab）展，依托深港青年梦工场设立深港（国际）青年创客营等。2016年10月12日至18日，全国大众创业万众创新活动周举行，主会场设在深圳，李克强亲自出席并主持召开中外创客领袖座谈会，与来自12个国家和地区的87位知名创客进行了一场创新思想的碰撞。腾讯公司马化腾、苹果公司库克、德国iF设计大奖组委会威格曼、阿里巴巴集团马云等先后发言。此次全国双创活动周以“发展新经济、培育新动能”为主题，邀请全球数十位创新创业领域的嘉宾、32位“创响中国”活动代表、250位创业代表参加，通过主题展示、全球创客马拉松、创客工坊等多个精彩纷呈的主题活动，全面展示全国双创成果，融合全球创新创业理念，激发创新创业活力。在全国双创周活动期间，深圳同步举行了第二届国际创客周，共举办 169 场活动，吸引 290 个单位参展，展品数量达 1200 余件，其中由国际团队参与或合作的展品占四分之一。至 2020 年底，深圳连续 5 年举办全国双创周深圳活动、举办 6 届国际双创周，广大创客通过多种形式交流创业经验，对接创客项目，形成了深圳“双创”潮流、“双创”模式。

深圳还通过多种途径建设和拓展“双创”空间。一是以龙头及骨干企业为核心，围绕企业主营业务，与各类创客群体有机结合建设众创空间。二是以高等院校、科研院所为核心，发挥专业优势，以成果转化为内容，提供有效源头技术供给为特点，建设众创空间。2020 年底，由国务院参事室指导、深圳市社科联主办的《深圳“大众创业、万众创新”研究（2018）》成果发布，深圳双创综合指数蝉联全国首位，深圳也成为全国科创资源配置质量最高的城市。

七、拓展创新发展空间

产业空间是支撑科技创新的重要载体。在深圳新增建设用地空间资源紧缺条件下，如何让存量产业用地提容增效显得极为紧迫。2011 年，深圳制定《关于推进土地整备工作的若干意见》，后来又陆续出台多项政策文件，初步构建了以房屋征收、历史遗留问题处理、利益统筹等为核心的土地整备政策体系。通过空间统筹、政策统筹、规划统筹、建设统筹，全市产业用地规模由小变大、政府储备土地由少变多、产业空间布局由分散到集聚、土地利用效益由低到高，为重大项目落地打好了“提前量”。

2017年，《深圳市十大未来产业集聚区规划建设实施方案》提出，要加强集聚区内违法建筑整治、土地整备、建设用地清退、城市更新等工作，为集聚区发展提供空间保障。此后，深圳将土地整备特别是较大面积产业用地整备作为拓展产业空间工作的重中之重，积极推进光明科学城启动区及核心大装置区片区、高新北产业片区、大铲湾片区、坝光产业片区等多个产业片区的整备工作，保障了“互联网+”未来科技城、华星光电、乐高基地等一大批重大产业项目的用地供应。深圳还建立起土地整备常态化申报和动态调整机制，鼓励集聚区内符合条件的旧工业区实施复合式更新，以“带产业项目”方式供应用地。市政府陆续出台《深圳市总部项目遴选及用地供应管理办法》《深圳市工业及其他产业用地供应管理办法》和《深圳市地价测算规则》，对产业空间土地供应予以保障和规范，建立了“遴选+供应+监管”的全链条用地供应机制。

2019年1月，深圳出台《扶持实体经济发展促进产业用地节约集约利用的管理规定》，从适用范围、实施路径、地价标准、审批机制等方面，对产业用地容积调整等相关事项进行了全面系统规定。11月，深圳首次一次性推出30平方公里土地面向全球进行产业招商，重点布局重大创新载体、新兴产业集群和产业链重点领域关键环节三大方向，让更多优质企业参与深圳发展。这30平方公里产业空间有三个特点：一是用地成片、规模大，集中分布在36个片区，大部分都有1平方公里以上，个别达到4平方公里，可满足不同规模项目的需求；二是空间分布广，在各区都有分布，其中市域内25平方公里，深汕特别合作区5平方公里；三是产业类型多，36个片区功能定位涵盖总部基地、先进制造业、科研教育、文化旅游、金融服务、人工智能、海洋产业等多个领域，可满足不同产业领域企业的需求。

2020年6月，深圳印发《关于打造高品质产业发展空间促进实体经济高质量发展的实施方案》，针对260平方公里工业区现状，提出打造“两个100平方公里产业空间”的总体目标。一是保留提升100平方公里工业区，通过划定范围并长期锁定，全面保障对深圳具有战略性、支撑性意义的实体产业空间需求，加大政策精准扶持力度，形成预期稳定、成本适中、集约高效的先进制造业集聚区，同时为整备改造区内优质企业的安置提供空间。二是整备改造100平方公里产业空间，重点完成土地整备25平方公里、连片升级改造25平方公里，结合近年已整备入库的20平方公里，并在深汕特别合作区内整备约30平方公里产业用地。

在全力拓展产业发展空间的同时，深圳在全国首次提出“创新型产业用房”理念，即为满足创新型企业发展的空间需求，由政府主导并按政策出租或出售的政策性产业用房。除传统意义的工业厂房外，创新型产业用房还包括与生产关系密切的孵化器、加速器等研发用房、运营管理以及相关配套用房等。根据企业需求，可将其划分为研发运营型和生产型两种产业用房。深圳早有前瞻眼光，在 2008 年 9 月就推出《创新型产业用房建设方案》，正式提出通过建设创新型产业用房拓展创新空间。2009 年、2010 年颁布的《深圳市城市更新办法》《关于深入推进城市更新工作的意见》，均要求在城市更新过程中落实创新型产业用房，通过出售或者出租方式，为创新型产业提供空间保障。2013 年 1 月，《深圳市创新型产业用房管理办法（试行）》发布，明确要求城市更新的产业类项目按一定比例配建创新型产业用房，并确定政府回购价格，对政府不回购的，则按照政府拟定的基准价和准入条件租售，保障创新型企业以较低的成本获得创新型产业用房。

2016 年 1 月，《深圳市创新型产业用房管理办法》正式出台，规定入驻创新型产业用房的企业所在产业领域为生物、互联网、新能源、新材料、文化创意、新一代信息技术和节能环保等战略性新兴产业；生命健康、海洋、航空航天以及机器人、可穿戴设备和智能装备等未来产业；先进制造业、现代服务业、优势传统产业及深圳市产业发展规划中重点支持的其它产业。创新型产业用房的租金水平处于同档次同片区产业用房市场评估价格的 30% 至 70%。8 月，《深圳市城市更新项目创新型产业用房配建规定》发布，将一般城市更新项目的创新型产业用房配建比例统一调整为 12%；对城市更新项目位于《深圳经济特区高新技术产业园区条例》适用范围的高新园区配建比例有所区分，如权利主体为高新技术企业配建比例为 10%，权利主体为非高新技术企业、合作开发主体也为非高新技术企业，配建比例则为 25%。2017 年，深圳集市规划国土委、发展改革委、经贸信息委、科创委等产业主管部门及各区政府（管委会）合力，搭建起统一、公开、常设性的“深圳市产业用地用房供需服务平台”，为成长期中小型企业提供创新型产业用房申请、优质市场园区入驻、平台专享金融服务和企业空间需求申报等 4 大服务，实现了产业用房供需之间的高效链接及创新型产业用房资源的公开优化配置。同年底，市政府印发《深圳市产业用房供需服务平台管理工作规则（试行）》，该平台有了正式的操作规则。通过加大创新型产业用房供给，深圳的创新型企业能以低于市场的价格获得产业载体，降低运营成本，提高竞争力，从而进一步激发了自主创新动能。

第三节　创新企业进入世界前列

一、4G/5G 技术攻入“无人区”

移动通信是国家关键基础设施，是全球科技创新和国家竞争力的战略必争高地。三十年多来，我国经历了“1G 空白、2G 跟随、3G 突破”的发展过程。2005 年全球进入 4G 标准竞争热潮，华为、中兴通讯等深圳企业在其中逐渐脱颖而出，取得了多项世界“第一”，成为 4G 时代的领跑者。2013 年，华为跃升全球第一大通信设备商。2015 年，中兴通讯跃居全球第四大通信设备商。华为、中兴通讯所主要参与完成的“第四代移动通信系统（TD-LTE）关键技术与应用”项目，荣获 2016 年度国家科学技术进步奖特等奖。这一项目突破了重大核心技术，提出并主导 TD-LTE 国际标准，实现了全产业链的群体突破并在全球广泛应用，成为我国移动通信产业发展的历史转折。

近年来，华为、中兴通讯率先在 5G 技术领域布局，多个领域处于全球第一。在 2016 年 6 月召开的全国科技创新大会上，华为创始人任正非做了题为“以创新为核心竞争力为祖国百年科技振兴而奋斗”的汇报，提到华为“正在本行业逐步攻入无人区，处在无人领航，无既定规则，无人跟随的困境”。华为在多个国家建立了5G创新研究中心，成为欧盟5G项目主要推动者、英国5G创新中心(5GIC)的发起者。2019年1月9日，华为“5G刀片式基站”凭借创新性采用统一模块化设计等技术突破，获得2018年度国家科学技术进步奖一等奖。华为还率先在智能手机中推行5G大规模应用，2019年初发布全球首款5G基站核心芯片——华为天罡，在集成度、算力、频谱带宽方面取得突破性进展；7月发布国内首个取得入网许可证的5G智能手机Mate20X5G版。至2019年底，华为5G承载解决方案已在全球超过91家运营商部署，华为全球5G标准必要专利总量第一，成为全球5G赛道的领跑者。

中兴通讯也处在5G产业化的第一阵营。中兴通讯把5G作为核心发展战略，形成完整的5G端到端解决方案，持续推进5G技术创新及标准验证，与全球70多家运营商和300多家行业客户展开5G业务合作。2020年10月，中兴通讯宣布其自主研发的7nm核心芯片已实现市场商用。至当年底，中兴通讯在5G战略全球专利布局超过5000件，对5G标准必要专利声明位居全球第三。

在华为、中兴通讯等一大批5G技术龙头企业和行业应用领军企业一路迈入“无人区”的同时，深圳市委市政府也推出了系列前瞻性的扶持政策，充分发挥全市5G产业链优势和5G基础设施规模效应，全力抢抓5G产业发展窗口机遇。2019年9月，《深圳市关于率先实现5G基础设施全覆盖及促进5G产业高质量发展的若干措施》出台，围绕促进

5G 产业高质量发展制定六个方面 23 条具体措施，提出努力将深圳建设成为世界级 5G 产业标杆城市的目标。2020 年 7 月，《深圳市关于加快推进新型基础设施建设的实施意见（2020—2025 年）》出台，提出率先建成“万物互联、数智融合、技术引领”的信息基础设施体系，实现 5G 网络及智能计算发展全球领先，构建覆盖“5G+ 千兆光网 + 智慧专网 + 卫星网 + 物联网”的通信网络基础设施体系。12 月，深圳举办 2020 全球 5G 应用大赛（中国 · 深圳）颁奖礼，市委书记王伟中向全球发出深圳 5G 应用合作邀请，欢迎海内外 5G 行业创新创业者来深发展、实现梦想，服务全球、赢得未来。会上发布的《关于大力促进 5G 创新应用发展的若干措施》，从场景、技术、场频、网络等多个维度，支持提升全链条技术及产品创新能力，在全国率先培育完善的 5G 应用生态。这一系列扶持政策，不仅进一步助推华为、中兴通讯等龙头企业争夺科技制高点、在“无人区”先行探索，也推动深圳成长为全球 5G“第一城”。当年 8 月，深圳宣布在全国率先实现 5G 独立组网全覆盖，全市 5G 基站累计建成超过 4.6 万个，基站密度国内第一，5G 标准必要专利总量全球领先，5G 产业规模、5G 终端出货量全球第一。深圳率先迈入 5G 时代。

二、新兴技术跻身世界前沿

除 4G/5G 技术外，深圳的光启、华大基因、大疆创新、柔宇科技、比亚迪、华讯方舟等科技企业在超材料、基因测序、无人机、新能源汽车、新型显示、太赫兹等技术领域逐步跻身世界前沿，从“并跑”走向“领跑”。

（一）超材料专利授权数量全球第一

超材料是指具备反直觉的特殊性能的人造材料。2006 年，美国杜克大学团队用超材料微结构展示了对光学变换“隐身衣”的近似实验模型，在 *Science* 杂志发表。2009 年，该研究组的刘若鹏、季春霖等在 *Science* 杂志上发表宽频带的隐身衣，解决了超材料大规模和大带宽的设计问题，引发业界轰动，推动了超材料从科学向技术的转化。

2010 年，年仅 26 岁的刘若鹏及其团队回国，在深圳成立光启高等理工研究院。2011 年 12 月，由光启高等理工研究院牵头组建的超材料电磁调制技术国家重点实验室揭牌，这是深圳四大设在企业的国家重点实验室之一，重点任务是瞄准国际超材料领域发展方向和前沿，开展超材料电磁调制技术应用基础研究和高技术研究。依托该实验室，光启又建立了 5 个国家级创新平台，13 个省级市级重点实验室、工程实验室，以及博士后科研工作站，确保超材料源头创新技术的持续开发能力。2012 年 4 月，光启高性能计算中心启用，这是全球首个超材料高性能计算中心，拥有计算能力可达 700 万亿次 / 秒的超级计算机集群和上亿种微结构的全球首个超材料人造微结构数据库，极大缩短了基底材料的自主研发周期。

2012 年 7 月，光启全面推进超材料技术的大规模产业化应用，全球第一条超材料中试线在坂田投产运营，在世界范围内率先实现从0到1的超材料技术产品规模化生产制备，开创超材料设计、超算、制造、生产、检测、标准的全产业链体系。2015年1月，光启投建大鹏葵涌空间材料中试基地，从事纤维复合材料、浮空器囊体产品的研发、设计和生产工作。2019年12月，光启建设完成超材料尖端装备产品电磁性能检测中心，该检测中心的紧缩场微波暗室是华南地区规模最大、功能最全的大型综合紧缩场检测中心，测试能力居行业领先水平。截至2020年7月，光启超材料领域的专利申请量达3618件，授权2070件，超材料申请量和授权量均位列全球第一，实现了超材料底层技术专利覆盖，成为中国率先形成专利全覆盖的企业。

（二）基因测序能力全球领先

基因测序是现代生物技术的重要基石。2015年，美国Illumina公司首次将人全基因组测序价格降至1000美金，2018年，华大基因率先将个人全基因组测序价格下降至600美金。成本的持续下降促使基因数据产出井喷，带动生命科学和生物技术产业应用的全面兴起，推动以基因检测为核心技术支撑的精准医学快速发展。

华大基因是全球基因行业的开拓者、全球最大的基因组学研发和基因测序机构，也是全球屈指可数的基因大数据中心、科学技术服务提供商和精准医疗服务运营商，被《自然》杂志称为“基因测序世界工厂”。2011年，华大基因的基因测序及基因组分析能力就已位居全球第一。2013年，华大基因完成对人类基因精准测序企业Complete Genomics的收购，实现基因测序仪器国产化，并于 2015 年相继推出完全自主知识产权、具有国际先进水平的高通量测序系统“超级测序仪”及桌面化测序系统。2018 年 10 月，华大基因发布自主研发的超高通量基因测序仪 MGISEQ-T7，可一天完成 60 例个人全基因组测序，日产出数据达 6Tb，是当时全球日生产能力最强的基因测序仪。

近年来，华大基因持续加大研发投入，取得一系列重要的专利成果。截至 2020 年底，华大基因（含 CG）已申请国内外专利 3700 余件，累计获得授权发明专利 1200 余件，境外专利授权 300 余件，累计参与起草并发布的标准达 200 余项，填补多项行业空白。

（三）无人机品牌形成全球影响力

深圳是全球最重要的无人机生产基地，被誉为“无人机之都”。截至 2020 年底，全市拥有无人机企业 1200 家，消费类无人机占全球 80% 市场份额，工业级无人机占国内 60% 市场份额，年产值规模超过 500 亿元，涌现出大疆创新等多家在全国乃至全球占重要地位的企业。

2006 年，汪滔创立大疆创新，将在香港孵化成功的无人机控制系统和云平台等科研成果在深圳实现产业化。当时，深圳及周边已形成完善的硬件配套，如众多的纤维材料企业为无人机制造提供机体、外壳和主要结构件，发达的手机产业及配套为无人机产业提供外壳、精密零部件、电池、摄像头等。伺服电机是机器人产业发展的核心技术，深圳在公共服务和研发领域对磁性材料也给予了关键性支持，为无人机产业提供关键的微型电机。不同领域、不同环节几百家相关企业的聚集造就了无人机产业在深圳的崛起，也为几百家相关企业提供了新的广阔市场。① 大疆创新充分利用这种产业链配套优势，逐步研发推出 ACE 系列直升机飞控系统、多旋翼飞控系统、筋斗云系列专业级飞行平台、多旋翼一体机 Phantom、Ronin 三轴手持云台系统等产品，实现了低成本商业化量产，迅速成为全球消费级无人机领头羊。2018 年，大疆创新占据全球消费级无人机约 70% 市场份额，成为全球无人机行业的领军企业。

大疆创新在无人机关键核心技术领域全球领先。在 2013 年全球无人机市场爆发增长之际，大疆创新完成了全球无人机基础专利布局。2018 年，大疆无人机专利申请量排名全球第四。大疆创新还通过技术革新和产品延伸，开启全球“天地一体”影像新时代。截至 2020 年，全球大疆无人机用户在 DJIGO 上共编辑近 700 万支视频，平均每分钟 12 支。

（四）新能源汽车企业领跑行业

深圳自 2009 年以来开始大力推动新能源汽车推广应用，实施了一系列卓有成效的举措，2017 年成为全球纯电动公交车规模最大、应用最广的城市，2018 年成为全球运营纯电动巡游车数量最大的城市，2019 年成为全球电动泥头车运营规模最大的城市，2020 年实现网约车、环卫车全面纯电动

① 唐杰、王东：《深圳创新转型的理论意义》，《深圳社会科学》2018 年第 1 期。

化，成为全国新能源汽车普及率最快最高的城市。

在此进程中，比亚迪股份有限公司成为深圳新能源汽车领域的明星企业。比亚迪成立于 1995 年，从锂离子电池起步，经过 20 多年的发展，已构建起包含传统燃油、混合动力、纯电动车的全动力产品体系，掌握了从整车、电池、电机、电控到 IGBT 等新能源汽车产业链的核心技术。2020 年，比亚迪汽车销量超过 41 万辆，其中新能源车占比接近 43%，连续 8 年位居中国新能源车销量第一。比亚迪的电动大巴、电动出租车也成为中国多个城市公共交通的运营主力，奠定了比亚迪全球新能源汽车领域的行业领导地位。2016 年，比亚迪自主研发的拥有全产业链核心技术的“云轨”项目落地，在国内多个城市实现产业化运用，标志着比亚迪在城市智能轨道交通领域迈出新的步伐。

（五）新型显示技术开创新领域

深圳在传统显示技术领域基础上，加快新型显示技术研发布局，形成了国内最集聚、最完整的新型显示产业链。一批新型显示企业突破并掌握了核心技术，特别是在柔性显示和 3D 显示两个领域，创新能力和技术水均处于世界前列，柔宇科技、华星光电、超多维科技等公司成为全球新型显示领域的领军者。

柔宇科技成立不久，就研发储备了柔性显示关键核心技术及产业化相关专利。2014 年，柔宇科技成功开发具有多项自主知识产权的柔性传感器，发布全球第一个厚度仅 0.01 毫米、弯折半径可以小到 1 毫米的全彩 AMOLED 柔性显示屏，实现柔性显示领域从 0 到 1 的起步。2017 年，柔宇科技发布首款可搭载柔性显示屏和柔性传感器的柔性可卷曲穿戴手机原型。次年，柔宇科技拥有自主知识产权的全球首条全柔性显示屏大规模量产线成功投产。

2012 年，华星光电自主研制的全球最大 110 寸四倍全高清 3D 液晶显示屏“中华之星”正式发布，实现显示技术的历史性突破，使中国成为继日、韩后又一掌握自主研制高端显示科技的国家。2013 年至 2019 年，华星光电第 8.5 代 TFT-LCD、第 6 代柔性 LTPS-AMOLED 及超高清新型显示器件生产线等项目陆续投产，柔性折叠屏进入商业应用，同时也奠定了华星光电全球液晶面板制造商产能第四的地位。

超多维科技公司是智能计算视觉技术的开拓者、国内规模最大的裸眼 3D 技术提供商，也是全球领先的计视觉算生态体系（包括 AR、VR、裸眼 3D、视觉信息模糊计算、人工智能等）开创者和引领者，陆续推出了手机、VR、独立视觉运动芯片与特殊显示设备等一批创新产品及应用。超多维自主研发的裸眼 3D 显示技术获得中国国家技术发明一等奖，成为深圳首家获此殊荣的企业。截至 2020 年，超多维已拥有覆盖计算视觉关键技术领域的完整专利布局，在全球范围内申请专利超过 1000 项，80% 以上为发明专利。其中，3D 显示技术专利数量全球领先。

（六）太赫兹技术应用率先突破

太赫兹被誉为改变未来世界的十大技术之一。华讯方舟围绕太赫兹技术，在新频谱、新工艺、新材料等领域率先实现突破，实现了从太赫兹源到毫米波芯片、太赫兹芯片、卫星载荷等全系统产品的自主研发与应用，与欧美发达国家站在了同一起跑线。华讯方舟自主研发设计了世界上第一台325GHz−500GHz的天线辐射场测试仪、中国第一台主动式圆柱形毫米波人体安检仪、具有世界先进水平的太赫兹时域光谱分析仪（TDS）等产品。2016年，华讯方舟突破移动通信与海量传输的技术瓶颈，成功研制出世界第一块石墨烯太赫兹芯片。2018年1月，华讯方舟成功收购菲律宾电信基础运营商G.TELECOMS.INC，成为中国首家在“一带一路”沿线布局的卫星通信运营商。截至2020年底，华讯方舟拥有400多项国内发明专利、近100项国际PCT，是太赫兹领域知识产权最多的机构，其太赫兹底层自主算法、太赫兹源及毫米波芯片的自主研发取得多项全球第一，太赫兹知识产权申请量、太赫兹电磁和频谱高度以及太赫兹源的获取方式持续领先全球。

三、独角兽企业引领新经济发展

独角兽企业是指成立10年以内、估值超过10亿美元、获得过私募投资且尚未上市的企业。作为爆发式成长的代表，独角兽企业被认为是科技变革、产业变革、社会变革的引领者，对引领新技术、新产业、新业态、新模式发展具有重要作用。一个城市的独角兽企业，代表着这个城市未来发展的新力量。

深圳高度重视独角兽企业的培育。2018 年 7 月，市中小企业服务署出台《深圳市培育独角兽企业行动方案》，提出结合独角兽企业孕育发展的特点和对各种资源禀赋的需求，坚持注重实体经济和技术创新驱动的原则，按照全面孕育和重点培育相结合的方针，超前布局创新产业，大力推动独角兽企业创新发展，努力建设独角兽企业成长乐土和新经济发展高地。为此，深圳采取了系列有针对性的举措。一是实施独角兽遴选发现行动，加强梯度培育。二是举办粤港澳大湾区独角兽高峰论坛，发布《粤港澳大湾区独角兽企业发展研究报告》和“粤港澳大湾区独角兽企业榜单”，营造培育独角兽企业的舆论氛围，提高独角兽企业知名度和社会影响力。三是布局新经济抢占制高点，将培育独角兽企业与智慧城市建设、“互联网 +”行动、发展战略性新兴产业、建设制造业创新中心结合起来，特别是与补齐核心技术、关键零部件和重大装备短板结合起来。四是强化银行、风险投资等金融支撑，设立独角兽企业培育发展子基金，加快独角兽企业境内上市步伐。五是建立市区领导联系企业制度，为独角兽、准独角兽企业和潜在独角兽企业提供精准服务。

近年来，深圳涌现出一大批硬科技独角兽企业和具有国际影响力的创新型企业。2020 年，深圳约有 20 家企业上榜各大《中国独角兽企业榜单》，包括大疆创新、菜鸟网络、微众银行、腾讯云、柔宇科技、优必选科技、碳云智能、随手科技、丰巢科技、华大智造、联易融、云天励飞等。这些独角兽企业中，有近一半为技术驱动型，如大健康、人工智能、云服务和智能硬件技术等。除浮出水面的这些独角兽企业，深圳还有大量准独角兽企业和潜在独角兽企业，为全市经济高质量发展注入强劲动能。

四、数字与智能应用迅速普及

在数字内容领域，腾讯通过 QQ、微信、游戏等流量平台引领和推动数字经济快速发展，成为行业领军者。2012 年，腾讯推出微信，迅速占领中国移动社交平台，成为新兴技术突破传统技术模式典范。2018 年 2 月，微信全球月活用户首次突破 10 亿，2019 年达到 11 亿，是中国用户量最大的 APP，仅中国就有超过 5000 家第三方服务商入驻微信支付生态体系，数百万家门店支持微信支付。腾讯积极构建开放共享的互联网新生态，2017 年推出内容开放平台，以“三百亿”（100 亿流量、100 亿资金和 100 亿产业资源）全面扶植创新创业者。截至 2019 年底，在 Github（面向开源及私有软件项目的托管平台）上，腾讯开源项目超过 100 个，覆盖微信、腾讯云、腾讯游戏、腾讯 AI、腾讯安全等相关领域，拥有超过 1000 个贡献者参与，获得超过 26 万个 Star 数，在 Github 全球公司贡献榜上居于前列。A8 音乐集团通过原创互动平台向游戏、动漫、在线教育等领域延伸，打造了基于互联网平台的原创音乐产业链，成为网络音乐领域的领头羊。A8 音乐集团在 2012 年创立多米音乐，多米音乐团队中又孵化出具备社交视频双属性的映客，成为中国用户规模最大的直播平台之一。

在云计算与大数据领域，作为源头性科学实验和探索平台的深圳国家超算中心发挥了重要的基础性作用，建立了行业覆盖面广、服务功能齐全、用户数量众多的城市云公共服务平台。中国科学院深圳先进技术研究院建立了多个大数据实验室和研究平台，着重研发数据挖掘算法、大数据分析与应用平台，开展卫星遥感、智慧城市、生物、物联网、人工智能等大数据领域应用，推动技术创新和产业化发展。华为的云服务、大数据服务遍及全球，2014 年为全球客户建设了 480 多个数据中心（包括 160 多个云数据中心），2017 年上线 14 大类 99 个云服务以及制造、医疗、电商、车联网、SAP、HPC、IoT 等 50 多个解决方案，助力企业数字化转型。

在人工智能和智能机器领域，深圳诞生了一批行业“黑马”和龙头企业。优必选是一家研发人工智能和人型机器人的高科技企业，其技术团队 2008 年开始开展机器人领域的核心硬件技术伺服舵机的研发。2012 年公司成立后，又在减速齿轮、电路板、马达、芯片、算法等一系列底层技术上实现突破。优必选快速将人形机器人技术推向商用化运用，推出教育、娱乐、家庭服务等一系列不同应用需求的机器人。深圳云知声公司从交互入手，构建语音交互、超算平台与图像、机器翻译等多模态人工智能技术，推出自主研发的 AI 芯片，形成物联网人工智能服务新兴技术。商汤科技集团业务运营中心于 2016 年落户深圳后，成为人工智能领域又一家独角兽企业。云飞励天公司建成了全球首个“基于人工智能的安全示范区”，研发的动态人像识别系统可实现“亿万人脸，秒级定位”。奥比中光成为我国人工智能3D视觉头部企业、全球感知智能领域的领跑者，是亚洲第一家、全球第四家掌握人工智能3D感知全领域技术的平台型科技企业。丰巢科技创建了“丰巢”智能快递柜，成为提供平台化快递收寄交互业务的领先企业。在自动驾驶行业，智能激光雷达系统企业速腾聚创通过多年技术积累和市场拓展，所研发的车规级固态激光雷达在2020年7月获得全球多家车企定点车型订单，并在12月份出货首批产品给北美车企，在全球范围内处于激光雷达领域头部位置。

区块链是一项前沿的技术革命。深圳高度重视区块链技术创新和产业布局，通过政策护航、重点突破，在区块链应用领域形成多点开发集群式发展模式。腾讯、华为、迅雷、平安科技等企业都致力于区块链研究，推动“区块链+”产品解决方案落地。2018年8月10日，世界第一张区块链电子发票在深圳开具。一年后，深圳开具区块链电子发票近600万张。至2020年底，深圳共有区块链相关企业近4000家，区块链领域国内专利公开量在全国各大城市中位居第二。

五、积极应对中美贸易战

2018年4月16日，美国商务部工业安全局宣布对中兴通讯实施制裁，禁止中兴通讯在未来7年内向美国企业购买敏感产品。6月8日，美国商务部工业与安全局通过《关于中兴通讯的替代命令》，进一步对中兴通讯实施制裁。2018年6月15日，美国总统特朗普宣布对总值500亿美元的中国商品开征25%关税，中美贸易战正式打响。7月6日，美国对其中约340亿美元商品开始实施加征关税，其中很大部分是机器人、航空航天、工业机械和LED等具有高技术含量的产品。深圳的高新技术企业成为美国重点打击对象。12月1日，华为创始人任正非长女、华为副董事长孟晚舟在温哥华国际机场被加拿大警方“应美国发布的逮捕令”拘押。2019年1月28日，美司法部正式宣布起诉孟晚舟，并列出23项罪名。5月15日，特朗普签署行政命令，要求美国进入紧急状态，美国企业不得使用对国家安全构成风险的企业所生产的电信设备。次日，美国商务部以国家安全为由，将华为及其70家附属公司列为管制“实体名单”，禁止美国企业向华为出售相关技术和产品，包括美国制造的产品及一部分含有美国技术的外国产品。美国国土安全部对大疆创新发出警告，“考虑加入限制获得美国技术名单”。通过芯片管制、投资审查及长臂管辖等一系列措施，美国对中国高科技企业进行了无理打压。

面对美国的无理极限打压，党中央、国务院通过不同渠道、采取有力措施进行应对，坚决维护我国高科技企业的合法权利。深圳市委、市政府深入贯彻落实习近平总书记“打好关键核心技术攻坚战”的指示精神，通过完善制度保障、实施精准攻关，着力实现科技自立自强，力争早日把“卡脖子”的手甩掉。深圳实施重点产业链“链长制”，由市委书记担任集成电路的链长，相关市领导担任 5G、智能网联汽车、生物医药、人工智能等产业的链长，全面梳理各重点产业链在共性核心技术和关键零部件上的“卡”点，聚焦底层基础技术、基础材料、基础软件、工业母机、高端芯片、医疗器械、生物育种等重点领域，系统实施重点技术攻关项目，确保产业链供应链安全。2020 年 7 月，《深圳市重点产业链“链长制”工作方案》正式出台，建立起稳定、发展、提升的长效机制。深圳坚持集中攻关，创新技术攻关组织模式，整合科研院所、龙头企业、政府资源等力量，开展政产学研协同攻关，构建了“大兵团、长战线”的作战模式。深圳还积极参与构建央地协同的关键核心技术攻关新型举国体制，支持头部企业和战略科研平台组建创新联合体，推动大中小企业融通创新，建立“需求方出题、科技界答题”新机制，不断增强自主创新“硬核”能力。

在困境面前，华为等企业积极运用法律手段，通过合理、合法的方式维护自身正当权益。2019 年 3 月 7 日，华为在深圳举办新闻发布会，针对美国《2019 财年国防授权法》第 889 条的合宪性，向美国联邦法院提起诉讼。12 月 5 日，华为起诉美国联邦通信委员会，请求法院判定针对华为的销售限制条款违反美国宪法。与此同时，华为加大与社会的开放沟通，邀请 4500 多名中外记者、3000 多位专家学者、1000 多批次政府团组访问华为，参观实验室、生产线、股权室等地，公司高管高密度地与外界进行开放、坦诚的持续沟通。中兴通讯成立董事会出口合规委员会，组建出口管制合规专家团队，构建和优化出口管制合规管理架构、制度和流程，密切向客户和业务合作伙伴提供出口管制信息，持续开展全面的线上、线下出口管制合规培训。大疆创新则直面美国方面的质疑，于2019年6月24日发布致美国参议院有关人员的公开信，澄清疑问，表明态度，介绍了大疆无人机的安全保护功能及其在保护用户数据安全方面的努力。

为应对美国芯片企业“断供”，华为采取了多项措施减少影响。华为旗下芯片公司海思半导体迅速启动“备胎”计划，研发多种芯片和操作系统，保证华为大部分产品的战略安全和连续供应，并与日本、韩国、欧洲和中国台湾的芯片企业加强合作，以这些地区供应的芯片替代美国芯片。同时，与全球重要的合作伙伴进行密切沟通，继续拓展市场业务，加大对数学、物理、化学等基础学科及基础研究的战略性投入，加快推进全球5G商用部署和5G应用。2019年，华为全球销售收入8588亿元，同比增长19.1%，在逆境中实现了两位数的增长。2020年，华为全球销售收入8914亿元，同比增长3.8%，净利润646亿元，整体经营稳健。

第四节　完善科技创新体制机制

一、建立大科技管理体系

自20世纪90年代初起，深圳一直在科技体制管理改革之路上探索和实践。2012年2月，深圳成立市科技创新委员会（简称市科创委），这是全国第一个科技创新委员会。市科创委除履行原有科技局职能外，还统筹管理其他多个部门，包括深圳集成电路设计产业化基地管理中心、深圳高新技术产业园区服务中心、深圳虚拟大学园管理服务中心、深圳软件园管理中心（深圳生物孵化器管理中心）、深圳技术转移促进中心、国家超级计算机深圳中心（深圳云计算中心）等，统筹协调科技成果产业化所需的技术、人才、产业、空间等资源。市科创委的成立，迈开了深圳科技体制改革的第一步。

2012年9月，中共中央、国务院印发《关于深化科技体制改革加快国家创新体系建设的意见》，就深化科技体制改革、加快国家创新型体系建设提出具体方向，成为指导我国科技改革发展和创新型国家建设的又一个纲领性文件。为抓好《意见》的贯彻落实工作，深圳于11月出台了《关于深化科技体制改革提升科技创新能力的若干措施》，提出完善财政科技投入稳定增长机制、鼓励各类主体创办科研机构、利用财政资金购置建设科技基础设施，以非营利方式向社会开放等改革内容，使科创委的管理资源规模变大、事务更广泛。当年，深圳市科创委对近 30 亿元科技经费全部实现网上项目征集、申报、受理、评审、评估、考察、合同签订及资金拨付，极大提高了经费流通效率。市科创委专门成立挂点企业服务工作组，从战略性新兴产业领域中选择 10 家重点企业和具有较强发展潜力的企业作为挂点服务企业对象，从分管产业领域中挑选出 30 家重点服务企业，提供常年重点跟踪服务，解决企业科技创新遇到的问题。

2015 年 3 月，深圳专门成立科技成果转化促进会（简称科促会），加大科技成果转化支持力度。科促会是由深圳市重点企业、企业家、各行业与各领域精英组成的非营利性社会团体组织，不仅是创新体系的重要构成内容，也是形成经济发展核心竞争力的重要保障。科促会整合了企业生产、科研院所研发、金融机构服务等功能，以技术交易、资质认证为中心，搭建了完整的科技成果发布平台，推动科技成果转化的交流与合作。

2019 年 7 月，《深圳市科技计划管理改革方案》印发，推出科技计划改革 22 条举措，从改革优化科技计划体系、完善科技专项资金管理、改革科技项目形成机制、改革科技项目评审机制、规范科技计划项目管理、健全科技管理制度体系等六个方面，推行项目推荐“悬赏制”、评审专家“邀请制”、项目评审“主审制”、项目经费“包干制”，充分体现了研发活动对知识和人才的尊重。深圳通过新设、整合、拓展、优化科技计划项目，形成总体布局合理、功能定位清晰的“一类科研资金、五大专项、二十四个类别”的科技计划体系，为全市科技创新事业发展提供了重要制度支撑。

2020 年 8 月 26 日，《深圳经济特区科技创新条例》（以下简称《条例》）经市六届人大常委会四十四次会议表决通过，自当年 11 月 1 日起施行。《条例》对近年来深圳确立的科技创新政策措施、体制机制、产业布局、载体建设等进行固化，部分制度设计变通国家法律规定，部分制度设计为国内率先规定。如，为保障基础研究和应用基础研究的资金投入，《条例》在全国率先以立法形式，规定“市人民政府投入基础研究和应用基础研究的资金比例应当不低于市级科技研发资金的百分之三十”“市人民政府设立市自然科学基金，资助开展基础研究与应用基础研究，培养科技人才”。为激励科技人员发明创造更具市场前景的科技成果，增强科技成果转化活力，《条例》在国内首次以立法形式规定“主要利用财政性资金取得职务科技成果的，高等院校、科研机构应当赋予科技成果完成人或者团队所有权或者长期使用权”，将对科技人员的激励由目前的“先转化后奖励”调整为“先赋权后转化”，同时规定，约定所有权按份共有的，科技成果完成人或者团队持有的份额不低于百分之七十；赋予长期使用权的，期限不得少于十年。为引导资金支持科技创新活动，《条例》就建立科技创新基金体系、放宽科技创新基金准入条件、完善科技创新基金退出机制等作了细化规定，明确投资科技型中小微企业和早期项目的企业和个人享受税收优惠政策及专项资金补贴，还首创性地将为科技企业提供金融服务的地方金融机构也纳入财政奖励补贴、风险补偿、风险代偿等范围。为保证科技企业原始股东以及其他对公司科技创新发展有重大影响的股东，在公司进行多次股权融资后仍可以以较小的持股比例对公司享有控制权，《条例》借鉴发达国家和地区以及我国科创板的做法，变通了《公司法》关于“一股一权”“同股同权”制度的规定，在国内立法中首次确立公司“同股不同权”制度，并允许设置特别表决权的公司通过证券交易机构上市交易。为加强粤港澳大湾区科技创新合作，《条例》还首次通过经济特区法规规定，允许香港、澳门符合条件的高等院校、科研机构申请内地科技项目，允许相关资金在大湾区跨境使用，支持跨行政区开展科学技术攻关、共建科技创新平台、知识产权保护等工作，发起或者参与国际大科学计划和大科学工程建设。《条例》涵盖基础研究和应用基础研究、技术创新、成果转化、科技金融、知识产权、空间保障、创新环境等各方面，是一项全面系统促进和保护科技创新的全链条法规。

二、创新商事登记管理制度

为进一步降低创业门槛，2013 年 3 月 1 日，《深圳经济特区商事登记若干规定》正式实施，标志着酝酿三年多的深圳商事登记制度改革正式启动。《深圳市全面深化改革总体方案（2013—2015 年）》将深化商事登记制度改革列为五大改革重点领域之一，提出要不断优化营商环境，改变“重审批、轻管理”方式，建立完善的市场监管体系。深圳将商事登记的前置审批改为后置审批，不再记载营业范围、注册资本、实收资本，简化前期审批程序，颠覆以往“重审批轻监管”的状况。在深圳开公司只需要“四个一”，即一张表格、一套材料、一门申请、一套证照。深圳改注册资本实缴制为认缴制，登记机关只登记有限责任公司全体股东认缴的注册资本而不再登记公司实收资本，也不再收取验资证明材料；改行政直接监管为信用监管，强化商事主体遵守市场规则。商事登记制度改革后，深圳新注册企业呈井喷式增长，极大促进了大众创业、万众创新。

2014年9月，《深圳市商事主体行政审批事项权责清单》及第一批商事登记改革后续监管办法出台，囊括所有与商事主体行政审批相关的事项，涉及25个行政审批部门129项审批事项，其中前置审批12项、后置审批117项，明确审批事项的审批部门、监管部门、审批依据等，并要求审批监管部门对照清单，逐项制定相应监管办法，确保监管责任到位。深圳是全国第一个公开发布政府商事登记审批事项权责清单及后续监管办法的城市。到2014年底，全市新增商事主体80.2万户，增长57%，累计达174.3万户，成为全国千人拥有商事主体最多的城市。

2014年12月，深圳商事制度改革在全国率先实施营业执照、组织机构代码证、税务登记证和刻章许可证“四证合一”的登记改革。2015年6月，《深圳市企业简易注销登记规定》出台，在制度上对“鼓励创新、宽容失败”给予更多支持，对未开业或无债权债务关系的有限责任公司、个人独资企业和合伙企业，可以实行简易注销。7月，深圳将所有企业都必须办理的证照基本整合到营业执照上，逐步拓展至营业执照、组织机构代码证、税务登记证、社保登记证、刻章许可证、统计、住房公积金缴存单位登记“七证合一”。同年，深圳进一步整合外商投资企业设立备案、对外贸易经营者备案登记、国际货运代理企业备案、检验检疫报检企业备案、原产地证申领企业备案登记等五项业务，实现“十二证合一”。2018年，深圳实现“三十证合一”，在国家统一的“二十四证合一”基础上又增加了深圳市心理咨询机构备案，船舶代理、水路旅客运输代理及水路货物运输代理业务备案，第一类医疗器械产品备案，第一类医疗器械生产备案，第二类医疗器械经营备案，原产地证企业备案等6个证照事项。

2019年，深圳进行营商环境改革。9月，深圳企业登记“秒批”系统在市场监管局正式启用，推出160余项“秒批”事项、460多项“不见面审批”改革，最大限度为企业“松绑”。2020年3月，《深圳市2020年优化营商环境改革重点任务清单》发布，实现申领发票和税控设备、员工社保登记等业务即时办结，压缩企业开办时间至1天，为新开办企业免费提供公章和税控设备，实现企业开办“零费用”，同时运用区块链技术解决冒用地址问题。营商环境的优化提升，进一步增强了深圳的吸引力、凝聚力和创新发展活力。当年底，全市商事主体达到 358 万户，每约 4 人就拥有一家商事主体，商事主体总量及创业密度均居全国第一。深圳成为名副其实的“创业之都”。

三、完善科技创新激励机制

党的十八大以来，深圳在科技奖励、科技研发投融资模式、科技创新券等多方面先行改革探索，逐步形成了富有活力、卓有成效的科技创新奖励激励机制。

2012 年 11 月，深圳对《深圳市科学技术奖励办法》进行修订，将科学技术奖励由三个奖项发展到市长奖、自然科学奖、技术发明奖、科技进步奖、青年科技奖、专利奖、标准奖等七个奖项，奖励范围进一步拓宽。2016 年 11 月，深圳再次对该办法进行修订，设置市科学技术奖授奖项目总数及各奖项授奖项目数，将自然科学奖、技术发明奖和科技进步奖分为一等奖、二等奖 2 个等级，市长奖奖金提高至 300 万元，自然科学奖、技术发明奖、科技进步奖三大奖一等奖奖金为 100 万元、二等奖 50 万元，并规定获得国家、广东省科学技术奖的组织或者自然人，符合条件的，由市科技主管部门给予配套奖励。2019 年 1 月起，深圳连续在每年年初召开全市科学技术奖励大会，高规格表彰为全市科技创新发展作出突出贡献的单位和个人，部署推进当前和今后一段时期科技创新工作，市委、市政府主要领导均出席并讲话。“新年第一会”花落科学技术奖励大会，充分体现了深圳坚持把创新作为城市发展主导战略的坚定意志，凸显了深圳尊重知识、尊重人才、尊重科研规律的鲜明导向。

为完善科技研发资金投入方式，2013年11月，深圳市政府发布了《深圳市科技研发资金投入方式改革方案》(以下简称《方案》)及科技保险项目、科技金融服务体系建设项目、天使投资引导项目、银政企合作项目等四个配套申请操作指南（以下简称“1+4文件”），这是科研经费领域的重大改革，重点通过撬动银行资源、保险资源、引导天使投资、完善科技金融服务体系、股权有偿资助等方式，吸引社会资源关注科技创新。《方案》通过实施银政企合作梯级贴息资助，以委托贷款、贴息、风险准备金等形式降低银行支持企业研发的风险和损失，撬动银行资本对科技研发及科技成果转化的投入；对投保高技术保险的高新技术企业、战略性新兴产业企业、软件企业等予以保费资助，鼓励企业参与科技保险，有效分散、化解创新创业风险，降低创业成本。市政府设立创业投资引导基金，投资以战略新兴产业为投资对象的天使基金。财政出资以投资产业技术研发或产业技术成果转化项目获得阶段性持有股权的方式，对企业予以有偿资助。通过“1+4”文件的实施，政府资金撬动了银行、保险和社会资金，为高技术产业发展创造了良好投融资环境。

2016年3月，深圳出台《关于促进科技创新的若干措施》，支持企业建立研发准备金制度，规定属于《国家重点支持的高新技术领域》的研发项目，经审核后，按研究开发实际投入予以一定比例、最高1000万元的事后支持。《若干措施》还规定，在增强科技技术项目承担单位自主权方面，项目资助资金不设置劳务费比例，允许按规定在劳务费中开支“五险一金”，人员绩效支出比例可占到资助金额的 50%，差旅费、国际合作与交流费可自行相互调剂，事后资助不再限定具体用途，由承担单位自主用于研发活动。在科技成果使用、收益和收益权方面，财政资金支持形成的，不涉及国防、国家安全、国家利益、重大社会公共利益的科技成果使用、处置和收益权，下放给符合条件的项目承担单位，不再审批或者备案，转移转化收入全部归项目承担单位。

2018 年 12 月，深圳市政府印发《关于更大力度支持民营经济发展的若干措施》，推出“四个千亿”扶持政策，即确保全市企业年减负降成本 1000 亿元以上、实现新增银行信贷规模 1000 亿元以上、实现民营企业新增发债 1000 亿元以上、设立总规模 1000 亿元的深圳市民营企业平稳发展基金，在社会各界引起热烈反响和广泛好评。当年，深圳累计为企业减负 1418 亿元。2019 年 2 月，深圳市高新投集团有限公司联合多家全国性金融机构共同签署《支持深圳民营企业债券融资战略合作协议》，计划通过设立市政府投资引导基金（1000 亿元）、中小微企业发展基金（150 亿元）、天使投资引导基金（50 亿元）等一批创新创业型发展基金，为 100 家以上深圳民营企业提供 500 亿元以上债券融资支持。2019 年 10 月，市政府再次印发《深圳市民营企业平稳发展基金设立与流动性风险处置工作方案》，分两期设立总规模 1000 亿元的民营企业平稳发展基金，将企业纾困范围从上市公司扩大到其他重点民营企业，在全国率先探索解决优质民营企业流动性风险的实施路径。这些措施进一步降低了深圳高新企业的生产经营成本，缓解了企业融资难融资贵问题，促进高新企业规范经营、健康发展。截至 2020 年，银政企合作以贴息方式累计入库科技项目达 1200 多项，600 余家入库企业获得合作银行贷款，50% 以上中小微企业首次获得银行贷款。科技研发入库项目集中在互联网、生物、新能源、新材料、新一代信息技术、节能环保等战略性新兴产业，海洋、航空航天、生命健康等未来产业，以及先进制造和涉及民生改善的科技领域。

2019 年 7 月，《深圳市科技研发资金管理办法》出台，进一步简政放权。一是优化项目预算编制体系，简化后的科研项目预算科目由原十五项合并为七项。二是建立项目资金可追溯制度，允许项目承担单位先行投入的项目研发追溯确认前期预研和筹备的经费投入。三是允许有条件列支人员工资，对于财政性资金占单位总收入低于 50% 的项目承担单位，其自有资金超过项目总预算 50% 的项目，可以有条件列支人员工资。四是合理确定设备费，针对科研仪器设备重复购置问题，明确已有设备可按现值和在项目中的使用率计入自筹经费。五是提高设备仪器和软件购置费单列金额至 20 万元。六是设置更为灵活的资助模式，对于自筹资金充裕的技术攻关项目单位，可选择“事前立项、事后补助”方式。七是取消项目保证金。10 月，《深圳市企业研究开发项目与高新技术企业培育项目资助管理办法》出台，引导企业持续加大研发投入，财政以补助方式（事前补助、事后补助、奖励补助等）予以支持，激发企业可持续创新动力。

为进一步优化创新创业生态体系，2015 年 9 月，深圳开始试行实施科技创新券制度，推出《深圳市科技创新券实施办法（试行）》。科技创新券是利用财政资金支持科技型中小微企业和创客向服务机构购买预期科技创新活动直接相关科技服务的配额凭证。中型企业、小型企业、微型企业和创客个人分别可以申请额度上限为 20 万元、10 万元、5 万元和 2 万元的科技创新券，用科技创新券向入库服务机构购买研究开发、技术转移、检验检测认证、知识产权等服务。服务机构接受科技创新券，提供相应科技服务后向科技部门申请兑现。科技创新券实施试行的第一年（即 2015 年），共有 2157 家科技企业申请，最终批准向 1891 家企业发放，发放额度为 9447 万元，实际发放创新券资金总额达 9387 万元，惠及 1879 家企业。至 2019 年，全市共发放科技创新券 9.98 亿元，惠及近 14855 家企业。2020 年 2 月，深圳市科创委印发《深圳市科技创新券管理办法》，使科技创新券成为深圳促进中小企业购买创新服务的正式制度安排。当年，全市共发放科技创新券 3.9 亿元，惠及 5000 家企业。科技创新券以普惠性政策提高了全社会的创新积极性，满足了中小微企业和创客个人购买科技服务的资金和技术需求，确保财政资金得到高效合理使用，进一步完善了产学研资介紧密合作的创新机制，共同推动了科技创新及其成果转化。

经过多年努力，深圳科技创新激励机制逐步完善，优秀科技成果加速聚集。2012 年至 2020 年，深圳共颁发市科技奖 688 项，全市获得国家科技进步特等奖、技术发明一等奖在内的国家科技奖项共 120 项，其中，北京大学深圳研究生院获得 2016 年度国家自然科学奖二等奖，实现深圳本土科研单位主持完成项目在该奖项中“零的突破”。华为连续 14 年获得国家科技奖。此外，深圳创新主体还获得广东省科技奖 352 项。这些优秀的获奖科技成果对深圳科技创新事业发展起到了有力支撑作用。

四、实施最严格知识产权保护制度

知识产权战略是深圳创新发展主导战略之一。深圳一直不遗余力加强知识产权保护，逐步建立起全国领先的知识产权保护体系，为全市科技创新保驾护航。

2012 年 4 月 25 日，国家知识产权局评选出首批 23 个“国家知识产权示范城市”，深圳获颁首块牌子。2013 年初，市委、市政府发布《深圳市建设国家知识产权示范城市工作方案》，提出将深圳建设成为全国知识产权示范城市、商标战略实施示范城市以及版权示范城市。2017 年 8 月，深圳出台《关于新形势下进一步加强知识产权保护的工作方案》，从加强知识产权法制建设、机制建设、司法保护、行政保护、企业维权援助、重点产业区域知识产权保护、服务措施和基础建设等 8 个方面，提出加强知识产权保护的 36 条具体措施。2018 年 12 月，市人大常委会通过《深圳经济特区知识产权保护条例》（以下简称《保护条例》），于 2019 年 3

月正式实施，这是全国首部综合类的知识产权保护条例，也被称为深圳“最严知识产权保护条例”。《保护条例》从工作机制、行政执法、公共服务、自律管理、信用监管等多方面进行规范，从建立知识产权合规性承诺制度、设立行政执法技术调查官、明确行政处罚违法经营额计算标准、扩大责令停止侵权适用范围、构建信用惩戒机制、保护中心职能法定化、营造社会共治格局等方面进行制度创新，着力构建与深圳创新发展相匹配、与国际通行规则相接轨的知识产权保护体系。《保护条例》的亮点包括：企业或者个人有知识产权侵权行为并造成严重危害后果的，将永久性禁止承接政府投资项目，市知识产权保护行政主管部门将配备技术调查官解决知识产权侵权案件调查取证难问题，细化违法经营额和市场中间价的计算标准等。

2020年3月，深圳市人大常委会召开《深圳经济特区知识产权保护条例》《深圳经济特区国家自主创新示范区条例》执法检查第一次会议，提出深圳将启动技术调查官制度，为知识产权维权铺就专业化道路。同月，《深圳市2020年优化营商环境改革重点任务清单》发布，提出推动实施知识产权惩罚性赔偿制度，优化完善知识产权审判机制，建立知识产权仲裁平台；探索成立知识产权与科技成果产权交易中心，开展知识产权证券化试点。10月，《深圳建设中国特色社会主义先行示范区综合改革试点实施方案（2020-2025年）》发布，提出将深圳打造为保护知识产权标杆城市，支持深圳开展新型知识产权法律保护试点，完善互联网信息等数字知识产权财产权益保护制度，探索建立健全证据披露、证据妨碍排除和优势证据规则，建立知识产权侵权惩罚性赔偿制度，同时探索在部分知识产权案件中实行举证责任转移制度，实施知识产权领域以信用为基础的分级分类监管。当年，深圳在战略性新兴产业领域启动培育 15 个以上高价值专利组合，培育高价值专利组合项目 16 项，培育深圳专利奖获奖企业专利项目 25 项，全市安排知识产权领域专项资金约 4.4 亿元，用以支持企业开展国内外知识产权布局。

在完善制度建设的同时，深圳逐步健全知识产权保护相关机构。2017 年 8 月，深圳市知识产权保护中心在前海成立。这是首个由市政府设立的全市知识产权保护综合平台，提供业务咨询、维权指引、纠纷调解、侵权分析、签订评估、监测预警、快速维权等综合服务。2018 年 12 月，中国（深圳）知识产权保护中心在前海揭牌运行。这是深圳首个国家级知识产权保护中心，面向新能源和互联网产业开展知识产权快速协同保护工作。中国（南方）知识产权运营中心也同时揭牌，成为全国第三个知识产权运营特色试点平台，定位为“国家知识产权金融创新平台”。2019 年 10 月，国家版权局同意前海深港现代服务业合作区设立“国家版权创新发展基地”，力图利用前海的区位优势、政策优势、产业优势，打造版权保护与产业发展的高地与标杆。11 月，深圳市知识产权纠纷调解工作室成立，全市首批 8 家知识产权保护机构集中进驻中国（深圳）知识产权保护中心。2020 年 4 月，中国（深圳）知识产权保护中心获得国家知识产权局批准，设立海外知识产权纠纷应对指导中心深圳分中心，成为第一批获批单位。深圳企业应对海外知识产权纠纷、开拓国外市场从此有了坚强支撑。

深圳不断深化知识产权领域改革，创新知识产权管理体制，实施最严格的知识产权保护，努力打造国家知识产权保护的区域样板、国家知识产权运营交易的重要枢纽平台和全国知识产权领域创新政策的策源地。到2019年，深圳知识产权在数量和质量上取得新突破，五项核心指标排名全国第一，专利申请量、授权量首次超越北京，位列全国首位。当年，深圳在年度知识产权行政保护工作绩效考核中获得全国第一。2020年，深圳专利授权量（22.24万件）、PCT国际专利申请量（2.02万件）、商标注册量（36.29万件）等指标均居全国首位；累计有效发明专利拥有量达16万件，约占全国总量7.02%，五年以上维持率83.77%，每万人口发明专利拥有量达119.1件，约为全国平均水平8倍；PCT国际专利申请量占全国30.19%，连续17年居全国第一；荣获中国专利金奖3项、占全国1/10，中国外观设计金奖2项、占全国1/5，全市知识产权创造、保护和运用指标在2020年中国营商环境评价中取得全国第一。知识产权保护成为深圳的生命线战略。

五、提升创新成果转化力

推动技术转移，促进科技成果商品化、产业化和国际化，对深圳创新型城市建设至关重要。自2013年《深圳经济特区技术转移条例》颁布以来，深圳逐步建立成果转化和技术转移公共服务平台。2014 年 5 月，科技部批复同意《科技部深圳市人民政府共建国家技术转移南方中心方案》，提出要着力打造国际化、市场化、开放式的国家技术转移南方集聚区。11 月，国家技术转移南方中心成立，这是我国技术转移“2+N”体系的重要组成部分，是继北京国家技术集聚区之后布局建设的又一个国家级技术转移区域大平台，标志着新时期全国技术转移一体化新格局的两大中心枢纽完成布局。围绕国家技术转移南方中心建设，深圳组织实施了八大工程：一是建设集聚空间，打造国家技术转移集聚区和跨国技术转移战略高地，实现多元化、大规模、跨区域的技术转移格局；二是组建科技服务研究机构，为区域创新战略提供智力支持；三是设立科技成果转化联合基金，共同加快科技成果的转化与应用；四是建设国际化、市场化、金融化、专业化、网络化的国际技术转移体系；五是创新高效科研机构技术转移体制机制，拓宽源头创新技术成果转移渠道；六是加快知识产权商业化发展，打造符合国际惯例的知识产权服务体系；七是构建公共服务平台，实现资源集聚与服务共享；八是完善技术转移政策体系，营造良好的技术转移生态环境。深圳科技创新成果的交易和转化从此得以快速发展。

2016 年 3 月，深圳市委、市政府印发《关于促进科技创新的若干措施》，从供给侧角度鼓励各类创新主体的科技创新活动，在保持原有政策优势基础上，更加注重大设施、大项目、大工程的推进，更加注重创造有利条件与创新主体分享创新成果收益。《措施》将中央提出的高等院校、科研院所以及其他事业单位利用财政性资金形成的技术成果转让或者许可他人使用获得收益的比例提高至70%以上，同时落实广东省提出的建立研发准备金制度、试行创新产品与服务远期约定政府购买制度、完善科技企业孵化器建设用地等政策。10月，深圳制定《促进科技成果转移转化实施方案》，从科技成果信息汇总发布、促进产学研协同、促进中试和产业化载体建设、增强市场化服务、创新科技成果转移转化模式等方面制定了28条具体措施和分解目标。《方案》以技术转移转化机制为重点，采取多项措施，打通科技创新与市场需求融合通道，进一步完善了科技创新体系。

2020年10月，《深圳建设中国特色社会主义先行示范区综合改革试点实施方案（2020-2025年）》发布，明确提出加快完善技术成果转化相关制度，改革科研项目立项和组织方式，建立主要由市场决定的科技项目遴选、经费分配、成果评价机制；深化科技成果使用权、处置权和收益权改革，在探索赋予科研人员职务科技成果所有权或长期使用权、成果评价、收益分配等方面先行先试；探索政府资助项目科技成果专利权向发明人或设计人、中小企业转让和利益分配机制，健全国有企业科研成果转化利益分配机制；完善技术成果转化公开交易与监管体系。深圳在综合授权改革的清单落实中，把推进科技成果转化体制机制作为重要改革事项，努力突破瓶颈和难题，畅通转化链条，转化率和产业创新能力不断提升。

第五节 加强境内外合作

一、推进深港科技创新合作

2010年前海深港现代服务业合作区成立后，深圳、香港两地在现代服务业、科技创新等方面的合作日益紧密。2012年3月，国家发改委印发《深圳前海深港现代服务业合作区产业准入目录》，为深港科技成果交流、科技要素流动及科技与产业、金融的有机结合进一步提供了政策依据和标准平台。2013年1月，深圳与香港联合建设深港青年创业基地，支持两地青年创新创业，促进技术和人才交流。6月，首个深港青年创新创业基地在南山云谷创新产业园揭牌，吸引33支深港合作团队进驻。2014年12月7日，由深圳前海管理局联合深圳青联、香港青协共同发起建设的前海深港青年梦工场正式运营。梦工场园区占地面积5.8万平米，建筑面积2.7万平米，可为创业团队提供拎包入住的办公环境，叠加覆盖深圳、南山、前海各类创新创业扶持政策，被团中央授予为全国唯一“青年创新创业跨境合作示范区”，并入选深圳市首批十家双创示范基地。至2019年初，梦工场累计孵化企业356家，其中港澳台及国际企业176家，吸引聚集了一批优秀的香港孵化平台机构，如香港青年专业联盟前海众创空间、香港 X 科技创业平台、澳门绿展离岸科创产业化中心等。园区企业累积融资总额超过 15 亿元，接待近 2 万名香港学生前来交流学习。2019 年 5 月，梦工场被广东省政府和香港特区政府共同认定为首批“粤港青年创新创业基地”。梦工场每年举办“双创周”前海站暨粤港澳青年创客营活动、世界青年创业论坛前海站活动、前海粤港澳台青年创新创业大赛等大型活动赛事，形成独特的品牌活动。其中前海粤港澳台青年创新创业大赛自 2016 年首次举办，至 2020 年累计参赛项目近 4000 个，港澳台参赛项目超 1500 个，对带动港澳台青年来深圳创新创业发挥了积极作用和示范效应。

早在 2009 年 12 月，深圳市科学技术协会便已与香港咨讯科技联会等发起成立“深港科技社团联盟”，建立起深港科技服务社团服务平台和联盟定期活动机制，帮助深港科技社团壮大和服务能力提升。2017 年 4 月，深圳市科创委与香港贸发局在香港春季电子产品展上签订了合作备忘录，就推动深港两地创新科技产业的发展、协助初创企业进军国际市场、促进跨境技术转移及知识产权交易等方面达成了广泛共识。根据此前签署的“深港创新圈”合作协议，双方建立深港创新及科技合作督导会议，成员包括两地政府高层官员、各职能部门以及科技支援机构代表，主要职能是进行高层协商与沟通，制订“深港创新圈”实施步骤，统筹深港科技交流和合作。“深港创新圈”还创造性建立了深港联合资助项目制度，2017 年对 8 个深港创新圈项目予以 1400 万元资助，累计联合资助深港合作项目 77 项，深圳单方面资助深港合作项目 227 项，成为国家和广东省与香港合作的示范和亮点。

2019 年《粤港澳大湾区发展规划纲要》公布后，深港之间在科技创新方面的交流合作进入全新阶段，资本、技术、人才、信息等关键要素加速流转，科技创新合作生机勃勃。当年，有 6 所香港高校在深圳设立 72 个科研机构，转化成果及技术服务近 300 项，粤港联合创新资助项目达 151 个。

深港科技创新合作区是建设粤港澳大湾区、深圳先行示范区的重大平台，是国家“十四五”规划纲要中综合性国家科学中心“两廊两点”的科技创新极点，是促进大湾区融合发展的突破口和先行区。深港科技创新合作区位于落马洲河套地区，在深圳皇岗与香港落马洲两个口岸之间，面积 3.89 平方千米。2017 年 1 月，深港正式签署《关于港深推进落马洲河套地区共同发展的合作备忘录》，合作发展河套地区为“港深创新及科技园”，引导和聚集国内外优质高科技企业、研发机构、高等院校进驻园区，推动“港深创新及科技园”成为科技创新的高端新引擎、深港合作的战略新支点，共同建设具有国际竞争力的“深港创新圈”。

2018 年 4 月，深圳成立由市委主要领导挂帅的市建设深港科技创新特别合作区领导小组，全面统筹领导合作区深圳区域开发建设工作，研究解决合作区深圳区域规划建设中的重大问题。2019 年 8 月，深港科技创新合作区深方园区发展规划编制完成。11 月，深港科技创新合作区深圳园区举行项目集中开工仪式，深港开放创新中心、深港科创综合服务中心以及周边 14 个卫星园区及配套项目同时开工建设，揭开了合作区全面建设的新篇章。16 个集中开工的项目，总投资超过 615 亿元，项目建成后将新增 174 万平方米科研产业空间①。2020 年 7 月，《深圳市深港澳科技计划项目管理办法》印发，重点支持基础研究、关键技术开发和成果产业化项目，优化预算科目，下放调剂权限，明确产权归属和资金使用及税务事项，简化拨款程序，进一步推动了深圳、香港、澳门之间高校、科研机构、企业合作，促进粤港澳大湾区产学研融合。

2020 年 8 月，《深圳市人民政府关于支持深港科技创新合作区深圳园区建设国际开放创新中心的若干意见》出台，率先在市级层面构建起全方位的创新政策与保障支持体系。一是坚持制度创新和科技创新双轮驱动发展，构建有利于科技创新的政策环境，探索促进人员、物资等创新要素高效便利流动。二是深圳园区聚焦信息、生命、材料科学与技术领域，建设综合性国家科学中心开放创新先导区。三是提出设置深圳园区专项资金，撬动更多的社会资本参与开发建设和科研合作，构建灵活高效的财政体系。四坚持“空间优先保障科研需要”原则，全面推进交通等基础设施跨境互联互通。五是提出深圳园区全力服务香港高校和科研机构，注

①《深港科技创新合作区深圳园区及周边 16 个项目集中开工》，《深圳晚报》2019 年 11 月 26 日。

重深圳园区与香港园区协同发展，进一步提升合作区“一河两园、协同开发、大干快上”的良好态势。《深港科技创新合作区深圳园区科研及创新创业若干支持措施》同时印发，助推合作区高水平建设综合性国家科学中心。截至2020年底，合作区深圳园区已经落地及正在引进的项目近200个，高端科研项目加速聚集。此后，香港特首林郑月娥宣布建设香港“北部都会区”，并与深圳共建国际科技创新中心，深港科技创新合作迈入新阶段。

二、加大高等教育国际合作

高等教育资源先天不足一直是深圳科技创新的短板。2012年以来，深圳秉持开放心态，在高等教育领域探索合作办学，吸引众多世界知名大学进驻，中外合作办学态势喜人，高等教育迎来跨越式发展。

2011年3月，香港中文大学与深圳市政府签订框架协议，拟按合作办学形式筹建香港中文大学（深圳），并于当年9月经国家教育部批准筹建。2014年3月，教育部同意批准设立香港中文大学（深圳），当年开始招生。截至2020年底，学校已设有经管学院、理工学院、人文社科学院、数据科学学院、生命与健康科学学院、医学院和音乐学校7个学院及1个研究生院，共计22个本科专业和25个研究生专业；引进教师近400位，其中诺贝尔奖、图灵奖、菲尔兹奖得主8名，各国院士或相当水平高端人才10多名，国家级专家等近50名，省、市认定人才、后备研究人才近260名；

组建机器人与智能制造国家与地方联合工程实验室、深圳市机器人与智能制造工程实验室、深圳市半导体激光器重点实验室、深圳市大数据和人工智能重点实验室等40余个科研平台，获批建设资金近26亿元；承担国家自然科学基金委、科技部、发改委、教育部、广东省等各级科技项目、人才项目和各类横向合作项目近400项，在人工智能与机器人、大数据与数据科学等重点领域获得总经费超10亿元。香港中文大学（深圳）的长远办学规模为国内外学生11000余人、其中本科生7500余人，硕士及博士研究生3500余人。

2014年5月20日，在国家主席习近平、俄罗斯总统普京见证下，中俄两国教育部签订谅解备忘录，支持莫斯科大学与北京理工大学在深圳合作举办大学。深圳北理莫斯科大学随即开始筹建。这是中俄两国高校合作举办的第一所大学。2017年9月，学校迎来首批113名本科生。2018年，启动博士招生工作。2019年7月，首批25名硕士研究生正式毕业。截至2020年底，学校共招收国际经济与贸易、俄语课程、数学与应用数学、材料科学与工程等7个专业的本科生，当代俄罗斯语言文学、纳米生物技术、应用数学与信息技术、基础材料学、地球生态变迁与人工干预系统等8个专业的硕士研究生，俄语语言文学、生物学2个专业的博士研究生，在校国际学历生的比例超过10%。学校教学科研人员159人，生师比小于10:1，教师中具有博士学位82%，副高以上职称73%，80%以上由莫斯科大学选派，初步形成了以莫斯科大学教师为主体的国际化教师队伍。

2014年，深圳市政府、清华大学和加州伯克利大学合作创办清华—伯克利深圳学院，致力于培养全球科技领袖和未来企业家。该校主体设在深圳市南山智园和清华大学深圳研究生院，在深圳和伯克利加州大学两个校区开展研究与教学工作，面向全球招生。创立初期，学院围绕环境科学与新能源技术、数据科学与信息技术、精准医学与公共健康等建立3大跨学科研究中心、下设18个实验室，2015年首批博士研究生入学，2016年开始举办硕士研究生项目，此后逐步扩大培养规模。学院师资三分之一来自清华大学，三分之一来自伯克利加州大学，同时邀请工业界导师加入，成立产业顾问委员会，腾讯、大疆、比亚迪、中兴通讯、思科等知名高新技术企业纷纷加入。

2016年1月，深圳市政府与天津大学、佐治亚理工学院签署合作办学备忘录，在深圳共建天津大学佐治亚理工深圳学院。天津大学、佐治亚理工学院结合自身优势，在天津大学佐治亚理工深圳学院开展全方位、多层次、宽领域的教学研究合作，并在绿色建筑与海绵城市智能信号处理与数据分析和可穿戴、印刷电子及先进通信等方向设立科研中心，由美国国家工程院院士、中国工程院院士、国家千人专家、长江学者特聘教授、973首席科学家、杰出青年基金获得者等一批国内外著名教授、学者组成导师团队。该校学生全过程都可在深圳培养，在深圳就读的学生从录取标准、课程设置、上课方式、考核模式和获取学位均与佐治亚理工学院亚特兰大校区保持一致。2019年4月，该校位于南山区桃源街道的过渡校区正式投入使用，永久校区则选址于南山区长源白石岭片区。2020年3月，教育部批准正式设立天津大学佐治亚理工深圳学院。

此外，广州中医药大学皇家墨尔本理工深圳生命科学与工程学院（原暂定名为深圳墨尔本生命健康工程学院）、深圳吉大昆士兰、华南理工—罗格斯大学特色学院、哈尔滨工业大学（深圳）太空科技学院等国际合作办学项目也取得进展，深圳高等教育走出了一条跨越式发展、创新发展之路。

三、深化科技创新国际合作

深圳较早开展科技创新的国际合作，2012年以来向更多领域、更深层次扩展，主要包括国际技术合作、研究合作和人才合作等方面。

2012年6月，深圳市政府与韩国知识经济部、韩国半导体协会、韩国SK集体共同发起成立“深圳市韩合集成电路研究院”。研究院定位为国际合作开发的公益性、非盈利性研发平台，以举办中韩集成电路交流会等形式，致力于交流和开发基于系统级芯片（SoC）、无线射频识别（RFID）、新一代移动通信及其他智慧城市应用技术等前沿科技。11月，深圳联合科技部火炬中心举办建设世界一流科技园区国际会议，促成了深圳联合产权交易所与美国OceanTomo公司在深圳建立中美技术转移中心，签约建立中美知识产权指数。2014年11月，以色列生命科学技术洽谈会深圳站活动举行，被以色列方面认为是中国巡展7站中最成功的一站。

深圳与以色列签署《产业研发合作协议》，与以色列海法的HICENTER签署《技术转移合作框架协议》，与澳大利亚UNIQUEST签署《技术转移合作框架备忘录》，进一步拓展国际合作。2016年2月，深圳市走出去战略合作联盟成立，组成信息沟通、资源共享、优势互补、共同发展的创新合作平台，带领深圳科技型企业对接海外资源，并为企业开展跨国合作提供全方位支撑和保障。2019年，深圳与英国伦敦金融城进一步加强在金融科技、数字技能和绿色金融等方面的合作。南方科技大学化学系与美国Salk研究所开展针对胰腺癌功能蛋白质组学研究工作，以期在治疗胰腺癌方面有重大突破。8月，金砖国家未来网络研究院中国分院成立仪式暨未来网络创新论坛在深圳举行，柬埔寨、埃及、俄罗斯、印度、菲律宾、匈牙利等国政府信息通信主管部门负责人，国际电信联盟（ITU）、全球移动通信系统协会（GSMA）等国际组织负责人出席会议。这一举措进一步深化了深圳与金砖国家等地区的合作。

在国际技术研发合作方面，深圳充分发挥国家技术转移南方中心的作用，新增香港城市大学、智权增益（亚洲）等深港澳台技术转移联盟盟员单位，并于2015年引进英国Isis、澳大利亚Csiro、美国Honeywell、香港国际知识产权商业化促进会（IIPCC）等著名国际技术转移机构，与美国斯坦福大学技术转移办公室和韩国Intellectual Discovery专利机构等国际知名技术转移机构建立广泛联系。至2015年，深圳累计与100多家境外技术转移机构建立联系，形成了技术转移的集聚效应。

此外，深圳通过科技部认定的国家国际科技合作基地搭建国际技术转移平台，进一步拓展合作渠道。2012年，华大基因、中科院深圳先进技术研究院先后成为国家国际科技合作基地。2013年9月，深圳高新技术产业园服务中心被科技部认定为“深圳高新区国际技术转移中心”和2013年度国际科技合作基地。苹果、微软、高通、英特尔、三星等跨国高科技公司纷纷在深圳设立研发、技术转移和科技服务机构。深圳还积极承办2017年中国（广东）—美国投资合作交流会深圳高科技与创新产业专题论坛，举办中国（深圳）—加拿大（安大略）创新与国际合作论坛等，进一步拓展了国际科技合作网络。

自2010年推行“孔雀计划”以来，深圳大力引进海外高层次创新人才，设立海外人才联络处和海外创新人才引进中心，先后引进光启高等理工研究院团队、美国加州大学伯克利分校能源研究室茆胜教授的“深圳市国创新能源技术研究院”团队等海外人才团队，还与纽约、波士顿地区建立新的合作平台，市属国企开始在硅谷、波士顿等地布局建设海外科技创新中心。

2013年5月，中国科协正式授权深圳设立“海外智力为国服务行动计划”（简称“海智计划”）广东（深圳）基地，这是其在广东省设立的第一批海智基地。深圳市科协利用中国科协海外科技团体资源，充分发挥自身特长和优势，把深圳基地打造成为联系海外团体、开展高端海外科技交流合作活动和汇聚科技创新要素的平台。经过多年运营，深圳海智基地在国际合作、人才引进方面取得良好成效，多次承接海智计划地方会议并多次被评为中国科协海智计划先进工作基地。2017 年 5 月，深圳海智基地首个工作站在光明留学生创业园成立。

2015 年 5 月，中国科协（深圳）海外人才离岸创新创业基地由深圳市政府和中国科协共同揭牌成立。基地旨在引进海外优质创新创业资源，推动世界著名大学在深建立联合研发中心，促进海外风险投资特别是天使基金落户深圳，为海内外人才来深发展营造更好环境。基地先后引进英国皇家工程院院士 Bill Roscoe 教授、矩阵新材料等重量级团队，成功举办牛津、波士顿等地区的海外创新创业大赛，组织海外大众创业万众创新荷兰站系列活动，与荷兰主流创投界建立合作关系。基地在海外资源渠道建设、团队建设、重大项目引进、项目人才路演、海外技术转移专员培育、海外孵化器建设等方面发挥了骨干和引领作用，成为深圳科技创新国际化战略重要的公共服务平台。

四、前瞻布局海外创新网络

2012 年 9 月，深圳与以色列海法市缔结友好城市关系。海法市拥有以色列最大、最早的工业园区，很多国际高技术公司如英特尔、微软、谷歌、飞利浦及 IBM 等均在此设有分公司，并有海法大学、以色列理工学院等许多大学。2014 年 1 月，《深圳市与休斯敦市友好城市战略合作伙伴关系备忘录》签约仪式在美国休斯敦举行。休斯敦市是深圳首个国际友好城市，双方的合作从经贸、文化等领域向医疗卫生、航空航天产业、港口和物流等领域拓展。2015 年 6 月，中国深圳—以色列创新创业合作交流会在以色列首都特拉维夫成功举行。2016 年，深圳与密歇根州签署《深圳—密歇根贸易、投资和创新合作中心合作备忘录》，深圳—密歇根联合创新中心揭牌成立，双方共建“深密中心”，重点推动技术转移、产学研合作以及人才培养，利用创新载体开展联合技术攻关，并与双方大学、科研机构和企业合作，助力两地科技成果转化与市场开拓。2017 年 7 月，中国—以色列国际创新中心建设合作备忘录签约仪式在深圳举行。该创新中心充分利用以色列专利进行产业化运作，协同各合作方在项目孵化、金融服务、产业集群建设方面的优势资源，打造具有较大影响力的国际创新中心。同年，中国（广东）—英国（伦敦）经贸合作交流会深圳高新技术产业专题对接会在伦敦成功举办，深圳—以色列科技项目联合资助计划也与以色列创新署着手组织实施。

在加快建设国际科技、产业创新中心的进程中，深圳依托“十大行动计划”，实施新一轮创新发展战略布局。2017 年 5 月，《深圳市十大海外创新中心建设实施方案》提出，采取事后资助方式对海外创新中心予以经费支持，并正式授牌美国旧金山海外创新中心、美国波士顿海外创新中心等 7 家海外创新中心。这些贴着“深圳”标签的创新中心均位于国际公认的热门创新资源高地，建设单位都是公司和高校研究机构，包括深圳清华大学研究院、深圳华大基因股份有限公司、天安数码城等。其中，美国旧金山海外创新中心由深圳清华大学研究院与力合科创集团有限公司共同建设，瞄准人工智能、物联网、大健康领域的特色加速项目进行孵化，并利用海外的科技媒体传播渠道服务“走出去”的深圳创新企业，同时为深圳引进国际高端行业会议品牌，并利用创投基金为跨境加速项目落户深圳提供资金驱动。以色列特拉维夫—海法海外创新中心由深圳市源泉汇创业孵化器有限公司建设，主要开展生物医药、安防、人工智能、航空航天、无人机、机器人等领域的科技项目孵化，组织深企考察以色列，在深圳、特拉维夫两地举办项目路演、中以创新主题论坛等。

第六节　迈向国际科技创新高地

一、全面提升基础科学研究能力

2018年1月，国务院出台《关于全面加强基础科学研究的若干意见》，明确我国基础科学研究的发展目标，提出全面加强基础科学研究的重点任务。为贯彻《意见》精神，进一步解决深圳基础科研发现能力不足、与技术研发协同不足、全球顶尖创新资源缺乏等问题，深圳市委、市政府不断深化科技供给侧结构性改革，建立起“基础研究+技术攻关+成果产业化+科技金融+人才支撑”全过程创新生态链，推动创新体系实现历史性变革、系统性重构。

早在2017年1月，深圳已提出布局十大重大科技基础设施。5月，《深圳市促进重大科研基础设施和大型科学仪器共享管理暂行办法实施细则》出台，使科技基础设施、科研仪器设备的建设、开放、共享有章可循。2018年12月，深圳市政府印发《深圳市关于加强基础科学研究的实施办法》，提出建立目标型科研管理体系、全链条融合型科研组织体系、突破型实验室体系、梯度化、成长型人才激励体系和政府间科技合作体系等五大体系，把加强基础研究和应用基础研究摆在更加重要位置。深圳持续加大对基础研究和应用基础研究的投入，从2018年开始，政府投入基础研究和应用基础研究的资金不低于市级科技研发资金的30%，这一机制在2020年通过特区立法的方式固化下来。2018年、2019年、2020年市财政投入分别为28亿元、48亿元、49.9亿元，分别占市级科技研发资金的30%、37.2%、42.7%，2020年全社会研发投入占地区生产总值比重达4.93%。

另一方面，深圳加速推进国家超级计算深圳中心、深圳国家基因库、未来网络试验设施、鹏城实验室，深圳湾实验室等一批重大科技基础设施及创新载体建设，不断强化战略科技力量。国家超级计算深圳中心（深圳云计算中心）是深圳第一个国家级重大科技基础项目，2009年完成筹建、选址和设计工作，11月启动建设。2010年5月，世界超级计算机组织确认深圳超算中心运算速度达到每秒1271万亿次，排名世界第二。2018年，深圳超算中心启动二期工程建设前期准备工作，迎接部署计算能力高出现有曙光6000计算机5倍的E级超级计算机的原型机系统。2020年8月，深圳国家超算中心（二期）落户光明科学城，计划建成持续峰值超过2Eflops的E级超级计算机和其配套设施。深圳超算中心通过与行业龙头企业结合，大幅度降低了科技创新的门槛、缩短周期、降低成本，发挥了超级计算中心对产业和企业发展的支撑作用。2019年4月，深圳超算中心与云天励飞联合发布并启动全球领先的一站式人工智能赋能平台AIOS，推动人工智能在多产业快速落地和规模发展。11月，深圳超算中心与鹏城实验室携手打造量子计算创新平台，借助超算技术进行量子计算模拟，成为我国先进计算技术的一大突破。深圳超算用户表上有中科院、北京大学、清华大学等数十家创新载体及华为、平安科技、腾讯等众多合作企业，10年来累计服务3万个以上用户团队，完成各类计算任务逾千万个，完成15亿核小时计算。

2011年1月，国家发改委批复深圳依托深圳华大生命科学研究院（原深圳华大基因研究院）组建国家基因库。2016年9月，国家基因库一期投入运营。国家基因库位于大鹏新区禾塘仔地块，总建筑面积11.6万平方米，采用理事会的方式运作，共建成“三库两平台”，即生物资源样本库（湿库）、生物信息数据库（干库）、生物活体库（活库）及数字化平台（读平台）、合成及编辑平台（写平台）。2017年，深圳国家基因库首次在合成基因领域参与制定省级地方标准，填补基因合成领域的标准空白。同年，深圳国家基因库发布中国核酸序列归档系统，为全球研究者提供当前最全面的数据和信息资源，提高了研究者访问和使用数据的便捷性和深入性。10月，在第十三届国际基因组学大会上，深圳国家基因库正式发布“国家基因库生命大数据平台”，整合各平台的海量数据，被称为“基因界的谷歌”。2019年，《粤港澳大湾区发展规划纲要》明确支持依托深圳国家基因库发起设立“一带一路”生命科技促进联盟。2020年3月，深圳国家基因库与全球共享流感数据倡议组织（GISAID）达成战略性合作，成为其在中国首个正式授权平台。至2020年底，深圳国家基因库参与起草并发布实施的标准达23项，填补多项行业空白为我国生命科学研究、医学健康和生物产业发展提供了重要的基础支撑。

为加快建设覆盖全国的未来网络试验设施，保障我国在下一代互联网、网络空间安全、天地一体化网络等网络空间竞争中掌握主动权，2017 年 2 月，国家批准实施“未来网络试验设施重大科技基础设施”项目。2020 年 4 月，深圳未来网络试验设施落户深港科技创新合作区，以未来网络发展顶层设计、技术研发、标准推动、知识产权保护、产业孵化与发展为重点，带动 5G、VR 等未来网络技术、产品、应用的发展与推广，实现科研成果就地转化。华为、中兴通讯、腾讯等企业也参与了未来网络试验设施的建设。5 月，包括深圳在内的 12 个“未来网络试验设施”开通运行。自此，深圳建立起为下一代互联网、网络空间安全、天地一体化网络、5G 服务的基础性网络支撑平台。

鹏城实验室（深圳网络空间科学与技术广东省实验室）、深圳湾实验室（生命信息与生物医药广东省实验室）是深圳最具代表性的两家基础研究机构。鹏城实验室是中央批准成立的突破型、引领型、平台型一体化的网络通信领域新型科研机构，于 2018 年 4 月启动建设。实验室以哈尔滨工业大学（深圳）为依托单位，与北京大学深圳研究生院、清华大学深圳国际研究生院、深圳大学、南方科技大学、香港中文大学（深圳）、深圳先进技术研究院、华为、中兴通讯、腾讯、深圳国家超算中心等高校、科研院所和高科技企业共建，永久场地位于西丽湖国际科教城，规划总建筑面积 150 万平方米。实验室实行市场化运行模式，工作人员没有级别、编制，经费来源以财政资助为主，鼓励知识产权授权、技术转移等。成立仅一年多，鹏城实验室就集聚了 22 位院士、1600 多名科研人员，承担了一批重大科技专项。至 2020 年底，鹏城实验室已汇聚了 31 位院士、160 余位国际会士、国家杰青等高端人才，与 150 多家企业高校形成深度合作，初步建成了“鹏城云脑”“鹏城云网”“鹏城靶场”“鹏城生态”等四大科学基础设施。

深圳湾实验室是广东省、深圳市建设粤港澳国际创新中心的重大战略布置，于 2019 年 4 月 3 日启动建设。实验室以北京大学深圳研究生院为依托单位，以深圳健康科学研究院为直属研究机构，协同深圳大学、南方科技大学、香港中文大学（深圳）、清华大学深圳研究生院、哈尔滨工业大学（深圳）、深圳先进技术研究院、华大生命科学研究院、深圳数字生命研究院及相关领域具有研究基础和应用优势的单位合作共建。实验室围绕生命信息、医学工程和创新药物研究三个方面，开展生物医学领域前沿研究，建立健康科学研究的全方位、跨尺度、全周期的重大装置平台，包括生物医学成像平台、生物化学与分子生物学研究平台、尖端基因技术与组学平台、生物医药筛选平台和临床医学研究平台。至 2020 年底，深圳湾实验室已引进 70 余个科研团队，拥有肿瘤研究所、代谢与心血管研究所等 15 大直属研究机构，及临时医学研究中心、生物成像平台、生化分析平台等 10 大公共技术平台。

2017—2020 年深圳建立的主要基础研究机构

序号	机构名称	主要任务
1	深圳数字生命研究院	建设生命大数据获取、分析、应用实验平台，打造数据采集、人工智能计算、全组学数据表达等重点实验室
2	深圳华大生命科学研究院	研究生物核心技术、生物安全与资源、生物信息与大数据挖掘、疾病与健康、食品营养与农业、生物进化与环境演变等
3	南科大量子科学与工程研究院	研究量子通信、量子精密测量与传感、量子人工智能、量子材料等
4	深圳市脑科学国际创新研究院	研究脑科学的新技术、新方法，脑发育、脑认知、脑功能，重大脑疾病诊疗手段和新策略、类人智能技术等
5	深圳金融科技研究院	围绕金融稳定及科技监管、数字货币运行管理、区块链技术创新和应用、普惠金融下的金融创新、金融科技商业模式及数据库建设等方向开展研究
6	深圳清洁能源研究院	以解决清洁能源领域关键核心技术为突破，瞄准清洁能源的新技术、新方向，开展具有产业化前景的基础研究与创新性应用研究
7	深圳大数据研究院	数据科学的各项基础研究和应用研究、核心技术转让和产业化

续表

序号	机构名称	主要任务
8	深圳人工智能与机器人国际研究院	重点开展人工智能与机器人的基础、共性、关键技术研究和应用
9	深圳市合成生物学创新研究院	重点开展合成生物研究与产业化
10	深圳计算科学研究院	重点开展以大数据为代表的计算科学基础理论，开发核心系统软件，结合统计和逻辑方法的人工智能可解释性、计算复杂性研究
11	深圳先进电子材料国际创新研究院	重点开展高密度集成电路关键材料的基础关键问题与应用研究
12	深圳第三代半导体研究院	国家第三代半导体技术创新中心及公共研发和服务平台，开展第三代半导体技术研究
13	深圳健康科学研究院	重点攻克生命健康重大科学难题

二、打造全球科技创新人才聚集地

人才是创新的根基，推进科技自立自强，必须要有一批站在行业科技前沿、具有国际视野和能力的高端人才。自 2011 年启动“孔雀计划”后，深圳开始大规模、大手笔、成体系地引进海外高层次人才，为推进科技自立自强集聚了一大批站在行业科技前沿、具有国际视野和能力的高端人才。

2015年起，为更好地引领各项人才政策、规范人才工作，深圳着手开展人才立法工作。2016年3月，深圳市委、市政府印发实施《关于促进人才优先发展的若干措施》，制定20个方面81条178个政策点，涵盖人才引进、培养、评价、使用、激励等各个环节，覆盖院士等高精尖缺人才、博士后等基础研究人才、高校毕业生等技能人才以及创客人才等各级各类人才群体，并提出“发挥经济特区立法权优势，制定《深圳经济特区人才工作条例》，推进人才工作依法管理，提升人才工作法治化水平”。12月，《深圳市引进人才实施办法》出台，整合此前出台的相关人才引进政策，扩大高层次人才引进范围，将两院院士、国家“百千万人才工程”培养人员、国家重点学科或重点实验室学术带头人、广东省或国家部级以上科技进步奖项目主持人等高层次人才列入重点引进范围。

2017年8月，酝酿2年多时间的《深圳经济特区人才工作条例》（以下简称《条例》）经深圳市第六届人大常委会第十九次会议审议通过。《条例》共分7章68条，涵盖人才引进、培养、流动、评价、激励、服务与保障的全链条，是深圳近40年来人才政策的“集大成者”。《条例》明确规定，在深圳市、区设立人才工作领导机构，“产业、科技、教育、文化、卫生等专项规划应当将人才工作作为重要内容”。在人才引进与流动方面，《条例》提出打破户籍、地域、身份、学历、人事关系等制约，如符合条件的人才可以直接申办入户，其配偶亦可入户；吸收非公有制经济组织和社会组织中的优秀人才进入党政机关、国有企业事业单位；科研人员经单位同意，可以携带科研项目和成果在深圳市范围内离岗创业。在人才激励方面，《条例》提出鼓励知识产权证券化，创新知识产权投融资产品，完善知识产权信用担保制度，促进知识产权价值实现；单位应当按照市人民政府发布的科技成果转化奖励指引，制定本单位报酬和奖励制度或者与科研人员约定奖励和报酬；建立人才荣誉和奖励制度，由市、区人民政府对有重大贡献的各类人才授予荣誉称号，并给予奖励。在人才服务与保障方面，《条例》提出通过以租赁为主，租赁、出售、补贴相结合的方式提供人才安居保障；为人才入户、子女教育、配偶就业、医疗保健以及外国人才来华签证、居留等提供便利化服务，落实相关待遇等。《条例》还把每年11月1日定为深圳人才日，并规定设立“人才伯乐奖”，对在本市人才培养、引进过程中作出贡献的单位和个人给予表彰和奖励，鼓励企业事业单位、人才中介组织等引进和举荐人才。《条例》以立法形式固化人才政策，为深圳广聚“天下英才”提供了坚强法治保障。当年11月1日，《条例》开始正式实施，深圳迎来首个人才日，全国首个以“人才”命名的主题公园——深圳人才公园也正式开园，全市举行一系列隆重热烈的人才交流活动，全方位展现了深圳良好的人才环境。

2018年1月，深圳提出率先建设社会主义现代化先行区的“九大战略任务”，将人才工作明确为“建设更具吸引力的人才特区，把人才优先发展作为核心战略，以全球视野广聚天下英才”。8月，市委、市政府发布《关于实施“鹏城英才计划”的意见》，推出新一轮符合国际惯例、体现深圳特色、更具突破性的人才政策。2019年8月，《深圳市杰出人才选拔培养实施办法（试行）》印发，提出实施杰出人才培养专项计划，根据国家战略和深圳重点领域、重点产业发展需要，每两年遴选不超过10名具有成长为本市A类人才潜力的培养对象进行重点培养，并提供1000万元、1500万元、2000万元3个档次的培养经费。2020年7月，科技部（国家外专局）下发《关于下放高端人才确认函审发权限的通知》，正式赋予深圳外国高端人才确认函审发权限。8月1日，深圳正式受理申报，并以此为契机，为外国高端人才需求较大的重点用人单位提供个性化、全流程服务，打通了服务用人单位的“最后一公里”。与此同时，深圳抢抓粤港澳大湾区建设政策机遇，出台《关于落实粤港澳大湾区个人所得税优惠政策的通知》，规定在深圳工作的境外高端人才和紧缺人才享受15%的个人所得税减免优惠，进一步提高了对全球高端人才的开放度和吸引力。

在创新型人才培育方面，深圳先后出台多个办法和方案，推出多项有力措施，如实施百千万金融人才培养工程，推进鹏城学者计划，推动博士后人才队伍建设，举办创新人才培养示范基地建设研修班，培养“大国工匠”，打造全国鲲鹏产业示范区，举办国际特色学院，等等。深圳还通过举办丰富、高端的人才交流活动，建立人才研修院，成立人才安居集团等，营造全社会识才爱才敬才用才的氛围，倡导尊重人才、尊重创新。

随着各类人才政策体系的构建和实施，深圳逐步培育出一支规模宏大、素质优良、结构优化、作用突出的人才队伍，一大批具有国际影响力的科技领军人才和优秀创新创业团队脱颖而出，一批掌握核心技术、拥有自主知识产权和发明专利或拥有高成长性项目的高层次创新创业人才加速汇聚。截至2020年底，深圳拥有人才队伍总量超600万，市科技人才超200万人，全职院士54人，挂牌成立11家诺奖级科学家实验室，累计认定高层次人才1.8万人、留学回国人员超16万人，累计认定的海外高层次人才7000余人，为全市经济社会发展和产业转型升级提供了强有力的人才支持。

三、建设可持续发展议程创新示范区

建设国家可持续发展议程创新示范区是党中央、国务院统筹国内国际两个大局作出的重要决策部署。为落实联合国2030年可持续发展议程，国务院于2016年12月印发《中国落实2030年可持续发展议程创新示范区建设方案》，就示范区建设作出明确部署，提出以推动科技创新与社会发展深度融合为着力点，探索以科技为核心的可持续发展问题系统解决方案，为全球可持续发展提供中国经验。2018年2月，国务院批复同意太原、桂林、深圳为首批国家可持续发展议程创新示范区，要求深圳以创新引领大型城市可持续发展为主题，重点针对资源环境承载力和社会治理支撑力相对不足等问题，集成应用污水处理、废弃物综合利用、生态修复、人工智能等技术，实施资源高效利用、生态环境治理、健康深圳建设和社会治理现代化等工程，为超大型城市可持续发展发挥示范效应。[①] 这是深圳在成为我国首个国家创新型城市和国家自主创新示范区等之后又一项新定位。

深圳市委、市政府抢抓重要机遇，不断加快可持续发展步伐，努力在可持续发展上先行示范。2018 年 3 月 26 日，深圳市政府发布《深圳市可持续发展规划（2017—2030 年）》（以下简称《规划》）、《深圳市可持续发展议程创新示范区建设方案（2017—2020 年）》（以下简称《建设方案》）和《2018 年深圳市国家可持续发展议程创新示范区建设实施方案（任务分工表）》，吹响了为中国可持续发展率先探路的号角。《规划》指出，要积极对标国际一流城市，针对经济、社会和环境等领域的突出问题，实施创新驱动发展，充分发挥科技创新在全面创新中的引领作用，不断推进理论、制度、科技、文化、管理等各方面创新，依靠创新解决超大型城市可持续发展面临的重点难点问题。到 2020 年，深圳将建成国家可持续发展议程创新示范区，2025 年成为可持续发展国际先进城市，2030 年成为可持续发展的全球创新城市。

①《深圳为超大型城市可持续发展发挥示范效应》，《深圳特区报》2018 年 12 月 1 日。

《建设方案》从建设创新支撑服务体系、实施重大科技攻关的“登峰计划”、打造创新载体“核心枢纽”、加速知识产权流通转化、推动科技金融深度融合和促进科技资源开放共享六方面，提出深圳建设可持续发展议程创新示范区的重点行动和工程。27 日，深圳隆重举行建设国家可持续发展议程创新示范区推进会，科技部、生态环境部、广东省、深圳市相关领导出席会议，共同见证“深圳市建设国家可持续发展议程创新示范区”启动仪式。此后，深圳紧扣以创新引领超大型城市可持续发展的主题，通过大力实施资源高效利用、生态环境治理、健康深圳建设和社会治理现代化“四大工程”，稳步大力推进“4 + 2”建设方案，国土空间集约高效利用，打造绿色低碳先锋城市，污染防治攻坚战取得决定性进展，社会治理智能化水平稳步提升，同时积极完善创新服务支撑、多元人才支撑“两大体系”，示范区建设各项工作稳步推进。

2019 年 1 月，“落实 2030 年可持续发展议程论坛（中国 · 深圳）”在深圳举行，论坛发布了《深圳可持续发展综合评价体系研究》报告，并揭牌成立深圳可持续发展研究院。11 月，第三届全球青年创新集训营活动（UNLEASH2019）在深圳举行。全球青年创新集训营是响应联合国通过的 17 个可持续发展目标而发起的一项全球性可持续发展创新活动，每年在不同国家或地区举办，以赛事形式为联合国可持续发展目标（SDG）开发出集创新性和实用性的问题解决方案。此次是该活动首次来到中国，全球逾千名顶尖人才和导师共同探讨健康与福祉、经济适用的清洁能源、产业创新、气候行动等8个可持续发展主题，既是对中国推进和落实联合国2030年可持续发展议程的高度认可，也是对深圳可持续发展成绩的高度认可。

2020年，深圳进一步聚焦国务院批复文件部署的主要任务和中国特色社会主义先行示范区战略要求，借鉴国际先进地区和一流城市经验做法，高标准推进示范区建设的73大项146项重点任务，阶段性成果不断涌现。7月，深圳市科创委发布《深圳市可持续发展科技专项项目管理办法》，在全市科技计划体系中首次专门设立"可持续发展科技专项"，围绕示范区建设的"资源高效利用、生态环境治理、健康深圳建设以及社会治理现代化"四大工程展开布局，旨在通过集成应用污水处理、废弃物综合利用、生态修复、人工智能等技术，解决困扰全市的资源环境承载力和社会治理支撑力相对不足等问题，为建设国家可持续发展议程创新示范区贡献"深圳经验"和"深圳模式"。

四、加快大湾区综合性国家科学中心主阵地建设

以深圳为主阵地建设综合性国家科学中心，是党中央赋予深圳先行示范区建设的重要使命之一。2020年1月21日，科技部、发展改革委、教育部、中科院和自然科学基金委联合印发《加强"从0到1"基础研究工作方案》，提出加大地方政府和社会力量对基础研究的投入，要求北京、上海、粤港澳科技创新中心和北京怀柔、上海张江、合肥、深

圳综合性国家科学中心加大基础研究投入力度，加强基础研究能力建设。深圳以主阵地作为加快大湾区综合性国家科学中心建设，实施大科学装置群带动战略，高标准建设光明科学城、河套深港科技创新合作区、西丽湖国际科教城，勇当国家战略科技力量第一方阵。

光明科学城地处“广州—深圳—香港—澳门”科技创新走廊的关键节点，是以深圳为主阵地建设综合性国家科学中心的核心承载区，也是大湾区综合性国家科学中心的先行启动区。2018 年 4 月，深圳市委、市政府决定在光明区集中布局大科学装置群，建设光明科学城。2020 年 4 月，市政府发布《关于支持光明科学城打造世界一流科学城的若干意见》，在科技创新全链条、各阶段制定政策措施，全力支持光明科学城高标准、高质量、高水平打造世界一流科学城。6 月，《光明科学城空间规划纲要》正式发布。光明科学城总规划面积 99 平方公里，在空间布局上致力构建“一主两副”的科学装置集聚区。“一主”即大科学装置集群，以具有内核生长功能的国家级设施为核心，集群建设材料和信息科学设施。首期确定落户的大科学装置共有 6 个，分别是：脑模拟与脑解析设施、合成生物研究设施、材料基因组大科学装置平台、空间引力波探测地面模拟装置、空间环境与物质作用研究设施、精准医学影像大设施。材料基因组大科学装置平台项目总投资 6.6 亿元，主要建设高通量制备平台、高通量实验室表征平台、高通量中子谱仪平台、高通量计算与数据库平台，预计 2022 年完成装置建设。合成生物研究设施项目总投资约 9.4 亿元，主要建设内容包括设计学习平台、合成测试平台、用户检测平台及医学转化平台，预计 2023 年完成装置建设。脑解析与脑模拟设施项目总投资约 12 亿元，建设内容包括脑解析模块、脑编辑模块、脑模拟模块，设施建设将极大地提升深圳生命科学基础、临床前应用研究以及生物医药产业技术，推动深圳类脑智能产业的发展，预计 2023 年完成装置建设。“两副”即科教融合集群、科技创新集群，布局大科学装置和高水平大学、产学研结合的科研机构、共享实验室、产业转化孵化平台等科技创新设施。

光明科学城于 2019 年 1 月正式开工建设，脑解析和脑模拟、合成生物研究两个大科学装置配套土建工程项目同步动工建设。11 月，光明区与深圳湾实验室、深圳大学等签订战略合作协议，第一批重大科研平台落地光明科学城。2020 年 3 月，光明区政府与中科院深圳理工大学、深圳先进技术研究院签约，就中科院深圳理工大学过渡性校区（光明）启用、光明工程生物产业创新中心落地、中科院深理工附属实验高中共建事宜达成一致。8 月，脑解析与脑模拟、合成生物研究两大设施总概算获得市发改批复，光明科学城综合粒子设施首栋建筑开工。截至 2020 年底，光明科学城已完成一批重大创新平台布局建设，深圳湾实验室、深圳计量技术创新院等科研机构启动实质性运营，人工智能与数字经济广东省实验室（深圳）完成选址，国家超级计算中心深圳中心二期动工建设。

西丽湖国际科教城位于南山区，规划总面积 57.1 平方公里，是科技部支持深圳建设中国特色社会主义先行示范区的重要举措。2019 年 10 月，深圳市政府制定《西丽湖国际科教城空间规划纲要》，将西丽湖国际科教城定位为世界一流大学城、国家基础科学和应用基础研究中心、粤港澳大湾区创新“智核”，基本确立“一环一带三组团五片区”的总体空间布局，“一环”即西丽湖科教生态环，“一带”即大沙河大学智慧带，“三组团”即大学城、石壁龙、留仙洞三个组团，“五片区”即大学城、燕清溪、白石岭、石壁龙、留仙洞五个片区。2020 年 5 月，《南山区推进西丽湖国际科教城建设三年行动方案（2020—2022 年）》和《南山区西丽湖国际科教城 2020 年重点项目清单》正式发布，提出未来三年将全力推动重大任务落地实施、培育区域创新主体、推动湾区协同发展、优化创新要素配置、建设宜居宜业宜创城区等。西丽湖国际科教城内集结了南方科技大学、深圳大学（西丽校区）、哈尔滨工业大学（深圳）、清华大学深圳国际研究生院、北京大学深圳研究生院等高校。随着基础研究能力的快速提升，科教城在综合性国家科学中心中的能级不断增强。2020 年 12 月，科技部、教育部、广东省人民政府联合印发《深圳西丽湖国际科教城建设方案》，支持西丽湖国际科教城建设。西丽湖国际科教城逐渐上升为科技部、广东省、深圳市共建平台。

五、深圳战“疫”释放强大科技力量

2020 年 1 月以来，新冠肺炎疫情席卷全球。面对这一新中国成立以来发生的传播速度最快、感染范围最广、防控难度最大的重大突发公共卫生事件，党中央高度重视、迅速作出布置，把疫情防控作为头等大事来抓。习近平总书记要求“为打赢疫情防控阻击战”提供强大科技支撑。深圳依托强大的高新技术产业和科技创新能力，为全国战“疫”贡献了“深圳力量”“深圳智慧”，多项助力疫情防控的前沿科技研发和应用获得世卫组织、国家主管部门和国内外媒体高度肯定。

疫情爆发之初，深圳成立由市政府相关部门和科研主体组成的联合科研攻关组，专职协调和推进解决科研攻关存在的各类问题和需求，同时邀请深港澳权威专家组成深圳疫情防控专家组，专责对涉疫重大问题进行专项分析、提出建议和开展咨询评议。2 月 12 日，深圳在全国率先印发《关于以“悬赏制”方式组织开展“新型冠状病毒感染的肺炎疫情应急防治”应急科研攻关项目的工作方案》，面向海内外发布一批期限为 30 天、涉及防疫设备及试剂研发的悬赏指南，集聚全社会科研力量共克难题，单项悬赏金额可达 500 万元，总额不超过 3000 万元。3 月 2 日，围绕疫情防控紧迫需求，深圳紧急出台《关于强化科技支撑打赢疫情防控阻击战促进企业健康发展的若干措施》（下称《若干措施》），以五大方面 16 条具体举措，汇聚优势创新资源，实施疫情防控科研攻坚行动。深圳以最灵活的方式创新项目组织机制，如采取以定向委托与自由申报相结合实施“新型冠状病毒感染应急防治”专项；以“悬赏制”等方式组织开展“新型冠状病毒感染的肺炎疫情应急防治”应急科研攻关项目；首次设置“赛马式资助”竞争机制，允许对同一悬赏标的，有两个以上牵头单位同时攻关；设立“揭榜奖励制”，无须事前立项，只要达到悬赏标的要求，即可备案揭榜；设置“里程碑式资助”，项目初期给予部分资助，通过阶段性考核后再给予一定资助，项目验收达标后给予剩余经费支持等。至当年底，深圳共面向国内外发布 2 批悬赏通知，分 7 批次推动全市 40 个科研攻关项目获得国家和省、市新冠肺炎疫情应急防治技术专项立项。《若干措施》还规定，在新冠肺炎疫情防控中发挥重要作用的科技成果，参评 2020 年度深圳市科学技术奖，不受获奖完成人、成果推广应用年限、项目结题验收等限制。疫情防控科研项目取消申请人年龄限制，不纳入市级科技计划项目限项范围，项目中止或验收不通过不列入科研诚信异常名录。因受疫情影响无法按期提交科技项目验收申请的，允许申请延期验收。这些措施有力激发了科技人才的担当奉献精神。

疫情发生以来，深圳进一步加大惠企支持力度，推出多项创新服务便利化举措，建立起科技管理服务全过程“不见面”审批机制。2020 年 2 月 7 日，深圳市政府印发实施《深圳市应对新型冠状病毒感染的肺炎疫情支持企业共渡难关的若干措施》（即“惠企 16 条”），从减免物业租金、减轻工商企业用电成本、帮助企业稳定现金流等方面用 16 条举措支持企业抗击疫情、共渡难关，实实在在地给重点企业、中小微企业复工复产提供政策支撑。4月，深圳启动“金融方舟”，进一步加强政府、银行、企业的合作，为入舟企业提供咨询诊断服务、安排专项融资额度、给予综合利率优惠、开辟快速服务通道等，帮助企业解决融资难问题，助推企业加快复工复产、达产增产。深圳还率先发行“抗疫”债券20南山（疫情防控债）SCP001、20华发（疫情防控债）SCP003、快递物流行业“抗疫”债、航空运输业“抗疫”债等，及时为武汉火神山、雷神山医疗应急工程建设以及医疗物资采购提供债市资金驰援，体现深圳担当。

深圳企业全力释放科技力量，共同抗“疫”。自疫情蔓延以来，深圳科技界企业和科研机构充分利用自主研发的新一代信息技术、人工智能技术、基因科技等，制定疫情防控方案、积极参与科研、投身防疫消杀，走在了抗击疫情的最前线。深圳率先在病患粪便中检测出病毒阳性，提示粪口传播可能性。华大基因率先研制的快速检测试剂盒，首批通过国家药监局应急审批并最早投入使用。深圳科研人员较早成功分离出新冠肺炎病毒毒株，启动康复者血清抗体研究，率先推出“深圳版”新冠肺炎诊疗方案。在疫苗研发方面，深圳康泰生物制品股份有限公司于2020年9月获批广东省首个新冠疫苗临床批件，此后生产出全省首个由本土企业研发生产的新冠疫苗。在实验室建设方面，华大基因打造一套高通量核酸检测的一体化解决方案“火眼”实验室，采用华大智造研发的自动化核酸提取仪和华大基因新冠病毒核酸检测试剂盒，以自动化和高通量检测能力为新冠疫情防控筑起坚实堡垒。钟南山院士团队与腾讯公司共同成立大数据及人工智能联合实验室，以大数据及人工智能攻坚流行病、呼吸疾病和胸部疾病的筛查和防控预警。“黄田田”义警机器人、“建国”警用巡逻机器人、“夸父”无人配送车、“太赫兹 + 红外”一体化人体安检测温系统、智能测温和定位手环等“黑科技”，纷纷亮相各交通站点检疫、密集场所测温、居民生活物资配送等应用场景，成为防疫战线的一支高科技主力军。

深圳企业推出的具备高技术含量的防疫产品和解决方案，在全国各地广泛使用。迈瑞公司紧急驰援湖北呼吸机、监护仪、彩超超声仪、输注泵等防控重要物资，所生产的高端重症呼吸机占据全国 60% 市场份额，并销往 68 个国家和地区，成为全球抗疫的利器。深圳北科瑞声公司研发的智能语音系统，部署火神山、雷神山医院，帮助医护人员解决了穿戴厚重、手动操作医疗管理系统不便的难题。声扬科技采用声纹识别、语音识别等技术，帮助防疫部门快速、准确、批量地完成受访对象个人信息跟踪搜集，率先实现健康状况及情绪状况的实时识别。云天励飞基于人脸识别的智能红外体温监测系统采用 AI+ 红外测温，自动对高温人体报警，提升了检疫工作效率和精准度。普渡科技研发的智能机器人不用穿防护服，不用戴口罩，不怕感染，甚至不用下班，24 小时按时送药送餐，实现全程无接触配送病患需求。深圳还开发了“i 深圳”APP，上线“深 i 您自主申报平台”和“深 i 您企业服务”专区等，提供外地返深、复工指引、信息发布、政企互动等内容，为企业复工和疫情监管防控提供便利。

在产业支撑疫情防控方面，比亚迪作为全球新能源汽车引领者，跨界援产口罩与消毒液，3天出图纸、7天出设备、10天出产品。华为作为全球5G技术领导者，火速援助火神山5G基站建设，团队仅用3天就完成整套建设流程。中兴通讯援助雷神山医院建设，前方网络扩容与雷神山医院建设同步开展，后方关键设备备件从深圳紧急发货。大疆科技借助无人机开展体温测量和病毒消杀，既可避免人与人直接接触交叉感染，同时立体喷洒消毒药液，防疫消杀效果更好。迈瑞和深圳其他龙头企业向海内外提供上万台呼吸机、监护仪、CT和移动DR等医疗设备，同时联动全球专家开展近百场线上研讨，与世界各国的医护人员分享中国经验。

深圳战“疫”充分利用科技力量，取得显著成效，其战“疫”经验被赞誉为“深圳模式”。在2020年度广东省科学技术奖评选中，钟南山等作为主要完成人、深圳四家单位参与的“新发冠状病毒感染的防控策略与临床诊治”项目获得科技进步奖特等奖。在2020年底深圳市科学技术奖评选中，12个疫情防控优秀成果获奖，占授奖量的11%。

从经济特区初创，到迈向具有全球影响力的科技和产业创新高地，深圳在40年间一路爬坡过坎、攻关拔寨，一路走出舒适区、勇闯无人区，一路跨越式发展、折叠式进阶，创造了世界科技创新史上的奇迹，而今正在建设粤港澳大湾区、中国特色社会主义先行示范区的大路上高歌猛进，继续领跑，一个让世界刮目相看的创新之都正在南海之滨巍然屹立。

附 录

附录一

深圳市经济建设和科技创新大事记

（1978—2020 年）

1978 年

3 月

15—24 日　国家计委、外贸部、中国人民银行、有关进出口总公司及其驻香港五丰行等单位和广东省外贸厅组成联合工作组，对建立宝安县外贸基地问题进行调查研究。

4 月

10 日—5 月 6 日　国家计委和外贸部组织经济贸易考察组赴港澳进行实地调研。5 月，形成《港澳经济考察报告》上报国务院，建议把靠近港澳的广东宝安、珠海两县改为省辖市（相当于地级市），划为出口基地。

6 月

20 日　习仲勋主持召开广东省委常委会会议，研究关于迅速开展对外加工装配业务和宝安、珠海两县的建设问题。

7 月

9—10 日　习仲勋视察宝安县。他强调，制止群众性外逃必须发展经济、提高群众生活水平，首先要抓好对外经济贸易，发展种养业和多种经营，要引进香港同胞和外商投资办厂，搞来料加工。

8月

是月　广东省委派出工作组到宝安、珠海县调查，形成《关于宝安、珠海两县外贸基地和市政规划设想》，并于10月23日上报国务院，提出要在3至5年内把宝安、珠海两县建设成为具有相当水平的工农业结合的出口商品生产基地、吸引港澳游客的旅游区、新型的边防城市。

11月

17日　宝安县委决定成立外贸基地服务公司，负责全县多种经营、外贸出口商品基地的规划和具体组织工作。

12月

18日　全国第一家“三来一补”企业——上屋电业厂在宝安石岩上屋村创办。

1979年

1月

23日　广东省委决定撤销宝安县，设置深圳市，由广东省和惠阳地区实行双重领导，按地区一级配备干部。成立中共深圳市委。

31日　中共中央、国务院决定在深圳蛇口建立全国第一个对外开放工业区——蛇口工业区，由香港招商局集资并负责组织实施，建立蛇口工业区的方针是“立足港澳，依靠内地，面向海外，多种经营，工商结合，买卖结合”。

2 月

14 日　国务院对《关于宝安、珠海两县外贸基地规划设想的报告》作出批复，原则上同意广东省的设想，并从国家预算内投资 1.5 亿元。

3 月

5 日　国务院批复同意广东省宝安县改设为深圳市，以宝安县的行政区域为深圳市行政区域，下辖罗湖、南头、松岗、龙华、龙岗、葵涌 6 个区，总面积 2020 平方千米，总人口 358267 人。

4 月

5—28 日　中共中央在北京召开经济工作会议。广东省关于“建议运用国际惯例，将深圳、珠海和汕头划为对外加工贸易区”的提议，得到中央领导人的重视。4 月 17 日，邓小平在听取中央工作会议各组召集人汇报时说，新加坡吸收外资开厂，利润收入 50% 可以拿到，还有劳务收入、税收。广东、福建有这个条件，搞特殊省，利用华侨资金、技术，包括设厂。他还说：“中央没有钱，可以给些政策，你们自己去搞。”“杀出一条血路来！”他很赞成广东提出的“先行一步”的做法。他说：“就叫特区嘛！陕甘宁就是特区。”根据邓小平的提议，中央工作会议决定在广东省深圳、珠海、汕头和福建省厦门等地“试办出口特区”，并对两省采取特殊政策和灵活措施，加快发展地方经济。

7 月

8 日　蛇口工业区破土动工，打响了改革开放“第一炮”。20日，蛇口工业区建设指挥部正式成立。

15日　中共中央、国务院下发《批转广东省委、福建省委关于对外经济活动实行特殊政策和灵活措施的两个报告》(中发〔1979〕50号文)，同意广东、福建两省在对外经济活动中，实行特殊政策和灵活措施，给予更多自主权，并在深圳、珠海、汕头、厦门设置“出口特区”。特区内允许华侨、港澳地区商人直接投资办厂，允许某些外国厂商投资设厂，利用外资进行市政建设等，使之发挥近港澳、多华侨等优越条件，把经济尽快搞上去。

9月

5日　招商局与香港宏德机器铁工厂签订在蛇口工业区合资经营“中宏制氧有限公司”的协议。中宏公司是进入蛇口工业区的第一家外资企业。

18日　广东省政府决定将省属8500厂、8532厂、8571厂同时迁入深圳，组建深圳华强电子工业公司（现华强集团公司）。与此同时，总参通信兵部也在深圳投资成立洪岭电器加工厂（现深圳电器有限公司）。第四机械工业部（现电子信息工业部）从广州750厂抽调人员组建深圳电子装配厂（现深圳爱华电子有限公司）。第三机械工业部（现航空工业总公司）在深圳设立中国航空技术进出口公司深圳办事处（现深圳中航集团）。以上四家是深圳建市后由两部委和广东省在深创办的第一批企业。

12月

21日　广东省、深圳市和招商局签署《关于经营蛇口工业区的内部协议》，明确工业区定名为“招商局蛇口工业区”，同时对工业区的范围、经营管理办法、土地和土地使用费，以及税收、职工工资、外汇管理、水电粮油供应等问题作具体规定。

25日　广东省华侨农场管理局与香港港华电子企业公司合资组建广东省光明华侨电子工业公司，为深圳康佳集团股份有限公司前身。

是年 深圳率先放开生产资料价格。

1980年

3月

24—30日　国务院副总理谷牧受中共中央、国务院委托在广州主持召开广东、福建两省工作会议，筹划和研究“出口特区”的具体政策和措施。

5月

16日　中共中央、国务院下发《关于〈广东、福建两省会议纪要〉的批示》(中发〔1980〕41号文)。指出广东应集中力量把深圳特区建设好。特区的管理，采取与内地不同的体制与政策，特区主要实行市场调节，为了吸引侨商、外商投资，所得税、土地使用费、工资可略低于港澳。

8月

26日　第五届全国人大常委会第十五次通过《广东省经济特区条例》，深圳经济特区正式成立。经济特区采取与内地不同的体制和更加开放的政策，充分利用国外的资金和技术，发展高级技术研究制造业和其他行业。

1981 年

2 月

是月　深圳饮乐汽水厂正式成立，为全国首家生产美国百事可乐饮料的中美合资企业。

4 月

22 日　经国务院批准，招商局蛇口工业区码头对外籍船舶开放。

5 月

27 日—6 月 14 日　国务院在北京召开广东、福建两省和经济特区工作会议。会议讨论研究两省实行特殊政策、灵活措施和设置经济特区的理论、体制、政策和管理等问题，提出进一步发展的十条重要政策和措施。7 月 19 日，中共中央、国务院批转《广东、福建两省和经济特区工作会议纪要》。深圳成立特区人民政府，归广东省直接领导。恢复宝安县建制，归深圳特区领导。

11 月

17 日　广东省五届人大常委会第十三次会议通过并颁布 4 个单行法规：《深圳经济特区土地管理暂行规定》《广东省经济特区企业劳动工资管理暂行规定》《广东省经济特区企业登记管理暂行规定》《广东省经济特区入境出境人员管理暂行规定》，均自 1982 年 1 月 1 日起施行。其中，《深圳经济特区土地管理暂行规定》在全国率先确定将土地使用权和所有权分开、实行土地有偿使用和转让。

是年　深圳在全国最早改革工资制度，并于 1982 年率先实行结构工资制。

1982 年

1 月

是月　改革开放后引进的第一家境外银行——南洋商业银行深圳分行在罗湖区开业。

4 月

1—8 日　深圳市政府召开《深圳经济特区社会发展规划大纲》评审会议，应邀参加会议的有北京、上海、南京、杭州、厦门、沈阳、广东等省市的知名专家、教授及工程技术人员共 73 人。

8 月

是月　深圳市第一栋高层建筑——电子大厦建成。该大厦共 20 层，高 69.9 米，总建筑面积 14455 平方米，总投资 664 万元。

9 月

14 日　深圳经济特区重大建设工程之一的八卦岭工业区破土动工。该工业区占地总面积为 1.2 平方公里，总投资 2.8 亿元，总建筑面积 200 万平方米，共 118 栋标准厂房和专业厂房。

是月　深圳市政府颁布《深圳经济特区建筑工程招标投标暂行办法》，实行建筑工程招投标制度。

是年　《深圳经济特区社会经济发展规划大纲》（1982—2000）出台。提出深圳的工业以电子工业为主，产品主要面向国际市场。12 月，深圳将该大纲呈报党中央、国务院、广东省委省政府，以此指导深圳工业发展。

是年　光明华侨电子厂率先引进国外先进技术，从日本引进自动波峰焊锡剪脚机和立体声信号发生器。当年深圳全市共引进机器设备 2.1 万余台（套），近 30% 达到国内先进技术水平。

是年　深圳市委、市政府先后成立了新技术研究机所（5 月）、电子研究所（7 月）、科技情报研究所（7 月）等一批科研机构。

1983 年

1 月

14 日　深圳市委决定筹办深圳大学，学校用地 10 万平方米，校址选于深圳湾畔，设 16 个专业。3 月 8 日，广东省政府批复同意创办深圳大学。建校总投资 5000 万元，由深圳市负担。学校由省、市双重领导，党政工作以市为主。5 月 10 日，国务院批准创办深圳大学。9 月 26 日，经中央批准，张维任深大校长，罗征启任第一副校长，方生、杨伊白任副校长。27 日，市委、市政府在深圳戏院举行深圳大学成立暨第一届开学典礼。

7 月

同月　宝安县联合投资公司发行了新中国成立后内地的

第一张股票。

8月

26日　深圳市政府颁布《深圳市实行劳动合同制暂行办法》。此后，深圳市所有国有企业、事业单位、国家机关、团体以及县以上集体所有制单位新增的工人一律实行劳动合同制。

9月

8日　深圳市第一家驻外贸易业务机构——深业贸易有限公司在香港开业。

25日　经国务院和广东省政府批准，深圳蛇口工业区码头正式成为国家对外开放口岸。

是年　深圳市政府和英国大东电报局联合成立的深大电话有限公司在深圳正式挂牌，成为中国内地首家中外合作电信运营企业。

1984年

1月

7—11日　广东省第六届人大常委会会议通过《深圳经济特区涉外经济合同规定》《深圳经济特区技术引进暂行规定》。

24—26日　邓小平视察深圳。先后参观了罗湖商业区国际商业大厦、中国航空技术进出口公司深圳工贸中心、渔民村，视察招商局蛇口工业区、合资企业华益铝材厂、蛇口微波通讯站，在即将开业的明华轮游乐中心题写了“海上世界”。视察结束后，他在广州为深圳题词：“深圳的发展和经验证明，我们建立经济特区的政策是正确的。”

5月

3日　深圳市政府召开全市工业工作会议，提出1984年工业战线的总任务是：以引进知识密集型、技术密集型项目为重点，以提高经济效益为中心，力争在工业发展速度、外引内联、新项目投产、新产品开发等方面开创新局面。

6月

4—23日　国务院委托深圳举办“经济开发研讨会”。参加研讨会的有8个省、自治区及14个沿海开放城市，4个特区和海南行政区公署的负责人以及中央有关部门负责人104人。

7月

17日　国务院批准深圳梅沙开辟为对港澳地区开放的专用旅游口岸。梅沙—沙田海上客运航线正式通航，深圳、香港分别在梅沙、沙田两地码头举行通航典礼。

11月

3日　经国务院批准，深圳市增辟沙头角口岸。该口岸于1984年5月20日动工，总投资760万元，是继罗湖、文锦渡之后的第三个深港陆路边境口岸，其建成便利了深圳东部同香港的交通。1985年2月28日，经广东省口岸办公室批准，沙头角口岸正式对外开放。

15日　国务院颁布《中华人民共和国关于经济特区和沿海14个港口城市减、免征企业所得税和工商统一税的暂行规定》。

12 月

27 日　深圳市成立人才引进办公室，专事海外人才引进工作。

1985 年

2 月

24—26 日　深圳经济特区工作座谈会召开，讨论深圳经济特区进一步发展的重要政策措施，要求深圳 3 年内建成“以出口为主，以工业为主，兼营商贸、农牧、旅游，全面发展，形成真正外向型的综合性经济特区”。

3 月

28 日　国务院批转《关于广东、福建继续实行特殊政策、灵活措施的会议纪要》，决定继续支持经济特区的建设，1989 年以前深圳的财政收入仍暂不上缴。

7 月

30 日　深圳市人民政府与中国科学院合作兴办的深圳科技工业园举行奠基典礼，同时成立深圳科技工业园总公司。园区总面积 3.2 平方千米，以利用外资，引进国内外先进技术和人才，开拓新兴产业，开发和生产高科技产品为宗旨，为特区的知识、技术密集型企业提供人才、技术、设备、信息。

11 月

5—10 日　国务院特区办公室在深圳召开深圳经济特区

发展外向型工业座谈会，与会的有中央18个部、总公司和各特区的负责人。会议指出，要发挥深圳的地理和政策优势，不断完善投资环境，外引内联，扬长避短，依靠国内技术和资源优势，重点发展新型、轻型、小型的专业化厂，建立合理的企业结构，开发在国际市场上有竞争力的产品，形成一个有应变能力的外向型工业体系。

9日　深圳市政府颁布《深圳经济特区外汇调剂暂行办法》。深圳经济特区外汇调剂中心挂牌成立，这是全国首家外汇调剂中心。

26日　深圳市举行首次科学技术工作会议。强调深圳要发展外向型经济，起决定作用的是科学技术的发展和应用。

12月

25日—次年1月5日　全国经济特区工作会议在深圳举行。会议提出经济特区“今后的任务是，建成以工业为主、工贸结合的外向型经济，把更多的先进技术引进来，使更多的产品进入国际市场，更好地发挥‘四个窗口’的作用。”

29日　深圳国贸大厦竣工，高160米，53层，总面积10万平方米，工程质量达到国际标准。工程创造了“三天一层楼”的建造速度，被誉为“深圳速度”。

是年　深圳开发科技股份有限公司第一次实行“技术入股”，成为中国首家“引智入股”高科技企业。深圳开发科技股份有限公司是在国家工商总局注册，在深圳经济特区成立的一家合资公司。

1986年

1月

6日　我国电子工业第一家大型集团公司——深圳电子集团公司成立。

2月

是月　国务院批转《经济特区工业会议纪要》，要求特区产业结构应以具有先进技术水平的工业为主，工业投资以吸引外资为主，引进应以先进技术为主，产品以出口为主。随着产业结构的不断调整，随着高新技术产业发展进入起步阶段。

4月

10—20日　由国务院科技领导小组办公室、国家经委、国家科委、国防科工委、广东省政府、深圳市政府联合举办的中国深圳技术交易会举行。交易会期间，成交额达1300多万元。

11月

28日《关于加强科技工作的决定》正式出台，提出"经济建设必须依靠科学技术，科学技术必须面向经济建设"的方针，加强对全市科技工作的宏观指导和管理，加大对科技事业的投入，并首次提出研发以企业为主体。

12月

12日《深圳市审批利用外资项目暂行办法》正式颁布。

16日　深圳市外资服务中心成立。

1987 年

2 月

4 日　深圳市政府颁布《关于鼓励科技人员兴办民间科技企业的暂行规定》，鼓励科技人员以现金、实物、个人专利、专有技术商标权作为资本投资入股，入股者可取得应得的股息和红利。这是全国首部鼓励创办民营科技企业的政府规章。

5—10 日　全国特区工作会议召开。会议指出 1987 年特区工作中心任务是继续坚持抓生产、上水平、求效益的方针，深化改革，加强管理，在巩固、充实、完善中争取新发展。

3 月

6 日　经国务院批准，深圳东角头码头对外籍船舶开放。

是月　借鉴国外经验，深圳科技园成立了民间科技开发基金和中心，后在此基础上建立了以企业经营方式运作的“新企业孵化器”民间科技创业中心，促进民间科技企业的发展。

6 月

10 日　《深圳市科学技术进步奖励暂行办法》出台，直接奖励在推动全市科技技术进步活动中作出突出贡献的自然人和组织。

7 月

27 日　广东国际信托投资公司参股深圳科技工业园开发高新技术产业，实行科技、工业、金融三位一体的试验，在中国尚属首次。

8 月

6 日　深圳市大直径冲孔灌注桩试验研究、深圳经济特区道路交通规则、深圳国际贸易中心设计 3 个项目获国家级“科学技术进步奖”。

9 月

3 日《深圳经济特区关于进一步推动对内经济联合的暂行规定》正式出台。

8 日　深圳率先试行土地使用有偿出让，以协商议标方式出让了一块 5000 多平方米土地的使用权，限期 50 年，揭开了国有土地使用制度从无偿、无期限、无流动变为有偿、有期限、有流动改革的序幕。11 月 27 日以招标方式出让第二块国有土地，12 月 1 日又以拍卖方式出让第三块国有土地使用权。

27 日　深圳经济特区证券公司成立。

10 月

20 日　深圳中外经济技术合作洽谈会暨国际金融与投资展览会开幕，来自日本、美国、联邦德国等国家及中国香港地区、国内 45 个代表团的 1400 多位代表参加展会。展览会期间共签订 68 项合同，协议投资总额为 21389 万元人民币、5425 万港元、9265 万美元。

12 月

1 日　深圳市政府首次以公开拍卖的方式，有偿转让国有土地使用权，敲响了中国土地拍卖第一槌。深圳经济特区房地产公司以 525 万元的最高价获得一块 8588 平方米商品住宅用地 50 年的使用权。1988 年 7 月 11 日，在首块拍卖土地上建造的东升花园 154 套商品房，一小时内售罄。1988 年 4 月《中华人民共和国宪法》修改时，增加了“土地使用权可以依照法律的规定转让”的内容，国有土地使用权出让由此合法化。

4 日　深圳市政府发布《关于鼓励科技人员兴办民间科技企业的暂行规定》。

29 日　广东省第六届人大常委会第三十次会议审议通过《深圳经济特区土地管理条例》，并自 1988 年 1 月 3 日公布之日起开始实施。

1988 年

2 月

21 日　沙头角保税工业区动工兴建。

26 日　深港电子业协进会成立。这是深港同行之间第一个双边委员会，目的是促进两地电子工业的合作，推动电子业更好地向外发展。

3 月

1 日　深圳市政府决定，市属赛格集团、城市建设开发集团、物资总公司、石化总公司等 6 家大型国有企业实行股份化，这些企业将设国家股、企业股、社会股、职工私人股等。

7 日　电子工业部颁布统计数字表明，深圳市电子工业在全国电子工业领域的影响和地位迅速提高，1987 年总产值在全国 29 个中心城市中名列第二，出口产值名列第一，实现利税总额名列第四，产品销售收入名列第五。

27日　深圳市政府决定，由外商集资开发福田保税工业区，初步方案已经拟定：由外商投资开发、经营，按国际惯例租期50年；工业区建立劳动密集和技术密集相结合的项目；以工业为主，大进大出，工业区行使中国主权，实行中国法律；由保税工业区管理委员会实行管理；保税工业区总开发面积为2.5平方千米。

28日　国内首家电子配套市场——深圳赛格电子配套市场在华强北正式开业。

4月

7日　深圳发展银行发行的股票在深圳正式挂牌上市，该行成为内地第一家股票上市的银行。

7月

1日　《深圳市沙头角保税工业区管理暂行规定》颁布实施。

10月

2日　经国务院批准，深圳市在国家计划中实行单列（包括财政计划），并赋予相当于省一级的经济管理权限。

15—26日　首届中国对外技术交易会在深圳举办。参加交易会的有29个省、自治区、直辖市，9个计划单列市，国务院8个部委，18个工贸、外贸总公司。展出机械、化工、电子等15大类3400多项技术及产品。来自10多个国家和地区的1000多位外商参加了交易会，签约成交41个项目，总金额2000万美元。

12 月

18 日　深圳机场奠基。深圳机场位于宝安县黄田村，离市中心 35 千米，近期工程总投资为 4.9 亿元。

1989 年

1 月

5 日　国务院正式批准深圳市皇岗口岸为对外开放口岸。

4 月

4 日　第七届全国人大第二次会议表决通过，决定授权深圳市人民代表大会及其常务委员会和深圳市人民政府分别制定深圳经济特区法规和规章。

8 月

28 日　深圳市外商投资企业协会成立。

1990 年

1 月

20—21 日　九十年代深港科技合作研讨会在深圳举行，深港两地高等院校、科研机构专家学者和企业代表出席会议。

2 月

4—8 日　全国经济特区工作会议在深圳召开，强调“要积极吸收、利用外资和引进先进技术，更有效地扩展对外贸易和经济技术交流，把外向型经济提高到新水平。”

8 月

16 日　我国第一台 MRI 实用超导磁体在深圳蛇口诞生，它标志着我国的实用超导磁体技术已跨入国际先进行列。

11 月

26 日　江泽民在庆祝深圳经济特区建立 10 周年招待会上发表重要讲话，强调“要提高技术水平，引进和开发更多的先进技术以至高新技术，以科技进步来推动产业结构和产品结构的优化。”

12 月

15—18 日　中共深圳市第一次代表大会隆重召开。会议提出“继续办好深圳经济特区，努力探索有中国特色社会主义路子”的发展目标，作出以“高科技产业为先导”战略决策。

是年　《深圳市科学技术发展规划（1990—2000）》出台。

1991 年

3 月

6 日　国务院决定，深圳科技工业园列为国家高新技术产业开发区。

30 日　被列为国家重点建设项目的深圳赛格日立彩管工程提前一个月建成，生产出第 1 只 53 厘米（21 英寸）HS 高性能平面直角彩色显像管。

5月

15日　中国第一个股票市场管理条例《深圳市股票发行和交易管理暂行办法》颁布，6月15日起实施。

是月　海关总署批准立项，为深圳口岸引入集装箱检查设备“H915工程”。该项设备是中国海关首次使用，也是世界上首次使用高新技术，对集装箱及其车辆进行一次性扫描的大型检查设备。

6月

7日《深圳经济特区大学中专毕业生就业合同管理暂行办法》正式颁布，为深圳由劳动密集型产业向资本密集型和技术密集型产业转型注入了新的动力。

19日　深圳首部关于促进高新技术及其产业发展的地方性法规——《关于加快高新技术及其产业发展暂行规定》颁布，为深圳高新技术产业发展提供了坚实的法律依据。

7月

3日　经中国人民银行批准，深圳证券交易所正式开业。

5日　由国家科委、广东省政府、深圳市政府共同创办的中国科技开发院的原则协议签字仪式在深圳举行。该院实行“民营官助”经营形式和企业化管理。

8月

28日　市委、市政府下发《依靠科技进步推动经济发展的决定》，提出“以先进工业为基础”发展高新技术产业的战略。

9 月

18—21 日　市委一届二次全体（扩大）会议召开，审议通过《中共深圳市委关于制定深圳市国民经济、社会发展十年和第八个五年计划的建议（草案）》，提出深圳要“以高新技术为先导，先进工业为基础，第三产业为支柱。”

12 月

28 日　中国第一条准高速铁路——广深准高速铁路开工。

1992 年

1 月

19 日—23 日　邓小平视察深圳。在深期间，邓小平登上国贸大厦俯瞰市容，先后到皇岗口岸、先科激光公司、锦绣中华、中国民俗文化村和仙湖植物园参观考察，并在仙湖植物园种下一棵高山榕树。

2 月

28 日　深圳首只人民币特种股票（B 股）——南方玻璃股份有限公司 B 股在深圳证券交易所上市，标志着深圳股市开始进入国际市场。

3 月

16 日　深圳安科高技术有限公司成功研制我国第一个超导型磁共振成像系统。

29 日　中国首个超细纤维生产基地——艺丰超细纤维及纺织产品的生产基地首期工程在深圳市正式投产。

4月

5日　联想集团在深圳建立的国内最大计算机板卡生产基地开业。

是月　深圳市科技工作会议召开，会议推出一系列鼓励科技开发和扶持高科技项目的政策。

是月　深圳首次以政府名义组团赴美国开展海外揽才活动。

5月

16日　列入深圳市重点工程项目的“天马微电子公司三期工程”——引进日本 E.H.C 株式会社 640×400 液晶显示器生产线正式签约，这标志着我国液晶工业迈入国际先进水平。

6月

9日　深圳邹德骏研制的“高效工夹具”，在八十三届法国国际发明展览会上获“世界杯”发明大奖。

22日　《深圳经济特区土地使用权出让办法》施行。

是月　《深圳市认定高新技术企业试行办法》出台，提出对高新技术企业实行动态管理，两年复查一次，对一些达不到标准的企业要取消“高新技术企业”称号。

是月　深圳中科建、天马、华源、安科、长园等10家企业被广东省政府认定为首批高新技术企业。

7月

1日　七届全国人大常委会第二十六次会议审议通过《关于授权深圳市人大及其常委会和深圳市人民政府分别制定法规和规章在深圳经济特区实施的决定》。

8月

3日　由深圳南山热电有限公司和中国船舶工业总公司第703研究所联合开发，被誉为中国燃机界革命性成果的燃气轮机蒸汽回注热电联供装置，通过了由国防科工委、国家计委、国家科委军转民办公室主持的技术鉴定。

8日　由市经协办、科技局联合组织的首届科技成果拍卖大会在市科学馆举行，当场成交7项成果，成交金额达95.2万元，为科技成果的商品化做出了有益尝试。

9月

1日　深圳正式实施职工医疗保险制度，成为全国首个推行社会医疗保险的城市。

5日　中国最大的电视墙在深圳机场候机楼建成。该电视墙由100个71厘米（28英寸）彩色电视屏幕组成，面积达40平方米。

10月

15日　深圳市一届人大常委会第十二次会议通过《深圳市人民代表大会常务委员会制定深圳经济特区法规规定（草案）》。

11月

14日　内地第一张大容量数字光盘（CD-ROM光盘）在深圳先科企业集团试制成功。

28日　中国电子工业深圳总公司成立，从而迈出了中国电子工业总公司将其“经营中心”南移深圳的第一步。

是月　深圳市开始筹办深圳高等职业技术学院。1994

年广东省政府正式批准成立深圳高等职业技术学院，1997年更名为深圳职业技术学院。

12月

22日　深圳市首届青年科技奖励大会在市政协会堂举行，10名优秀青年科技工作者及40名获奖科技论文作者喜获重奖。

25日　亚洲最大的生产彩板系列产品的高科技工业城——方大实业城在深圳华侨城举行动工奠基典礼，该工业城占地面积25710平方米。

28日—30日　市政府召开第四次全体（扩大）会议，讨论《深圳市贯彻〈全民所有制工业企业转换经营机制条例〉实施办法》，讨论修改《深圳市第三产业发展纲要》，提出1993年深圳市要努力建立和完善与发展市场经济相适应的市场体系。

1993年

1月

12日　由新欣软件公司和深圳市农业银行共同开发的中国首套证券电话委托自动交易系统通过鉴定。

2月

8日　中国第一家跨地区的产权交易所——深圳产权交易所成立。

20日　内地第一台自行设计制造的万门程控电话交换机，在深圳市龙岗区横岗邮电局交割成功，并正式投入使用。

28 日　国防科工委在华南地区最大的投资企业——深圳和利科技发展公司开业。

3 月

22 日　《深圳市企业登记管理规则》开始实施，深圳市企业办理营业执照由向政府申报改为直接到工商部门申请登记注册。

4 月

26 日　市一届人大五次会议通过《深圳经济特区股份有限公司条例》和《深圳经济特区责任有限公司条例》，这是国内第一批问世的公司法。

28 日　被列为国家“火炬计划”的高科技项目——深圳士达电子有限公司生产的自动制版数码速印机在深圳通过投产鉴定。

5 月

5 日　深圳机场对外开放，成为中国第一个海空联运的对外航空口岸。

14 日　深圳市先科激光公司成功开发出全国第一张自行编辑和制造的只读光盘《中国药典》。

22 日　全国首家采用国内科研成果生产基因工程药物的产业化基地——科兴生物制品公司在深投产。

是月　深圳市政府颁布《深圳市企业奖励技术开发人员暂行办法》《深圳市企业技术开发经费提取和使用的暂行办法》，进一步增加企业科技投入，加速科技成果商品化，推动企业科技进步。

6月

1日　市政府批转市劳动局《关于企业取消干部、工人身份界限，实行全员劳动合同制若干问题的意见》，这是深圳市深化企业劳动、人事制度改革的一项重大措施。

25日　以科技成果交易为龙头，包括交易、中介、评估、信息服务等机构组成的综合配套技术市场体系正式形成，这标志着深圳技术市场进入了新的发展阶段。

23日　深圳市政府率先以政府规章形式颁布《深圳经济特区民办科技企业管理规定》，对内地科技人员来深圳创办科技企业给予优惠政策。

是月　深圳市无形资产评估事务所正式挂牌，成为全国首家为无形资产贸易及无形资产司法实践提供服务的中介机构。此后，深圳通过全国第一个《无形资产评估管理办法》。

7月

5日　由深圳天极光电技术实业股份有限公司生产的、中国首批商品化光电数字录音机、可抹可录磁光盘，正式移交给中国国际广播电台和深圳广播电台使用。

18日　全国最大空调器生产基地——深圳蓝波空调城全面投入生产。

8月

20日　妈湾电厂第一台30万千瓦汽轮发电机组首次并网发电成功。

9月

2日　《深圳市属国有企业分类定级实施方案》正式出

台，取消深圳市属企业行政级别，将这些企业按规模分成3类，以效益定为9类。

10月

6日　内地第一家生产镀膜导电玻璃的深圳莱宝真空技术有限公司开业。

1994年

1月

8日　市政府常务会议审议通过《深圳经济特区1992—1996年立法规划》等文件，指出要充分运用立法权，建立和完善深圳市场经济法规体系，突出经济立法，侧重制定现代企业制度、城市管理等方面的法规。

15日　市政府常务会议通过《深圳经济特区福田保税区管理规定》《深圳经济特区无形资产评估管理办法》和《深圳市属国有企业经营者工资收入与企业类级挂钩办法》。

是月　《深圳市高新技术企业认定暂行办法》颁布，将高新技术企业划分为开发型、生产型和应用型。

2月

6日　大亚湾核电站举行投产庆典仪式。

25日　市政协三届二次全会决定，深圳市将在全国率先设立优秀青年科技奖励基金。

3月

25日　深圳出台全国第一部无形资产评估的政府规章——《深圳经济特区无形资产评估管理办法》，为高新技术产业无形资产的交易、入股提供制度保障。

4月

2日　深圳市科技局在北京召开的“863”中国高技术研究发展计划10周年工作会议上作典型发言，“863”在深圳的实施情况受到大会的一致好评。

6月

19—21日　江泽民总书记在深圳考察，就经济特区的发展问题发表了重要讲话，希望经济特区增创新优势，更上一层楼。

22日　深圳大学宣布招生有重大改革，将实行自费上学、自主择业。

8月

23日　《深圳市企业无行政主管部门改革实施办法》公布。

11月

27日　全国第一家民间科技工业村——深圳京山民间科技工业村开始首期建设。

12月

22日　广深准高速铁路正式建成通车。

1995年

1月

13日　深圳市高新技术产业投资服务有限公司成立。

3月

15日　市委、市政府召开关于实施《深圳市户籍制度改革试行办法》新闻发布会，宣布户改工作将首先在龙岗区布吉镇进行试点，实施以暂住证户口、蓝印户口和常驻户口为体系的深圳市户籍管理新机制，待取得经验后再逐步推广。

4月

22日　《深圳市人民政府关于加强“三来一补”管理的若干意见》颁布，助推“三来一补”企业发展。

25—28日　中国共产党深圳市第二次代表大会召开，提出今后五年的基本任务是：增创深圳特区十大优势，率先建立社会主义市场经济体制和运行机制，再用15年或者更长一点时间进行第二次创业，把深圳建设成富裕、文明、民主的现代化国际性大都市。

5月

30日　总面积达123万平方米的深圳市高新技术工业村破土动工。

7月

3日　深圳市人事局与全国博士后科研流动站管理协调委员会办公室签订协议，建立“深圳企业博士后工作站”。深圳成为全国第一个由地方政府参与、支持企业博士后工作，并设立政府企业博士后工作站的城市。

24—25日　深圳市政府召开全市科技大会，提出实施科技兴市战略，把推进高新技术产业发展作为今后的中心工作，明确了信息产业、新材料、生物技术为今后发展的三大支柱产业，并制定了相应的配套扶持政策。

10 月

5 日　市委、市政府发布《关于推动科学技术进步的决定》，明确“以高新技术产业为先导”的战略构想。

11 月

14 日　市委二届二次全会审议通过《中共深圳市委关于制定深圳市国民经济和社会发展“九五计划”的意见》的决议，强调要努力把深圳建设成高新技术产业基地。

3 日　深圳市人大常委会颁布《深圳经济特区企业技术秘密保护条例》。该条例是全国第一部规范竞业制度、保护技术秘密的地方性法规，对于增强企业和员工的保密意识，规范企业和员工的保密行为，调处解决技术秘密方面的纠纷，发挥了重要作用。

12 月

5—7 日　江泽民视察深圳，指出深圳要增创新优势，更上一层楼，除了要继续发挥对外开放的“窗口”作用，经济体制改革的“试验场”作用，对内地的示范、辐射和带动作用之外，还要在恢复对香港行使主权和保持香港繁荣稳定方面起促进作用。

1996 年

1 月

6 日　市政府常务会议讨论并通过《深圳市科学技术奖励基金管理暂行办法》和《关于市属国有企业第二次分类定

级若干问题的报告》，决定设立市科学技术奖励基金，对市属国有企业进行第二次分类定级。

3月

市委、市政府下发《关于调整深圳市国有资产管理体制的通知》，强化国资委的宏观管理和监控职能，确保国有资产安全、增值。

4月

9日　广深铁路总公司正式改组为广深铁路股份有限公司，成为中国第一个也是当时唯一在境外上市的铁路运输企业。

5月

是月　全国首家为政府科技决策提供专家咨询的机构——深圳市科技顾问委员会成立。

7月

9日　深圳市福田保税区管理局正式挂牌。

12—13日　《深圳市信息化建设规划纲要（1996—2010年）》通过专家评审。

18日　深圳方大装饰工程公司获ISO 9001质量认证，成为全国首家装饰行业获此认证企业。

29日　深圳先科企业集团和美国华纳家庭录影公司在北京举行版权合作协议签字仪式，这是中美两国企业在音像产品领域首次合作。

9月

3日　规划面积达170多平方千米的龙岗大工业区破土

动工。

27 日　国务院批准成立盐田港保税区。

是月　根据省委省政府批复，深圳决定对深圳科技工业园、深圳市高新技术工业村、京山民间工业村、中国科技开发院、国家电子技术应用工业性试验中心、深圳大学和第五工业区实行一区多园管理体制，组建“深圳市高新技术产业园区”，成立高新技术产业园区领导小组及办公室，作为市政府派出机构，对高新技术产业园区实行统一领导、统一规划、同意政策、统一管理。

10 月

1 日　西部电厂 1 号机组一次并网发电成功。

11 月

18 日　市委市政府颁布实施关于国有企业领导体制改革的 5 个“暂行规定”:《深圳经济特区董事会工作暂行规定》《深圳市公司经理工作暂行规定》《深圳市党组织工作暂行规定》《深圳市公司监事会工作暂行规定》和《深圳市公司工会工作暂行规定》，全市国企改革开始进入实质性整体推进阶段。

25 日　深圳发明家邹德俊在第四十五届尤里卡国际发明博览会上荣获 3 项国际发明奖，其中强力真空吸盘挂钩荣获最高奖 ——特别发明金奖。

29 日　全国第一家信息工程质检机构 ——深圳市信息工程质量监督检验总站在深圳成立。

12 月

8 日　由深圳高斯达电子科技有限公司开发研制的医用

磁共振成像系统通过国家级技术鉴定，该项技术被国家科委纳入国家“火炬计划”项目。

9日　建设部在深圳环卫处理厂召开国家“八五”科技攻关重大科技成果颁奖大会，深圳“垃圾焚烧炉（三号炉）改造项目”被评为国家“八五”科技攻关“优秀示范工程”。

10日　国家“九·五”规划建设重点项目之一的深圳南方玻璃有限公司超薄浮法玻璃生产线建成点火，这是全国首条超薄浮法玻璃生产线。

是年　深圳市科技局会同计划局确定在企业建立市级研发中心，在全国首次提出技术创新主体在企业，第一个市级研发工程中心在民营企业比亚迪诞生。

1997年

1月

18日　内地最大继电器生产基地——深圳王利电机有限公司的新工厂在石岩镇动工兴建。工厂总面积5.4万平方米，投资逾3亿元，投产后具有3.6亿个继电器的年产能力。

是月　深圳在罗湖区建立人才大市场，开劳动力商品化之先河。

2月

26日　深圳出台全国首部职业技能鉴定地方法规《深圳经济特区职业技能鉴定条例》。

3月

1日《深圳经济特区失业保险条例》开始实施。

3日　由深圳市科技局、中国技术市场管理促进中心和深圳金源实业股份有限公司联合筹建的“南方国际技术交易市场”，获国家科委正式批准，并被定为国家级常设交易市场。

27日《深圳市优秀青年科技人才选拔培养方案》出台。

4月

1日　深圳商检局举行颁证会。截至当日，深圳已有1100多家企业的产品达到美国UL安全标准，430家企业的产品达到加拿大CSA安全标准，有近300家企业获得ISO 9000证书。

13日　市政府常务会议确定高新技术产业园区发展目标为：建成国内一流、国际上有影响的高新技术园区。其产业规划重点是发展电子信息、生物工程、新材料、光机电一体化等产业，其中电子信息产业为重点支柱产业。

17日　全国最大的光盘生产基地—国投先科光盘有限公司在深开业。

20日　深圳清华大学研究院在高新技术产业园奠基。

22日　深圳市政府常务会议通过《关于加强“三来一补”管理的若干意见》。

5月

2日　中国第一部多媒体电视由深圳创维电子有限公司研制成功。

12日　国内传输容量最大的无中继波分复用光纤通信系统，在深圳—广州国家光纤干线上安装并试运行。

6 月

是月 《高新技术产业园区发展规划纲要》出台，提出要将深圳高新区建设成为国内一流、国际上有影响的高新技术产业园区。

7 月

8 日　深圳在“荔枝节”期间举办经济技术交易会，500 多家企业组织 18 大类 5000 多种产品参展，协议和意向成交 1.06 亿元。

22 日　全国首条高速运程会诊系统在北京与深圳之间开通。该系统采用世界先进水平的远程医疗通信设备，利用高速专线电路实现点对点通信。

8 月

6 日　在香港华润大厦举行的 1997 年广东高新技术洽谈会上，深圳分团签约 43 个项目，协议投资额 5.7 亿美元，其中高新技术项目占 83.5%。

8 日　全国首张 DVD 光盘及放送机由国投先科光盘公司在深圳研制成功。

16 日《深圳市国有企业内部员工持股试点暂行规定》及《深圳市国有企业经营者年薪制暂行规定》颁布实施，这是建立企业内部动力机制的重大举措。

30 日　深圳创维-RGB 电子有限公司研制的 74 厘米多媒体彩色电视机，填补了国内电视与电脑结合的空白。

9 月

2 日 《深圳经济特区职业技能鉴定条例》实施，这是国内第一部专门规范职业技能鉴定工作的地方性法规。

4日　市政府二届第七十六次常务会议决定成立“深圳市科技风险投资领导小组”和办公室，负责领导创建科技风险投资机制的工作，标志着深圳科技风险投资体系的创建工作正式拉开帷幕。

同日　国家“863计划”重大项目——动物乳腺生物反应器落户光明农场。

10月

17日　福田、宝安、龙岗、南山四区被国家科委评为“1996年度全国科技工作先进城区”，其中福田、南山名列前两名。

20日　市政府正式印发《关于支持发展生物工程及新材料产业的若干决定》。

23—24日　中共深圳市委二届六次全体（扩大）会议提出在全国率先形成比较完善的社会主义市场经济体制，把深圳建设成为现代化国际性城市。

31日　深圳机荷高速公路东段建成通车。这是深圳市第一条在境外上市发行股票筹资17.63亿元自行建设的高速公路。

12月

9日　深圳公开出售27家企业，以推动“抓大放小”工作，盘活国有资产，促进生产要素合理流动。

1998 年

1 月

9 日　市委、市政府颁发《深圳全面建设比较完善的社会主义市场经济体制纲要》。

25 日　《深圳市政府审批制度改革实施方案》颁布，开创中国内地审批制度改革先例。

2 月

6 日　市政府颁布实施《深圳经济特区土地使用权招标、拍卖规定》。

9 日　《关于进一步扶持高新技术发展的若干规定》颁布实施（即“22”条），大力推动了高新技术产业发展。

27 日　市国有资产管理委员会全体委员会议原则通过《深圳市市属企业国有产权转让分级审批管理暂行规定》等有关国有企业改革与发展的决定。

28 日　华为技术有限公司设立“寒窗学子基金”，决定向国家教委提供基金 2500 万元。

3 月

5 日　国家计委决定将批准筹建的首个国家级集成电路设计中心设在深圳高新技术产业园内，总投资 1 亿元。

4 月

是月　深圳分别创建深圳市高新技术创业投资公司及高新技术产业投资基金，尝试引导社会资金及境外投资基金投资深圳的高新技术产业。

5月

2日　康佳集团开发的100Hz数字彩电和数字激光视盘机在全国各大城市亮相，成为内地第一家同时推出这两种数字化视听产品的企业。

7月

16日　市政府常务会议原则通过《深圳市高新技术产业园区土地利用规划》。

23日　深圳市总商会民营企业第一次党代会召开，通过《民营企业党组织工作的暂行条例》。

8月

7日　科技部在北京召开“火炬计划”10周年经验交流会，深圳市科技局、深圳市高新技术产业园区领导小组办公室分获“火炬先进管理奖”，刘应力、刘明伟获“火炬先进个人奖”，华为、中兴通讯、安科公司及其3个科研项目分获“优秀企业奖”和火炬优秀项目一等奖、三等奖。

26日　深圳市政府颁布《深圳经济特区高新技术产业园区管理规定》。

9月

14日《深圳经济特区技术成果入股管理办法》颁布。

是月　深圳市获“1997年度全国科教兴市先进城市”称号。

11月

4日　深圳市国际计算机、通信、信息化工程产品展览会在国展中心开幕。

11 日　腾讯公司在深圳成立。

1999 年

1 月

8 日　深圳市城市生活垃圾焚烧处理技术被科技部授予1998 年“国家科学技术进步二等奖”。

14 日　中国高新技术成果交易会展览中心在深圳市中心区动工兴建。

28 日　国务院新闻办在北京召开记者招待会发布：中国国际高新技术成果交易会定期在深圳举办，每年举办一次，首届定于 1999 年 10 月。

4 月

2 日　市政府出台《关于依靠技术进步，推动深圳工业持续发展的若干措施》，对企业技术进步相关的优惠政策做了明确规定。

5 月

22 日　深圳市与北京大学、香港科技大学联合，在深圳成立集产业发展、教学培训和科研开发于一体的深港产学研基地。

6 月

12 日　由深圳中国科技开发院开发研制，中国首架飞翼船“天翼一号”投入运营。中国成为继俄罗斯、德国之后第三个拥有实用飞翼船的国家。

7月

1日　深圳市推出11条优惠政策，放宽高新技术企业注册登记政策。

2日　深圳市政府常务会议通过《关于市高新技术产业园区中西片区控制性规划》，要求建设生态高新技术产业工业园区。

8月

5日　深圳市引进高科技人才工作取得重大突破，以中国工程院院士牛憨笨为首的西安光机所光电子学科的16名科研人员调入深圳大学，组建信息技术研究所。

16日　深港产学研基地首批8个项目正式签约启动，内容涉及高科技产业多个领域。

9月

6—9日　首届中国国际光电博览会（CIOE）在深圳举行，这是中国首个光电产业专业展览。

10日　深圳虚拟大学园开园，首批22所院校入驻。

23日　深圳市政府颁布《关于进一步扶持高新技术产业发展的若干规定》，在引导和扶持高新技术产业发展方面涉及的范围更广、扶持力度更大、操作性更强。

25日　赛格日立超大屏幕彩管项目投产，填补了中国这一领域生产的空白。该项目年生产86厘米（34英寸）彩管40万只，占国内进口总量的1/3。

10月

5日—10日　首届中国国际高新技术成果交易会在深

圳举行，中共中央政治局常委、国务院总理朱镕基出席开幕式并致辞。

7日　朗讯科技（深圳）有限公司暨宽带网络研发中心在深圳成立。该中心投资900万美元，是当时中国最大、具世界一流水平的宽带网络研究中心

17日　深圳市政府审批制度改革全部完成，政府部门审批事项由723项减少为305项，核准事项由368项减少为323项。

28日　深圳市政府常务会议通过决定在龙岗大工业区设立高新技术出口加工区。

11月

7日　深圳中兴通讯股份有限公司与南斯拉夫大型电信企业BK集团签订2.25亿美元的移动通信设备出口合同，这是国产移动通信设备首次大规模出口。

同日　深圳华为技术有限公司推出世界最大容量的移动交换系统。

22日　深圳清华大学研究院电子设计自动化与网络应用技术重点开发实验室正式启动。

26日　南山区被评为全国首批科普示范城区。

12月

15日　深圳市科技进步奖颁奖大会召开，142项成果获得市“科技进步奖”。

20日　深圳市荣获“1997—1998年度全国科教兴市先进市”称号。

21 日　长城科技研发基地在深圳高新技术产业园区奠基。

2000 年

1 月

26 日　为加快“863”高科技成果产业化，科技部命名第一批共 16 个“863 计划”产业基地，深圳科兴生物制品公司、深圳雷地科技公司名列其中。

2 月

1 日　中国工程院徐大懋、郑健超、倪嘉缵 3 位院士落户深圳。

11 日　国家科技成果重点推广示范单位之一的深圳迪科公司与荷兰爱迪德公司结成伙伴关系，共同开发宽带技术和国内外市场。

21 日—22 日　江泽民在深视察期间，先后考察中兴通讯等五家高科技企业。

25 日　深圳市政府与哈尔滨工业大学联合创办“深圳国际技术创新研究院”，拟引入哈工大和俄罗斯、乌克兰 8 所著名院校科研成果来深圳实现产业化。

3 月

12 日　ISO 14001 计算机协助机构在深圳诞生。

15 日　深圳市政府决定，从 2000 年起为在站工作的博士后每人每年发放 5 万元的工作、生活补贴。

17 日　市长李子彬在国务院新闻办举行的中外记者招

待会上介绍了深圳高新技术产业迅速发展的经验。

30日 市政府常务会议讨论并原则通过《深圳市2000年经济体制改革年度计划》，提出深圳2000年将从12个方面深化经济体制改革，进一步增创体制创新新优势。

4月

1日 为促进留学人员来深创业，深圳在高新技术产业园区设立了留学人员创业园。

2日 由清华大学与深圳泰科通信联合研制的同步数字系列（SDH）光传输设备超大规模专用集成电路，通过专家鉴定。该成果在系统功能和芯片规模上均达到国际领先水平，填补了国内空白。

3日 高新企业“孵化器”项目——“深圳数码港”正式启动。

10日 市委、市政府作出《关于加快实施科教兴市战略，推进教育现代化的决定》。

22日 第四届“中国青年科技创新奖”在北京揭晓，深圳金蝶软件科技有限公司董事长徐少春获“杰出奖”。

5月

26日 深圳市正式推出三项基础教育改革措施：全市小学升初中全部免试就近入学；全市10所完全中学实施初高中分离办学；全市中等学校毕业考试实行新方案。

6月

6日 国务院批准在深圳等15个城市进行试点，设立全国首批出口加工区。根据市政府常务会议决定，深圳出口加工区设在龙岗大工业区内。

19日 “深圳数码港”正式揭牌，50多个IT（信息技术）企业首批进港，国家高新科技成果转化基地亦同时在数码港挂牌。

19日 市政府颁布《关于鼓励出国留学人员来深创业的若干规定》，吸引留学人员在深创业。

7月

1日 国内第一部有关政府投资项目管理方面的专门法规——《深圳市政府投资项目管理条例》正式实施。

10日 全国第一个国家级常设技术市场网络平台——“火星863”网站在深圳南方国际技术交易市场投入运行。

22日 北京大学、香港科技大学、深圳市政府联合举行会议，决定在深圳建设“深圳北京大学香港科技大学医学中心”。

26日 深圳市政府常务会议原则通过《关于创建深圳大学城的总体方案》，选址南山区，2005年完成一期工程。

8月

4—8日 由科技部和中国科学院共同举办的首届中国国际互联网站展在深圳高交会展馆举行。

9月

6日 深圳市第一个由社会力量支持的科技奖励基金正式设立，港商余彭年为该基金捐资1000万元，其中一部分基金用于设立“彭年科技奖”，奖励对深圳科技进步有突出贡献的科技工作者及经营管理者。

28日　《深圳市"十五"及2015年现代物流业发展规划》正式通过专家评审，该规划成为国内第一部关于中心城市现代物流发展的专项规划。

是月　深圳推出高层次专业人才"1+6"政策，即深圳市《关于加强高层次专业人才队伍建设的意见》及其6项配套文件，为自主创新提供有力的人才支撑。

10月

11日　我国第一部地方性创业投资规章——《深圳市创业资本投资高新技术产业暂行规定》颁布实施。

12—17日　第二届中国国际高新技术成果交易会在深圳举行。

13日　全国首家股份制技术产权交易所——深圳国际高新技术产权交易所开盘。当天进场挂牌交易的项目90个，成交金额12亿元。

同日　深圳市彭年科技奖在彭年酒店举行首次颁奖仪式，18位科技工作者和经营者获得"彭年科技奖"。

14日　《深圳市创业资本投资高新技术产业暂行规定》颁布实施，成为国内第一部地方政府颁布的创业投资规章。

同日　深圳市政府与清华大学合作创办清华大学深圳研究生院签字仪式在深圳举行。

同日　深圳市政府与北京大学合作共建北京大学深圳校区意向书在深圳签署。

同日　深圳市高新区在高交会C馆举行签约仪式，76个高新项目被集体批准入园，涉及项目金额77.6亿元，具有自主知识产权的项目比重为 77.6%。

同日　深圳留学生创业园有限公司成立。

16 日　全国首家中外合资经营、按国际商业化规范运作的高新技术企业孵化器——深圳创新科技园启动仪式在深圳高新区举行，首期投资 8000 万元，占地面积 5000 平方米。

是月　深圳市委、市政府决定创建深圳大学城，主要发展以理工科为重心的全日制研究生教育，有选择地引进国内外名牌大学及其一流学科，面向国内外招生，努力塑造国内一流、国际知名的聚产、学、研于一体的高等教育发展区。

11 月

1 日　深圳市在全国科技工作会议上提出，争取 15 年之内把深圳建成高科技城。

21 日　电力系统国家重点实验室深圳研究室正式挂牌，这标志着深圳在建设国家重点实验室方面实现了零的突破。

23 日　深圳市委召开促进高新科技发展工作座谈会。

12 月

2 日　深圳市高协高技术产业化促进中心成立，这是深圳市首家科技类非企业民营社会机构。

12 日　中国第一个拥有自主知识产权的系统级中间件软件产品由深圳市阿派斯软件有限公司研制成功。

2001 年

1 月

是月　科技部批准在深圳进行科技成果鉴定改革。深圳率先取消科技成果鉴定行政审批，改由社会中介机构实施鉴定，为科技中介机构的发展奠定了良好的基础。

3月

是月　深圳市第三届人大常委会通过《深圳经济特区高新技术产业园条例》，为促进高新技术产业发展提供了法律保障。

7月

3—5日　深圳市委三届三次全体（扩大）会议召开，市委书记张高丽作《以建设高新技术产业带为新的起点努力把深圳建成高科技城市》的报告。

25日《中共深圳市委关于加快发展高新技术产业的决定》颁布，决定建设深圳高新技术产业带，扩大产业规模优势，推动产业结构优化升级，提高自主技术创新能力。

10月

12—17日　第三届高交会在深圳举行。

13日　深圳国家科技成果推广示范基地矽感光电产业园在高交会馆举行授牌仪式。

同日　深圳清华信息港在高新技术产业园北区奠基。

14日　由联合国工业发展组织与中国外经贸部及深圳市政府联合组建的深圳国际能源与环境技术促进中心成立。

15日　深圳中科院院士活动基地在五洲宾馆挂牌成立，这是中国科学院与省、市合办的第一个院士活动基地。

2002年

2月

1日　深圳华为技术有限公司TELLIN智能网系统荣获2001年度国家科学技术进步奖一等奖。华为技术有限公司的SBS2500光同步传输系统、深圳市交通管理局交通科学技术研究所和深圳市格林威交通科技有限公司共同研发的智能化交通违章管理系统、清华大学和深圳市桑达信息技术有限公司合作完成的高速网络路由器SED-O8B3个项目获得二等奖。

19日　深港产学研基地综合大楼正式投入使用，是深圳规模最大、功能最完备的孵化器。

7月

15日《深圳市科学技术奖励办法》取代《深圳市科学技术进步奖励暂行办法》，市财政每年安排800万元作为市科技奖励经费，“深圳市市长奖”为全市科技进步最高奖。

10月

2—17日　第四届高交会在深圳举行。

16日　深圳市创新投资集团正式成立，其前身为1999年8月26日发起成立的深圳市科技投资有限公司

22—25日　深圳市三届人大常委会审议通过《深圳经济特区电子商务条例》。

11月

28日《深圳市产业技术进步资金管理办法》出台。

2003 年

2 月

21 日　市第三届人大常委会通过《深圳经济特区创业投资条例》，这是全国首部关于创业投资地方性法规。

3 月

1 日　深圳市城管办的下坪固体废弃物填埋场城市生活垃圾卫生填埋示范工程、华为技术有限公司的 STM-64 光传输系统和中兴通讯股份有限公司的 ZXC10CDMA 数字蜂窝移动通信系统产业化 3 个项目获“国家科学技术进步二等奖”。

4 月

11 日—12 日　中共中央总书记、国家主席胡锦涛视察深圳，先后考察了中兴通讯股份有限公司、华为技术有限公司、中国长城计算机深圳股份有限公司、深圳清华大学研究院、深圳高新技术产业园区、仙湖植物园、莲花山顶广场、深圳南岭村、富士康企业集团、金宝电子（中国）有限公司、深圳盐田港。他指出，深圳在发展高新技术产业方面走在了前面，产业结构调整很有成效，今后还要加快发展、率先发展、协调发展，继续走在全国的前列，这样深圳经济特区的历史作用才能更充分地得到发挥。

6 月

29 日　国家商务部副部长安民代表中央政府，与香港特别行政区财政司司长梁锦松共同签署《内地与香港关于建立更紧密经贸关系的安排》。

9 月

是月　以深圳市政府投入为主的北京大学、清华大学、哈尔滨工业大学三校深圳研究生院正式入驻大学城西校区办学，深圳市高层次人才载体建设不断取得突破。

10 月

5 日　国家科技部公布的《全国科技成果统计年度报告》显示，深圳市 2002 年度登记科技成果 272 项，跃居全国第四位，首次在全国计划单列市及副省级城市中名列首位。

12—17 日　第五届高交会在深圳举行，共签订合同或协议 1393 项，成交总额达 128.38 亿美元。

2004 年

1 月

16 日　深圳市委、市政府发布 2004 年 1 号文件《关于完善区域创新体系推动高新技术产业持续快速发展的决定》，第一次提出了建设区域创新体系的基本要求和目标，为深圳建设创新型城市奠定了基础。

20 日　由深圳市赛百诺基因技术有限公司研制开发和生产，并拥有自主知识产权的基因治疗药物——“重组人 p53 腺病毒注射液”，获得国家食品药品监督管理局批准核发的准字号生产批文，标志着中国第一个获得国家批准核发的基因治疗药物正式上市。

2 月

4 日　国家科技部已确定新版《国家高新技术产业开发

区评价指标体系（试行）》，根据新的评价指标体系，深圳高新区在技术创新能力指标方面的排名仅次于北京，位居第二。

4月

18日　清华大学深圳研究生院与袁隆平院士领导的国家杂交水稻工程技术研究中心正式签署了成立国家杂交水稻工程技术研究中心清华分中心的协议，在深圳推动新一代杂交水稻的产业化。

10月

12—17日　第六届中国国际高新技术成果交易会在新落成的深圳会展中心举行。本届高交会上，比亚迪首次在深圳展示了自己的新车型，这也是深圳自己制造的轿车第一次公开集体亮相。

14日　深圳市国家软件出口基地揭牌，IBM、甲骨文、微软、惠普、ZenSar、华为、中兴、金蝶等国内外多家知名软件企业入驻。

是月　国际科技商务平台在深圳高新区成立，先后有22个国家和地区的31家境外政府机构、工商会及其他科技商务服务机构入驻。该平台为政府和民间组织开展对外经贸、科技、文化交流合作提供了重要纽带。

11月

是月　深圳市政府出台《深圳市科技计划项目管理暂行办法》和《深圳市科技研发资金管理暂行办法》，规范、整合市财政各类科技资金，按照功能分类设置专项资金，并规范了资金的行政管理行为，最大限度地减少行政自由裁量权。

2005 年

2 月

6 日　深圳市高新办数据显示，2004 年深圳高新区工业总产值达到 1088.37 亿元，同比增长 21.5%，创下了每平方千米土地工业总产值 94.6 亿元的成绩，单位面积产出在全国 53 个国家级高新区中首屈一指。

26 日　从国家集成电路（IC）设计深圳产业化基地获悉，2004 年深圳 IC 设计业总额突破了 25 亿元，占全国 IC 设计业总产额的 23%，居全国各大城市首位，深圳正在中国 IC 产业链的上游构筑“高地”。

4 月

13 日　国家科技部正式发文，批准在深圳建设“国家半导体照明工程产业化基地”。

26 日　哈尔滨工业大学深圳研究生院举行毕业典礼，首批正式入驻深圳大学城的 170 名研究生毕业并被授予硕士学位。

是月　深圳市被授予“国家知识产权试点城市”荣誉称号，高新区被授予“国家知识产权试点园区”荣誉称号。

5 月

3 日　中兴通讯工业园在南山区留仙洞工业区奠基。

18 日　国家信息产业部公布了“2005 年中国软件产业最大规模前 100 家企业”名单，深圳的华为、中兴通讯占据第一名和第二名的位置。此次深圳共有9个软件企业入选全国“百强”。

6月

13日　“国家半导体照明工程产业化基地”授牌暨世纪晶源核心项目开工典礼仪式，在宝安区光明高新产业园区隆重举行。

7月

8日　11个国家重点实验室（工程中心）深圳研发中心正式落户虚拟大学园重点实验室平台。

8月

5日　市委书记李鸿忠在《人民日报》发表题为《实施自主创新战略 建设创新型城市》的署名文章。

9月

12—13日　中共中央政治局常委、国务院总理温家宝视察深圳，并主持召开经济特区工作座谈会。他指出，在新的历史条件下，深圳等经济特区要把创新作为发展的生命线和灵魂，努力增创新优势，继续当好建设中国特色社会主义的示范地区，继续发挥改革开放的“窗口”和“试验田”作用。

10月

12—17日　第七届高交会在深圳举行。3464家国内外参展商的8724个项目和1896家投资商参加了展示、交易和洽谈。

23日　新华社播发长篇通讯，详细介绍深圳坚持不懈走自主创新之路的做法和经验。

12 月

是月　中共深圳市委四届四次会议明确提出“实施自主创新战略，建设自主创新型城市”的城市发展战略。

是月　深圳市政府颁布《深圳市知识产权战略纲要（2006—2010 年）》，提出完善区域创新体系、建设知识产权强市的目标。

2006 年

1 月

5 日　深圳市委、市政府发布《关于实施自主创新战略建设国家创新型城市的决定》，正式提出建设国家创新型城市的战略目标。

同日　深圳市政府印发《深圳市产业发展与创新人才奖暂行办法》，每年在市本级财政预算中安排 2 亿元专项资金，对在科技、研发方面有突出贡献的创新型人才予以奖励。

7 日　深圳在血液学研究上取得瞩目成就，率先在国际上大量且系统地发现和报道了中国人群的血型等位基因序列结构。

11 日　深圳市委书记李鸿忠在全国科技大会上发言，介绍深圳过去十多年持续开展自主创新工作、大力发展高新技术产业的情况，提出把自主创新作为城市发展的主导战略。

2 月

是月　深圳市政府提出：“应将深港创新圈建设成为国

际上有影响、国家战略中有地位、对区域发展有贡献的创新圈。”

3月

26日　深圳市第四届人大第二次会议审议批准《深圳市国民经济和社会发展第十一个五年总体规划》。该规划提出，要以提升科技自主创新为主线，全面推动思想观念、发展模式、体制机制、对外开放、企业管理和城市管理等各方面的创新，努力把深圳建设成为区域性自主创新中心城市。

4月

21日　深圳市委、市政府召开“深圳市进一步加快自主创新全面推进循环经济大会”，推出贯彻落实《关于实施自主创新战略建设国家创新型城市的决定》的20项配套政策。

6月

27日　深圳市非行政许可审批制度改革正式启动。

是月　国家科技部火炬中心制定《建设世界一流高科技园区行动方案》，确定深圳等六城市的高科技园区为建设世界一流科技园区试点园区。

7月

25日　《深圳市企业研发投入资助计划操作规程》等11个市科技研发资金资助计划操作规程发布，规范科技研发资金的管理流程。

26日　深圳市四届人大常委会第七次会议审议并通过《深圳2030城市发展策略》，成为全国第一个法定化的城市发展策略。

8 月

7 日　深圳市成为全国首个电子政务试点市，出台《关于加强电子政务工作的意见》及 8 个配套措施。

9 月

22 日　深圳市政府与中国科学院签署共建中国科学院深圳先进技术研究院协议书，深圳市政府、中国科学院、香港中文大学三方签订共建先进集成技术研究所《协议书》。深圳先进技术研究院是国内首家以集成技术为学科方向的科研机构，结束了深圳没有国家级科研机构的历史。

26 日　深圳市第四届人大常委会通过《深圳经济特区高新技术产业园区条例》修正案，增加土地资源低成本动态配置协议类厂房调剂内容，解决高新区发展空间不足问题。

10 月

12—17 日　第八届高交会成功举办，该届亮点是“自主创新、循环经济、知识产权保护”。

2007 年

1 月

4 日　深圳市委、市政府发布 2007 年 1 号文件《关于加快我市高端服务业发展的若干意见》。

22 日　《人民日报》、新华社、中央电视台、中央人民广播电台等中央新闻媒体分别以显要位置、黄金时段报道深圳市自主创新的经验和做法。

3 月

17 日　深圳市政府颁布《深圳市科技创新奖励办法》，对深圳市实施了 25 年的科学技术奖励进行了重大改革，主要特点为突破单一奖励项目，突破奖励等级，突破政府与社会奖励经费不相融，突破外行评内行等“四个突破”。

30 日　深圳市科技图书馆在大学城正式开放。

4 月

5—8 日　深圳市政府与中国科协共同主办的首届中国（深圳）国际科学生活博览会成功举办，这是继高交会、文博会后深圳迎来的又一国际性产业盛会。

30 日　《关于制定深圳市知识产权指标体系的意见》颁布，深圳成为国内首个出台知识产权指标体系的城市。

是月　国家科技部、广东省政府和深圳市政府签订《共建国家创新型城市的框架协议》，提出把深圳建设成为国家战略技术研究开发、高新技术产业化和高技术创新企业孵化的重要基地。

5 月

18 日　深圳市政府印发《深圳市标准化战略实施纲要（2006—2010）》，在国内率先探索实施知识产权和标准化战略。

21 日　经中央政府批准，深圳与香港正式签署《香港特别行政区、深圳市人民政府关于“深港创新圈”合作协议》，在加强两地创新人才交流、实现资源共享等十七方面达成共识。

26 日 《深圳市科技创新奖励办法实施细则（试行）》实施。

6 月

13 日 深圳在全国率先发布《知识产权指标体系》，全面衡量全市知识产权高地建设状况。

19 日 华大基因中心主力南下深圳，成立深圳华大基因研究院。

26 日 深圳召开知识产权工作会议，为“国家知识产权示范城市创建市”揭牌，成为全省继广州之后第二个被授予“国家知识产权示范城市创建市”的城市。

7 月

30 日 广东省委、省政府在广州隆重召开 2006 年度广东省科学技术奖励大会，“深圳市区域科技创新体系建设”项目获广东省科学技术奖特等奖。

8 月

9 日 深圳市科技创新奖励大会在市民中心隆重举行。

16 日 深圳市召开首届孵化器工作会议，南山区科技创业服务中心等 6 家国家级孵化器单位被评为“深圳市优秀科技企业孵化器”。

30 日 深圳大学获批设立光学工程博士后科研流动站。

9 月

22 日 深圳 22 个企业跻身“全球华商高科技 500 强”。

27 日 中央企业知识产权会议在深圳召开。

10 月

12 日　国家科技部、广东省人民政府、深圳市人民政府举行《科技部、广东省人民政府、深圳市人民政府共建国家创新型城市框架协议》签约发布会，三方共同搭建战略研究平台，将深圳作为探索建设创新型城市的“试验田”。

12—17 日　第九届高交会在深圳会展中心成功举办，该届亮点是“推进开放创新，保护知识产权，创建和谐社会”。

是月　深圳市政府与国家信息产业部、广东省政府签署《推进国家信息产业自主创新示范城市战略合作框架协议》，提出建设若干国家级信息产业园，建设信息产业创新人才培养和国际合作示范区，并开展重点技术领域国家重大专项的联合攻关。

12 月

13 日　国家知识产权局和深圳市政府签署《共建知识产权强市合作议定书》。

2008 年

1 月

8 日　2007 年度国家科技奖励大会在北京人民大会堂隆重举行，华为、中兴、迈瑞、宇龙等深圳企业单独或参与完成 11 个重大科技项目，创下深圳历年获国家科学技术奖项目数的“历史之最”。

4月

1日　经深圳市第四届人民代表大会常务委员会第十八次会议审议通过，《深圳经济特区加强知识产权保护工作若干规定》正式出台。

6月

6日　“深港创新圈”落实的首个高新技术重大项目——杜邦薄膜太阳能电池板生产基地在光明新区举行奠基仪式。

12日　国家发改委正式批准将深圳列为全国第一个创建国家创新型城市试点。

7月

22日　经深圳市第四届人民代表大会常务委员会第二十次会议审议通过，《深圳经济特区科技创新促进条例》于10月1日正式实施。

8月

1日　深圳市全面推行居住证制度，是深圳创新人口管理模式、加强流动人口管理的一项重大举措。

9月

21日　深圳市政府出台《关于加强自主创新促进高新技术产业发展的若干政策措施》，旨在进一步增强自主创新能力，提升高新技术产业发展水平，加快国家创新型城市建设。

23日　深圳市委、市政府召开全市自主创新大会，颁布我国首部创新型城市规划《深圳国家创新型城市总体规划（2008—2015）》，全面部署和推进国家创新型城市建设工作。

25日　深圳市委、市政府召开加快建设现代产业体系暨推进双转移工作会议，出台《市委市政府关于加快建设现代产业体系推进产业转移和劳动力转移的若干意见》。

是月　深圳市委、市政府发布《关于加强高层次专业人才队伍建设的意见》及6项配套文件，全面建立体现能力、突出业绩、适应城市发展目标、切合产业发展方向的高层次专业人才评价标准体系。

10月

13日　国家知识产权局专利局深圳代办处在深圳高新区举行新址入驻揭牌仪式。

16—21日　第十届高交会在深圳会展中心成功举办，该届主题是“科技改善民生，创新改变世界”。

12月

是月　国家发展和改革委员会印发《珠江三角洲地区改革发展规划纲要（2008—2020）》，提出深圳“一区四市”的战略定位，要求深圳在自主创新方面积累经验，为建设创新型国家作出贡献。

2009年

1月

8日　中共中央、国务院在北京隆重举行国家科学技术奖励大会，深圳摘得8项国家科技进步奖。

是月　世界知识产权组织（WIPO）最新公布的数据显示，华为技术有限公司在2008年全球专利申请公司（人）排名榜上，凭借全年递交1737件申请，首次名列第一。

2月

20日　深圳市政府与中国电子信息产业集团公司（简称中国电子）签署战略合作框架协议和备忘录，结成战略合作伙伴关系，在多领域开展多层次合作。

3月

6日　深港产学研基地科技企业孵化器被认定为"国家高新技术创业服务中心"，摘得我国科技企业孵化器领域的最高荣誉。

19日　深圳市政府与香港中文大学签署新的全面合作备忘录，双方将在高等教育、科研、人才培养方面紧密合作，推动科研成果产业化，香港中文大学深圳研究院大楼奠基。

20日　"深港创新圈"首个主要科技合作项目——杜邦太阳能全球薄膜光伏电研发中心正式在香港启用。香港特区行政长官曾荫权出席启用仪式，并表示这不仅是投资上的成就，更是标志着香港与深圳一个实质合作的项目，是"深港创新圈"建设迈出的重要一步。

31日　深圳市机器人产业协会成立，是国内首个机器人产业协会。

同日，深圳召开深港创新及科技合作第三次督导会议，原则通过《深港创新圈三年行动计划（2009—2011）》。

5 月

9 日　首届中国（深圳）创新创业大赛在深圳正式启动，由 8 家创投机构共同出资 3000 万元注册成立“创赛一号基金”，对大赛获得三等奖以上奖项的优秀项目进行捆绑投资。

21 日　深圳市人大对《深圳经济特区技术秘密保护条例》进行修正，进一步加大对企业技术秘密的保护力度。

26 日　国家发改委、广东省发改委和深圳市委、市政府联合举行新闻发布会，正式发布获国务院批准的《深圳市综合配套改革总体方案》，提出完善自主创新的体制机制，加快建设国家创新型城市，确定“四个先行先试”的改革基本思路。

6 月

4 日　国家发改委、国家科技部、中国科学院、深圳市政府决定在深圳共同建设“国家超级计算深圳中心”，为深圳建市以来最大的国家级科技基础设施项目。

11 日　深圳市政府举行常务会议，审议并原则通过了《深圳市互联网软件知识产权保护若干规定》。

18 日《深圳市住房公积金制度改革方案》正式出台，规定所有深户在职人员将享有住房公积金。

7 月

8 日　中央批准 5 个国家海外高层次人才创新创业基地落户广东，其中 4 个设在深圳，分别为深圳高新技术产业园区、华为技术有限公司、中兴通讯股份有限公司和中科院深圳先进技术研究院。

23 日　由中科院深圳先进技术研究院牵头组织，张元亭教授为首席科学家的国家“973”重大基础研究计划项目“心脑血管易损斑块的高分辨率成像识别与风险评估预警体系重大问题的基础研究”获国家科技部批准立项，实现了国家重大科学基础研究项目落户深圳的历史性突破。

29 日　深圳第一家国家工程实验室——电子信息产品协同互联国家工程实验室（闪联国家工程实验室）在高新园区隆重揭牌。该实验室将以具有自主知识产权的核心技术和国际领先的闪联标准为核心，在深圳建设全球 3C（计算机、消费电子产品和通信）协同领域的研发和创新基地。

8 月

11 日　广东省政府在深圳召开全省推进自主创新工作现场会，总结推广深圳经验。

9 月

12 日　国家发改委和商务部正式批准深圳创建首个国家电子商务示范城市。

10 月

30 日　创业板首批公司上市仪式在深圳举行，中国多层次资本市场进一步完善。

11 月

16—21 日　第十一届高交会成功举办，该届主题是“创新、创业、发展”。

16 日　国家超级计算深圳中心启动建设，千万亿次、亚洲第一的超级计算落户深圳。

17 日　深圳市委、市政府印发《关于加快发展深圳大学城的若干意见》。

2010 年

3 月

15 日　前海合作区管理局挂牌，正式开始筹建工作。

5 月

27 日　国务院批复同意深圳经济特区范围扩大至深圳全市。7 月 1 日起正式旅行。

7 月

13 日　深圳光启高等理工研究院挂牌成立。该院致力于国际新型尖端交叉科技研发。

8 月

23 日　国务院批复同意《深圳市城市总体规划（2010—2020 年）》。

26 日　国务院批复同意《前海深港现代服务业合作区总体发展规划》，前海深港现代服务业合作区正式成立。之后，国家发改委明确通知“前海管理机构享有相当于计划单列市管理权限的政策”。

9 月

4—6 日　胡锦涛总书记视察深圳，出席深圳经济特区建立 30 周年庆祝大会。

10月

12日 《深圳市委市政府关于加快转变经济发展方式的决定》当中提出“五个率先”，推动经济发展方式加快转变。

28日 深圳推出“孔雀计划”，提出每年投入3—5亿元资金，打造国际人才宜聚城市，引进50个以上海外高层次人才团队、1000名以上海外高层次人才的目标。

11月

16—21日 第十二届高交会成功举办，该届主题是“科技引领转型，创新驱动发展”。

2011年

1月

19日 深圳市第五届人民代表大会批准《深圳市国民经济和社会发展第十二个五年计划纲要》，提出依靠科技创新推动产业升级，发挥科技创新对产业结构优化升级的驱动作用，加快国家创新体系建设，强化企业在技术创新中的主体地位，引导资金、人才、技术等创新资源向企业聚集。

30日 国家发改委同意深圳依托华大基因研究院组建国家基因库，这是中国首次建立国家级基因库。

3月

南方科技大学正式开学。

4月

12日 深圳市出台“孔雀计划”“1+5”文件，即《关于实施引进海外高层次人才“孔雀计划”的意见》《深圳市海外高层次人才确认办法（试行）》《深圳市海外高层次人才认定标准（试行）》《深圳市海外高层次人才享受特定待遇的若干规定（试行）》《深圳市海外高层次人才创新创业专项资助办法（试行）》《深圳市引进海外高层次人才团队评审办法（试行）》。

5月

25日　深圳市新产业技术产权交易所揭牌成立，旨在打造“技术产权银行”模式，逐步建成区域统一互联的科技金融服务体系。

7月

18日　深圳超材料产业联盟暨深圳光启高等理工研究院重点实验室工程实验室成立。

8月

3日　深圳市云计算产学研联盟成立，“鲲云计划”启动，旨在推动深圳云计算发展。

10月

20日　国家科技部、中国人民银行等联合下发《关于确定首批开展促进科技和金融结合试点地区的通知》，深圳等16个地区被确定为首批试点地区。

11月

16—21日　第十三届高交会成功举办，该届主题是“促进国际创新合作，加快发展方式转变”。

19日　深圳30多家企业、高校和科研机构联合发起的“深圳市新材料产学研创新联盟”正式成立。

12 月

2 日 《深圳市科学技术发展“十二五”规划》颁布。

8 日 深圳市政府印发《深圳国家创新型城市总体规划实施方案（2011—2013 年）》。

20 日 深圳市前海深港现代服务业合作区获得“国家海外高层次人才创新创业基地”的授牌，成为继华为、中兴通讯、中科院深圳先进技术研究院、深圳高新区之后，深圳拥有的第五家国家海外高层次人才创新创业基地。

23 日 深圳市政府印发《深圳市知识产权与标准化战略纲要（2011—2015 年）》，力推知识产权与标准化相结合。

2012 年

1 月

6 日 中国创新型先进企业研讨会暨广东省工业合作协会成立大会在深圳举行。

2 月

3 日 28 家深圳企业入选福布斯中国最具潜力企业。

8 日 深圳市市场监管局加挂知识产权局牌子。

10 日 深圳市科技创新委员会举行成立授牌仪式，为全国第一个科技创新委员会。

17 日 全国产业发展工作会议在深圳召开。

19 日 深圳启动云计算国际联合实验室建设。

23—24 日 国际城市创新发展大会在深圳举行。

3月

15日　中国移动4G首批测试用户在深圳诞生，全国4G发展拉开序幕。

25日　2012年中国（深圳）IT领袖峰会开幕式在五洲宾馆举行。

4月

12日　深圳市委常委会研究通过《关于加强改善金融服务支持实体经济发展的若干意见》，从8个方面提出金融支持实体经济发展的24项举措。

24日　深圳市人民政府办公厅发布《深圳市促进知识产权质押融资若干措施》，全力推进知识产权质押融资工作，解决全市中小企业融资难问题。

24日　教育部发出同意建立南方科技大学的通知。

25日　深圳获颁首个"国家知识产权示范城市"。

5月

5日　中国创意谷高峰论坛在深圳举行。

22日　省市共建战略性新兴产业基地揭牌暨深圳超材料产业基地一期工程奠基仪式在宝安区举行。

6月

5日　深圳质量强市工作暨2011年度深圳市"市长质量奖"颁奖大会召开。

8日　深圳市科技金融服务中心正式挂牌。

7月

3日　深圳市生物医用材料创新战略联盟在深港产学研

基地成立。

9日　首届“中国创新创业大赛”深圳赛区启动。

8月

9日　深圳市政府与中国电子信息产业集团有限公司签订战略合作协议。

9月

2日　南方科技大学成立大会暨2012年开学典礼举行。

10月

11日　香港中文大学（深圳）批复筹办暨启动校区开工仪式在龙岗区举行，筹备工作全面展开。

20日　香港中文大学商务创新及全球化研究中心在深圳成立。

30日　深圳市五届人大常委会第十八次会议审议通过《深圳经济特区商事登记若干规定》，这是全国第一部新型商事登记法规。

11月

2日　《深圳市科技研发资金管理办法》印发，以加强市科技研发资金管理，提高财政专项资金使用效益。

2日　深圳出台《关于促进科技型企业孵化载体发展的若干措施》《关于促进科技和金融结合的若干措施》《关于促进高技术服务业发展的若干措施》，构建充满活力的科技创新生态体系。

5日　深圳召开全市科技创新大会，发布《关于努力建设国家自主创新示范区 实现创新驱动发展的决定》等“1+10”

政策文件。

同日　深圳市委、市政府印发《前海深港人才特区建设三年行动计划（2012—2015）》。

16—21日　第十四届高交会举行，以“推进科技创新，提升发展质量”为主题，参展商2976家，参展项目15533个，投资商3132家。

17日　工信部授予深圳“中国软件名城”称号。

12月

7—8日　中共中央总书记、国家主席、中央军委主席习近平在党的十八大后离京首站来到深圳，到渔民村了解基层党组织建设和社区工作情况，到莲花山公园向邓小平雕像敬献花篮，到前海了解建设情况，向世界发出中国改革不停顿、开放不止步的时代宣言。

13日　首届深圳国际生物科技创新论坛暨展览会开幕

21日　美国《科学》（*Science*）杂志公布2012年度十大科学突破，大亚湾中微子实验成果入选。

2013年

1月

18日　《深圳市人民政府关于优化空间资源配置促进产业转型升级的意见》发布。

同日　深圳超多维裸眼3D项目获国家技术发明一等奖。

2月

3日　深圳微纳集成电路与系统应用研究院成立。

25日　深圳32项科技成果获广东省科技奖。

3月

1日　深圳实施新的商事登记制度，率先在全国免收商事登记行政事业性收费。

4月

9日　首届中国电子信息博览会（CITE）在深圳会展中心开幕。

12日　美国著名的公立常春藤盟校之一佐治亚理工学院正式入驻深圳虚拟大学园。

28日　深圳市政府五届八十四次常务会议审议并原则通过《前海深港现代服务业合作区土地管理改革创新要点（2013—2015年）》。

5月

28日　2013年中国3D打印（增材制造）产业发展与应用技术高峰论坛在深圳会展中心举行。

同日　中国智能骨干网项目在深圳启动，阿里巴巴与银泰集团、复星集团、富春集团、顺丰集团以及“三通一达”（申通、圆通、中通、韵达）共同组建菜鸟网络公司。

30日　前海股权交易中心在深圳开业，首批挂牌企业达1200家，业务品种达9类25项，战略合作机构71家，成为国内人气最旺、最具吸引力的OTC市场（场外交易市场）。

6月

20日　中国科学院大学深圳先进技术学院在深圳揭牌成立。

24日　首个深港青年创新创业基地深圳南山云谷创新产业园揭牌。

7月

18日　由深圳超多维光电子有限公司联同华星光电、清华大学深圳研究生院、深圳创新投资集团等20家核心单位共同发起的深圳3D显示产业联盟正式成立。

8月

2日《深圳保税区域转型升级总体方案》出台。

是月　国家质检总局授予深圳“全国质量强市示范城市”称号。

11月

11日　深圳4项专利荣获中国专利金奖，位列全国第一。

13日　深圳成为全国首个政务信息共享国家示范市。

16—21日　第十五届高交会在深圳举行，主题是“坚持创新驱动发展，提高经济增长质量”，参展商3012家，带来高新技术项目与产品数3300项，投资商3487位。

26日《深圳市科技研发资金投入方式改革方案》出台。

2014年

1月

5日　深圳印发《关于加快现代服务业发展的若干措施》，提出发展总部经济和金融、互联网金融、科技服务、软件信息服务、商务服务、文化创意、现代物流、消费性服务业等十大重点领域。

10日　深圳9个项目获国家科学技术奖，其中国家自然科学奖1项、技术发明奖4项、科技进步奖4项。

2月

13日　市政府常务会议审议通过《关于支持促进互联网金融创新发展的指导意见》。

27日　“深圳清华大学研究生院产学研深度融合的科技创新孵化体系建设”获广东省科学技术特等奖。

4月

17日　深圳市知识产权联合会成立，是全国首个大知识产权社团组织。

5月

28日　科技部批复同意《科技部深圳市人民政府共建国家技术转移南方中心方案》。

6月

3日《深圳市未来产业发展专项资金管理办法》出台。

4日　深圳建设国家自主创新示范区获批。这是党的十八大后国务院批准建设的首个国家自主创新示范区，也是中国首个以城市为基本单元的国家自主创新示范区。

8月

21日 《深圳国际生物谷总体发展规划实施方案》《深圳国际生物谷招商引资和招商引智工作方案》发布实施。

9月

1日 《深圳市商事主体行政审批事项权责清单》出台，涉及25个行政审批部门共129项审批事项。深圳成为全国第一个公开发布政府商事登记审批事项权责清单及后续监管办法的城市。

7日 深圳市政府与清华大学、美国伯克利加州大学签署合作办学协议。

10日 2014年深圳国际BT领袖峰会和生物/生命健康产业展览会、第九届国际基因组学大会开幕，主题为“发展绿色经济，创造美好生活”。

12日 深圳市太空科技南方研究院揭牌。

11月

4日 深圳首届企业创新生态圈大会举行。

15日 科技部与深圳市政府签订共同建设国家技术转移南方中心合作框架协议，国家技术转移南方中心正式落地深圳。

同日 第八届中国产学研合作创新大会在深圳举行。

16—21日 第十六届高交会在深圳举行。本届高交会以“坚持创新驱动，加快绿色发展”为主题，参展商3016家、高新技术项目与产品3593项、投资商3628位。

16日 中国、加拿大、韩国国际科技创新产业联盟在深圳成立。

25日　国家技术转移南方中心在深圳高新区虚拟大学园揭牌成立。

27日　深圳市政府印发《机器人、可穿戴设备和智能装备产业发展规划（2014—2020）》的通知。

12月

1日　深圳市商事制度改革再开全国先河，率先实施商事登记营业执照、税务登记证、组织机构代码证和刻章许可证“四证合一”。

同日　《深圳市人才安居办法》公布。

12日　深圳华大基因研究院举行新闻发布会，公布由华大基因和国家基因库主导的鸟类基因组系统演化史项目研究取得的重大成果。

15日　深圳市政府与广州中医药大学、澳大利亚皇家墨尔本理工大学签署合作办学框架协议，三方同意依托深圳市中医院，在深圳合作举办独立设置、具有独立法人资格的非营利性中外合作办学高等教育机构，暂定名为深圳墨尔本生命健康工程学院。

23日　深圳市政府与中国科学技术协会在北京签署战略合作框架协议。

31日　深圳质量大会召开。会上颁发2014年度“市长质量奖”，中国国际海运集装箱（集团）股份有限公司、深圳迈瑞生物医疗电子股份有限公司获年度“市长质量奖”（大奖），深圳市能源环保有限公司被授予“2014年度深圳质量建设特别贡献奖”。

2015年

1月

4日　中共中央政治局常委、国务院总理李克强考察深圳，先后到柴火创客空间、前海微众银行、华为技术有限公司进行实地调研。

5日　美国当地时间1月5日上午，深圳·旧金山开放创新交流峰会在美国旧金山市福尔逊铸造车间举行。深圳创客以城市官方身份首次迈向国际。

9日　在2014年度国家科学技术奖励大会上，由深圳高校、科研机构及企业主持或参与完成的17个项目获本年度国家科技奖，其中包括国家技术发明奖6项、国家科技进步奖11项。

12日　创新时代与深港机遇——2015中国深港创新论坛在深圳举行。

2月

27日　广东省科技创新大会在深圳举行。

3月

是月　经国家发改委批复同意，深圳市新增5家国家级创新载体。至此，全市国家及省市级重点实验室、工程实验室、工程中心、企业技术中心等各类创新载体超过1100家，提前完成“十二五”规划目标。

4月

18日　香港中文大学（深圳）获批首个国家地方联合工程实验室。

5月

26日　第四届中国创新创业大赛深圳赛区暨第七届中国（深圳）创新创业大赛启动。

6月

17日　深圳市政府正式出台《关于促进创客发展的若干措施（试行）》《促进创客发展三年行动计划（2015—2017年）》，从创客载体、服务、人才和项目等层次对创客创业给予支持。

18日　首届中国创新创业大赛创客大赛在光明新区落幕，并举行颁奖仪式。

18—22日　首届深圳国际创客周举办，全市6个区共举办45场活动，累计参与人数26.23万人次。

7月

22日　深圳市人民政府出台《深圳国家自主创新示范区建设实施方案》，稳步推进深圳国家自主创新示范区建设。

29—31日　首届深圳国际智能装备产业博览会暨第四届深圳国际电子装备产业博览会举行，主题为“智能改变未来产业促进发展”。此后该2个博览会几乎每年同时举办一届。

9月

25日　《深圳市科技创新券项目实施办法（试行）》颁

布，旨在完善深圳市综合创新生态体系，加快建设现代化国际化创新型城市。

10月

20日　清华-伯克利深圳学院揭牌。

21日　比亚迪公司在伦敦展示全球首辆纯电动双层公交大巴，并与当地公司签署合作协议。国家主席习近平、英国王子威廉在比亚迪公司董事长王传福陪同下参加电动双层大巴交付仪式。

11月

4日　深圳市首个石墨烯应用技术研究院、石墨烯协会揭牌成立。

15日　2015年战略性新兴产业培育与发展论坛在深圳举行。

16—21日　第十七届高交会在深圳举行。本届高交会以“创新创业 跨界融合”为主题，参展商3686家、参展项目16825个、投资商3812位。

24日　深圳市出台《深圳青年创新创业选拔支持实施方案》，采用“举荐制”方式，从新一代信息技术、新能源、互联网、文化创意、生物、新材料、生命健康、航空航天、机器人、可穿戴设备等深圳战略新兴产业和未来产业领域的应用研究、技术创新和企业领域选拔人才。

28日　光启高等理工研究院超材料电磁调制技术国家重点实验室成功通过验收。这是中国第一个超材料技术国家重点实验室，也是全国177家依托企业建设的国家重点实验室之一。

12 月

15 日　第 17 届中国专利奖在京揭晓，深圳 4 项专利荣获中国专利金奖，在共 20 项中国专利金奖中占 1/5，居各城市前列。

2016 年

1 月

8 日　在 2015 年度国家科学技术奖评选中，深圳企业和科研机构获得 14 项国家科技奖，其中华为技术有限公司连续九年获得国家科技奖。

同日　第十四届深圳企业创新纪录成果发布，共有 147 项企业创新纪录获奖。

2 月

25 日　国务院印发《关于同意开展服务贸易创新发展试点的批复》，深圳成为服务贸易创新发展试点市，试点期为 2 年，自国务院批复之日起算。

3 月

23 日　深圳出台《关于支持企业提升竞争力的若干措施》，鼓励企业做大做强做优，强化创新驱动。

26 日　深圳出台《关于促进科技创新的若干措施》，进一步激发各类创新主体的积极性和创造性。

是月　深圳市委、市政府集中出台一批促进科技创新的举措，直指创新驱动的核心、载体和根基。

5月

1日　全国首张金融业“营改增”增值税电子普通发票在深圳开具，标志着深圳全面推开营改增试点改革实施工作。

5日　深圳市委常委会议原则通过《关于支持改革创新建立容错纠错机制的若干规定（试行）》。

6月

20日　南方科技大学与诺贝尔化学奖得主、美国加州理工学院化学系教授罗伯特·格拉布斯签署格拉布斯研究院合作备忘录，致力于将研究院建成世界领先的新医药、新材料、新能源领域的科研中心。

9月

1日　深圳市科技创新大会强调全力打造产业创新能力强、市场环境优、国际化程度高的“中国硅谷”。

20日　深圳市民政局与中兴通讯股份有限公司签订战略合作框架协议，探索“互联网 + 物联网 + 养老”智慧养老服务模式。

22日　深圳国家基因库开业。

30日　深交所发布与深港通相关的八大业务规则，包括：《深港通业务实施办法》《港股通投资者适当性管理指引》《港股通交易风险揭示书必备条款》《港股通委托协议必备条款》《关于深港通业务中上市公司信息披露及相关事项的通知》《香港结算参与网络投票实施指引》，以及修订后的《股东大会网络投票实施细则》和《交易规则》。

10 月

5 日 《深圳市促进科技成果转移转化实施方案》出台，加快推动科技成果转化为现实生产力

8 日 “金税三期”系统在深圳上线。“金税三期”是经国务院批准的、具有重要战略地位的国家级电子政务工程，是国家电子政务“十二金”工程之一。

9 日 深圳召开女性创新创业大会暨深圳市女创客协会成立大会。

11 日 深圳发布首份“双创”研究报告，梳理深圳“双创”模式经验，率先为深圳乃至中国“双创”发展提供理论探索和文化支撑。

14 日 全国首个创投基金转让平台——前海创投基金转让平台成立，并推出规模 10 亿元的全国第一支创投基金转让平台接盘基金和规模 5 亿元的全国第一支创投基金转让平台产业孵化基金。

12—18 日 全国“‘双创’活动周”活动在深圳、北京设主会场，并在全国各地设立分会场。中共中央政治局常委、国务院总理李克强于 12 日在深圳参加 2016 年“全国大众创业、万众创新活动周”主题展示活动。

25 日 《中国（广东）自由贸易试验区深圳前海蛇口片区“证照分离”改革实施方案》在前海发布。

11 月

16—21 日 第十八届高交会在深圳会展中心召开，主题是“创新驱动，质量引领”。有 37 个国家的 3533 家参展

商、23334个项目参展和入库。

23日　教育部向广东省政府发出《教育部关于批准正式设立深圳北理莫斯科大学的函》，同意设立深圳北理莫斯科大学。

12月

2日　深圳市政府与天津大学、美国佐治亚理工学院签署合作办学协议，三方将在深圳共建“天津大学—佐治亚理工深圳学院”。

2017年

1月

3日　深港合作会议在香港特别行政区政府总部举行。两地共同签署《关于港深推进落马洲河套地区共同发展的合作备忘录》，同意在落马洲河套地区合作建设“港深创新及科技园”。

24日　深圳人才创新创业基金成立，设立一号、二号、三号股权投资基金，作为支持特区人才创新创业的政策性基金。

2月

7日　广东省创新发展大会召开，深圳30个项目获2016年广东省科技奖。

9日　深圳市与法国伊夫林省签署《友好交流合作备忘录》和《中法（深圳）联合创新中心合作框架协议书》。

22日　由深圳参与建设的“未来网络试验设施重大科

技基础设施”项目获得国家批准，标志着深圳国家重大科技基础设施建设实现重大突破。

25 日　“创世纪 · 龙抬头”国际双创盛典开幕式暨国际双创高峰会在深圳举行。

3 月

9 日　深圳市知识产权区域布局试点工作全面启动。

4 月

10 日　由 2013 年诺贝尔化学奖得主阿里耶 · 瓦谢尔教授领衔的香港中文大学（深圳）瓦谢尔计算生物研究院，由 2012 年诺贝尔化学奖得主布莱恩 · 科比尔卡教授领衔的香港中文大学（深圳）科比尔卡创新药物与转化医学研究院在深圳成立。这是香港中文大学（深圳）组建的首批诺贝尔奖科学家研究院，也是深圳市政府计划引进的十个诺贝尔奖科学家实验室的其中两个。

5 月

9 日　美国旧金山海外创新中心、英国伦敦海外创新中心、法国伊夫林海外创新中心、以色列特拉维夫—海法海外创新中心、加拿大多伦多海外创新中心等 7 家机构，正式成为深圳市首批授牌的海外创新中心。

10 日　深圳市为龙岗阿波罗未来产业集聚区、南山留仙洞未来产业集聚区、龙华观澜高新园未来产业集聚区等首批 7 个未来产业集聚区集中授牌。

6 月

9 日　国内首只金融科技指数在深交所上市。

13 日　深圳市互联网金融协会党委成立，为全国首个互联网金融行业协会党委。

28 日　商务部副部长高燕与香港特别行政区政府财政司司长陈茂波在香港签署了内地与香港《CEPA 投资协议》和《CEPA 经济技术合作协议》。两个协议自签署之日起生效，其中《CEPA 投资协议》将于 2018 年 1 月 1 日起正式实施。在协议中，两方政府就进一步加强在创新科技领域的合作达成共识。

8 月

21 日　深圳技术大学（筹）揭牌仪式在坪山区举行。该校以先进制造、高端制造等工科教育为主。

9 月

13 日　深圳北理莫斯科大学举行开学典礼，迎来首届新生。中共中央总书记、国家主席习近平同俄罗斯总统普京分别致贺词。

14 日　国家知识产权局与深圳市政府在北京签署《共创知识产权强国建设高地合作框架协议》。

16 日　2017 年全国“双创”周深圳活动暨第三届深圳国际创客周在深圳开幕。

21 日　深圳科学技术奖励大会举行。华讯方舟科技有限公司创始人、副董事长吴光胜和深圳光启高等理工研究院院长、首席科学家刘若鹏荣获 2016 年度市长奖。

24 日　中国首个新型智慧城市运营管理中心可视化集成平台在深圳通过专家评审并正式上线。

11 月

1 日 《深圳经济特区人才工作条例》实施。11 月 1 日被确定为“深圳人才日”。

是日 全国首个以“人才”命名的主题公园——深圳人才公园开园。

16—21 日 第十九届高交会在深圳举行。本届高交会以“聚焦创新驱动，提升供给质量”为主题，3049 家展商、10020 个高新技术项目参展。

16 日 全球著名航空航天技术公司空中客车公司和深圳市投资推广署在市民中心签署合作备忘录，空中客车（中国）创新中心落户深圳。

12 月

3 日 深圳市人民政府与中国科学院签订《共同推进建设深圳国际科技产业创新中心合作协议书》。

2018 年

1 月

8 日 国家科学技术奖励大会在北京举行，深圳高校、科研机构及企业主持或参与完成的 15 个项目获 2017 年度“国家科学技术奖”。

12 日 深圳市六届人大常委会第二十二次会议审议通过《深圳经济特区国家自主创新示范区条例》。

17 日 《深圳市关于加大营商环境改革力度的若干措施》印发，率先推出营商环境改革 20 条。

31日　由北京大学深圳研究生院与清华大学深圳研究生院合建的“省部共建肿瘤化学基因组学国家重点实验室”得到科技部、广东省人民政府和深圳市人民政府的批复，正式建立。该实验室是深圳第一家依托高校的国家重点实验室。

2月

24日　《国务院关于同意深圳市建设国家可持续发展议程创新示范区的批复》发布，同意深圳市以“创新引领超大型城市可持续发展”为主题，建设国家可持续发展议程创新示范区。

3月

1日　《深圳经济特区国家自主创新示范区条例》正式施行。

7日　习近平参加第十三届全国人大第一次会议广东代表团审议并发表重要讲话，强调“这些年，深圳高新技术产业发展成为全国的一面旗帜，要发挥示范带动作用”。

15日　第十届中国深圳创新创业大赛在国家技术转移南方中心召开，大赛总奖金1020万元。

22日　2017年全球专利申请量榜单发布，来自深圳的华为、中兴通讯分居全球专利申请量（PCT）排名第一、二位。

24日　首届中以IT合作创新论坛在深圳举行。

26日　全省科技创新大会上，深圳市44个项目获奖。

27日　深圳市建设国家可持续发展议程创新示范区推

进会召开。

29日　国家知识产权培训（广东）基地揭牌仪式在深圳大学举行。

同月　深圳鹏城实验室启动建设。

4月

11—14日　由深圳市科技创新委员会和深圳市南山区人民政府共同主办的2018深圳国际石墨烯论坛在清华大学深圳研究生院举行，来自中国、美国、欧洲、日本、韩国、新加坡等国家和地区的高校、科研机构和企业的参会代表近600人。

16日　中国科学院大学深圳医院签约暨揭牌仪式在光明区举行。

同月　深圳市委、市政府成立市建设深港科技创新特别合作区领导小组。

5月

7日　清华大学深圳国际研究生院（一期）暨清华-伯克利深圳学院院区在深圳大学城植树奠基。

14日　哈工大（深圳）材料基因与大数据研究院举行揭牌仪式。

23日　《深圳市可持续发展规划（2017—2030年）》发布，将深圳可持续发展分为近期、中期和远期三个阶段：到2020年，成为国家可持续发展议程创新示范区的典范城市；到2025年，成为可持续发展国际先进城市；到2030年，成为可持续发展的全球创新城市。

6月

1日　南方科技大学与香港科技大学签署合作框架协议，将共建深港微电子学院。

9日　粤港澳大湾区科技创新协同发展座谈会在深圳举行。

同日　《深圳市重大科技计划项目评审办法（试行）》印发，率先试行重大科技项目评审主审制。

12日　位于深圳市光明区的中山大学深圳校区正式启动建设。校区用地面积321.15公顷，规划总建筑面积约220万平方米。

17—18日　深圳市委六届十次全会召开，审议通过《中共深圳市委关于深入贯彻落实习近平总书记重要讲话精神 加快高新技术产业高质量发展 更好发挥示范带动作用的决定》。

是月　深圳制订《深圳市2018年推进“多证合一”信息共享改革工作方案》，结合实际，自我加码，将涉及十四个政府部门的“三十证合一”。

7月

18日　鹏城实验室入驻万科云城一期，同时中国工程院赵沁平院士、丁文华院士和中国工程院外籍院士李凯等三个院士工作室也正式签约入驻。活动现场，鹏城实验室计划创建的国家科技资源开放共享服务平台的重要组成部分——新一代人工智能开源开放平台1.0版也正式启动。

19日　首届“率先杯”未来技术创新大赛颁奖仪式在

深圳举行，30 个突出决赛重围的项目获得优胜及现金奖励。

31 日 “兰迪 · 谢克曼国际联合医学实验室”签约与揭牌仪式在南方医科大学深圳医院学术会议中心举行。

10 月

2 日 王传福、陈志列等 6 位深圳企业家进入“改革开放 40 年百名杰出民营企业家”名单。

11 日 “第四届 21 世纪海上丝绸之路国际合作港论坛暨第七届深圳国际港口链战略论坛”在深圳举行。深圳港的 25 个国际友好港代表发表《深圳宣言》，表示要以港航业数字化转型为契机，共同推进颠覆性技术创新应用，强化港口链大数据合作。

24 日 中共中央总书记、国家主席、中央军委主席习近平在深圳考察，先后参观了“大潮起珠江——广东改革开放 40 周年展览”、广东自由贸易试验区深圳前海蛇口片区、龙华区民治街道北站社区。

11 月

2 日 《深圳市关于进一步加快发展战略性新兴产业的实施方案》《深圳市战略性新兴产业发展专项资金扶持政策》发布，对创新载体最高可支持 3000 万元，对高技术产业化项目最高可给予 1500 万元的资助。

14—18 日，第二十届高交会在深圳成功举办，该届主题是“坚持新发展理念，推动高质量发展”。

16 日，深圳市政府与中国科学院在深签署《合作共建中国科学院深圳理工大学协议书》，依托深圳先进院及中科院在粤科研力量建设中国科学院深圳理工大学。

21日，中国信息通信研究院主办的“中国县域工业经济发展论坛（2018）”在京举行，深圳龙岗区位列2018年工业百强区榜首。

12月

4日　深圳市政府印发《关于以更大力度支持民营经济发展的若干措施》，通过降低企业生产经营成本、缓解融资难融资贵、建立长效平稳发展机制、支持企业做优做强、优化政策执行环境等五条措施，助力深圳民营经济健康发展。

16日　深汕特别合作区正式揭牌，明确由深圳市全面主导深汕特别合作区经济社会事务。

24日　深圳首个专门面向金融人才的支持政策——《深圳市支持金融人才发展的实施办法》正式发布，不断优化金融人才发展环境。

26日　习近平总书记对深圳工作作出重要批示，充分肯定深圳经济特区作为我国改革开放的重要窗口取得的成绩，再次强调深圳深入实施创新驱动发展战略，抓住粤港澳大湾区建设重大机遇，增强核心引擎功能，朝着建设中国特色社会主义先行示范区的方向前行，努力创建社会主义现代化强国的城市范例。

27日　深圳市六届人大常委会第二十九次会议表决通过《深圳经济特区知识产权保护条例》，为实施最严格知识产权保护提供有力法律制度保障。

2019 年

1 月

4 日　由深圳市青年商会、深圳市工商联（总商会）青年企业家工作委员会共同发起的粤港澳大湾区青商大联盟在深圳成立。

6 日　生命信息与生物医药广东省实验室建设启动会暨深圳市基础研究机构授牌仪式举行。

8 日　国家科学技术奖励大会在北京召开，深圳获得 16 项国家科技奖，其中包括国家技术发明奖 1 项、国家科技进步奖 13 项与 2 个专用项目获奖。

11 日　深圳市统一政府服务 APP“i 深圳”正式上线，标志着深圳政务服务创新有了新突破。

18 日　全球首个 5G 智能终端电话在深圳打通。

25 日　光明科学城正式动工建设，规划总面积 99 平方千米。

是月　中科院深圳先进技术研究院与商汤科技共同成立“未来视觉技术联合实验室”。

2 月

13 日　深圳市推进粤港澳大湾区建设重大项目集中开工，新开工项目共计 31 个，总投资达 749 亿元。

18 日　中共中央、国务院印发《粤港澳大湾区发展规划纲要》，要求深圳发挥作为经济特区、全国性经济中心城市和国家创新型城市的引领作用，加快建成现代化国际化城市，努力成为具有世界影响力的创新创意之都。

21 日　空中客车（中国）创新中心落成典礼在深圳举行，开启空客与深圳在前沿科技领域深度合作。这是空客在亚洲设立的首个创新中心。

22 日　南方科技大学杰曼诺夫数学中心正式揭牌，杰曼诺夫数学中心以美国科学与艺术科学院院士、美国科学院院士、1994 年菲尔兹奖得主埃菲·杰曼诺夫命名，将围绕代数学、计算数学和概率统计领域的问题展开研究。

28 日　由深圳市高新投集团有限公司发起的支持深圳民营企业债券融资签约仪式在五洲宾馆举行，标志着深圳“四个千亿”支持民企发债专项计划正式启幕。

3 月

1 日《深圳经济特区知识产权保护条例》正式实施。

8 日　由中科院自动化所和龙华区科技创新局共同发起设立的深圳人工智能与数据科学研究院（龙华）揭牌成立。

18 日　深圳与英国伦敦金融城签署合作备忘录增补文本，双方将进一步加强在金融科技和数字技能、绿色金融等方面的合作。

19 日　深圳市政府和商汤科技签署战略合作框架协议，共同努力打造深圳国家人工智能产业高地。

26 日　深圳大学马歇尔生物医学工程实验室在深圳大学正式揭牌成立，这是深圳市第 8 个诺贝尔奖获得者领衔组建的实验室。

29 日　清华大学深圳国际研究生院正式揭牌。

27 日　广东省召开科技创新大会，颁发 2018 年度广东省科学技术奖颁奖，深圳市 34 个项目获奖，其中一等奖 7 个，占一等奖授奖总量的 14%。

29 日　粤港澳大湾区青年创业公共服务平台在深圳成立。

4 月

3 日　由深圳市承建、深圳市科创委和北京大学深圳研究生院共同举办的深圳湾实验室在国家超级计算深圳中心举行揭牌仪式，这是广东省启动建设的第二批省实验室之一，致力建成具有国际和国内重大影响力的一流生命信息和生物医药创新高地。

3 日　国家市场监管总局与深圳市政府签署合作框架协议，在深共建中国计量科学研究院技术创新研究院。

3 日　深港澳科技联盟成立大会在深圳举行。来自深港澳三地的 100 多名科技界代表汇聚一堂，作为首届联盟成员见证联盟成立。

3 日　西丽湖国际科教城发展论坛在南山举行。

13 日　深圳计算科学研究院在深圳大学揭牌。该研究院为深圳市政府批准成立的十大新设基础研究机构之一，由深圳大学和龙华区人民政府共建，市、区、校 5 年预期投入约 5 亿元。

17 日　国际顶级学术期刊《自然》（*Nature*）报道了南方科技大学化学系副教授田瑞军团队与美国 Salk 研究所 Tony Hunter 院士团队针对胰腺癌的功能蛋白质组学研究工作。这一中美合作的科研成果意义重大，在发现、治疗“癌症之王”胰腺癌方面有重大突破。

26日　Hello 5G赋能未来——中国电信5G创新合作大会在深圳召开，“共建5G智慧城市群，助力大湾区发展”合作项目宣布正式启动。

5月

7日　福田区与香港科技大学在深圳举行创新创业项目签约仪式。

20日　深圳地铁与华为公司共同推出5G车地无线通信技术。该技术先期在地铁11号线试行，成为全球首例5G技术在地铁领域的应用。

是日　深圳职业技术学院霍夫曼先进材料研究院揭牌成立，并举行先进功能材料国际学术研讨会。

20日　深圳市合成生物学创新研究院在中国科学院深圳先进技术研究院揭牌。

22日　《深圳市关于打造国家知识产权强市推动经济高质量发展的工作方案（2019—2021年）》出台，提出打造国家知识产权保护的样板区域。

30日　深港脑科学创新研究院在中国科学院深圳先进技术研究院揭牌，是首家深港两地共建的深圳市基础研究机构。

31日　全球首个人工智能实验床“泰”在国家超级计算深圳中心发布。该实验床提供人工智能芯片和系统等基础环境，是面向人工智能研究、开发与应用验证的大型试验装置。

6 月

13—19 日　全国双创周期间，深圳同步举办 2019 年全国双创周深圳活动暨第五届深圳国际创客周活动。

7 月

1 日　深圳市人大常委会公布《深圳经济特区科学技术普及条例》，该条例于 2019 年 6 月 26 日经市六届人大常委会第三十四次会议通过，自 2020 年 1 月 1 日起施行。

3 日　深圳市供应链金融协会正式揭牌，为粤港澳大湾区首个供应链金融行业协会。

4 日　《深圳市科技计划管理改革方案》发布，推出深圳科技计划改革 22 条举措。

26 日　深圳市政府办公厅与云天励飞签署战略合作框架协议，共同打造深圳新一代人工智能产业高地。

是月　深圳市委办公厅、市政府办公厅印发《关于推动深圳创意设计高质量发展的若干意见》，进一步促进创意设计与实体经济深度融合。

8 月

6 日　金砖国家未来网络研究院中国分院成立仪式暨未来网络创新论坛在深圳举行。

18 日　中共中央、国务院发布《关于支持深圳建设中国特色社会主义先行示范区的意见》，提出了“高质量发展高地、法治城市示范、城市文明典范、民生幸福标杆、可持续发展先锋”五大战略定位，明确了深圳到 2025 年、2035 年、21 世纪中叶三个阶段的发展目标，部署了“率先建设体现高质量发展要求的现代化经济体系、率先营造彰显公平正义的民主法治环境、率先塑造展现社会主义文化繁荣兴盛的现代城市文明、率先形成共建共治共享共同富裕的民生发展格局、率先打造人与自然和谐共生的美丽中国典范”五项重要任务。这是深圳继兴办经济特区后迎来的又一重大历史性机遇。

21 日　深圳市政府办公厅印发《深圳市杰出人才选拔培养实施办法（试行）》，根据国家战略和深圳重点领域、重点产业发展需要，每两年遴选不超过 10 名具有成长为本市 A 类人才潜力的培养对象进行重点培养，并提供 1000 万元、1500 万元、2000 万元 3 个档次的培养经费。

9 月

2 日　深圳市政府与华为技术有限公司签署《联合打造全国鲲鹏产业示范区战略合作协议》，共同打造全国乃至全球的鲲鹏生态体系总部基地。

4 日　深圳市举行 5G 建设动员大会，全面推进 5G 基础设施建设大会战。

19 日　深圳企业登记“秒批”系统在市市场监管局正式启用，深圳诞生全国首张“秒批”公司营业执照。

20 日　2019 年首届“科学探索奖”50 人获奖名单正式公布。深圳两名青年科学家获奖。

26 日　全国首个 5G 体验街区在深圳华强北诞生。

10 月

10 日　北京大学深圳医院骨科生物材料国家地方联合

工程研究中心获批成立。

12 日　以“深澳合作 · 双创双赢”为主题的第三届“深澳创意周”开幕式及系列文化交流活动在五洲宾馆举行。

14 日　标准国际化创新型城市总结大会暨深港澳标准化研讨会宣布，深圳成为全国首个标准国际化创新型城市。

15 日　中国海洋经济博览会在深圳成功举行，习近平总书记致信祝贺海博会开幕。这是深圳首次举办的集技术交流、产品展示、成果交易、高端论坛、招商引资于一体的国家级国际性海洋经济交流展示盛会。

24 日　科技部和深圳市政府共同启动深圳国家新一代人工智能创新发展试验区建设。

25 日　第十四届国际基因组学大会在深圳国家基因库开幕。

31 日　深圳市六届人大常委会第三十六次会议通过关于确定 11 月 1 日为深圳企业家日的决定，深圳成为全国首个为企业家设立法定节日的城市。

11 月

1 日　深圳举行首个“深圳企业家日”系列活动。

同日　深圳举行 2019 年“深圳人才日”聘任颁奖仪式暨高层次人才座谈会，揭晓 2019 年度“人才伯乐奖”和第二批“深圳人才大使”，为 2 家新获批的“图灵奖”科学家实验室授牌。

5 日　深圳 30 平方公里产业用地全球推介计划新闻发布会召开，宣布批量推出 30 平方公里产业用地，面向全球推介招商。

6日　全球青年创新集训营（“UNLEASH 2019”）在深圳湾科技生态园开幕，来自全球160多个国家和地区的1500名创新人才参加。

13日　深圳巴士集团、燃气集团、氢蓝时代、开沃汽车在深圳举行氢燃料电池汽车示范运营战略框架协议签署仪式，助力新型能源产业创新发展。

13日　广东省教育厅批复同意将中国科学院深圳理工大学纳入省高校设置“十三五”规划，该校正式进入筹建阶段。

14日　工业和信息化部、深圳市政府举行深圳人工智能创新应用先导区揭牌仪式暨人工智能与实体经济融合发展论坛。

14日　深圳先进院合成生物学研究所正式去筹，成为深圳先进院的第七个研究所。同时，中科院定量工程生物学重点实验室、中国科学院脑联结解析与调控重点实验室、中国科学院医学成像技术与装备工程实验室、粤港澳人机智能协同系统联合实验室四家实验室正式落户深圳先进院。

13—17日　第二十一届高交会在深圳举行，主题为“共建活力湾区，携手开放创新”。本届高交会共有3315家展商参展，展示高新技术项目10216项。其间，举办了人才与智力交流会。

22日　位于深港科技创新合作区深圳园区的深港开放创新中心、深港科创综合服务中心，以及周边14个卫星园区和配套项目同时开工建设，总投资超过 615 亿元。

26 日　深圳市知识产权纠纷调解工作室举行启动仪式，全市首批 8 家知识产权保护机构集中进驻中国（深圳）知识产权保护中心运行。

27 日　深圳本土唯一一所应用型高校 —— 深圳技术大学正式成立。

29 日　鹏城实验室与华为在深圳共同发布鹏城云脑Ⅱ基本型，其使用华为自主研发的处理器集群，支撑 AI 领域诸如计算机视觉、自然语言、自动驾驶、智慧交通、智慧医疗等各类基础性研究与探索。

是月　深圳市委、市政府出台《深圳市建设中国特色社会主义先行示范区的行动方案（2019—2025 年）》，围绕先行示范区建设的战略定位、阶段发展目标和重点任务，为全市下一阶段的工作画出“施工图”、制定“任务书”。

12 月

3 日　前海国际人力资源服务产业园揭牌。

5 日　第一届前海科技创新专家咨询委员会成立大会暨第一次会议召开，通过了《前海科技创新专家咨询委员会工作规则》。

11 日　2019 中国（深圳）金融科技全球峰会在深举行，“国家金融科技测评中心”“深港澳金融科技联盟”等多个项目在峰会上宣告成立。

11 日　由深圳市天使投资引导基金管理有限公司发起的“深港澳天使投资人联盟”正式成立。

18日　深圳市政府与电子科技大学签署战略合作框架协议，双方将在高层次创新人才培养、科学研究、成果转化、平台建设和国际交流等方面建立全面战略合作关系。

是日　深圳举行全球招商大会，向海内外优秀企业推介深圳营商环境、产业发展战略、产业发展空间布局及相关政策。大会吸引世界500强和大型跨国企业、央企、行业领军企业代表等近600人参加，现场签约项目128个，总投资超5600亿元。

23日　深圳市首只金融衍生品——沪深300ETF期权成功上市交易。这是推进落实全面深化资本市场改革的重要举措，标志着资本市场支持深圳建设中国特色社会主义先行示范区取得重大进展。

24日　国家药品监督管理局首批认定的重点实验室在深圳市药品检验研究院挂牌。深圳成为唯一取得2个重点实验室的副省级城市。

26日　深圳市高新投集团有限公司发行的“平安证券-高新投知识产权1号资产支持专项计划”在深交所正式挂牌，推出首单知识产权证券化项目。

28日　深圳市质子肿瘤治疗中心项目在中国医学科学院肿瘤医院深圳医院正式开工建设，成为华南地区首家公立质子肿瘤治疗中心。

2020年

1月

1日 《深圳经济特区科学技术普及条例》正式实施。

2日 全市科学技术奖励大会召开。

4日 首届深圳企业创新促进大会举行，17家获全国制造业单项冠军的深圳企业完整名单发布。

5日 深圳人工智能应用创新服务中心暨福田区政务数据开放实验室正式启动，将政务数据这一宝贵的资源向人工智能应用开放。

10日 2019年度国家科学技术奖励大会召开，深圳20个项目获2019年度国家科技奖（通用项目），取得历年最好成绩。

21日 科技部、发展改革委等国家五部委联合印发《加强“从0到1”基础研究工作方案》，提出北京怀柔、上海张江、合肥、深圳综合性国家科学中心应加大基础研究投入力度，加强基础研究能力建设。

是月 新冠肺炎疫情发生后，深圳成立由市委书记任组长（总指挥）、市长任常务副组长（常务副总指挥）的市新冠肺炎防控领导小组（指挥部），启动科学高效的应急指挥机制。

2月

1日 “深i您—自主申报平台”上线，外地来深、外地返深、自觉不适、居家隔离、有接触史的五类人群，可通过此平台进行个人情况自主申报。

12日　市科技创新委发布“新型冠状病毒感染的肺炎疫情应急防治”应急科研攻关项目工作方案，首次推出“悬赏制”科研攻关，激励科技工作者积极攻关抗击疫情。

是日　深圳企业研发的移动式5G红外测温快速筛查系统正式投入使用。

27日　钟南山院士团队与腾讯公司宣布达成合作，共同成立大数据及人工智能联合实验室，携手持续抗击新冠肺炎疫情。

是月　世卫组织25名专家在中国考察，其间有一天半在深圳考察。2月29日，国家卫健委官网发布《中国—世界卫生组织新型冠状病毒肺炎（COVID-19）联合考察报告》，世卫组织把深圳的疫情防控作为唯一城市个案进行了分析，并对深圳利用前沿科技助力疫情防控表示肯定。

3月

1日　由南方科技大学牵头，协同深圳大学、中国科学院深圳先进技术研究院、中国电子科技集团共建的深圳应用数学中心建设方案获批。

10日　深圳市人大常委会召开《深圳经济特区知识产权保护条例》《深圳经济特区国家自主创新示范区条例》执法检查第一次会议，表明深圳将启动技术调查官制度，为知识产权维权铺就专业化的道路。

11日　深圳发布《深圳市2020年优化营商环境改革重点任务清单》，涵盖14个重点领域，提出210项改革举措，打造公开透明、可预期的国际一流营商环境。

14 日　工业互联网 · 深圳宝安区入选第九批国家新型工业化产业示范基地名单，这是深圳第 4 个国家示范基地。

16 日　深圳国家基因库与全球共享流感数据倡议组织（GISAID）达成战略性合作。国家基因库生命大数据平台成为 GISAID 的中国首个正式授权平台。

25 日　全省科技创新大会在广州举行，深圳 41 个项目获奖，获奖比重达 22.9%，占比创近 10 年来新高。

31 日　《关于大力支持社会力量参与粤港澳大湾区和中国特色社会主义先行示范区建设的意见》印发。

4 月

14 日　《深圳市人民政府关于支持光明科学城打造世界一流科学城的若干意见》印发实施，支持光明科学城高标准、高质量、高水平打造世界一流科学城。

14 日　深圳启动“金融方舟”，帮助企业解决融资难问题，助推企业加快复工复产、达产增产。

28 日　深圳职业技术学院“华为云学院鲲鹏中心”揭牌仪式举行，这是国内第一家获得华为技术有限公司授权的鲲鹏人才培养中心。

28 日　工业和信息化部批复同意广东省高性能医疗器械创新中心升级为国家高性能医疗器械创新中心，以深圳高性能医疗器械国家研究院有限公司为依托单位开展组建工作。这是 16 个国家制造业创新中心之一，是深圳首家国家制造业创新中心，也是我国唯一的国家高性能医疗器械创新中心。

30 日　中国移动联合华为在珠穆朗玛峰 6500 米前进营地，成功完成全球海拔最高 5G 基站的建设及开通工作，实现珠峰峰顶 5G 覆盖。

是月　国家知识产权局批准中国（深圳）知识产权保护中心设立海外知识产权纠纷应对指导中心地方分中心，成为第一批获批的单位。

5 月

19 日 《南山区推进西丽湖国际科教城建设三年行动方案（2020—2022 年）》发布。

30 日　第二届全国创新争先奖表彰奖励大会在京举行，深圳大学李清泉、中国农业科学院（深圳）农业基因组研究所黄三文、深圳市第三人民医院张政获全国创新争先奖状。

6 月

5 日 《关于打造高品质产业发展空间促进实体经济高质量发展的实施方案》印发，提出打造“两个百平方公里级”高品质产业空间的总体目标，即保留提升 100 平方公里工业区和整备改造 100 平方公里产业空间。

11 日 《光明科学城空间规划纲要》正式发布。

12 日　证监会发布一系列创业板改革并试点注册制的制度规则，深交所发布了相关配套规则。6 月 15 日起，深交所开始受理创业板在审企业的首次公开发行股票、再融资、并购重组申请。

16 日　首届深圳创新创业投资大会（2020）召开。

19 日　深圳市高科技企业协同创新促进会成立大会在福田区举行。促进会由华为技术有限公司、深圳市国创新能源研究院、智能穿戴行业协会等 50 多家国家级高新技术企业、上市企业、研究院发起，业务范围包括科技成果展示和推广、科技学术交流与分享、国际技术成果转换与合作、国高企业培育和服务。

23 日　鲲云科技在深圳发布自主研发的全球首款数据流 AI 芯片 CAISA。

24 日　深圳市政府与小米通讯技术有限公司签署总部经济发展合作协议，小米国际总部落户深圳。

是月　国务院批准深圳出口加工区整合优化为深圳坪山综合保税区，未来将打造成为国际检测维修中心。

7 月

2 日　深投控、深业集团、深圳巴士集团等 7 家优质国企面向全球选聘 11 名高管。

3 日　华大智造自主研发的全球首款远程超声机器人在深圳诞生。

是日　首届“湾区（深圳）金融科技人才节”启动。

14 日　深圳出台《关于加快推进新型基础设施建设的实施意见（2020—2025 年）》。

15 日　国家知识产权局公布 2019 年度知识产权行政保护工作绩效考核结果，深圳在 156 个副省级城市及地级市中排名第一。

22 日　广东深圳（南山）商业秘密保护基地在南山知

识产权保护中心揭牌，将以点带面推动商业秘密保护工作常态化。

28日 《深圳市深港澳科技计划项目管理办法》印发，提出重点支持基础研究、关键技术开发和成果产业化项目，推动粤港澳大湾区产学研融合。

是日 深圳首个工业互联网创新中心（华为—龙岗工业互联网创新中心）在龙岗挂牌。

28日 哈尔滨工业大学（深圳）国际设计学院项目在深圳校区举行奠基仪式，标志着中国和瑞士高等教育合作交流开启新篇章。

28日 华为—龙岗工业互联网创新中心在龙岗挂牌。这是深圳市首个工业互联网创新中心。

31日 全国首家“医院版”火眼实验室正式落户深圳。

是月 深圳成为由中国科协打造的“科创中国”首批试点城市。

是月 深圳正式发布《深圳市重点产业链“链长制”工作方案》，由主要领导挂帅，市领导负责一个或多个产业链，围绕强链、补链等进行探索，形成稳定、发展、提升的长效机制。

8月

7日 深圳举行政策吹风会，介绍《深圳市政府关于支持深港科技创新合作区深圳园区建设国际开放创新中心的若干意见》。

10日 2020年《财富》世界500强排名发布，深圳市投资控股有限公司成为深圳首个进入世界 500 强的市属国企。

17 日　深圳实现 5G 独立组网全覆盖，率先进入 5G 时代。

18 日　光明科学城综合粒子设施首栋建筑开工仪式举行。

同日　2020 全国人工智能大赛在深圳正式启动。

24 日　深交所创业板注册制首批首发企业上市交易，标志着资本市场的市场化改革向服务于创新驱动战略、服务于经济高质量发展迈出关键一步。

26 日　深圳市六届人大常委会第四十四次会议表决通过《深圳经济特区科技创新条例》《深圳经济特区个人破产条例》《深圳经济特区前海蛇口自由贸易试验片区条例》《深圳经济特区前海深港现代服务业合作区条例》《深圳经济特区突发公共卫生事件应急条例》《深圳经济特区生态环境公益诉讼规定》《深圳国际仲裁院条例》等 7 项重要创新性法规。

29 日　"仿人脑"人工智能（AI）开放平台在深圳发布，是世界上第一个由中国人自主研发的人工智能基站。

31 日　《深圳经济特区个人破产条例》发布，自 2021 年 3 月 1 日起施行。这是我国首部个人破产立法。

是月　中科院深圳先进技术研究院牵头建设的脑解析与脑模拟、合成生物研究两大市级重大科技基础设施项目总概算获得市发改批复，总投资超过 16 亿元，由深圳市政府全额投资建设。

9 月

8 日　“深职院—华为 5G 基地”在深圳职业技术学院揭牌成立，这是全国首个华为 5G+ 数字化人才产教融合基地。

10 日　深圳华为、正威、恒大、万科、比亚迪、顺丰等 27 家企业进入“2020 中国民营企业 500 强”榜单。其中，华为以 8588.33 亿元营业收入蝉联榜首，顺丰首次闯入 50 强榜单。

21 日　由香港中文大学（深圳）、深圳市大数据研究院和华为技术有限公司共同建立的未来网络系统优化创新实验室揭牌仪式在港中大（深圳）举行。

24 日　全省首个涉外公共法律服务中心在深圳蛇口揭牌成立。

10 月

8 日　深圳联合中国人民银行开展数字人民币红包试点。

10 日　首届（深圳）人力资源数字化科技大赛正式启动，这是深圳首次举办人力资源科技应用方面的重大赛事活动。

11 日　中共中央办公厅、国务院办公厅对外发布《深圳建设中国特色社会主义先行示范区综合改革试点实施方案（2020—2025 年）》，赋予深圳在重点领域和关键环节改革上更多自主权。

14日　深圳经济特区建立40周年庆祝大会在前海国际会议中心隆重举行，中共中央总书记、国家主席、中央军委主席习近平在会上发表重要讲话，高度评价深圳等经济特区创造的辉煌成就，深刻总结经济特区40年改革开放、创新发展积累的宝贵经验，对新时代经济特区在更高起点上推进改革开放作出了重大战略部署。会后，习近平等参观了“从先行先试到先行示范——庆祝深圳经济特区建立40周年展览”，亲切会见了参加庆祝大会的部分代表并同大家合影留念。当天下午，习近平来到莲花山公园，向邓小平同志铜像敬献花篮。

15日　2020全国双创周深圳活动暨第六届深圳国际创客周在龙岗开幕。

18日　国务院新闻办公室举办新闻发布会，发布《深圳建设中国特色社会主义先行示范区综合改革试点首批授权事项清单》，40条授权事项涵盖要素市场化配置、营商环境、科技创新体制、对外开放、公共服务体制、生态和城市空间治理等六个方面。

20日　由深圳市高新投集团有限公司发起的“南山区—中山证券—高新投知识产权3期资产支持计划（5G专场）挂牌仪式”在深圳证券交易所举行，这是国内首单5G专场资产证券化产品。

29日　深圳市六届人大常委会第四十五次会议通过《深圳经济特区优化营商环境条例》《深圳经济特区商事登记若干规定》《深圳经济特区绿色金融条例》等七项重要法规。

11 月

1 日　深圳举办首届“深圳全球创新人才论坛”，进一步向全球发出“深爱人才、圳等您来”的邀约。

6 日　注册地及总部设在深圳的央地合作采购平台中资阳光采购交易平台在北京揭牌并启用，致力于打造国内规模最大、技术领先、服务一流的互联网采购平台。

9 日　粤港澳大湾区组合港项目启动暨港口物流及贸易便利化服务平台上线仪式在深圳和顺德同步举行。这是粤港澳大湾区首个贯通港口、海关、物流、企业、银行、保险等贸易全流程的互联共享的区块链网络。

11 日—15 日　第二十二届高交会在深圳举行。该届高交会以“科技改变生活、创新驱动发展”为主题，共有 3349 家展商参展。展示高新技术项目 9018 项。

18 日　深圳市中级人民法院出台《关于知识产权民事侵权纠纷适用惩罚性赔偿的指导意见》，这是全国首个知识产权侵权惩罚性赔偿指导文件。

20 日　中国科学院深圳理工大学校园建设在光明科学城启动。

12 月

1 日　教育部、广东省人民政府出台《关于推进深圳职业教育高端发展争创世界一流的实施意见》，提出共同推进深圳职业教育高端发展，率先建立中国特色职业教育高质量发展模式。

8 日　深圳举办 2020 全球招商大会，在全球五大洲 8

个城市设分会场。大会洽谈签约项目 242 个，总投资额超 7800 亿元。

13 日　中华人民共和国第一届职业技能大赛在广州闭幕，深圳 10 名选手共摘得 5 金 2 银 1 铜 2 优胜奖，全部入选第 46 届世界技能大赛中国集训队。

22 日　2020 全球 5G 应用大赛（中国 · 深圳）颁奖礼在深圳湾体育中心举行，是全球首场大规模 5G 应用赛事。活动现场，深圳发布《关于大力促进 5G 创新应用发展的若干措施》，提出充分发挥深圳 5G 产业链优势和 5G 基础设施规模效应，打造全球 5G 应用标杆城市。

23 日　国家药品监督管理局药品审评检查大湾区分中心和医疗器械技术审评检查大湾区分中心在河套深港科技创新合作区正式揭牌。

26 日　科技部、中国科学技术信息研究所分别公布《国家创新型城市创新能力监测报告 2020》《国家创新型城市创新能力评价报告 2020》，深圳创新能力位列国家创新型城市榜首。

附录二

深圳市经济建设和科技创新政策名录

（1980—2020年）

1980年

1. 《广东省经济特区条例》

1981年

2. 《深圳经济特区土地管理暂行规定》

1983年

3. 《深圳经济特区近期内联企业事业若干政策的规定》
4. 《深圳市实行劳动合同制暂行办法》

1984年

5. 《深圳经济特区技术引进暂行规定》
6. 《深圳经济特区引进先进技术鉴定暂行办法》

1986年

7. 《关于加强科技工作的决定》

8. 《深圳经济特区国营企业股份化试点暂行规定》

1987 年

9. 《关于鼓励科技人员兴办民间科技企业的暂行规定》
10. 《深圳经济特区外商投资出口企业和先进技术企业确认考核办法》
11. 《深圳市人民政府贯彻〈国务院关于鼓励外商投资的规定〉中有关税收优惠政策的实施办法》
12. 《深圳市科学技术进步奖励暂行办法》

1988 年

13. 《深圳市沙头角保税工业区暂行管理规定》

1991 年

14. 《关于加快高新技术及其产业发展暂行规定》
15. 《深圳经济特区大学中专毕业生就业合同管理暂行办法》
16. 《深圳经济特区加快高新技术及其产业发展暂行规定》
17. 《依靠科技进步推动经济发展的决定》

1992 年

18. 《深圳经济特区土地使用权出让办法》
19. 《深圳市贯彻〈全民所有制工业企业转换经营机制条例〉实施办法》
20. 《深圳经济特区进一步简化进口审批手续的规定》

21. 《深圳经济特区鼓励出国留学生来深圳工作的规定》
22. 《深圳市认定高新技术企业试行办法》
23. 《深圳市加强科学技术普及工作的意见》

1993 年

24. 《深圳经济特区股份有限公司条例》
25. 《深圳经济特区责任有限公司条例》
26. 《深圳经济特区劳务工条例》
27. 《深圳经济特区贯彻〈全民所有制工业企业转换经营机制条例〉实施办法》
28. 《深圳经济特区民办科技企业管理规定》
29. 《深圳市人民政府关于简化审批程序减少审批环节的若干规定》
30. 《深圳市人民政府关于简化外商投资立项审批程序的试行办法》
31. 《深圳市企业奖励技术开发人员暂行办法》
32. 《深圳市企业技术开发经费提取和使用的暂行办法》

1994 年

33. 《深圳经济特区福田保税区管理规定》
34. 《深圳经济特区无形资产评估管理办法》
35. 《深圳市人民政府关于进一步扶持对外贸易发展的若干办法》
36. 《深圳经济特区与内地之间人员往来管理规定实施细则》

1995 年

37. 《深圳经济特区国有资产管理条例》
38. 《深圳经济特区企业技术秘密保护条例》
39. 《关于推动科学技术进步的决定》
40. 《广东省深圳市人民政府关于加强“三来一补”管理的若干规定》

1996 年

41. 《深圳经济特区福田保税区条例》
42. 《深圳市科学技术奖励基金管理暂行办法》
43. 《深圳经济特区董事会工作暂行规定》
44. 《关于市属国有企业第二次分类定级若干问题的报告》
45. 《深圳市技术入股和分红管理规定》

1997 年

46. 《深圳市国有企业经营者年薪制暂行规定》
47. 《深圳市人民政府关于支持发展生物工程及新材料产业的若干决定》
48. 《深圳市国有企业内部员工持股试点暂行规定》
49. 《深圳市优秀青年科技人才选拔培养方案》

1998 年

50. 《关于进一步扶持高新技术发展的若干规定》
51. 《深圳经济特区土地使用权招标、拍卖规定》

52. 《深圳经济特区高新技术产业园区管理规定》
53. 《深圳经济特区技术成果入股管理办法》
54. 《深圳市审批制度改革若干规定》

1999 年

55. 《深圳经济特区信息化建设条例》
56. 《深圳经济特区商事条例》
57. 《关于依靠技术进步推动深圳工业持续发展的若干措施》
58. 《深圳市审批制度改革若干措施》
59. 《深圳经济特区行业协会条例》
60. 《关于进一步扶持高新技术产业发展的若干规定》

2000 年

61. 《关于鼓励出国留学人员来深创业的若干规定》
62. 《深圳市创业资本投资高新技术产业暂行规定》
63. 《深圳出口加工区若干规定》
64. 《关于加快实施科教兴市战略推进教育现代化的决定》
65. 《关于加快发展个体、私营经济的意见》
66. 《深圳市创业资本投资高新技术产业暂行规定》

2001 年

67. 《深圳经济特区高新技术产业园区条例》
68. 《中共深圳市委关于加快发展高新技术产业的决定》

2002 年

69.《深圳经济特区人才市场条例》

70.《深圳市办理人才居住证的若干规定》

71.《关于引进国内人才来深工作的若干规定》

72.《深圳市科学技术奖励办法》

73.《深圳经济特区电子商务条例》

2003 年

74.《深圳经济特区创业投资条例》

75.《关于加快民营经济发展的意见》

76.《深圳市鼓励科技企业孵化器发展的若干规定》

2004 年

77.《关于完善区域创新体系推动高新技术产业持续快速发展的决定》

78.《中共深圳市委深圳市人民政府关于贯彻落实〈中共广东省委广东省人民政府关于加快建设科技强省的决定〉的实施意见》

79.《深圳市技术标准研制自主管理办法》

80.《深圳市科技计划项目管理暂行办法》

81.《深圳市科技计划项目验收暂行办法》

82.《深圳市科技研发资金管理暂行办法》

83.《深圳市民营及中小企业发展专项资金管理暂行办法》

2005 年

84.《关于实施自主创新战略建设国家创新型城市的决定》
85.《深圳市建设创新型城市工作方案》
86.《深圳市创新型城市指标体系》

2006 年

87.《深圳经济特区改革创新促进条例》
88.《深圳经济特区循环经济促进条例》
89.《关于改造提升我市优势传统产业的若干意见》
90.《深圳市民营领军骨干企业认定暂行办法》
91.《关于实施自主创新战略建设国家创新型城市的决定》
92.《关于加强电子政务工作的意见》
93.《关于进一步加快民营经济发展的若干措施》
94.《关于实施自主创新战略建设国家创新型城市的决定》

2007 年

95.《关于加快我市高端服务业发展的若干意见》
96.《深圳市科技创新奖励办法》
97.《深圳市科技创新奖励办法》
98.《关于工业区升级改造若干意见》
99.《关于制定深圳市知识产权指标体系的意见》
100.《深圳市工业及其他产业用地使用权出让若干规定》
101.《深圳市科技保险补贴资金管理暂行办法》
102.《香港特别行政区政府、深圳市人民政府关于“深港创

新圈”合作协议》

2008 年

103.《深圳经济特区加强知识产权保护工作若干规定》

104.《深圳经济特区科技创新促进条例》

105.《关于加强自主创新促进高新技术产业发展若干政策措施》

106.《国家创新型城市总体规划（2008—2015）》

107.《关于印发深圳市创新型产业用房建设方案》

108.《中共深圳市委深圳市人民政府关于进一步解放思想学习追赶世界先进城市的决定》

109.《中共深圳市委深圳市人民政府关于加快建设国家创新型城市的若干意见》

110.《中共深圳市委深圳市人民政府关于加强高层次专业人才队伍建设的意见》

111.《中共深圳市委市人民政府关于加快建设现代产业体系推进产业转移和劳动力转移的若干意见》

2009 年

112.《深圳市工业结构调整实施方案（2008—2010 年）》

113.《关于深圳市 LED 产业发展规划（2009—2015）》

114.《深圳市促进半导体照明产业发展若干措施》

115.《深圳市贯彻落实国家知识产权战略纲要（2009—2015年）》

116.《深圳高新技术产业园区发展专项规划（2009—2015年）》
117.《深圳市综合配套改革总体方案》
118.《深圳市人民政府关于加快环保产业创新发展的若干意见》
119.《深圳市人民政府关深圳生物产业振兴发展（2009—2015年）》
120.《深圳市互联网软件知识产权保护若干规定》
121.《深圳互联网产业振兴发展规划（2009—2015年）》
122.《深圳新能源产业振兴发展规划（2009—2015年）》
123.《深圳市综合配套改革三年（2009—2011）实施方案》
124.《中共深圳市委深圳市人民政府关于促进创意设计业发展的若干意见》

2010年

125.《深圳经济特区中小企业发展促进条例》
126.《深圳经济特区加快经济发展方式转变促进条例》
127.《深圳市高层次专业人才认定办法（试行）》
128.《优化产业结构加快工业经济发展方式转变的若干意见》
129.《深圳市委市政府关于加快转变经济发展方式的决定》

2011年

130.《深圳经济特区社会建设创新促进条例》
131.《深圳经济特区前海深港现代服务业合作区条例》

132.《深圳市科学技术奖励办法》
133.《深圳市产业发展与创新人才奖暂行办法》
134.《深圳新材料产业振兴发展政策》
135.《深圳推进物联网产业发展行动计划（2011—2013年）》
136.《加快产业转型升级的指导意见》
137.《深圳市人才安居暂行办法》
140.《中共深圳市委深圳市人民政府关于实施引进海外高层次人才“孔雀计划”的意见》

2012年

141.《深圳经济特区商事登记若干规定》
142.《关于深化科技体制改革提升科技创新能力的若干措施》
143.《关于促进高技术服务业发展的若干措施》
144.《关于促进科技和金融结合的若干措施》
145.《关于促进文化与科技融合的若干措施》
146.《关于加快发展民生科技的若干措施》
147.《关于努力建设国家自主创新示范区实现创新驱动发展的决定》

2013年

148.《深圳经济特区技术转移条例》
149.《深圳市人民政府关于印发未来产业发展政策的通知》

2014年

150.《深圳经济特区居住证条例》

2015年

151.《深圳市财政产业专项资金股权投资管理办法（试行）》
152.《深圳市关于促进创客发展的若干措施（试行）》
153.《深圳国家自主创新示范区建设实施方案》
154.《深圳“互联网+”行动计划》
155.《深圳市促进创客发展三年行动计划（2015—2017年）》
156.《深圳高新区北区产业升级改造实施方案》

2016年

157.《深圳市创新型产业用房管理办法》
158.《深圳市促进科技成果转移转化实施方案》
159.《深圳市促进重大科研基础设施和大型科学仪器共享管理暂行办法》
160.《深圳市人民政府关于大力推进大众创业万众创新的实施意见》
161.《深圳市产业发展与创新人才奖实施办法》
162.《深圳市科学技术奖励办法》
163.《关于促进科技创新的若干措施》
164.《关于支持企业提升竞争力的若干措施》
165.《关于促进人才优先发展的若干措施》
166.《关于完善人才住房制度的若干措施》

167.《关于加快高等教育发展的若干意见》

2017 年

168.《深圳经济特区人才工作条例》

169.《加快深圳国际科技产业创新中心建设总体方案和十大行动计划建设实施方案的通知》

2018 年

170.《深圳经济特区国家自主创新示范区条例》

171.《深圳经济特区知识产权保护条例》

172.《深圳市重大科技计划项目评审办法（试行）》

173.《深圳市战略性新兴产业发展专项资金扶持政策》

174.《深圳市关于加强基础科学研究的实施办法》

175.《深圳市关于进一步加快发展战略性新兴产业的实施方案》

2019 年

176.《深圳市科技计划管理改革方案》

177.《深圳经济特区科学技术普及条例》

178.《深圳市建设中国特色社会主义先行示范区的行动方案（2019—2025 年）》

2020 年

179.《关于支持光明科学城打造世界一流科学城的若干意见》

180.《粤港澳大湾区建设深圳指引》

181.《深圳市人民政府关于支持深港科技创新合作区深圳园区建设国际开放创新中心的若干意见》

182.《深圳市科技创新券管理办法》

183.《深圳经济特区科技创新条例》

184.《深圳经济特区个人破产条例》

185.《深圳经济特区改革创新促进条例》

深圳市经济建设和科技创新指标一览表[①]

（1979—2020 年）

年份	地区生产总值（亿元）	比上年增长	人均GDP（万元）	高新技术产业产值（亿元）	高新技术产业增加值（亿元）	专利授权总量（件）	发明专利授权量（件）	PCT 国际专利申请量（件）	R&D 经费支出（亿元）	R&D 人员（万人）	创新载体数（个）
1979	1.96	—	0.06	—	—	—	—	—	—	—	—
1980	2.70	37.8%	0.08	—	—	—	—	—	—	—	—
1981	4.96	83.7%	0.14	—	—	—	—	—	—	—	—
1982	8.26	66.5%	0.20	—	—	—	—	—	—	—	—
1983	13.12	58.8%	0.25	—	—	—	—	—	—	—	—

① 数据来源：《深圳市统计年鉴 2021》。

续表

年份	地区生产总值（亿元）	比上年增长	人均GDP（万元）	高新技术产业产值（亿元）	高新技术产业增加值（亿元）	专利授权总量（件）	发明专利授权量（件）	PCT国际专利申请量（件）	R&D经费支出（亿元）	R&D人员（万人）	创新载体数（个）
1984	23.42	78.5%	0.35	—	—	—	—	—	—	—	—
1985	39.02	66.6%	0.48	—	—	—	—	—	—	—	—
1986	41.65	6.7%	0.46	—	—	—	—	—	—	—	—
1987	55.90	34.2%	0.56	—	—	—	—	—	—	—	—
1988	86.98	55.6%	0.77	—	—	—	—	—	—	—	—
1989	115.66	33.0%	0.88	—	—	—	—	—	—	—	—
1990	171.67	48.4%	1.11	—	—	—	—	—	—	—	—
1991	236.66	37.9%	1.20	—	—	160	1	—	—	—	—
1992	317.32	34.1%	1.28	—	—	174	5	—	—	—	—
1993	453.14	42.8%	1.50	—	—	427	10	—	—	—	—
1994	634.67	40.1%	1.70	—	—	414	9	—	—	—	—
1995	842.79	32.8%	2.00	—	—	721	7	—	—	—	—

续表

年份	地区生产总值（亿元）	比上年增长	人均GDP（万元）	高新技术产业产值（亿元）	高新技术产业增加值（亿元）	专利授权总量（件）	发明专利授权量（件）	PCT国际专利申请量（件）	R&D经费支出（亿元）	R&D人员（万人）	创新载体数（个）
1996	1050.51	24.6%	2.25	—	—	923	18	—	—	—	—
1997	1302.30	24.0%	2.58	—	—	1260	13	—	—	—	—
1998	1544.95	18.6%	2.79	—	—	1364	16	—	—	—	—
1999	1824.69	18.1%	3.01	819.79	—	2116	31	—	—	—	—
2000	2219.20	21.6%	3.33	1064.45	—	2401	1	—	—	—	—
2001	2522.95	13.7%	3.54	1321.36	—	3506	7	—	—	—	—
2002	3017.24	19.6%	4.10	1709.92	—	4486	91	—	—	—	—
2003	3640.14	20.6%	4.77	2482.79	—	4937	276	—	—	—	—
2004	4350.29	19.5%	5.51	3120.18	—	7737	864	331	—	—	—
2005	5035.77	15.8%	6.18	4885.26	—	8983	917	789	—	—	—
2006	5920.66	17.6%	6.97	6306.38	—	11494	1361	1661	—	—	—
2007	6925.23	17.0%	7.77	7598.76	—	15552	2257	2170	—	—	—

续表

年份	地区生产总值（亿元）	比上年增长	人均GDP（万元）	高新技术产业产值（亿元）	高新技术产业增加值（亿元）	专利授权总量（件）	发明专利授权量（件）	PCT国际专利申请量（件）	R&D经费支出（亿元）	R&D人员（万人）	创新载体数（个）
2008	7941.43	14.7%	8.51	8710.95	—	18805	5409	2709	—	—	—
2009	8514.47	7.2%	8.74	8714.26	—	25894	8132	3800	279.71	14.59	—
2010	10069.06	18.3%	9.91	10176.20	3058.85	34951	9615	5584	333.31	17.78	410
2011	11922.81	18.4%	11.04	11875.61	3738.00	39363	11826	7933	416.14	17.61	553
2012	13496.27	13.2%	11.64	12931.82	4138.80	48662	13068	8024	488.37	21.81	749
2013	15234.24	12.9%	12.42	14133.00	4652.00	49756	10987	10049	584.61	21.36	956
2014	16795.35	10.2%	13.04	15560.07	5173.49	53687	12040	11639	640.07	19.26	1097
2015	18436.84	9.8%	13.53	17296.90	5847.91	72120	16957	13308	732.39	20.63	1302
2016	20685.74	12.2%	14.25	19222.06	6560.02	75043	17666	19648	842.97	23.39	1501
2017	23280.27	12.5%	15.07	21378.78	7359.69	94250	18926	20457	976.94	28.14	1768
2018	25266.08	8.5%	15.53	23871.71	8296.63	140202	21309	18081	1163.54	35.66	2157
2019	26992.32	6.8%	15.99	26277.98	9230.85	166609	26051	17459	1328.28	37.79	2246
2020	27670.24	2.5%	15.93	—	—	222412	31138	20209	1510.81	42.85	2681

附录四

历届中国国际高新技术成果交易会

第一届（1999年10月5—10日）

1999年10月5—10日，首届中国国际高新技术成果交易会在深圳高交会馆举行。中共中央政治局常委、国务院总理朱镕基出席。首届高交会由中国对外贸易经济合作部、科学技术部、信息产业部、中国科学院、深圳市人民政府共同主办，由高新技术成果交易、以“国际计算机、通信、网络产品展”为主题的高新技术产品展示和交易和高新技术论坛三大部分构成，被誉为深圳乃至全国发展高新技术产业的一个里程碑。总展览面积达2.02万平方米，参展企业2856家，参展项目4150个，成交项目1459项、成交金额达64.94亿美元，参观人数达到30万人次，成交高新技术项目1030项，成交金额42.78亿美元。

第二届（2000年10月11—17日）

2000年10月11—17日，第二届高交会在扩建后的高交会展览中心举行。中共中央政治局委员、国务院副总理吴邦国出席开幕式并致辞。第二届高交会的内容由高新技术成果展示与交易、高新技术专业产品展、高新技术论坛三大部分构成。专业产品展新增了“生物技术专业产品展”和“新材料专业产品展”两个专业展。本届高交会把实现“国家级、高水平、国际化、大规模、讲实效”作为展会目标。展览面积3.6万平方米，参展企业2968家，参展项目15000个，成交额85.4亿美元。高新技术成果拍卖会共拍卖成果24项，成交金额1.09亿元人民币。

第三届（2001年10月12—17日）

2001年10月12—17日，第三届高交会在高交会展览中心和深圳市市民中心举行。中共中央政治局候补委员、国务委员吴仪出席开幕式并致辞。第三届高交会的内容由高新技术成果交易、高新技术专业产品展示与交易、高新技术论坛三大部分构成。本届高交会增加了农业部作为大会的协办单位，新增了“农业高新技术及产品展”，展现了我国在农业高新技术领域的最新成果。总展览面积达5万平方米，参展企业3320家，参展项目15404个，共签订项目1349项，总额为104.18亿美元。论坛演讲人数超过60人，参观者中专业观众比例达41.87%。

第四届（2002年10月12—17日）

2002年10月12—17日，第四届高交会在高交会展览中心和市民中心举行。全国人大常委会副委员长周光召出席开幕式并致辞。第四届高交会由高新技术成果交易、高新技术专业产品展示与交易、高新技术论坛三大部分内容构成。本届高交会首次组织高级别“圆桌会议”——“super-SUPER”，为企业、大学和政府提供了直接交流的机会，搭起一个互动与合作平台。总展览面积达5万平方米，参展企业3691家，参展项目7749个，共签订合同或协议1581项，其中高新技术项目成交1453项，成交金额112.3亿美元。

第五届（2003年10月12—17日）

2003年10月12—10月17日，第五届高交会在深圳市高交会展馆举行。中共中央政治局委员、国务院副总理吴仪宣布开幕并致辞。第五届高交会包括高新技术成果交易、高新技术专业产品展、中国高新技术论坛、super-SUPER系列活动及不落幕的交易会五大部分。从本届起，教育部加盟高交会主办单位，使高交会的主办单位数增加到7个。总展览面积达3.6万平方米，2930家参展商、7857个项目、1138家国内外投资商，签订合同协议1392项，成交总额达128.38亿美元。近300名留学生带着357个项目参展，成交项目和金额分别达90项、21.96亿元人民币。

第六届（2004年10月12—17日）

2004年10月12—17日，第六届高交会在深圳会议展览中心举行，并同时使用高交会展馆。中共中央政治局委员、国务院副总理吴仪出席开幕式。本届高交会重点突出“技术、产品、人才、资金”四大板块相结合的特色，由高新技术成果交易、高新技术专业产品展、世界科技与经济论坛、

super-SUPER 专题活动、高新技术人才与智力交流会和不落幕的交易会六大部分组成。本届高交会新增设立“光电子及平板显示技术与产品”和“先进制造技术与产品”两个专业展，专业展的专题数量（6 个）和展览规模创历届之最。总展览面积达 13.55 万平方米，4041 家国内外参展商的 9674 个项目和 1882 家投资商参加，并首次推出“中国国际高新技术人才与智力交流会”，吸引了 9 万多名各类人才到会。

第七届（2005 年 10 月 12—17 日）

2005 年 10 月 12—17 日，第七届高交会在深圳会议展览中心举行，中共中央政治局委员、国务院副总理曾培炎出席开幕式。本届高交会以“自主创新”为主题，由高新技术成果交易、高新技术专业产品展、世界科技与经济论坛、super-SUPER 专题活动、高新技术人才与智力交流会五大部分组成。本届高交会加强了知识产权的运用和保护，展会期间专门成立现场知识产权保护工作组，组织专利、版权、工商、公安、法院、海关等有关部门在展会现场进行咨询服务并现场执法，旗帜鲜明地鼓励自主创新。3464 家国内外参展商的 8724 个项目和 1896 家投资商参加展示、交易和洽谈，共接待 53.8 万观众，专业观众比例高达 83.1%。

第八届（2006 年 10 月 12—17 日）

2006 年 10 月 12—17 日，第八届高交会在深圳会议展览中心举行。中共中央政治局委员、国务院副总理吴仪出席并致辞。本届高交会突出“自主创新、循环经济、知识产权保护”三大主题，首开我国自主创新和循环经济的大规模、高水平展览。有3278家参展商、9765个项目和2690家投资商参加了展示、交易和洽谈。海外展区面积比重达到39.5%，创造了高交会历史记录。“人才与智力交流会”吸引了1100家企业参展，进场人数达7.1万人次。参观人数共达61.2万人次。

第九届（2007年10月12—17日）

2007年10月12—17日，第九届高交会在深圳会展中心举行。全国人大常委会副委员长蒋正华，国家商务部副部长廖晓淇，广东省副省长佟星等出席大会开幕式。本届高交会突出“推进开放创新”“保护知识产权”“创建和谐社会”三大主题，设高新技术成果交易、高新技术专业产品展、世界科技与经济论坛、super-SUPER专题活动和高新技术人才与智力交流会、不落幕的交易会六大板块。“深港创新圈展区”也首次在本届高交会亮相。展览总面积13万平方米，吸引3527家参展商、16067个项目和3487家投资商参加，海外参展面积达1.37万平方米。参观人数共计58万人次，专业客户人气指数达157.7。

第十届（2008年10月12—17日）

2008年10月12—17日，第十届高交会在深圳会展中心举行。全国人大常委会副委员长桑国卫、全国政协副主席李金华，全国政协副主席、科技部部长万钢出席开幕式。温家宝为第十届高交会作出批示，指出："办好高交会，推进高新技术产业化，对于自主创新、调整经济结构、转变发展方式具有重要意义。谨祝第十届高交会圆满成功。"本届高交会以"科技改善民生、创新改变世界"为主题，主要内容包括高新技术成果交易、高新技术专业产品展、论坛、super-SUPER系列活动、高新技术人才与智力交流会及不落幕的交易会六大部分。展览面积10.5万平方米，3137家参展商、14073个项目和2546家投资商参加，参观人数共计55.2万人次，专业客户人气指数达209.7。

第十一届（2009年11月16—21日）

2009年11月16—21日，第十一届高交会在深圳会展中心举行。全国人大常委会副委员长周铁农出席开幕式并宣布开幕，全国政协副主席白立忱致开幕辞。本届高交会以"创新·创业·发展"为主题，包括高新技术成果交易、高新技术专业产品展、论坛、super－SUPER专题活动、高新技术人才与智力交流会、不落幕的交易会六大板块内容。使用了深圳会展中心全部展馆，展区总面积超10万平方米，共有3023家参展商、1864家投资商和15187个项目参加，参观人数共达50.6万人次，专业观众人气指数212.5。

第十二届（2010年11月16—21日）

2010年11月16—21日，第十二届高交会在深圳会展中心举行。中共中央政治局委员、国务院副总理回良玉出席开幕式并宣布开幕，高交会组委会副主任、商务部副部长蒋耀平致开幕辞致。本届高交会以“科技引领转型创新驱动发展”为主题，在内容上设有高新技术成果交易、高新技术专业产品展、中国高新技术论坛、super-SUPER 专题活动、高新技术人才与智力交流会、不落幕的交易会六大板块。展览总面积达 10.5 万平方米，共有 2775 家参展商、2438 家投资商和 12793 个项目参加，参观人数达到 52.5 万人次，专业客户人气指数达到了 219.3。

第十三届（2011 年 11 月 16—21 日）

2011 年 11 月 16—21 日，第十三届高交会在深圳会展中心举行，中共中央政治局委员、广东省委书记汪洋出席了大会开幕式。本届高交会深入贯彻落实科学发展观，以“促进国际创新合作，加快发展方式转变”为主题。2011 年 9 月分别在以色列和匈牙利成功举办了高交会海外分会，为中外企业的交流与合作搭建了快捷有效的平台。共有 2928 家参展商、13164 个项目和 2504 家投资商参加。本届高交会的参观人数共计 53.6 万人次，专业客户人气指数达 225。

第十四届（2012 年 11 月 16—21 日）

2012 年 11 月 16—21 日，第十四届高交会在深圳会展中心举行，全国人大常委会副委员长路甬祥出席了开幕式。本届高交会以“推进科技创新，提升发展质量”为主题。设有高新技术成果交易、高新技术专业产品展、中国高新技术论坛、super-SUPER 专题活动、高新技术人才与智力交流会、不落幕的交易会六大板块内容。展区总面积超过 11 万平方米，共有 67 个国家和地区的 111 个代表团、2976 家参展商、15533 个项目和 3132 家投资商参加。入场人数达 53.8 万人次，专业观众人气指数达 230。

第十五届（2013 年 11 月 16—21 日）

2013 年 11 月 16—21 日，第十五届高交会在深圳会展中心举行，中共中央政治局委员、国务院副总理汪洋出席开幕式。本届高交会以“坚持创新驱动发展，提高经济增长质量”为主题，多维全方位展现了我国战略性新兴产业与自主创新的最新成果。高交会的国际化进程稳步推进，2013 年 6 月下旬和 7 月初分别在比利时和匈牙利成功举办了高交会海外分会，8 月在美国和巴西成功举办了推介会。总展览面积达 11.5 万平方米，29 个国家和地区、34 个外国展团在内的 3012 家展商、3300 个项目参展，入馆人数达 54.1 万人次，专业观众人气指数达到 232。

第十六届（2014 年 11 月 16—21 日）

2014 年 11 月 16—21 日，第十六届高交会在深圳会展中心举行，中共中央政治局委员、国务院副总理刘延东出席开幕式。本届高交会突出了“坚持创新驱动，加快绿色发展”的展会主题，展现了中国自主创新、绿色发展的最新成果，推动了科技与经济社会发展更紧密结合，促进更高层次的国际科技交流合作。总展览面积达 11.5 万平方米，共有 3016 家展商参展，高新技术项目与产品数达 3593 项，54.6 万人次参会，专业观众人气指数达到 235。

第十七届（2015 年 11 月 16—21 日）

2015 年 11 月 16—21 日，第十七届高交会在深圳会展中心举行，中共中央政治局委员、广东省委书记胡春华出席开幕式。本届高交会以“创新创业、跨界融合”为主题，增设“一带一路”专馆、工业和信息化互联网 + 专题馆、航空航天科技展和创客展区，首次分别在深圳大运中心和市民中心设立无人系统分会场和机器人分会场。总展览面积达 15 万平方米，有 3686 家参展商、16825 个项目参加，58.3 万人次参观主会场和分会场。

第十八届（2016 年 11 月 16—21 日）

2016 年 11 月 16—21 日，第十八届高交会在深圳会展中心举行，中共中央政治局委员、广东省委书记胡春华出席了开幕式。本届高交会以“创新驱动 质量引领”为主题，围绕国家发展战略和高科技热点行业组织了一系列专业展览和综合性展览，其中“绿色建筑展”首次独立成展，“先进制造展”第一次亮相，“创新与科研展”则由往届省市高校展区升级而来。总展览面积达 15 万平方米，共有 37 个国家的 3533 家展商、23334 个项目参展，来自 97 个国家和地区的 58.9 万人次观众参观了主会场和分会场。

第十九届（2017年11月16—21日）

2017年11月16—21日，第十九届高交会在深圳会展中心举行，中共中央政治局委员、广东省委书记李希出席开幕式。本届高交会以“聚焦创新驱动 提升供给质量”为主题，集中在推动战略性新兴产业发展、推进大众创业万众创新、深化和扩大国际科技和经济交流合作、改善民生和促进生态文明建设等方面。展会总面积达12万平方米，共计3049家展商参展，展示的高新技术项目达10020项，来自102个国家和地区的59.2万人次参观主会场和分会场，专业观众人气指数达到242。

第二十届（2018年11月14—18日）

2018年11月14—18日，第二十届高交会在深圳会展中心举行，中共中央政治局委员、广东省委书记李希出席开幕式。本届高交会以“坚持新发展理念，推动高质量发展”为主题，进一步强化高交会“行业风向标”“技术风向标”“创新风向标”的作用。展会总面积达14万平方米，共有3356家展商参展，展示的高新技术项目达11322项，共有1746项新产品和585项新技术首次亮相。来自103个国家和地区的56.3万人次观众参观了大会，专业观众人气指数达到246。

第二十一届（2019年11月13—17日）

2019年11月13—17日，第二十一届高交会在深圳会展中心举行，全国人大常委会副委员长丁仲礼出席开幕式。

本届高交会以“共建活力湾区，携手开放创新”为主题，专设粤港澳大湾区展示区，举办“共建活力湾区，携手开放创新”城市论坛、“活力湾区与科技创新”主题论坛、“一带一路”创新合作论坛、项目融资路演会（国际专场）、国际商务洽谈会、国际商务考察交流、国际信息发布等。展览总面积 14.2 万平方米，共有 3315 家展商参展，展示的高新技术项目达 10216 项，108 个国家和地区的 57.6 万人次观众参观大会，专业观众人气指数达到 246。

第二十二届（2020 年 11 月 11—15 日）

2020 年 11 月 11—15 日，第二十二届高交会在深圳会展中心举行，中共中央政治局委员、广东省委书记李希出席开幕式。本届高交会以“科技改变生活，创新驱动发展”为主题，设有国家高新技术展、创新与科研展、外国团组展区、“一带一路”专馆、初创科技企业展、创客展、高技术服务展、信息技术与产品展、节能环保展、新能源展、建筑科技创新展、新材料展、智慧医疗健康展、光电显示展、智慧城市展、航空航天科技展和先进制造展，以及人才高交会、应急安全科技展两个分会场。展览总面积达 14.2 万平方米，共有 3349 家展商参展，展示的高新技术项目达 9018 项，线下 24 个、线上 29 个国家和国际组织，共 109 个团组参展，45.1 万人次观众现场参观了大会，现场专业观众人气指数达到 171。

附录五

深圳市历年科学技术奖

（1980—2020 年）

（一）五类奖项数量

获奖时间	市长奖	自然科学奖	技术发明奖	科技进步奖			青年科技奖	合计
				技术开发类	社会公益类	重大工程类		
2006	3	—	—	75			—	78
2007	4	—	—	76			—	80
2008	3	—	—	79			—	82
2009	0	—	—	59			—	59
2010	1	5	5	48	13	0	—	72
2011	2	5	5	42	15	1	—	70
2012	1	4	5	50	15	0	4	79
2013	2	5	5	48	12	1	8	81
2014	1	5	7	46	11	2	8	80
2015	1	6	6	45	13	1	8	80
2016	2	5	2	40	9	0	8	66
2017	2	10	3	40	7	1	8	71
2018	2	4	3	47	12	0	8	76
2019	2	8	3	41	11	1	8	74

续表

获奖时间	市长奖	自然科学奖	技术发明奖	科技进步奖			青年科技奖	合计
				技术开发类	社会公益类	重大工程类		
2020	2+1	11	4	55			8	81

注：《深圳市科学技术奖励办法》（深府〔2012〕126号）将科学技术奖励分为7种类型，故2009年以前，科技进步奖未分为技术开发类、社会公益类、重大工程类三种类型。2020年共设市长奖2名、市长特别奖1名。

（二）市长奖名单

序号	获奖者	所在单位及职务	获奖时间
1	高云峰	深圳市大族激光科技股份有限公司董事长	2006
2	张学斌	深圳创维－RGB电子有限公司首席执行官	2006
3	马化腾	深圳市腾讯计算机系统有限公司董事会主席、首席执行官	2006
4	徐少春	金蝶软件（中国）有限公司董事会主席、首席执行官	2007
5	邓国顺	深圳市朗科科技有限公司董事长	2007
6	陈志列	研祥智能科技股份有限公司董事局主席	2007
7	郭德英	宇龙计算机通信科技（深圳）有限公司总经理	2007
8	陈清州	深圳市好易通科技有限公司董事长兼总经理	2008

续表

序号	获奖者	所在单位及职务	获奖时间
9	杨 洪	深圳市航盛电子股份有限公司总经理	2008
10	杜 宣	深圳市金证科技股份有限公司董事长	2008
11	冯冠平	深圳清华大学研究院院长	2010
12	饶陆华	深圳市科陆电子科技股份有限公司董事长	2011
13	李 锂	深圳市海普瑞药业股份有限公司董事长	2011
14	王 俊	深圳华大基因研究院院长	2012
15	樊建平	深圳先进技术研究院院长	2013
16	蔡志明	深圳市第二人民医院（深圳大学医学院第一附属医院）院长	2013
17	李景镇	深圳大学教授、博士生导师	2014
18	汪滔	深圳市大疆创新科技有限公司董事长	2015
19	吴光胜	华讯方舟科技有限公司创始人、副董事长	2016
20	刘若鹏	深圳光启高等理工研究院院长、首席科学家	2016
21	杨震	北京大学深圳研究生院化学生物学与生物技术学院院长、教授	2017
22	袁建成	深圳翰宇药业股份有限公司董事、总裁	2017

续表

序号	获奖者	所在单位及职务	获奖时间
23	郑海荣	中国科学院深圳先进技术研究院副院长、研究员	2018
24	鲁先平	深圳微芯生物科技股份有限公司董事长、总裁、首席科学官	2018
25	康飞宇	清华大学深圳国际研究生院副院长、教授	2019
26	陈 友	深圳天源迪科信息技术股份有限公司董事长	2019
27	黄三文	中国农业科学院深圳农业基因组研究所所长	2020
28	李 屹	深圳光峰科技股份有限公司董事长	2020
29	刘磊（市长特别奖）	深圳市第三人民医院院长	2020

（三）技术发明奖名单

2010 年：

1. GPS 替代及异步分组网络频率恢复技术，中兴通讯股份有限公司
2. 锂离子电池负极材料及其制备方法，深圳市贝特瑞新能源材料股份有限公司
3. 高效缓冲内卡包装及其制作方法和封口机，深圳市美盈森环保科技股份有限公司
4. 登机桥电缆输送装置，深圳中集天达空港设备有限公司

5. 特种计算机及安全保障关键技术，研祥智能科技股份有限公司

2011 年：

1. 镍钛合金心血管介入医疗器械表面处理技术，先健科技(深圳)有限公司
2. 人工快速渗滤污水处理系统装置，深圳市深港产学研环保工程技术股份有限公司
3. 高速高精度光学扫描系统，深圳市大族电机科技有限公司
4. 高性能阻燃玻纤增强 PC 复合材料的研制及应用，深圳市科聚新材料有限公司
5. 基因组短序列寡核苷酸分析方法和系统，深圳华大基因研究院、深圳华大基因科技有限公司

2012 年：

1. 超精密光纤机械接续子技术在光纤冷接产品中的运用，深圳日海通讯技术股份有限公司
2. 相位辅助三维成像与测量技术，深圳大学、深圳市易尚展示股份有限公司
3. 全棉水刺无纺布后脱漂的水刺工艺，稳健实业（深圳）有限公司
4. 智能电能表全自动检定系统，深圳市科陆电子科技股份有限公司
5. 高抗静电聚醚型阻燃网状高分子抑爆材料，深圳市国志汇富高分子材料股份有限公司

2013 年：

1. 航空航天铝材用高洁净铝钛硼合金制造关键技术，深圳市新星轻合金材料股份有限公司
2. 磁分离直接化学发光试剂及用该试剂的测试方法，深圳市新产业生物医学工程股份有限公司
3. 模块化不间断电源，深圳科士达科技股份有限公司
4. 应用接触电阻检测技术的电能表检定装置，深圳市科陆电子科技股份有限公司
5. 机载特种计算机及其关键技术，研祥智能科技股份有限公司

2014 年：

1. 超声非线性造影成像与造影彩超设备产业化，中国科学院深圳先进技术研究院、深圳迈瑞生物医疗电子股份有限公司、深圳市计量质量检测研究院
2. 先进电子制造中超精表面抛光关键技术，深圳清华大学研究院
3. 超高密度 MC 型光纤活动连接器的发明及应用，深圳日海通讯技术股份有限公司
4. 民用飞机高容量快速获取驾驶舱音频记录器，深圳市多尼卡电子技术有限公司
5. 平板型太阳能集热器，深圳市拓日新能源科技股份有限公司
6. ALPD 先进激光荧光粉显示技术，深圳市绎立锐光科技开发有限公司

7. 低温热声制冷机，中科力函（深圳）热声技术有限公司

2015年：

1. 新型薄膜晶体管器件与电路及其应用，北京大学深圳研究生院
2. RPIR快速生化污水处理技术，深圳清华大学研究院
3. 动力电池用新型高性能微膨石墨负极材料的研发，深圳市翔丰华科技有限公司
4. 面向穿戴式终端的低功耗设计与生命信息解析技术及应用，中国科学院深圳先进技术研究院
5. 无卤环保阻燃PC/ABS合金材料关键技术研发及产业化，深圳市科聚新材料有限公司
6. 输液监护管理系统，深圳市深科医疗器械技术开发有限公司

2016年：

1. 基于固态硬盘的计算机系统及固态硬盘，记忆科技（深圳）有限公司
2. 大型多分支铸钢件监测及焊接技术，中建钢构有限公司

2017年：

1. 一种聚丙烯微孔膜的制备方法、聚丙烯微孔膜及其应用，深圳中兴创新材料技术有限公司
2. 反射式激光荧光多色时序光源技术，深圳市光峰光电技术有限公司
3. 穿戴式人体传感器网络，中国科学院深圳先进技术研究院

2018 年：

1. 快速磁共振成像关键技术及应用，中国科学院深圳先进技术研究院，上海联影医疗科技有限公司
2. 包含双节加样臂技术的 Maglumi800 全自动化学发光测定仪，深圳市新产业生物医学工程股份有限公司
3. 高导热热界面材料（硅脂与硅橡胶）开发与加工技术应用，深圳市博恩实业有限公司

2019 年：

1. 集成于电视面板上的栅驱动电路技术研究，北京大学深圳研究生院、深圳市华星光电技术有限公司
2. 特种废物等离子体无害化减容处理技术，中广核研究院有限公司
3. 基于隐性核不育基因 OsNP1 的水稻杂交育种技术，深圳市作物分子设计育种研究院、深圳兴旺生物种业有限公司

2020 年：

1. 高精度、高稳定性多线激光雷达技术及应用，深圳市速腾聚创科技有限公司
2. 超高清视频高效实时编码与重建关键技术，北京大学深圳研究生院、深圳创维 -RGB 电子有限公司
3. 3D 打印骨科器械关键技术与应用，中国科学院深圳先进技术研究院、深圳中科精诚医学科技有限公司
4. 核电高可靠性数字化仪控系统关键技术及应用，中广核工程有限公司

附录六

创新载体与研发平台[①]

（一）创新载体与研发平台数量

	国家级	省级	市级	合计
重点实验室	15	57	282	354
工程中心	18	885	272	1175
公共服务平台	4	3	184	191
技术中心	35	—	306	341
工程实验室	36	12	448	496

（二）重点实验室

国家级：

1. 深圳市中药药学及分子药理学研究省部共建国家重点实验室培育基地
2. 无线通信接入技术国家重点实验室
3. 中国科学院健康信息学重点实验室

① 第一部分“创新载体与研发平台数量”数据来源于《深圳统计年鉴2021》，其他部分资料来源于深圳市科创委网站的数据集“深圳市创新载体”，数据截止至2020年底。

4. 光电子器件与系统教育部重点实验室
5. 移动网络和移动多媒体技术国家重点实验室
6. 基因组学农业部重点实验室
7. 超材料电磁调制技术国家重点实验室
8. 国家环境保护饮用水水源地管理技术重点实验室
9. 农业基因组学国家重点实验室
10. 城市土地资源监测与仿真重点实验室
11. 中国科学院人机智能协同系统重点实验室
12. 核电安全监控技术与装备国家重点实验室
13. 省部共建肿瘤化学基因组学国家重点实验室
14. 化妆品检测评价重点实验室
15. 仿制药评价生物等效性研究重点实验室

省级：

1. 广东省光电子器件与系统重点实验室
2. 广东省数字电视系统重点实验室
3. 广东省化学生物学重点实验室
4. 广东省男性生殖与遗传重点实验室
5. 广东省化学基因组学重点实验室
6. 广东省机器人与智能系统重点实验室
7. 广东省人类疾病基因组学企业重点实验室
8. 广东省滨海土木工程耐久性重点实验室
9. 广东省生物医学信息检测与超声成像重点实验室
10. 广东省农作物核心资源开发应用企业重点实验室
11. 广东省新发传染病诊治重点实验室

12. 广东省超材料微波射频重点实验室
13. 广东省移动支付技术企业重点实验室
14. 广东省普及型高性能计算机重点实验室
15. 广东省脑科学及疾病与药物研究重点实验室
16. 广东省纳米医药重点实验室
17. 广东省工业控制系统信息安全技术企业重点实验室
18. 广东省纳米微米材料研究重点实验室
19. 广东省光机电一体化重点实验室
20. 广东省热管理工程与材料重点实验室
21. 广东省高密度电子封装关键材料重点实验室
22. 广东省磁共振成像与多模系统重点实验室
23. 广东省智能家居控制系统企业重点实验室
24. 广东省铝镁钛轻合金材料企业重点实验室
25. 广东省泌尿生殖肿瘤系统与合成生物学重点实验室
26. 广东省新能源材料设计与计算重点实验室
27. 广东省高通量基因组测序与合成编辑应用重点实验室
28. 广东省脑连接图谱重点实验室
29. 广东省智能信息处理重点实验室
30. 广东省基因组稳定性与疾病防治重点实验室
31. 广东省土壤与地下水污染防控及修复重点实验室
32. 广东省细胞微环境与疾病研究重点实验室
33. 广东省激光显示企业重点实验室
34. 广东省汽车智能网联信息技术企业重点实验室
35. 广东省危险废液资源化与深度处理技术研发企业重点实

验室

36. 广东省核电安全企业重点实验室
37. 广东省心血管药物研发企业重点实验室
38. 广东省工业超短脉冲激光技术企业重点实验室
39. 广东省合成基因组学重点实验室
40. 广东省组织器官区域免疫与疾病重点实验室
41. 广东省计算科学与新材料设计重点实验室
42. 广东省电驱动力能源材料重点实验室
43. 广东省城市空间信息工程重点实验室
44. 广东省空天通信与网络技术重点实验室
45. 广东省量子科学与工程重点实验室
46. 广东省湍流基础研究与应用重点实验室
47. 广东省深地科学与地热能开发利用重点实验室
48. 广东省机器人定位导航技术企业重点实验室
49. 广东省汽车激光智能焊接装备企业重点实验室
50. 广东省 H 型高血压与脑卒中精准预防研发企业重点实验室
51. 广东省建筑防水新材料企业重点实验室
52. 广东省类脑智能计算重点实验室
53. 广东省生物医学光学影像技术重点实验室
54. 广东省催化化学重点实验室
55. 广东省电磁控制与智能机器人重点实验室
56. 粤港澳新型能源材料联合实验室
57. 粤港澳人机智能协同系统联合实验室

（三）国家级工程中心

1. 国家宽带移动通信核心网工程技术研究中心
2. 国家生化工程技术研究中心（深圳分中心）
3. 国家医用诊断仪器工程技术研究中心
4. 国家宽带无线接入网工程技术研究中心
5. 先进储能材料国家工程研究中心
6. 国家企业互联网服务支撑软件工程技术研究中心
7. 国家特种计算机工程技术研究中心
8. 城市矿产资源循环利用国家地方联合工程研究中心
9. 多频谱多传感器一体化感知系统国家地方联合工程研究中心（深圳）
10. 健康大数据智能分析技术国家地方联合工程研究中心（深圳）
11. 发动机高温合金材料与部件研发技术国家地方联合工程研究中心 (深圳）
12. 锂电池隔膜制备及检测技术国家地方联合工程研究中心（深圳）
13. 网络空间治理技术国家地方联合工程研究中心（深圳）
14. 绿色包装印刷及制品精密印制技术国家地方联合工程研究中心
15. 激光焊接智能装备核心技术国家地方联合工程研究中心
16. 核电智能装备与机器人应用技术国家地方联合工程研究中心
17. 骨科生物材料国家地方联合工程研究中心

18. 中药口服制剂关键技术国家地方联合工程研究中心

（四）公共服务平台

国家级：

1. 国家数字电子产品监督检验中心
2. 国家超级计算深圳中心（深圳云计算中心）（国家级重大基础设施）
3. 国家体育产品监督检验中心
4. 深圳国家基因库（国家级重大基础设施）

省级：

1. 集成电路设计 EDA 技术创新支撑平台
2. 智慧医疗广东省新一代人工智能开放创新平台
3. 智能无人系统广东省新一代人工智能开放创新平台

（五）国家级技术中心

1. 中兴通讯股份有限公司技术中心
2. 华为技术有限公司技术中心
3. 深圳华强集团有限公司技术中心
4. 深圳海王集团股份有限公司技术中心
5. 深圳市中金岭南有色金属股份有限公司技术中心
6. 中国国际海运集装箱（集团）股份有限公司技术中心
7. 深圳创维 – RGB 电子有限公司技术中心
8. 深圳市大族激光科技股份有限公司技术中心
9. 深圳市航盛电子股份有限公司技术中心
10. 中国广东核电集团有限公司技术中心

11. 深圳市通产丽星股份有限公司技术中心
12. 深南电路有限公司技术中心
13. 深圳市比亚迪汽车有限公司技术中心
14. 深圳市比克电池有限公司技术中心
15. 深圳市嘉达高科产业发展有限公司技术中心
16. 深圳信立泰药业有限公司技术中心
17. 海能达通信股份有限公司技术中心
18. 深圳市飞亚达（集团）股份有限公司技术中心
19. 深圳市特发信息股份有限公司技术中心
20. 深圳市科陆电子科技股份有限公司技术中心
21. 深圳市贝特瑞新能源材料股份有限公司技术中心
22. 深圳科士达科技股份有限公司技术中心
23. 深圳迈瑞生物医疗电子股份有限公司技术中心
24. 华润三九医药股份有限公司技术中心
25. 昂纳信息技术（深圳）有限公司技术中心
26. 深圳市共进电子有限公司技术中心
27. 长园深瑞继保自动化有限公司技术中心
28. 深圳市金证科技股份有限公司技术中心
29. 欣旺达电子股份有限公司技术中心
30. 深圳市银宝山新科技股份有限公司 技术中心
31. 研祥智能科技股份有限公司技术中心
32. 深圳市雄韬电源科技股份有限公司技术中心
33. 深圳市沃尔核材股份有限公司技术中心
34. 深圳市大疆创新科技有限公司技术中心

35. 深圳拓邦股份有限公司技术中心

（六）工程实验室

国家级：

1. 电子信息产品标准化国家工程实验室
2. 电子信息产品协同互联国家工程实验室
3. 数字音频编解码技术国家工程实验室
4. 新一代移动通信设备与终端技术国家工程实验室
5. 深圳数字电视国家工程实验室
6. 新一代移动视频编解码技术国家地方联合工程实验室
7. 高端医学影像技术与装备国家地方联合工程实验室
8. 多肽药物国家地方联合工程实验室
9. 医学超声关键技术国家地方联合工程实验室
10. 肿瘤基因组临床应用关键技术国家地方联合工程实验室
11. 个性化抗肿瘤创新药物国家地方联合工程实验室
12. 三网融合电视应用关键技术国家地方联合工程实验室
13. 电子政务云计算技术国家工程实验室
14. 大数据网格加速技术国家地方联合工程实验室
15. 三网融合多媒体交互技术国家地方联合工程实验室
16. 移动互联网安全技术国家工程实验室
17. 介入医疗生物技术及系统国家地方联合工程实验室
18. 专业数字集群技术国家地方联合工程实验室
19. 新型薄膜太阳能电池技术及专用设备国家地方联合工程实验室

20. 炭功能材料国家地方联合工程实验室
21. 机器人与智能制造国家地方联合工程实验室
22. 医学合成生物学应用关键技术国家地方联合工程实验室
23. AMOLED 工艺技术国家工程实验室
24. 大数据系统计算技术国家工程实验室
25. 海洋工程总装研发设计国家工程实验室
26. 工业控制网络和智能设备开发技术国家地方联合工程实验室
27. 下一代互联网信息安全技术国家地方联合工程实验室
28. 企业电商大数据服务技术国家地方联合工程实验室
29. 下一代高速光传输技术国家地方联合工程实验室
30. 铝镁钛合金材料制备技术国家地方联合工程实验室
31. 低碳功能材料复合改性技术国家地方联合工程实验室
32. 倾转旋翼无人机智能技术国家地方联合工程实验室
33. 个体化细胞治疗技术国家地方联合工程实验室
34. 先进电子封装材料国家地方联合工程实验室
35. 移动智能终端安全技术国家地方联合工程实验室
36. 互联网医疗系统与应用国家工程实验室

省级：

1. 广东省毫米波超材料工程实验室
2. 广东省蛋白质组学工程实验室
3. 广东省生化免疫临床检验自动化系统工程实验室
4. 广东省治疗性乙肝疫苗工程实验室
5. 广东省 OLED 器件结构及 TFT 背板关键技术工程实

验室
6. 广东省下一代互联网信息安全技术工程实验室
7. 广东省锂离子动力电池正负极材料工程实验室
8. 广东省云计算及工业生产大数据应用工程实验室
9. 广东省生物基改性复合材料工程实验室
10. 广东省生态修复技术工程实验室
11. 广东省电动汽车电池及充电系统检测工程实验室
12. 超高清电视媒体资源聚合及精准推送操作系统工程实验室

（七）科技企业孵化器

1. 南山医疗器械产业园
2. 南山数字文化产业基地
3. 深港产学研基地
4. 深圳航天科技创新研究院
5. 国家集成电路设计深圳产业化基地孵
6. 清华信息港
7. 深圳清华大学研究院
8. 深圳高新区生物孵化器
9. 宝安桃花源科技创新园
10. 蛇口火炬创业园
11. 硅谷动力·电子商务港（深圳龙岗）
12. 深圳市互联网产业园孵化器
13. 精华中科技企业孵化器

14. 深圳市留学生创业园
15. 深圳市集成电路设计应用产业园
16. 深圳福田上沙创新科技园
17. 信息技术专业园
18. 福田区高新技术创业中心保税区孵化基地
19. 南山区智能电网产业园
20. 深圳市智恒战略性新兴产业园
21. 深圳市空间信息技术产业园
22. 深圳武大产学研基地科技孵化器
23. 深圳虚拟大学园
24. 招商局光明科技园科技企业加速器
25. 中国科技开发院全程科技企业孵化器服务体系建设
26. 中海信创新科技孵化中心
27. 华南城网商创业园
28. “福田－华强云产业园”孵化器项目
29. 创新谷（深圳移动互联网孵化器）
30. 深圳市高新奇战略新兴产业园
31. 华丰华源科技创新园
32. 起点创业孵化基地
33. 深圳国际生物产业基地大鹏海洋生物产业园企业孵化器
34. 国际生物谷·生命科学产业园孵化器
35. 奋达西乡科技创新园
36. 光明新区留学人员创业园管理服务中心
37. 深圳大运软件小镇孵化器

38. 龙岗互联网企业培育中心
39. 深圳市新能源创新产业园
40. 南山云谷创新产业园
41. 深圳市坪山新区留学生创新产业园
42. 深圳市一本电子商务产业园
43. 龙华新区科技企业孵化器平台建设与运营
44. 新木盛低碳科技型企业孵化器
45. 深圳市粤深钢科技创新园
46. 创 E 基地 – 文化科技创新孵化器
47. 宝能科技园科技企业创业孵化中心
48. 桃花源科技创新园旭生分园
49. 深圳（福田）国际互联网金融产业园孵化器
50. 深圳大学中英科技创新孵化器
51. 深圳市飞扬科技创新园
52. 创客空间孵化器（深圳创客空间）
53. 深圳市索佳科技创新园（孵化加速器）
54. A8 新媒体文化科技创业园
55. 汇聚创新园科技企业孵化器
56. 全至科技创新园（孵化加速器）
57. 金新农生物产业创新孵化基地
58. 深圳市泰华梧桐岛科技创新园（科技孵化器）
59. 深圳市美生创谷科技创新园（科技孵化器）
60. 思微 SimplyWork
61. 伞友咖啡生命健康产业创业服务平台

62. 四方网盈投资服务创业港湾
63. 微游汇孵化器（深圳）
64. 深圳光明居家服饰创意谷科技企业孵化器
65. 在茂产业园
66. 长龙港科技孵化器
67. 移盟移动互联网创业孵化中心
68. 中科创客学院
69. 全至科技创新园（孵化加速器）
70. 深圳市飞扬科技创新园
71. 深圳市泰华梧桐岛科技创新园（科技孵化器）
72. 深圳市美生创谷科技创新园（科技孵化器）
73. 深圳（福田）国际互联网金融产业园孵化器
74. 金新农生物产业创新孵化基地
75. 深圳光明居家服饰创意谷科技企业孵化器
76. 创客空间孵化器（深圳创客空间）
77. 深圳市索佳科技创新园（孵化加速器）
78. 中粮（福安）机器人智造产业园孵化器
79. 启迪之星孵化器（深圳南岭）
80. 宝安智谷科技创新园智能硬件孵化器
81. 云创业（福永）科技企业孵化器
82. 广兴源互联网创意园
83. 星河 WORLD 科技孵化器
84. 爱码客（AirMaker）孵化器
85. 万众智能家居孵化器

86. 360 淘金金麒麟养成计划
87. 深港国际卫星产业孵化器
88. C33 互联网 + 珠宝创新产业园
89. 深圳市创 E 基地二期（孵化器）
90. 深圳湾创业广场
91. 深圳华中科技大学研究院
92. 中科瑞智孵化基地
93. 阿里云优客工场
94. 深圳市港之龙孵化器
95. 瀚德孵化器
96. 深圳市东明投资发展有限公司（微总部东明孵化基地）
97. 绿创空间物联网产业孵化器
98. 龙岗万国摩天之星孵化器
99. 龙华观澜摩天之星孵化器
100. 领亚美生智慧绿谷科技孵化器
101. 深圳市福海信息港（A 区）科技孵化器

附录七

深圳市高等院校与特色学院选介[①]

（一）深圳大学

深圳大学于1983年经教育部批准设立，是深圳第一所大学，具有“特区大学、窗口大学、实验大学”的办学特色，是一所学科齐全、设施完善、师资优良、管理规范的综合性大学。深圳大学设有研究生院、24个教学学院，拥有从学士、硕士到博士的完整人才培养体系和多层次科学研究及社会服务体系。

校园总面积2.72平方公里，分为粤海、沧海、丽湖、罗湖四个校区，总建筑面积187.4万平方米；全校纸本资源440万余册；数据库393种。现有国家级本科专业综合改革试点1个，国家级人才培养模式创新实验区1个，国家级实践教学基地1个。国家级实验教学示范中心2个，国家级虚拟仿真实验教学中心1个，省级实验教学示范中心16个，省级虚拟仿真实验教学中心3个。建有国家工程实验室3个，国家工程技术研究中心1个，教育部重点实验室2个，科技部国际合作基地1个，省级重点实验室11个。

① 本附录资料主要来源于各院校官网。

学校现有教职工 3982 人，其中专任教师 2544 人（教授 605 人、副教授 755 人），博士后 1424 人，专职研究人员 628 人，访问教授 136 人。有中国科学院、工程院院士 18 人，美国医学与生物工程院院士 2 人，英国皇家工程院院士 1 人，加拿大工程院院士 2 人，日本工程院院士 2 人，俄罗斯工程院院士 1 人，欧亚科学院院士 3 人，美国科学院、工程院、医学科学院院士 3 人（短聘），欧洲科学院院士 2 人（短聘），新加坡科学院院士 1 人（短聘），加拿大皇家科学院院士 1 人（短聘），荷兰皇家科学院院士 1 人（短聘），澳大利亚科学院院士 1 人（短聘），诺贝尔奖（生理和医学）获得者 1 人（短聘）。全职高层次人才队伍包含国家“973 计划”首席科学家 5 人，长江学者 9 人，国家杰出青年科学基金获得者 20 人，国家优秀青年科学基金获得者 15 人，教育部“新世纪优秀人才”9 人，万人计划 4 人。

2020 年学校科研总经费超过 16 亿元，国家自然科学基金项目获 373 项，稳居广东高校第 2 位。SCI 收录论文 5261 篇，获专利授权 780 项，其中发明专利授权 549 项。学报理工版在 2018、2020 年连续获评“中国高校百佳科技期刊”（每两年评一次）。

（二）南方科技大学

南方科技大学于 2012 年 4 月建校，是一所高起点、高定位的公办创新型大学，被赋予探索具有中国特色的现代大学制度、探索创新人才培养模式的重大使命。学校秉承“敢闯敢试、求真务实、改革创新、追求卓越”的创校精神和“创知、创新、创业”的办学特色，根据世界一流理工科大学的学科设置和办学模式，以理、工、医为主，兼具商科和特色人文社科，在本科、硕士、博士层次办学。

学校共获批建设各级各类科研平台58个，包括国家级科研平台1个、省部级科研平台19个、市级科研平台36个、区级科研平台2个。在建科研机构6个，其中格拉布斯研究院（深圳首个诺贝尔奖实验室）、杰曼诺夫数学中心、斯发基斯可信自主系统研究院为深圳市批复建设的诺贝尔奖科学家实验室，量子科学与工程研究院为深圳市批复建设的十大基础研究机构。学校已签约引进教师970人，在483名教学科研序列教师中，包括院士38人（全职院士13人），国际会士35人，教育部特聘专家28人，“国家特支计划”专家11人、“国家自然科学基金杰出青年基金”获得者29人、“国家自然科学基金优秀青年基金”获得者10人。

学校累计获批各类竞争性纵向科研项目及横向项目共1884项，资助经费35.6亿元，其中纵向项目1522项，经费31.9亿元，横向362项，经费3.7亿元。2019年全校获得的竞争性项目565项，获批科研经费14.0亿元；获得各级各类纵向科技项目415项，总经费12.8亿元，其中国家自然科学基金项目立项214项，获批经费1.5亿元，继续位居广东省项目申报数为一百以上高校的首位；科技部项目方面学校首次作为首席科学家项目主持单位获批国家重点研发计划1项；作为项目首席首次获批科技部中国领域国际合作项目一项；平台建设方面，2019 年学校新获批各级各类平台建设项目共计 17 项，获批经费 4.64 亿元。其中省部级平台 7 项，市级平台 10 项。首次获批 1 项教育部工程研究中心；首次获批 1 项教育部重点实验室；首次获批 1 项粤港澳联合实验室。2019、2020 年，南科大连续两年有研究成果入选“中国科学十大进展”。

2019 年学校教师共计发表期刊论文 2608 篇，其中 SCI 收录 2119 篇，授权专利 154 项。根据最新自然指数 (2018 年 12 月 1 日—2019 年 11 月 30 日) 显示，位列全球大学 89 名，中国大学第 19 位，自然指数加权论文值为 126.49。2019 年学校化学、材料科学两个学科保持在 ESI 全球前 1%，2020 年 1 月，学校工程类、临床医学类学科也进入 ESI 全球前 1%。至 2020 年底，南科大累计发表学术论文 12284 篇（其中 SCI 收录 8885 篇），授权专利 629 项。

（三）清华大学深圳国际研究生院

清华大学深圳国际研究生院由清华大学与深圳市合作共建，是在 2001 年创建的清华大学深圳研究生院和 2014 年设立的清华 – 伯克利深圳学院基础上拓展建立的公立研究生教育机构。2016 年 11 月 4 日，清华大学与深圳市政府签署协议，共建清华大学深圳国际研究生院。2018 年 11 月 6 日，教育部批复成立清华大学深圳国际研究生院。2019 年 3 月 29 日，清华大学深圳国际研究生院正式揭牌，校园位于西丽湖国际科教城中部，占地面积约 50 公顷。清华大学国际研究生院优先布局清华大学一流的工科学科并辅以创新管理，形成“6+1”个主题领域，包括：能源材料、信息科技、医药健康、海洋工程、未来人居、环境生态和创新管理。师资建设方面，形成国际研究生院的教师聘任制度，2025年预计建设起一支建设一支规模约250人的高水平、国际化的教师队伍，其中海外教师比例占1/3。

目前，国际研究生院已引进石墨烯发现者、诺贝尔奖获得者安德烈·盖姆（Andre Geim）教授共建石墨烯研究中心，图灵奖获得者大卫·帕特森（David Patterson）教授担任主任的RISC−V国际开源实验室也在深圳揭牌。研究生院已与腾讯、华为及中国南方电网等产业伙伴建立深度产学研关系。清华大学与美国伯克利加州大学、英国帝国理工学院、德国亚琛工业大学、日本京都大学、法国交叉科学研究院、日本早稻田大学、名古屋大学、法国巴黎第五大学、法国巴黎第七大学、澳大利亚墨尔本大学等一批世界著名高校、机构开展了多层次合作。

（四）北京大学深圳研究生院

2001年1月北京大学与深圳市政府签署协议共同创办北京大学深圳研究生院。学校现有信息工程学院、化学生物学与生物技术学院、环境与能源学院、城市规划与设计学院、新材料学院、汇丰商学院、国际法学院以及人文社会科学学院等八个学院，学科专业涉及信息科学与技术、电子与通信技术、化学生物学、环境科学、环境与能源、城市与区域规划、景观设计学、社会学、心理学、新闻传播、金融、经济、管理、法律等领域。

校园占地面积22.57万平方米，现有教职工703人，其中全职教师245人，全职教师中中国科学院院士2人、“长江学者”2人、“鹏城学者”31人，114名校本部教师参与深圳研究生院的教学工作。全职教师中有外国专家57人、留学归国87人，青年教师也绝大多数拥有哈佛大学、麻省理工、斯坦福大学、加州大学、康奈尔大学等世界一流大学的教育背景。学校已建和在建的各类实验室30多个。2018年省部共建肿瘤化学基因组学国家重点实验室已正式获批建设，成为深圳市第一个高校类国家重点实验室；信息工程学院“深圳市内容中心网络与区块链重点实验室”“TVS三维集成微纳系统重点实验室”新增获批深圳市重点实验室。新材料学院“深圳OLED材料与器件工艺工程研究中心”、环境与能源学院“深圳纳米多孔水处理材料工程研究中心”新增获批深圳市发改委工程研究中心。2020年，深圳研究生院科研经费1.9亿元，其中纵向课题经费收入达到1.5亿元；2002—2020年，深圳研究生院累计发表论文6866篇，其中SCI、EI、SSCI索引4983篇；共承担各类科研项目2717项，合同经费24.18亿元，累计到账经费达21.67亿元，申请专利1158项。深圳研究生院已建和在建市级以上各类重点实验室、工程实验室等40多个，其中包括1个省部共建国家重点实验室培育基地，3个广东省重点实验室，19个深圳市重点实验室，17个深圳市工程实验室和6个深圳市公共技术服务平台。

（五）哈尔滨工业大学（深圳）

哈尔滨工业大学（深圳）由哈尔滨工业大学与深圳市政府合作共建，学校前身是始建于2002年的哈工大深圳研究生院，以全日制本科生与研究生教育为主、非全日制教育为辅。学校现有理、工、管、经、文、艺6个学科门类，涵盖23个一级学科，设有10个学院、4个研究院。在23个一级学科中，有8个国家一级重点学科、13个全国第四轮学科评估A类学科、7个国家“双一流”建设学科、4个广东省“高水平大学建设计划”重点建设学科。学校现有全职教师400余人、兼职教师150余人、在站博士后130余人。由20余位两院院士领衔，全职教师中93人次入选国家级人才计划，256人次入选地方级人才计划，近80%具有海外留学或工作经历，近90%为国家及深圳市政府认定的各级高层次人才。非全职教师由来自世界知名高校、科研院所的高水平专家、学者构成。

学校现有各级创新载体52个，包括1个工信部重点实验室、1个广东省重点实验室、1个广东省工程技术研究中心，19个深圳市重点实验室、18个深圳市工程实验室、8个深圳市公共服务平台和3个深圳市南山区创新机构。学校正在加速建设重点实验室集群，包括5个“一室两区”国家级重点实验室和3个院士平台。深圳网络空间科学与技术广东省实验室（鹏城实验室）在启动初期以哈工大（深圳）为主要依托单位建设，未来将成为学校信息类学科的重要支撑；空间环境与物质作用研究设施与哈尔滨装置互为补充、形成南北呼应；索维奇智能新材料实验室挂牌成立，国际设计学院、深圳全球化发展研究院建设加速。学校累计获得各级各类科研项目经费超26亿元，承担各类科研项目3000余项，其中牵头承担国家863专项、国家科技支撑计划、国家自然科学基金杰出青年基金、国家自然科学基金重点项目、国家社科基金等70余项；共发表SCI检索6000余篇，授权专利2000余项；获各类奖项130余项，其中国家级奖项共15项；已与深圳800余家企业开展了实质性合作，为企业解决1400余个技术难题，项目经费超过4亿元。学校还授牌西门子、华为、大族激光、美的等近60家企业为校企合作产学研基地。

（六）香港中文大学（深圳）

香港中文大学（深圳）于2012年9月经教育部批准筹建，2014年3月开始招生，是一所由香港中文大学和深圳市政府按中外合作办学形式，传承香港中文大学的办学理念和学术体系的大学。学校占地面积约100万平方米，设有经管学院、理工学院、人文社科学院、数据运筹院、生命与健康科学学院以及研究生院，覆盖理学、工学、文学、社会科学、经济学和管理学等14个本科专业和11个研究生专业。

截至2020年底，学校已组建机器人与智能制造国家与地方联合工程实验室、深圳市机器人与智能制造工程实验室、深圳市半导体激光器重点实验室、深圳市大数据和人工智能重点实验室、深圳市物联网智能系统与无线网络技术重点实验室等创新平台近40个。学校引进教师400余位，其中包括诺贝尔奖、图灵奖、菲尔兹奖得主8名，各国院士或相当水平高端人才17名，国家级专家等50余名，省市认定人才、后备研究人才260名等。学校已与110余所国际知名院校签订协议，共同培养本科生和研究生，学校已经组建由世界一流科学家领衔的机器人与人工智能研究团队、大数据科学与应用创新团队、金融学研究团队、生物信息工程研究团队等。学校共承担国家自然科学基金委、科技部、国家发改委、教育部、广东省、深圳市、龙岗区科技项目以及国家省市区人才项目以及各类企业、高校、科研院所委托横向合作项目近400余项，总经费超10亿元。

（七）深圳职业技术学院

深圳职业技术学院于1993年创建，是国内最早独立举办高等职业技术教育的院校之一。学校现有留仙洞、西丽湖、官龙山、华侨城、凤凰山五个校区（筹建深汕校区），校园总面积212万平方米，其中实训实习场所10.14万平方米。学校图书馆藏有纸质图书275.8万册，电子图书130万册，电子期刊60.54万册，中外文数据库46个，音视频16.07万小时。学校共设17个二级学院，组建应用技术研发院、文化创意产品研发院、经济与社会发展研究院等三大综合性研发平台，建成43个市区级以上科研平台，抢抓产业发展新机遇，服务地方经济社会和中小企业发展。2019 年 7 月，学校被教育部认定为国家优质专科高等职业院校。

截至 2020 年 11 月，全校有教职员工 2448 人，其中专任教师 1434 人，正高 227 人，副高 670 人，博士 408 人，享受国务院特殊津贴专家 2 名，珠江学者 7 人、海外高层次人才 28 人、国家“万人计划”教学名师 1 人、国家级教学名师 3 人、省级教学名师 8 人、国家特支计划教师 1 人、广东特支计划教学名师 4 人。学校拥有教育部首批黄大年式教师团队 1 个；引进美国霍夫曼诺奖团队等一批重量级团队，成立霍夫曼先进材料研究院、智能科学与工程研究院、智能制造研究院、新时代中国职业教育研究院、社会与经济发展研究院等高端平台，为珠三角产业发展提供有力支撑。全校累计承担各级各类科研课题 5196 项，其中国家级项目 84 项，年度新增国家自然科学基金项目 10 项。科研经费到账总经费达到 8.06 亿元，其中技术转移（横向科研）项目到账经费 2.98 亿元；出版各类学术专著 226 部、编著、译著和作品集共 199 部，61 项科研成果获部、省、市级奖励；获国家专利授权 1726 项，软件著作权登记 1136 件，发明专利 345 项。主导或参与制定国际、国家、行业标准 74 项。

（八）深圳信息职业技术学院

深圳信息职业技术学院创办于 2002 年 4 月，是深圳市人民政府举办的公办全日制高等院校。学校拥有 3 个国家级高等职业教育专业教学资源库（含 1 个备选项目）。校园占地 92.5 万平方米（1389 亩），建筑面积 58.48 万平方米。学校面向新一代信息技术建立了专业动态调整机制，全面对接 ICT 产业，是面向新一代信息技术和国家安全战略专业体系比较完备的高职院校之一。学校 70% 以上的专业都紧密契合信息产业的研发、应用和服务，联合国家第三代半导体产业技术创新战略联盟和深圳第三代半导体研究院，共建第三代半导体粤港澳大湾区人才培养与产教融合示范基地；联合国家集成电路设计深圳产业化基地等共建国家“芯火”平台人才实训基地；与华为、深信服、360 等 8 家企业签署了战略合作协议，成立了“网络空间安全学院”；与华为合作举办 ICT 学院；与腾讯、亚马逊联合共建“人工智能学院”。

学校现有专任教师 714 人，拥有 16 院 2 部 2 所，开设信息类为主的专业 47 个。搭建了以国家级名师、珠江学者、鹏城学者和深信学者为核心成员的领军人才梯队。学校现有国家级教学团队 1 个，全国职业院校教师教学创新团队 1 个；国家万人计划教学名师 1 人；广东省教学名师 4 人，“特支计划”教学名师 3 人，“珠江学者”9 人，珠江学者岗位数和人数位居全省高职院校第一位；“鹏城学者”7 人，深圳市高层次专业人才 60 人；博士教师 288 人，教师博士化率 47%，居全国同类院校首位；“双师素质”教师比例 89%，现有广东省技术能手 1 人，高层次技能兼职教师 12 人。

学校建有广东省工程技术研究中心等省级科研平台 3 个，深圳市重点实验室、工程实验室、公共技术服务平台等市级科研平台6个，深圳市博士后创新实践基地1个。学校连续10年获国家自然科学基金项目立项，总数达27项，2017年立项数居全国高职院校第一；连续10年获广东省自然科学基金项目立项，总数超过100项，2018年立项数居全省高职院校第一；2018年获教育部人文社会科学研究项目立项4项，立项总数名列全国高职第二、全省高职第一。近三年技术服务收入近亿元，获企业捐赠设备300多万元，连续三年获评全国高职院校服务贡献50强。2020年7月，学校被教育部认定为国家优质专科高等职业院校。

（九）深圳技术大学

2017年成立深圳技术大学（筹），2018年11月经教育部正式批复同意设立，定位为应用型高等学校，致力于培养本科及以上层次具有国际视野、工匠精神和创新创业能力的高水平工程师、设计师等高素质应用型人才。学校选址在坪山新区石井片区，占地面积26.29万平方米。

学校在学科设置上具有明显的职业导向和产业需求导向，学科规划以工学为主，理学、管理学、艺术学等协调发展。目前共设立中德智能制造学院、大数据与互联网学院、新材料与新能源学院、城市交通与物流学院、健康与环境工程学院、创意设计学院、工程物理学院、质量和标准学院、国际交流学院、商学院、药学院等14个学院，开设机械设计制造及其自动化、物联网工程、光源与照明、交通运输、汽车服务工程、工业设计等20个高度契合经济发展和产业需求的专业。学校以解决企业、行业和产业的实际问题、产学研创新成果、创造社会财富的能力、培养学生解决实际问题的能力等作为教师考核的内容，招聘的专任教师具有企业工作经验的比例要占专任教师总数的 80% 以上；五年以上工作经验的企业高管、工程技术人员、高技能人才担任兼职教师，比例要达 60%；教师具有博士学位比例将达到 50% 以上；专业教师每五年企业实践时间累积不少于 6 个月。

（十）深圳北理莫斯科大学

深圳北理莫斯科大学是国家主席习近平、俄罗斯总统普京达成重要共识所创建。2014 年 8 月，深圳市政府、北京理工大学和莫斯科国立罗蒙诺索夫大学签署合作举办大学协议，2016 年 10 月获教育部正式批准设立，2017 年开始招收本科生、硕士研究生，2018 年开始招收博士研究生。学校以建设独具特色的世界一流国际化综合性研究型大学为目标，致力于开展精英教育以及高水平的科学研究和创新活动。学校位于龙岗区，占地面积 33.37 万平方米。

学校采用中文、俄语、英语三种语言进行教学，学生将在莫斯科大学和深圳北理莫斯科大学同步注册，同时获得两校学籍。学校目前招收国际经济与贸易、俄语课程、数学与应用数学、材料科学与工程、生物科学 7 个专业的本科生，当代俄罗斯语言文学、纳米生物技术、基础系统生态学等 8 个专业的硕士研究生，生物学与语言学等 2 个专业的博士研究生，在校国际学历生的比例接近 10%。莫斯科大学和北京理工大学选派优秀的教师参与学校的教学科研工作。学校现有长聘教师 21 人，短聘教师 55 人，副高以上职称占 71.86%，初步形成了以莫斯科大学教师为主体的国际化教师队伍。学校引入莫斯科大学、北京理工大学和全球著名科学家及其研究团队，推进人工智能与无人系统、新能源与智能社会、大数据与信息安全、地球科学与海洋工程、航空航天、生态与环境保护、新材料、智能制造等跨学科平台和科研能力建设，产生了一批高水平科研成果。

（十一）华大基因学院

华大基因学院（以下简称“华大学院”）成立于 2011 年 10 月，是深圳市政府批准成立的首批特色学院之一。学院依托华大基因和国家基因库的强大科研平台、重大科研项目和丰富科研资源开展创新联合教育，致力于打造一所小而精的特色学院，培养生物领域科研和产业发展的创新拔尖人才。学院现有研究生指导教师团队 95 人，讲师团队 320 人，其中院士 1 人，高级 / 副高职称近 60 人，博士 261 人。华大学院建立了生物信息分析工程师认证、遗传咨询师认证和 BGISeq 实验工程师认证等三大能力认证体系。2016 年生物信息分析作为全新模块加入到人社部全国计算机高新技术考试体系中，该模块由华大担任技术支持单位。学院定期开展线上线下混合式培训。

2009 年华大学院与华南理工大学以“2.5+1.5”培养模式开创本科联合培养，此后陆续与武汉大学、华中科技大学、东南大学等近30所国内高校签署联合培养协议合作。华大学院依托本科联合培养项目基础，以“2.5+1.5+X”培养模式开展研究生联合培养。2012年与中国科学院大学成立中国科学院大学华大教育中心，独立招收培养硕博研究生。2018年与郑州大学、西北大学等高校合作共建二级学院，联合招收培养本硕博研究生。截至2018年9月，学院累计联合培养学生共1306人，其中本科创新班602人，硕士研究生523人，博士研究生181人，联合培养学生主导及参与发表SCI文章402篇，其中CNNS文章92篇，发明专利423项，软件著作权111项。

（十二）深圳先进技术研究院

2013年6月20日，中国科学院大学深圳先进技术学院正式成立，是一所以研究生培养为主、多学科交叉、致力于集成创新、快速适应全球科技经济发展变化和区域需求为特色新型学院。学院依托2006年2月成立的中国科学院深圳先进技术研究院建设，开设化学、生物、控制、计算机等学科及相关领域特色课程，服务新一代信息技术、新能源和生物医学工程等战略性新兴产业。

中国科学院深圳先进技术研究院已获批控制科学与工程、计算机科学与技术、生物学、化学四个一级学科博士点；获批生物医学工程一级学科硕士点；获批信号与信息处理二级学科硕士点；获批控制工程、计算机技术、材料工程、电子与通信工程四个全日制专业学位硕士点（工程硕士）。与东北大学、暨南大学等国内高校达成本科生培养协议，引进本科生课程教材及讲义；与香港科技大学合作，引进计算机领域教材讲义；与澳门大学、诺丁汉大学等签订联合培养协议。

学院累计培养学生（含国际留学生）超过 9000 余人，学生就业率 100%。截至 2020 年，学院有研究生导师 428 名，85% 具有海外留学和工作经历，拥有国际一流科教平台，省部级以上创新载体近 50 个；拥有丰富的产业合作资源，获批国家级双创示范基地，孵化企业 968 家；与中科大等 35 所高校建立联合培养机制。累计培养了 1254 名博士后，目前在站 715 名，出站博士后留粤比例 80%，留深人数比例 75%，为粤港澳大湾区发展提供了人才与智力支持。与富士康、大族激光、比亚迪等 64 家企业签订联合培养博士后协议，共培养 272 人。

附录八

博士后设站单位①

截至2020年底，深圳有博士后科研流动站19家，博士后科研工作站76家，博士后科研工作分站15家，博士后创新实践基地320家。

（一）博士后科研流动站

1. 哈尔滨工业大学深圳研究生院
2. 北京大学深圳研究生院
3. 清华大学深圳研究生院
4. 深圳大学光学工程博士后流动站
5. 深圳市嘉达高科产业发展有限公司
6. 深圳大学理论经济学博士后流动站
7. 深圳大学信息与通信工程博士后流动站
8. 中国科学院深圳先进技术研究院
9. 深圳大学心理学博士后科研流动站
10. 深圳大学新闻传播学博士后科研流动站

① 本附录名单来源于深圳市人力资源和社会保障局网站。由于网站名单仅截至2017年2月，自行搜索添加名单至2019年底。

11. 深圳大学计算机科学与技术博士后科研流动站
12. 深圳大学建筑学博士后科研流动站
13. 深圳大学土木工程博士后科研流动站
14. 深圳大学生物医学工程博士后科研流动站
15. 南方科技大学数学博士后科研流动站
16. 南方科技大学物理学博士后科研流动站
17. 南方科技大学生物学博士后科研流动站
18. 南方科技大学力学博士后科研流动站
19. 中国科学院深圳先进技术研究院生物学博士后科研流动站

（二）博士后科研工作站

1. 深圳市水务（集团）有限公司
2. 中国广核集团有限公司
3. 深圳清华大学研究院
4. 深圳市科陆电子科技股份有限公司
5. 深圳创维 -RGB 电子有限公司
6. 招商银行股份有限公司
7. 深圳北京大学香港科技大学医学中心
8. 深圳新飞通光电子技术有限公司
9. 深圳航天科技创新研究院
10. 深圳市海川实业股份有限公司
11. 深圳市创新投资集团有限公司
12. 深圳达实智能股份有限公司

13. 招商局集团博士后科研工作站
14. 深圳市远望谷信息技术股份有限公司
15. 艾默生网络能源有限公司
16. 天马微电子股份有限公司
17. 深圳市康哲药业有限公司
18. 深圳市虚拟大学园
19. 中华人民共和国深圳出入境检验检疫局
20. 长园集团股份有限公司
21. 深港产学研基地（北京大学香港科技大学深圳研修院）
22. 金蝶软件（中国）有限公司
23. 深圳市市政设计研究院有限公司
24. 深圳市迈科龙电子有限公司
25. 中国国际海运集装箱（集团）股份有限公司
26. 国信证券股份有限公司
27. 深圳市中金岭南有色金属股份有限公司博士后工作站
28. 深圳诺普信农化股份有限公司
29. 博时基金管理有限公司
30. 深圳市海盈科技有限公司
31. 深圳报业集团
32. 深圳广播电影电视集团
33. 深圳奥萨医药有限公司
34. 中国中投证券有限责任公司
35. 深圳迈瑞生物医疗电子股份有限公司
36. 深圳华因康基因科技有限公司

37. 深圳市疾病预防控制中心
38. 先健科技（深圳）有限公司
39. 宇龙计算机通信科技（深圳）有限公司博士后科研工作站
40. 深圳市航盛电子股份有限公司
41. 万科企业股份有限公司
42. 招商证券股份有限公司
43. 深圳市燃气集团股份有限公司
44. 深圳市中医院
45. 宇星科技发展（深圳）有限公司
46. 深圳市药品检验所
47. 广东粤海水务股份有限公司
48. 国民技术股份有限公司
49. 深圳市易尚展示股份有限公司
50. 深圳华大基因研究院
51. 深圳市计量质量检测研究院
52. 深圳市第二人民医院
53. 群达模具（深圳）有限公司
54. 深圳市世纪天源环保技术有限公司
55. 综合开发研究院（中国·深圳）
56. 欣旺达电子股份有限公司
57. 中建钢构有限公司
58. 深圳市贝特瑞新能源材料股份有限公司
59. 深圳市格林美高新技术股份有限公司

60. 深圳市桥博设计研究院有限公司
61. 深圳市龙岗中心医院
62. 深圳市理邦精密仪器股份有限公司
63. 深圳市通产丽星股份有限公司
64. 国家超级计算深圳中心（深圳云计算中心）
65. 深圳翰宇药业股份有限公司
66. 深圳市赛为智能股份有限公司
67. 深圳先进技术研究院
68. 深圳市华傲数据技术有限公司
69. 深圳市绎立锐光科技开发有限公司
70. 深圳华力兴新材料股份有限公司
71. 平安银行股份有限公司
72. 大族激光科技产业集团有限公司
73. 中国农业科学院农业基因组研究所
74. 中电建水环境治理技术有限公司
75. 广东南方电信规划咨询设计院有限公司
76. 南方科技大学技术转移中心

（三）博士后科研工作分站

1. 华为技术有限公司
2. 康佳集团股份有限公司分站
3. 深圳市芭田生态工程股份有限公司
4. 中兴通讯股份有限公司
5. 天健（集团）股份有限公司

6. 深圳大学高新技术企业分站
7. 华润三九医药股份有限公司
8. 深圳证券交易所
9. 深圳海王集团股份有限公司
10. 深圳市海博科技有限公司
11. 深圳安科高技术股份有限公司
12. 深圳光启高等理工研究院
13. 深圳市建筑科学研究院股份有限公司
14. 鹏城实验室
15. 深圳菁英时代基金管理股份有限公司

（四）博士后创新实践基地

1. 深圳市宝安区科技创业服务中心
2. 深圳市人民医院
3. 德昌电机（深圳）有限公司
4. 深圳市公安局刑事科学技术研究所
5. 深圳航空有限责任公司
6. 深圳振华富电子有限公司
7. 深圳市第三人民医院
8. 深圳市世贸组织事务中心
9. 东江环保股份有限公司
10. 深圳市兰科植物保护研究中心
11. 深圳国家高技术产业创新中心
12. 深圳市政府投资项目评审中心

13. 深圳地铁集团有限公司
14. 深圳市建筑科学研究院股份有限公司
15. 深圳市综合交通设计研究院有限公司
16. 深圳市大鹏新区科技创新中心
17. 深圳市大富科技股份有限公司
18. 深圳市环境科学研究院
19. 深圳市海普瑞药业股份有限公司
20. 大族激光科技产业集团股份有限公司
21. 深圳市易瑞生物技术有限公司
22. 深圳市水务规划设计院
23. 中共深圳市委党校
24. 深圳中山泌尿外科医院
25. 深圳市人事人才公共服务中心
26. 深圳市统计学会
27. 深圳市政府发展研究中心
28. 中国长城计算机深圳股份有限公司
29. 旗瀚科技股份有限公司
30. 深圳市卫光生物制品股份有限公司
31. 创世纪种业有限公司
32. 深圳市中国科学院仙湖植物园
33. 深圳市建筑设计研究总院有限公司
34. 深圳市房地产评估发展中心
35. 深圳市乐普泰科技股份有限公司
36. 深圳市蓝科电子有限公司

37. 深圳信立泰药业股份有限公司
38. 深圳市华威世纪科技股份有限公司
39. 深圳市中安信业创业投资有限公司
40. 筑博设计股份有限公司
41. 深圳市银星智能科技股份有限公司
42. 深圳市北科生物科技有限公司
43. 深圳市龙岗区建筑工务局
44. 深圳市微纳集成电路与系统应用研究院
45. 中国农业科学院深圳生物育种创新研究院
46. 深圳中科讯联科技股份有限公司
47. 深圳市作物分子设计育种研究院
48. 深圳超多维光电子有限公司
49. 深圳开立生物医疗科技股份有限公司
50. 航天科工深圳（集团）有限公司
51. 深圳市赛欣瑞科技创新中心
52. 深圳市标准技术研究院
53. 深圳市迅雷网络技术有限公司
54. 深圳市汇川技术股份有限公司
55. 深圳市光明区经济发展促进中心
56. 深圳市西林电气技术有限公司
57. 深圳市赛亿科技开发有限公司
58. 中国银行股份有限公司深圳市分行
59. 前海金融控股有限公司
60. 深圳科瑞技术股份有限公司

61. 深圳微芯生物科技有限责任公司
62. 深圳新宙邦科技股份有限公司
63. 华讯方舟科技有限公司
64. 深圳崇达多层线路板有限公司
65. 深圳市老年医学研究所
66. 深圳职业技术学院
67. 南方科技大学
68. 深圳八六三计划材料表面技术研发中心
69. 深圳市科聚新材料有限公司
70. 深圳市路桥建设集团有限公司
71. 深圳市绿诗源生物技术有限公司
72. 深圳市凯中精密技术股份有限公司
73. 深圳市国华光电科技有限公司
74. 海洋王照明科技股份有限公司
75. 深圳市北林苑景观及建筑规划设计院有限公司
76. 深圳市创鑫激光技术有限公司
77. 深圳市杰普特光电股份有限公司
78. 任子行网络技术股份有限公司
79. 深圳信息职业技术学院
80. 深圳市绿微康生物工程有限公司
81. 深圳市城市交通规划设计研究中心有限公司
82. 深圳市坤健创新药物研究院
83. 中山大学深圳研究院
84. 深圳市宝安区人民医院

85. 深圳市奥拓电子股份有限公司
86. 深圳市坪山新区发展研究中心
87. 深圳市下坪固体废弃物填埋场
88. 深圳市福田区人民医院
89. 深圳市光明区经济发展促进中心
90. 深圳市现代创新发展研究院
91. 广东深汕投资控股集团有限公司
92. 深圳市绿航星际太空科技研究院
93. 清华－伯克利深圳学院
94. 深圳国泰安教育技术股份有限公司
95. 罗湖区人民医院
96. 亚能生物技术（深圳）有限公司
97. 香港中文大学（深圳）
98. 深圳光启尖端技术有限责任公司
99. 深圳市奋达科技股份有限公司
100. 深圳市宝安区中医院
101. 深圳市宝安区妇幼保健院
102. 深圳市万泽中南研究院有限公司
103. 深圳榕亨实业集团有限公司
104. 深圳市中小企业信用融资担保集团有限公司
105. 深圳市金洲精工科技股份有限公司
106. 深圳市综合交通运行指挥中心
107. 深圳市天英联合教育股份有限公司
108. 深圳市贝尔信智能系统有限公司

109. 深圳市国信互联科技有限公司
110. 深圳信息通信研究院
111. 深圳市掌网科技股份有限公司
112. 深圳市高新投集团有限公司
113. 深圳市国新南方知识产权研究院
114. 深圳市洲明科技股份有限公司
115. 深圳怡化电脑股份有限公司
116. 深圳市华星光电技术有限公司
117. 深圳中科创客学院有限公司
118. 深圳市妇女社会组织促进会
119. 深圳市规划国土房产信息中心（深圳市空间地理信息中心）
120. 深圳市儿童医院
121. 深圳市土地房产交易中心（深圳市矿业权交易中心）
122. 深圳市金新农饲料股份有限公司
123. 深圳市康宁医院（深圳市精神卫生研究所、深圳市精神卫生中心）
124. 深圳市宝鹰建设集团股份有限公司
125. 深圳市万信达生态环境股份有限公司
126. 深圳市风景智联科技有限公司
127. 深圳市沃特玛电池有限公司
128. 深圳市长隆科技有限公司
129. 深圳市英威腾电气股份有限公司
130. 英维克博士后创新实践基地
131. 深圳市星源材质科技股份有限公司

132. 深圳市海明润超硬材料股份有限公司
133. 深圳市新星轻合金材料股份有限公司
134. 依波精品（深圳）有限公司
135. 深圳市赢合科技股份有限公司
136. 深圳市科彩印务有限公司
137. 深圳市保千里电子有限公司
138. 深圳市裕同包装科技股份有限公司
139. 深圳市北科联药业科技有限公司
140. 深圳劲嘉集团股份有限公司
141. 深圳万乐药业有限公司
142. 国药集团致君（深圳）制药有限公司
143. 深圳市金溢科技股份有限公司
144. 协同通信技术有限公司
145. 深圳天珑无线科技有限公司
146. 深圳市方直科技股份有限公司
147. 深圳市三航工业技术研究院
148. 深圳市孙逸仙心血管医院（深圳市心血管病研究所）
149. 比亚迪股份有限公司
150. 深圳市教育科学研究院
151. 深圳市英唐智能控制股份有限公司
152. 周大生珠宝股份有限公司
153. 深圳市德方纳米科技股份有限公司
154. 深圳贝特莱电子科技股份有限公司
155. 深圳市威勒科技股份有限公司

156. 深圳奥比中光科技有限公司
157. 昂纳信息技术（深圳）有限公司
158. 深圳市雄帝科技股份有限公司
159. 深圳市禾望电气股份有限公司
160. 深圳市三诺数字科技有限公司
161. 广东天劲新能源科技股份有限公司
162. 深圳中兴新材技术股份有限公司
163. 深圳能源资源综合开发有限公司
164. 鸿富锦精密工业（深圳）有限公司
165. 深圳市中兰环保科技股份有限公司
166. 深圳奥特迅电力设备股份有限公司
167. 深圳市聚飞光电股份有限公司
168. 深圳罗兹曼国际转化医学研究院
169. 中电科新型智慧城市研究院有限公司
170. 深圳市深投环保科技有限公司
171. 深圳云天励飞技术有限公司
172. 深圳市华云中盛科技有限公司
173. 中国南玻集团股份有限公司
174. 深圳市铁汉生态环境股份有限公司
175. 深圳市龙华区中心医院
176. 深圳市三利谱光电科技股份有限公司
177. 华润金控投资有限公司
178. 深圳市融金所资本管理集团有限公司
179. 亿和精密金属制品（深圳）有限公司

180. 深圳市城市公共安全技术研究院有限公司
181. 深南电路股份有限公司
182. 深圳市亿立方生物技术有限公司
183. 中海油信息科技有限公司
184. 深圳市华力特电气有限公司
185. 深圳拓邦股份有限公司
186. 深圳市今天国际物流技术股份有限公司
187. 深圳市永联科技股份有限公司
188. 深圳欧陆通电子有限公司
189. 深圳市前海创新研究院
190. 深圳光峰科技股份有限公司
191. 深圳市商汤科技有限公司
192. 深圳市优必选科技有限公司
193. 深圳市新一代信息技术研究院有限公司
194. 深圳中集智能科技有限公司
195. 深圳市爱培科技术股份有限公司
196. 深圳中兴网信科技有限公司
197. 亚太卫星宽带通信（深圳）有限公司
198. 深圳智慧园区信息技术有限公司
199. 深圳市网安计算机安全检测技术有限公司
200. 深圳市能源环保有限公司
201. 深圳市深港产学研环保工程技术股份有限公司
202. 深圳文科园林股份有限公司
203. 飞亚达（集团）股份有限公司

204. 光大水务（深圳）有限公司
205. 深圳海油工程水下技术有限公司
206. 深圳市宇驰检测技术股份有限公司
207. 深圳市京泉华科技股份有限公司
208. 长园深瑞继保自动化有限公司
209. 深圳市科信通信技术股份有限公司
210. 深圳市证通电子股份有限公司
211. 深圳科安达电子科技股份有限公司
212. 深圳市合元科技有限公司
213. 富兰克科技（深圳）股份有限公司
214. 深圳中科飞测科技有限公司
215. 华测检测认证集团股份有限公司
216. 深圳市南山区人民医院
217. 中兴仪器（深圳）有限公司
218. 深圳技术大学
219. 深圳市住房公积金管理中心
220. 深圳市建筑工务署工程管理中心
221. 中共深圳市委党史文献研究室（深圳市人民政府地方志办公室）
222. 深圳市医学会
223. 深圳市眼科医院（深圳市眼病防治研究所）
224. 深圳市龙岗区耳鼻咽喉医院
225. 中国医学科学院肿瘤医院深圳医院
226. 深圳市龙华区人民医院

227. 深圳市友和集团有限公司
228. 港大学深圳医院（深圳市滨海医院）
229. 前海方舟（深圳）资产管理有限公司
230. 中山证券有限责任公司
231. 深圳市海普洛斯生物科技有限公司
232. 深圳市城市规划设计研究院有限公司
233. 资本市场学院
234. 深圳市智能机器人研究院
235. 深圳明智超精密科技有限公司
236. 深圳市太赫兹科技创新研究院
237. 深超光电（深圳）有限公司
238. 国微集团（深圳）有限公司
239. 深圳市金奥博科技股份有限公司
240. 深圳市泰和安科技有限公司
241. 深圳市乾行达科技有限公司
242. 深圳波顿香料有限公司
243. 深圳市韶音科技有限公司
244. 旭宇光电（深圳）股份有限公司
245. 深圳市社会科学院
246. 深圳市投资控股有限公司
247. 深圳市鲲鹏股权管理有限公司
248. 第一创业投资管理有限公司
249. 力合科创集团有限公司
250. 前海科创投控股有限公司

251. 深圳华锐金融技术股份有限公司
252. 深圳市远致投资有限公司
253. 深圳市金融稳定发展研究院
254. 广东南天司法鉴定所
255. 深圳晶泰科技有限公司
256. 深圳市北测检测技术有限公司
257. 广东美格基因科技有限公司
258. 芯海科技（深圳）股份有限公司
259. 深圳市晶讯软件通讯技术有限公司
260. 深圳乐信软件技术有限公司
261. 深圳市通用测试系统有限公司
262. 深圳市尔泰科技有限公司
263. 深圳码隆科技有限公司
264. 深圳市前海安测信息技术有限公司
265. 深圳金信诺高新技术股份有限公司
266. 深圳市星火电子工程公司
267. 深圳市点猫科技有限公司
268. 深圳市广汇源环境水务有限公司
269. 深圳市深水水务咨询有限公司
270. 深圳市天得一环境科技有限公司
271. 深圳供电局有限公司
272. 铁科院（深圳）研究设计院有限公司
273. 深圳高速工程顾问有限公司
274. 深圳市爱能森科技有限公司

275. 深圳市安健科技股份有限公司
276. 深圳市旺盈彩盒纸品有限公司
277. 深圳乾泰能源再生技术有限公司
278. 深圳市蓝海华腾技术股份有限公司
279. 记忆科技（深圳）有限公司
280. 深圳市宝德计算机系统有限公司
281. 深圳中核海得威生物科技有限公司
282. 深圳市麦克韦尔科技有限公司
283. 深圳普门科技股份有限公司
284. 菲鹏生物股份有限公司
285. 深圳麦科田生物医疗技术有限公司
286. 深圳市晋百惠生物有限公司
287. 深圳市威迈斯新能源股份有限公司
288. 深圳市麦捷微电子科技股份有限公司
289. 深圳市振华微电子有限公司
290. 深圳市中明科技股份有限公司
291. 深圳市信宇人科技股份有限公司
292. 深圳市太辰光通信股份有限公司
293. 深圳市信维通信股份有限公司
294. 深圳市锐明技术股份有限公司
295. 深圳市兴禾自动化有限公司
296. 摩比天线技术（深圳）有限公司
297. 深圳市银宝山新科技股份有限公司
298. 深圳市新益昌科技股份有限公司

299. 深圳市天鼎微波科技有限公司
300. 深圳市广晟德科技发展有限公司
301. 深圳市鹏城建筑集团有限公司
302. 中冶建筑研究总院（深圳）有限公司
303. 深圳市建安（集团）股份有限公司
304. 深圳市前海开发投资控股有限公司
305. 中建科技有限公司
306. 深圳市人才安居集团有限公司
307. 北京大学深圳医院
308. 深圳市妇幼保健院
309. 中国科学院大学深圳医院（光明）
310. 深圳市龙岗区人民医院
311. 深圳市南山区蛇口人民医院
312. 广东海洋大学深圳研究院
313. 天津大学佐治亚理工深圳学院筹备办公室
314. 武汉大学深圳研究院
315. 深圳市海洋监测预报中心
316. 深圳市计算科学研究院
317. 深圳市数字城市工程研究中心
318. 深圳市气象局（深圳市气象台）
319. 深圳市前海深港现代服务业合作区管理局
320. 深圳市房地产和城市建设发展研究中心
321. 深圳市高特佳投资集团有限公司
322. 深圳数字生命研究院

附录九

科技创新企业选介

（一）华为技术有限公司

1987 年深圳颁发《关于鼓励科技人员兴办民间科技企业的暂行规定》，任正非和另外 5 名技术人员创办了华为技术有限公司（以下简称华为）[①]，主要为香港公司的用户交换机（PBX）做销售代理。1990 年华为开始自主研发面向酒店与小企业的 PBX 技术并进行商用，1993 年成功推出自主研发的 C&C08 大容量局用数字程控交换机，跻身国内电信设备制造领域。1998 年发布《华为基本法》，确定华为实行内部员工持股制度，规定了将每年销售收入的 10%用于科研开发。

2003—2008 年，华为先后与 3Com、西门子、摩托罗拉、Global Marine、赛门铁克合作成立合资公司或研发中心，开展企业数据网络解决方案、TD-SCDMA 解决方案、存储和安全产品与解决方案的研发。2009 年华为无线接入市场份额跻身全球第二，率先发布从路由器到传输系统的端到端 100G 解决方案。2003 年华为成立手机业务部，进军手机

① 参阅华为公司网站：https://www.huawei.com。

市场，并迅速推出 WCDMA 手机和 3G 手机。2004 年华为集成电路设计中心改组成立海思半导体公司，专门从事芯片研制业务，研发的芯片及其方案运用于通信、安防、手机等行业。2011 年华为推出首款智能手机，采用华为自主研制的国内第一款智能手机处理器。2011 年华为云成立，2012 年华为面向全球开展云计算合作，建设了 7 万人规模的全球最大的桌面云。2014 年华为在全球 9 个国家建立 5G 创新研究中心，承建全球 186 个 400G 核心路由器商用网络，加入全球 177 个标准组织和开源组织。2019 年美国实施对华为禁令。截至 2019 年底，华为全球销售收入 8588 亿元人民币，研发费用占全年销售收入的 15.3%，研发人员总数达到 9.6 万多人，持有有效授权专利 8.5 万多件，是全球最大的专利持有企业之一。2020 年，华为销售收入达 8914 亿元。

（二）中兴通讯股份有限公司

1985 年航天部 691 厂、长城工业深圳分公司和香港运兴电子贸易公司共同出资成立深圳市中兴半导体有限公司，开展来料加工及电话机贸易业务。1990 年中兴半导体自主研发的第一台数据数字用户交换机 ZX500 成功面市[①]。1993 年航天部 691 厂、深圳广宇工业（集团）公司与中兴维先通共同投资组建中兴通讯，被列入国家 863 高技术成果转化基地，开始进行 2500 门数字局用交换机的开发。

---

① 参阅中兴通讯公司网站：https://www.zte.com.cn。

1995 年中兴通讯成功研制具有国际 90 年代先进水平的大型数字式局用程控交换系统 —— ZXJ10 机，同时启动国际化战略，相继与和记电讯、法国电信、英国电信、沃达丰、西班牙电信、加拿大 Telus 等全球顶级运营商及跨国运营商建立合作关系。中兴通讯每年投入科研经费占销售收入超过 10%。1997 年中兴通讯在深圳证券交易所成功上市，1999 年中兴通讯自主研发的全套 GSM900/1800 双频移动通信系统获得信息产业部颁发的六张电信设备进网许可证。2005 年 3G 终端首次大规模进入欧洲市场。2007 年中兴通讯的国际营收额占公司总收入额的六成左右，国际收入首次超过国内。2013 年中兴通讯的光网络产品跃居全球第二。2015 年中兴通讯积极推进 5G 承载网络的标准与规范制定，进行 5G 关键技术的研究攻坚，进行相关设备的研制和测试工作。2017 年 2 月发布 5G 全系列预商用基站。2016 年中兴通讯因违反美国出口管制法律导致美国政府部门对中兴通讯进行处罚。2019 年中兴通讯才逐渐甩掉历史包袱，并借助 5G 业务实现了业绩复苏。截至 2019 年底，中兴通讯实现营业收入 907.4 亿元人民币，全年研发投入占营业收入比例 13.8%，涵盖 5G 无线、核心网、承载、接入、芯片等核心领域。拥有全球专利申请量 7.4 万件，已授权专利超过 3.4 万件，连续 9 年稳居 PCT 国际专利申请全球前五。2020 年，中兴通讯总营业收入达 1014.5 亿元，研发投入达 148 亿元。

（三）腾讯计算机系统有限公司

腾讯计算机系统有限公司（以下简称腾讯）[①] 是中国最大的数字内容综合提供商之一，通过 QQ、腾讯网、微信、游戏、视频等流量平台，引领和推动我国数字经济快速发展。1998 年毕业于深圳大学的马化腾与大学同学张志东在深圳创办了腾讯。1999 年 2 月腾讯推出了 OICQ，后改名腾讯 QQ。在深圳首届高交会上，从 IDG 和电讯盈科手里拿到 220 万美元的风险投资。2002 年腾讯 QQ 用户群成为中国最大的互联网注册用户群、亚洲最大的即时通信服务网络。2003 年腾讯进军门户网站和网络游戏。2009 年腾讯游戏成为中国最大的游戏平台。2010 年 3 月 5 日腾讯 QQ 最高同时在线用户数突破 1 亿。2011 年 1 月腾讯张小龙团队成功自主研发微信小程序，并与 2012 年 9 月 17 日信注册用户突破 2 亿。2014 年 3 月，腾讯开放微信支付功能，2018 年 2 月微信全球用户月活数首次突破 10 亿。截至 2018 年 12 月，腾讯整体投资孵化企业数量达 600 余家，投资规模超过千亿元人民币，包括 100 余家估值超过 10 亿美元的独角兽企业 [②]。截至 2020 年底，腾讯市值达 6978 亿美元，在当年全国上市互联网企业市值排行榜上名列首位，发展成为世界市值 500 强

---

① 参阅腾讯公司网站：https://www.tencent.com；吴晓波著，《腾讯传（1998—2016）》，浙江大学出版社 2017 年版；中央宣传部编：《改革开放与中国企业发展》，社会科学文献出版社 2019 年版。

② 参阅：《腾讯：潜心构建开放共享平台（庆祝改革开放 40 年 · 百城百县百企调研行）》，《人民日报》2018 年 12 月 17 日。

排名前列的超级企业。

（四）比亚迪股份有限公司

比亚迪股份有限公司（以下简称比亚迪）[①] 成立于 1995 年 2 月，经过 20 多年的发展，已在全球设立 30 多个工业园，业务布局涵盖电子、汽车、新能源和轨道交通等领域，并在这些领域发挥着举足轻重的作用，从能源获取、存储，再到应用，全方位构建零排放的新能源整体解决方案。

1995 年深圳比格电池有限公司总经理王传福辞职创立比亚迪，以 OEM 方式贴牌生产手机用镍镉电池。1996 年比亚迪获得大霸电子公司订单，进而成为朗讯供应商，随后与松下、GE、摩托罗拉等国际大客户建立合作关系。1997 年比亚迪投入大量资金研发锂电池，快速推动研发进度，成为摩托罗拉第一个中国锂电池供应商。2002 年比亚迪超越日本三洋、松下等实现镍镉电池全球产量第一、镍氢电池全球第二，并在香港上市。2003 年比亚迪收购西安秦川汽车，进军汽车生产领域。2011 年，比亚迪向深圳第 26 届大运会提供 500 台电动车，展示了“世界上最年轻的汽车企业”独特形象。同年比亚迪在深交所上市。2014 年比亚迪陆续推出 e6、秦、唐、宋等多款新能源车型。2016 年比亚迪在全球拥有多个太阳能电站项目，产能达 1.5GW。2003 年比亚迪微电子有限公司成立，进入集成电路及功率器件开发领域，并提

① 参阅比亚迪公司网站：https://www.byd.com。

供产品应用解决方案。2002年比亚迪开启手机ODM之路，世界上几乎所有的知名手机厂商都跟比亚迪开展合作，2018年比亚迪手机代工业务营收422亿元，占总营业收入的近三分之一。2020年，公司营收达1565.98亿元。

（五）中国广核集团有限公司

中国广核集团有限公司（以下简称中广核）[①]走过了一条“引进、消化、吸收、再创新”的核电发展道路，已经成长为我国最大、全球第三大核电企业，自主研发“华龙一号”跻身世界前列，自主研发国内首个核级数字仪控系统“和睦系统”，实现核电站“神经中枢”中国创造，成为继美、法、日后，第四个掌握该技术的国家。

1982年国家批准建设大亚湾核电站，为解决资金问题大亚湾核电站采用“借贷建设、售电还钱、合资经营”模式，打破我国重大项目由国家投资的模式。1987年主体工程开工，1994年1号、2号两台百万千瓦级压水堆机组投入商业运行，2002至2003年，岭澳核电站一期1号机组建成投入商业运行，2005年岭澳二期开工建设。2005至2013年中广核迈入自主创新阶段，实现我国核电“自主设计、自主制造、自主建设、自主运营”。陆续建设运营广东阳江核电站、辽宁红沿河核电站、福建宁德核站、广西防城港核电

① 中广核集团网站：http://www.cgnpc.com.cn；王禹民、刘玉辉：《中国发展核电产业的成功之路——中国广东核电集团发展模式的调查与思考》，《求是》2004年第2期。

站等，成功研发具有自主知识产权的三代核电技术“华龙一号”。2014 年中广核与法国电力公司联手在英国开发核电项目，使用“华龙一号”技术，实现我国核电“走出去”历史性跨越。

中广核拥有 1 个国家重点实验室、1 个国家工程技术研究中心和 7 个国家能源研发中心。截至 2020 年，中广核在运核电机组 24 台，装机容量 2714 万千瓦；在建核电机组 7 台，装机容量 821 万千瓦，运行海内外多个风电、太阳能光伏发电项目，已成为我国最大、全球第三大核电企业及全球最大的核电建造商。

（六）富士康科技集团

富士康科技集团是（以下简称富士康）[①] 专业从事计算机、通讯、消费性电子等 3C 产品研发制造，广泛涉足数位内容、汽车零组件、通路、云运算服务及新能源、新材料开发应用的高新科技企业。从 1988 年投资大陆以来，富士康逐步发展为以中国大陆为中心，拥有百余万员工及全球顶尖客户群，全球最大的电子产业科技制造服务商。

1988 年郭台铭在宝安西乡建立了大陆第一个生产基地 —— 深圳海洋精密电脑接插件厂。1995 年富士康成为许多世界级 PC 大厂的重要客户。1998 年龙华科技园的富士康

---

① 参阅富士康网站：http://www.foxconn.com.cn；《郭台铭接受本报记者独家专访 —— 喜欢深圳改革开放创新氛围》，《深圳特区报》2018 年 6 月 4 日。

现代化成型厂开始启用，迁入集团多条生产线，除电脑模具和连接件外还涉足电脑整机生产。2000年，富士康强势推出自己生产和组装的笔记本电脑，苹果、诺基亚、索尼、亚马逊等公司纷纷将自己的最新产品交给富士康生产。2002年，富士康跃居中国内地企业出口200强榜首（此后连续十多年位居此榜首）2004年富士康深圳公司年度出口突破百亿美元，成为全球第一大手机代工厂。截至2020年底，公司全球专利申请已累计158000件（大陆申请60400件），核准量达到91800件（大陆核准33700件），连续11年名列中国大陆地区专利申请总量及发明专利申请量前列，连续15年在美国专利核准量排行榜位居华人企业前列。富士康建立起遍布亚、美、欧三大洲的专业研发网络和知识管理平台。

（七）创维集团有限公司

创维集团有限公司（以下简称创维）① 成立30多年来，引领电视应用系统和显示技术的潮流，走出了一条消费电子行业自主创新的发展道路。创维累计申请专利超过8000余项，完成国家和省市重大科研任务200余项，获得省市科研成果100多项。在全球拥有美国硅谷研究室、中国香港研发中心、深圳数字研究中心等六大科研机构，在墨西哥、俄罗斯设立了控股生产基地，逐步形成了国际化经营模式。

1988年创维在香港成立，主要生产电视机遥控器。

① 参阅创维公司网站：http://www.skyworth.com。

1992 年成立创维集团有限公司，开始生产彩电、VCD、DVD、家庭影院和卫星接收机等产品。1993 年创维集团与中国（深圳）彩电总公司、中国电子器件工业总公司合资成立深圳创维—RGB 电子有限公司，1998 年创维在国内率先推出多媒体系列电视，彩电产销量跃居同行业第四位。1999 年世界最大投资集团之一的 ING 集团、中国华登等三家国际资本向创维注资 3000 万美元，创维在美国硅谷设立实验室。2001 年创维投产中国第一条液晶背投生产线，2003 年创维品牌跻身国内彩电品牌第一阵营，2004 年，创维发动“平板风暴”，全力进军平板产业，并成为行业龙头。2008 年 4 月，创维与韩国 LG Display 公司签署了战略合作协议，正式进入上游模组行业。2009 年后创维在技术研发上迈出关键步伐，承担“平板电视一体化模组的研发及产业化”和“LED 背光源平板电视机关键技术研发及产业化”两个国家级研究项目。2019 年创维与百度达成全面战略合作，创维酷开系统将与百度 Duer OS 系统深度融合，创造颠覆式的家庭智能体验。2020 年初创维推出首款 8K 系列电视，迈入了“5G+8K”彩电新时代。

（八）金蝶国际软件集团有限公司

金蝶国际软件集团有限公司（以下简称金蝶）[①] 是全球领先的在线管理及电子商务服务商，连续 15 年稳居成长型企

① 参阅金蝶集团网站：http://www.kingdee.com。

业应用软件市场占有率第一，连续3年在企业级 SaaS ERM（云 ERP）应用软件市场占有率排名第一。金蝶软件通过一系列创新，从中国最早的财务管理软件公司成长为大型企业应用软件和云服务提供商。

1991年徐少春创办深圳爱普电脑技术有限公司（金蝶前身），同年11月，爱普电脑会计系统 V1.0 版通过了深圳市财政局评审，打破企业财务管理软件完全依赖进口的局面。1995年底金蝶软件组织骨干技术人员，研究把电算化软件嫁接到 Windows 操作系统。1996年金蝶财务软件 Windows 标准版开发成功。1997年金蝶软件在业内首创32位决策支持型财务软件，引领中国财务软件由核算型向管理型的历史飞跃，开辟中国财务软件决策支持新纪元。1999年，Apusic 应用服务器第一行代码在金蝶研究院诞生，标志着金蝶软件核心技术的自主研发迈出重要步伐。2000年金蝶中间件有限公司成立，通过技术集成、市场集成、组织集成和知识集成推出拥有完全自主知识产权的国产纯 Java 中间件技术。2011年金蝶提出以移动互联网、社交网络、云计算等新兴技术为依托的“云管理”战略，2015年金蝶云·星空推出。截至2020年底，金蝶旗下拥有苍穹（大企业数字共生平台）、星空（成长型企业数字化平台）、精斗云（小微企业成长服务平台）、云之家（智能协同云）、管易云（企业电商云服务平台）等云服务产品。

（九）华强集团有限公司

华强集团有限公司[①]创建于1979年，是一家以高科技产业为主导的大型投资控股集团，涵盖文化科技产业、电子信息高端服务业、产业地产、智能制造、清洁能源和金融服务等领域。截至2019年底公司拥有投资公司40多家和2家上市公司，6家高新技术企业、3个国家级技术开发中心、1个博士后工作站。

1979年9月18日，广东省电子工业局从粤北8500厂、8532厂、8571厂中抽调力量在深圳组建深圳华强电子工业公司（华强集团前身）。1980年5月华强利用从日本三洋引进生产线，以来料加工方式开始生产音响、收音机、录音机等。1984年华强与日本三洋合资成立华强三洋电子公司，短时间内形成了很强的生产能力，彩电、录音机、录像机等产品。2008年通过重大资产重组，华强集团实现了从传统电子制造业向现代电子信息服务业的转型，“华强北·中国电子市场价格指数”就是其对外提供的电子信息价格数据服务。华强集团于1999年开始涉足文化产业。2002年华强集团在美国获得“180度环形银幕立体电影成像技术发明专利”，华强还专门为“环幕立体电影”系统制作专用影片，建成了世界领先的动漫生产线。2002年华强运用计算机、声光电、人工智能等高科技手段，打造出中国第四代主题公园，华强文

① 参阅华强集团公司网站：http://www.szhq.com；钱汉江主编：《深圳电子三十年》，深圳报业集团出版社2017年版。

化科技集团公司成立后，旗下华强方特动漫有限公司（以下简称华强方特）实施文化与科技融合战略，在国内国际市场上建立强势的文化科技品牌。华强方特拥有主题乐园、“熊出没”等拳头产品，已成为国内颇具影响力的国产动画品牌。

（十）方大集团股份有限公司

方大集团股份有限公司（以下简称方大集团）① 是我国高端幕墙系统的高科技企业。方大集团已经从传统幕墙设计施工拓展到地铁屏蔽门系统、建筑新材料、绿色照明等领域。方大集团成立于 1991 年，凭借在建筑幕墙领域的积累，方大率先在国内推出彩板幕墙，并迅速占领市场。1995 年、1996 年方大 B 股、方大 A 股成功上市。1997 年方大率先承担国家 863 计划 CIMS（计算机集成制造系统）项目的研究应用任务，成功开发出 863/CIMS 管理软件及系统。新型建材领域。1999 年方大集团率先进入地铁屏蔽门领域，并研制成功具有自主知识产权的屏蔽门系统，填补了地铁屏蔽门领域的国内空白。2003 年方大集团光伏幕墙引领了“绿色幕墙”环保节能的发展趋势。方大集团轨道交通站台屏蔽门系统已在全球 41 个城市的轨道交通中应用，市场占有率近五年连续居全球第一。方大集团在我国率先进军半导体照明产业，研发和生产以 GaN 为代表的第三代半导体材料，在半导体照明领域有专利 136 项，居行业领先。方大集团在建

① 参阅方大集团公司网站：http://www.fangda.com。

筑幕墙、地铁屏蔽门和半导体照明（LED）行业，创造666项专利，承担了包括国家863计划、国家重大攻关计划、国家火炬计划在内的10多项国家级科技攻关计划，建成国家级光电材料与器件工程研究中心、技术中心实验室。

（十一）飞亚达集团股份有限公司

飞亚达集团股份有限公司（以下简称飞亚达）①是中国钟表行业的旗舰企业，在国际先进设计理念和制表工艺基础上，以高新技术改造钟表传统产业，成长为一家专业化国际化的钟表品牌企业。

1987年底飞达表业成立，企业仅有20平方米生产厂房和9名员工，飞亚达通过研发设计、创意、制表以及测试等环节提升钟表质量。1988年飞亚达第一届新品展示会在北京举行，100多款设计新颖做工精良的飞亚达表轰动国内表业。1991年起飞亚达多次引进瑞士先进数控设备用于手表制造，组建6家配套企业，拥有真空离子电镀及蓝宝石加工等先进水平生产线。1993年飞亚达改组为股份有限公司，同年在深交所上市。1996年飞亚达引入美国UG2航天设计软件，率先在国内实现手表设计制造领域的计算机集成。2001年引进瑞士S-9ZXL五坐标数控加工中心，工艺水准达到世界名表先进水平。2003年飞亚达为中国航天员提供执行飞行任务用表和地面训练用表。2008年“神舟七号”航天员完

① 参阅飞亚达公司网站：http://www.fiytagroup.com。

成中国第一次太空行走，仍使用飞亚达航天表。进入21世纪，手表作为计时工具的功能逐渐削弱，飞亚达结合时尚创意和新一代信息技术，开始布局精密科技、智能手表两项新业务。2016年飞亚达与阿里巴巴集团旗下YunOS合作，推出了轻智能腕表。2018年飞亚达以"JEEP"品牌正式推出智能手表产品。2018年5月，飞亚达计时文化中心开馆，成为全国首座钟表行业综合性展馆。

（十二）海王集团股份有限公司

海王集团股份有限公司（以下简称海王集团）[①] 专注医药健康产业，业务覆盖医药健康产品研发、制造、流通、零售、互联网健康管理全产业链。海王集团在医药、生物工程制品等领域通过自主技术创新、商业模式创新逐步发展壮大，成为中国医药行业领域的代表性企业。

1989年国家开始实施海洋战略，海洋药物被作为重要开发内容列入开发计划，张思民在蛇口创办海王并选择海洋药物作为发展方向。1990年6月，海王研发成功我国第一个海洋生物保健品"金牡蛎"并投入生产。1995年海王集团提出"大医药产业"发展构想，进入"二次创业"，1997年海王工业城投产，达到年产冻干粉针1000万支、片剂15亿片、胶囊5亿粒、水针1亿支、颗粒剂1.5亿袋，成为国内重要的制药生产基地。1998年4月海王技术中心被国家经贸

① 参阅海王集团公司网站：https://www.neptunus.com。

委等有关部门联合评定为国家级企业技术中心，成为当时23家国家级技术中心之一，同时获批国家高新技术研究发展计划成果产业化基地、企业博士后科研工作站。海王国家级创新中心承担了国家“863”项目、国家级攻关项目和国家“火炬计划”等多项新药研究课题。2005年海王集团借助“互联网+”思维创新商业模式，推出全药网平台，这是全国首个市场化的公立医疗机构药品集中采购、供应和服务的互联网平台。2006年，海王集团自主研发的一类新药“虎杖苷注射液”获得国家药监局新药临床研究批件，开始进入临床阶段，向产业化应用迈出了关键的一步。2018年海王销售规模超800亿，员工3.5万人，旗下拥有海王生物和海王星辰两家上市公司。

（十三）迈瑞生物医疗电子股份有限公司

迈瑞生物医疗电子股份有限公司（以下简称迈瑞公司）①为国内最大的医疗器械生产商。公司从开发监护产品起家，建立了国内同行业中最全的产品线，在临床检验及试剂、数字医学超声成像、生化分析仪等领域取得市场领先地位，是全球领先的医疗器械以及解决方案供应商。

1991年李西廷与几个同事在蛇口创办迈瑞公司。1992年底迈瑞自主研发的第一款产品血氧饱和度监护仪上市，很快血氧饱和度监护仪面临其他公司的专利之争而陷入危机。

---

① 参阅迈瑞公司网站：https://www.mindray.com/；《迈瑞2019年度报告》。

1997年深圳市政府依托迈瑞公司组建深圳市医疗电子（监护、医学检验）工程技术研发中心，迈瑞公司开始进军高端产品自主研发，进行多元化产品和国际化的布局。2002年科技部依托迈瑞组建“国家医用诊断仪器工程技术研究中心”。2006年迈瑞公司推出国内首台全自动五分类血液细胞分析仪BC-5500，国内首台具有完全自主知识产权、同步世界前沿数字技术的全数字彩色多普勒DC-6超声诊断仪DC-6彩超。2008年迈瑞医疗国际有限公司收购美国Datascope公司生命信息监护业务，成为全球该行业第三大品牌。2008至2014年，迈瑞公司形成生命信息与支持、体外诊断、医学影像、医学材料等四大系列，2019年营业收入达166亿元，在全球医疗设备供应商排行榜位列42。监护仪、血液细胞分析仪、全自动生化分析仪等产品在国内市场累计装机量稳居国内榜首。迈瑞公司的产品应用于中国近11万家医疗机构，服务于99%以上的三甲医院。在全美排名前10的心脏医院中，有9家在使用迈瑞公司的产品。迈瑞公司设有九大研发中心，共有2500余名研发工程师，共申请专利4873件，约15%为美国欧洲发明专利。

（十四）华大基因科技有限公司

华大基因科技有限公司（以下简称华大基因）[①] 是全球领先的生命科学前沿机构。2007年华大基因南下深圳建立华

① 参阅华大基因公司网站：https://www.genomics.cn。

大基因研究院，加快产业化布局，逐步实现从参与者到引领者的跨越。华大基因主要有深圳华大生命科学研究院、华大基因学院、深圳国家基因库运营专项、GigaScience、华大基因、华大智造、华大司法、华大医疗、华大农业、华大健康等十大业务板块。

1990—1998 年，华大积极筹备参与人类基因组计划，紧密跟随和跟踪全球人类基因组的科学研究。2000 年华大购买 30 台 MegaBACE1000 测序仪，并首次破译四株 SARS 病毒全基因组序列，2005 年华大牵头中华协作组承担的 10% 国际人类基因组单体型图计划（HapMap）在 *Nature* 发表。2007 年 10 月深圳华大基因研究院等单位的科学家宣布成功绘制完成世界上第一个完整中国人基因组图谱（又称“炎黄一号”）。2011 年国家发改委等四部委批复建设深圳国家基因库，由深圳华大基因生命科学研究院承建，2014 年华大基因联合军事医学科学院微生物流行病研究所，成功研制了埃博拉病毒核酸检测试剂。华大基因研究院基因测序及基因组分析能力居全球第一，在 *Nature*、*Science* 等最高级别学术杂志上发表论文 17 篇，在中国科研机构中排名第四位。截至 2020 年，华大基因累计参与起草并发布的标准达 89 项，填补多项行业空白，深圳国家基因库与华大基因发起设立了“一带一路”生命科技促进联盟。

（十五）大族激光科技产业集团股份有限公司

大族激光科技产业集团股份有限公司（以下简称大族激

光）[1]创立于1996年，是中国激光装备行业的领军企业，世界排名前三的工业激光加工设备生产商。大族激光通过自主研发把“实验室装置”变成可以连续24小时稳定工作的激光技术装备，成为提供激光、机器人及自动化技术在智能制造领域的系统解决方案的高端装备制造企业。

1996年12月，高云峰创办深圳大族实业有限公司（大族激光前身），专门从事民用激光加工设备的开发、生产和销售。1997至1998年，大族实业公司独立开发了国内第一套自主知识产权的振镜式打标软件，起草了《YAG激光打标（雕刻）机产品企业标准》，产品通过各项有关质量检测。大族激光对每台出厂的设备都配一个工程师进行维护，负责现场解决。1999年大族激光引进深圳市高新技术产业投资服务有限公司的风险投资，重组为深圳市大族激光科技有限公司，有了资金实力打造自己的拳头产品——激光打标机和雕刻机。2002年10月中国第一台PCB激光钻孔机在大族激光问世。2003年10月中科院院士王之江正式出任大族激光副董事长兼总工程师，推动技术水平迈上新台阶。2012年大族激光自主研发成功DRACO系列激光器、激光控制器、双工位紫外激光打标（雕刻）机。2013年大族激光制定了激光领域的首个国家标准，2017年大族激光在深圳宝安开工建设全球激光智能制造产业基地，截至2020年底大族激光全球员工超过1.4万人，总资产逾200亿元。

---

① 参阅大族激光公司网站：https://www.hanslaser.com。

（十六）TCL 华星光电技术有限公司

TCL 华星光电技术有限公司（以下简称华星光电）[①] 是一家专注于半导体显示领域的创新型科技企业，全球半导体显示行业的主要厂商。华星光电通过持续自主创新积极布局 Mini-LED、Mirco-LED、OLED、印刷显示等显示技术，形成了面板行业的全球核心竞争力。

华星光电由 TCL 集团、深圳市政府和三星电子公司共同组建，2009 年 11 月项目启动，2010 年 3 月开工建设。2011 年华星光电 8.5 代液晶面板项目首期设备投产正式启动，我国高世代薄膜晶体管显示器技术领域取得了从生产工艺到良品率的全面突破。2012 年华星光电自主研制的全球最大 110 寸四倍全高清 3D 液晶显示屏“中华之星”正式发布。2013 年华星光电第 8.5 代 TFT-LCD（含氧化物半导体及 AMOLED）生产线开工，2014 年第 6 代 LTPS（低温多晶硅）显示面板生产线项目（t3 项目）、第 6 代柔性 LTPS-AMOLED 显示面板生产线成立（t4 项目）相继开工建设。2019 年初，华星光电发布前沿技术产品——柔性折叠屏。通过 MiniLEDonTFT 和 8K 技术主攻大尺寸 LCD 高端产品。华星光电累计专利申请数 41040 件，累计专利授权数 12185 件，专利 /PCT 申请量连续多年位居国内前十，国际 PCT 申请量连续多年位居国内前五。

---

① 参阅华星光电公司网站：http://www.szcsot.com；雷琼芳：《华星光电公司竞争战略研究》，吉林大学硕士学位论文，2019 年。

（十七）大疆创新科技有限公司

大疆创新科技有限公司（以下简称大疆创新）[①] 2006 年由香港科技大学毕业生汪滔等人创立，已发展成为全球消费级无人机的领军企业。大疆创新是深港科技合作的成功典范。大疆在全球无人机领域的专利申请量排名第四，2019 年 6 月入选“2019 福布斯中国最具创新力企业榜”。

大疆创始人汪滔 2003 年通过深港产学研基地进入了香港科技大学，跟随香港科技大学李泽湘教授开展机器人技术研究。2005 年汪滔向港科大申请 1.8 万港元作为研究资金并获得同意，开启了对无人机核心技术的深入研发历程。2006 年汪滔创立大疆创新，将自己在香港孵化的科技成果在深圳实现产业化。大疆创新从最早的商用飞行控制系统起步，逐步地研发推出了 ACE 系列直升机飞控系统、多旋翼飞控系统、筋斗云系列专业级飞行平台 S1000、S900、多旋翼一体机 Phantom、Ronin 三轴手持云台系统等产品，逐渐发展成为全球无人机行业的领军企业。大疆创新围绕外围技术，通过大量研发获取专利，再利用专利技术进行市场化，快速占领市场，2013 年全球无人机市场爆发增长之际，大疆创新完成了全球无人机基础的专利布局，2014 年实现专利申请爆炸式增长，2014 年专利申请量是 2013 年的 7 倍。2018 年大疆创新通过不断革新技术和产品，开启了全球“天地一体”影

---

① 参阅大疆创新公司网站：https://www.dji.com；编写组：《改革开放与中国企业发展》，社会科学文献出版社 2019 年版。

像新时代。大疆创新从几个人的创业团队发展到超过 12000 人的全球性行业龙头企业，占据全球消费级无人机约 70% 的市场份额。

（十八）优必选科技股份有限公司

优必选科技股份有限公司（以下简称优必选）① 是人工智能和人形机器人领域的高科技创新企业。伺服舵机是机器人产业化的关键核心元件，2008 年优必选创始团队选择从伺服舵机研发起步，2012 年优必选正式成立，成功利用自主研发的伺服舵机技术打造出第一台可量产人形机器人 Alpha 1S。目前，优必选已量产的人形机器人平均配备伺服舵机 20 个左右，拥有全部自主知识产权，实现了全系列的产业化应用，获得相当好的自由度，能够满足众多服务功能。在舵机技术的基础上，优必选从减速齿轮、电路板、马达到芯片、算法等技术，逐一突破，为机器人商业化奠定底层技术。优必选的产品涵盖人机交互类人形机器人、STEM 教育类机器人、IP 娱乐机器人、商用服务机器人、特种机器人 5 个细分行业，是国内唯一涵盖多个行业细分市场的人工智能机器人公司。2017 年优必选和迪士尼合作推出了基于自主研发的伺服舵机技术的新产品。2019 年优必选作为全球唯一一家人形服务机器人企业入选《麻省理工科技评论》发布的“50 家聪明的公司”榜单。

---

① 参阅优必选公司网站：https://www.ubtrobot.com。

（十九）汇顶科技股份有限公司

汇顶科技股份有限公司（以下简称汇顶科技）[①] 是一家基于芯片设计和软件开发的整体应用解决方案提供商，拥有生物识别、人机交互和 IoT 三大产品线，在指纹识别芯片领域居全球领先地位。

2002 年 5 月张帆在深圳创办汇顶科技，从事固定电话控制 IC 的销售和方案设计。2007 年苹果公司把多点触控技术正式规模引入移动终端领域，汇顶科技在该领域迅速抢占了市场先机。2010 年汇顶科技成功推出第一颗 10 点触控芯片，领先竞争对手一年时间。2011 年联发科战略投资汇顶科技，汇顶科技承接联发科技芯片平台的触控 IC 解决方案业务。2014 年汇顶科技正式对外推出适用于移动设备的触摸式指纹识别芯片，又推出新一代指纹识别方案 IFS，即隐藏式的指纹识别。2015 年之后，汇顶科技加快延伸产品线，逐步形成在手机、平板电脑和可穿戴产品等智能移动终端和人机交互技术领域的领先优势。2017 年汇顶开始布局结构光 3D sensing，并在全球首创了入耳检测和触控二合一方案。2018 年汇顶科技在全球率先攻克屏下光学指纹技术难关，推出全球首款屏下光学指纹芯片 demo。截至 2020 年初，汇顶科技的屏下光学指纹方案已广泛商用于三星、华为、oppo、vivo、小米、moto 等全球主流终端品牌，汇顶科技的相关产品已在吉利、长安、奇瑞规模商用，并开始导入国际一线

---

① 参阅汇顶科技公司网站：https://www.goodix.com。

汽车企业。

（二十）柔宇科技有限公司

柔宇科技有限公司（以下简称柔宇科技）[①] 是一家掌握全球领先的柔性显示核心技术的前沿企业，在柔性显示、柔性传感、VR 显示及相关智能显示设备领域居全球领先地位。

2009 年刘自鸿从斯坦福大学电子工程系毕业，进入美国 IBM 公司位于纽约的著名研究机构沃森研究中心 IBM 半导体研发中心，继续从事柔性电子屏的研究。2012 年刘自鸿回国创业，在第一笔风险投资支持下，与另外两位清华大学和斯坦福校友在深圳、硅谷、香港三地同步创立柔宇科技，开始研发柔性显示技术及产品。2013 年柔宇科技连续获得两轮著名风险投资机构的新投资，成功发布超薄柔性显示背板。2014 年柔宇科技成功开发具有多项自主知识产权的柔性传感器，发布全球第一个厚度仅 0.01 毫米、弯折半径可以小到 1 毫米的全彩 AMOLED 柔性显示屏，实现了柔性显示领域从 0 到 1 的起步。2017 年柔宇科技发布首款可搭载柔性显示屏和柔性传感器的柔性可卷曲穿戴手机原型 FlexPhone；提出了“柔性 +”理念。2018 年柔宇科技拥有自主知识产权的全球首条全柔性显示屏大规模量产线在深圳龙岗成功投产。

---

① 参阅：柔宇科技公司网站 http://www.royole.com；孟醒：《柔宇：科技创造未来》，《中国工业和信息化》2018 年 5 月。

（二十一）华讯方舟科技有限公司

华讯方舟科技有限公司（以下简称华讯方舟）[①] 是一家专注高频谱技术研发与应用的国家级高科技企业，是全球光电信息超融合综合服务商。华讯方舟在太赫兹（Thz）领域拥有多项自主算法及半导体为基础的核心知识产权，打造了以太赫兹通信为主要载荷的下一代卫星宽带网络，成为第三代卫星通信、中国太赫兹技术研究及应用的领跑者，是世界上唯一一家在全球范围内率先实现用三种方式（半导体、光学与电子学相结合、光学）获得太赫兹源的企业。

1996 年华讯方舟早期创始研发人员在北京和香港等地开展通讯芯片代理业务，向中国内地输出无线通信终端芯片。2007 年深圳市华讯方舟科技有限公司成立，成为集芯片、方案、整机于一体的通信产业全系列综合提供商。2010 年华讯方舟自主研发出移动宽带网络通信、高铁移动通信领域完善的全系列产品解决方案。2016 年华讯方舟成功研发世界第一块石墨烯太赫兹芯片，在太赫兹新材料研究领域走在前列。2017 年 10 月华讯方舟启动“天枢行动”，把太赫兹的空间技术、大带宽技术应用到卫星移动宽带网中，打造以太赫兹通讯为主要载荷的新型卫星宽带网络。2018 年 1 月，华讯方舟成功收购菲律宾电信基础运营商 G. TELECOMS. INC.，华讯方舟成为中国首家沿“一带一路”沿线布局的卫星通信运营商。

---

① 参阅华讯方舟公司网站：http://www.huaxunchina.cn。

截至 2019 年 6 月，华讯方舟已申请国内外专利 1109 项（含 PCT 国际专利），获得授权专利 605 项。在太赫兹及卫星通信领域，专利申请量居全世界同行业前列。通过搭建太赫兹科技创新研究院、通信技术研究院、太赫兹制造业创新中心、院士专家企业工作站、博士后创新实践基地等研发平台，聚集了一批中科院院士、美国 NASA 实验室专家及研发团队。

（二十二）深圳光启集团

深圳光启集团（以下简称“光启集团”）[①] 主要从事超材料隐身技术、超材料装备以及新型空间技术、无线互联技术的研究、开发与应用。经过 10 年的发展，光启集团成为一家拥有核心自主知识产权和世界级的创新研发团队的引领性科技公司。

2009 年刘若鹏和季春霖首次实现了宽频带超材料隐身衣的设计与制备，成为超材料技术领域的前沿研究人员。2010 年 7 月，刘若鹏、季春霖等 5 位海归博士在深圳成立了以源头科技创新、超材料原创技术为核心的民办非企业新型科研机构——光启研究院。2010 年之后，光启的超材料技术快速实现了从 0 到 1、从科学研究到行业发展应用的跨越式发展。2012 年开始全面推进超材料技术的大规模产业化应用，同年 7 月，在深圳坂田超材料基地投产全球首条超材料

① 参阅光启集团公司网站：http://www.kuang-chi.org。

中试线，实现超材料技术产品规模化生产的制备。2015年1月光启投建葵涌空间材料中试基地，主要从事纤维复合材料，浮空器囊体产品的研发、设计和生产工作。2016年10月，由光启研究院领衔起草的全球第一份超材料领域的国家标准《电磁超材料术语》正式实施。2017年9月，光启研究院牵头的“863”计划超材料项目通过国家验收。发布新型无人机充电站xStation，完善了skyX智能无人巡查系统；试飞临近空间飞行器“旅行者”3号，并携带活体乌龟进入海拔21公里的临近太空。2016年，光启集团和以色列的计算机视觉技术公司、语音识别情绪分析公司合资，开展计算机视觉、机器感知和手势识别技术解决方案研究。截至2020年，光启的专利申请总量5500余件，授权专利总量3200余件，其中，超材料授权专利2000余件，位居全球第一，实现了超材料底层技术专利覆盖。

参考文献

著作

[1] 中共中央研究室编 :《邓小平年谱（1975—1997）》，中央文献出版社 2004 年版。

[2] 深圳市史志办公室编著 :《深圳改革开放纪事 1978—2009》，海天出版社 2009 年版。

[3] 中华人民共和国科学技术部编著 :《中国科技发展 70 年（1949—2019）》，科学技术文献出版社 2019 年版。

[4] 深圳市史志办公室编 :《深圳创新图文志 1978—2009》，海天出版社 2010 年版。

[5] 深圳市委政策研究室编著 :《深圳特区十年》，海天出版社 1990 年版。

[6] 深圳市档案馆编 :《深圳市十年大事记》，海天出版社 1991 年版。

[7] 深圳市博物馆编 :《深圳经济特区创业史》，人民出版社 1995 年版。

[8] 深圳市科学技术委员会编 :《特区科技十年》，1990 年。

[9] 深圳经济特区研究会、深圳市史志办公室编 :《深圳经

济特区三十年》，海天出版社 2011 年版。
[10] 深圳市政协文化文史和学习委员会编：《深圳四大支柱产业的崛起—高新技术产业》，中国文史出版社 2010 年版。
[11] 钱汉江主编：《深圳电子三十年》，深圳报业集团出版社 2017 年版。
[12] 深圳市人民政府新闻处编：《深圳经济特区创办十周年纪念册（1980—1990）》，1990 年。
[13] 深圳市科技创新委员会：《深圳创业故事》，海天出版社 2018 年版。
[14] 王苏生、陈搏：《深圳科技创新之路》，中国社会科学出版社 2018 年版。
[15] 乐正主编：《深圳的国际科技产业创新之路》，海天出版社 2019 年版。
[16] 乐正主编：《深圳改革开放研究丛书：深圳之路》，人民出版社 2010 年版。
[17] 刘国光主编：《深圳特区发展战略研究》，深圳特区经济研究中心，1985 年。
[18] 阿伦·拉奥、皮埃罗·斯加鲁菲著，闫景立、侯爱华译：《硅谷百年史》（第二版），人民邮电出版社 2014 年版。
[19] 程东升、刘丽丽：《华为三十年——从土狼到狮子的生死蜕变》，贵州人民出版社 2016 年版。
[20]《深圳科技年鉴》（2005—2018 年）。

[21] 陈宏：《1979—2000深圳重大决策和事件民间观察》，长江文艺出版社2006年版。
[22] 南岭：《深圳产业政策40年》，中国社会科学出版社2020年版。
[23] 魏志达等：《制度变迁中的解构与创新》，人民出版社2010年版。

文章

[1] 刘应力：《蓄势待飞的深圳生物工程产业》，《深圳特区科技》1995年第6期。
[2] 赵善游：《深圳高新技术产业突飞猛进》，《深圳特区科技》1997年第3期。
[3] 吴丽娟：《DVD产业困境：敲响“技术黑洞”警钟》，《深圳特区科技》2005年第Z1期。
[4] 王硕：《谷牧与深圳经济特区初期发展抉择》，《深圳文史》第八辑。
[5] 张虎：《深圳推进“双创”的探索实践》，《行政管理改革》2017年8月。
[6] 《创客在深圳》，《第一财经周刊》2013年3月1日。
[7] 董建中、李远莉、陶卫平：《战略性新兴产业的发展》，《特区实践与理论》2012年第5期。
[8] 李子彬：《深圳初步形成社会主义市场经济十大体系》，《上海改革》1997年第8期。
[9] 杨柳纯：《借得风来好扬帆——深圳企业开展国际科技

合作透视》，《深圳特区报》2004 年 1 月 31 日。
[10] 杨丽萍、陈碧艳 :《大族激光：自主创新“托起”中国梦》，《深圳特区报》2014 年 6 月 23 日。
[11] 李瑶娜 :《深圳商事登记制度改革引发“创业潮”主体数量激增至 200 万》，《深圳晚报》2015 年 10 月 26 日。
[12] 王帆 :《深圳新经济何以成功？从零开始向高科技转型》，《21 世纪经济报道》2016 年 5 月 10 日。
[13] 杨阳腾、李予阳 :《中广核用 40 年时间成长为我国最大、全球第三大核电企业》，《经济日报》2018 年 10 月 24 日。
[14] 李舒瑜 :《深圳市 2019 年度立法工作会议召开》，《深圳特区报》2019 年 4 月 27 日。
[15] 张晓鹏 :《蛇口港：深圳港的起笔》，《集装箱化》2006 年第 9 期。
[16] 梁逢伍 :《赤湾港的建设与发展》，《水运工程》1996 年第 10 期。
[17] 尹生 :《风险家“高新投”——一家风险投资机构与 500 家企业的资本往事》，《CO. 公司》2004 年第 7 期。
[18] 王卓明 :《产学研结合的新天地 ——记深圳市企业博士后工作站》，《中国公务员》1999 年 1 月。
[19]《小荷才露尖尖角，已有大户立上头 ——来自深圳企业博士后工作站的报道》，《广东科技》2000 年第 6 期。
[20] 卢荻 :《勇当改革开放的排头兵（一）——广东省原省长刘田夫访谈录》，《百年潮》2007 年第 10 期。

[21] 李江、贺传皎 :《政府干预下的深圳创新型产业用房建设制度设计》，2010 年中国城市规划年会论文集。

[22] 唐杰、王东 :《深圳创新转型的理论意义》，《深圳社会科学》2018 年第 1 期。

[23] 魏达志 :《以机制创新促体制转型》，《创新与发展——中国科技产业》，第 46—52 页。

后 记

习近平总书记指出，“深圳是改革开放后党和人民一手缔造的崭新城市，是中国特色社会主义在一张白纸上的精彩演绎。”40 年来，深圳始终牢记党中央创办经济特区的战略意图，敢闯敢试、敢为人先、埋头苦干，在创造世界工业化、城市化、现代化奇迹的同时，也创造了世界科技创新的奇迹。从改革开放之初的“科技荒漠”，到今天全球知名的“创新绿洲”，深圳一路走过技术引进、集成创新、自主创新等阶段，而今正在加速向原始创新、源头创新、引领式创新跃升，向全球科技创新高地迈进。深圳以自身的成功实践，为全国科技创新发展作出了重要贡献、积累了宝贵经验。

党的十八大以来，习近平总书记先后三次亲临深圳视察，充分肯定深圳改革开放和科技创新成就，要求深圳建设好中国特色社会主义先行示范区，“坚定不移实施创新驱动发展战略，培育新动能，提升新势能，建设具有全球影响力的科技和产业创新高地”。深圳不负重托、牢记使命，坚定不移把创新作为城市发展主导战略，持续发挥全过程创新生态链紧密相连、相互促进的整体效应，强化企业创新主体地位，切实担当起推进科技自立自强的深圳责任。在这一历史进程中，深圳市委党史文献研究室（市人民政府地方志办公室）启动编纂《深圳科技创新四十年》一书，力图全面记录深圳科技创新光辉历程、系统总结深圳科技创新实践经验，为全市未来发展提供更多历史智慧和启迪。2019年起，深圳市委党史文献研究室（市人民政府地方志办公室）与中国（深圳）综合开发研究院组成联合课题组，在广泛征集资料、充分吸收各方意见、多次进行专家评审的基础上，历时三年，十三易其稿，终于在建党百年之际完成全书写作任务。

本书在收集资料、写作、征求意见及评审期间，自始至终得到市委市政府领导和各相关部门的大力支持。市委副书记艾学峰同志非常关心本书编写工作，多次研究书稿并提出宝贵修改意见。副市长张华同志亲自担任本书编委会主任并作序。市决咨委专职委员刘忠朴，市科协党组书记林祥，深圳社会主义学院院长、二级巡视员谭刚，市委党校副校长谢志岿，市委政研室（改革办）副主任孙华明，市委党校教授傅小随、市社科院研究员董晓远、市体制改革研究会副会长兼秘书长熊义刚以及市科创委多位专家，均对本书提出许多宝贵意见和建议。

本书记述上限起于1978年改革开放兴起之时，下限止于2020年底。课题组成员包括：深圳市委党史文献研究室（市人民政府地方志办公室）杨立勋、黄玲、张妙珍、毛剑峰、陈耀凌、蓝贤明、廖希、聂文、王亚桥，中国（深圳）综合开发研究院郭万达、郑鑫、廖令鹏、闫化赟、宋朝明。全书由杨立勋策划、统筹和统稿，黄玲参与审稿及全书修改。

在这里，我们要衷心感谢各位市领导、专家学者、各有关部门和广东人民出版社对本书给予的帮助。特别是市科创委参与后期审稿，市统计局核对了全书数据，在此一并感谢。本书力求准确记录深圳科技创新历史，但难免挂一漏万，恳请读者批评指正。

课题组

2022 年 2 月